LS 6

LAMBACHER SCHWEIZER

Mathematisches Unterrichtswerk
für das Gymnasium
Ausgabe Bayern

von
Prof. August Schmid
Prof. Dr. Ingo Weidig

erarbeitet von
Herbert Götz, Uttenreuth
Manfred Herbst, Herzogenaurach
Christine Kestler, Holzkirchen
Hans-Georg Kosuch, Coburg
Dr. Johannes Novotný, München
Barbara Sy, Nürnberg
Thomas Thiessen, Erlangen

Ernst Klett Verlag
Stuttgart Düsseldorf Leipzig

Bildquellenverzeichnis:

AKG: S. 20.2 – Angermayer, Holzkirchen: S. 55.3 (Rudolf Schmidt) – Heinrich Bauregger: Bayerische Hausberge, Verlag J. Berg in der Bruckmann KG, München, 1997: S. 200.2 – Bayerisches Landesvermessungsamt, München: S. 20.1 – Bridgeman Archive Library, London: S. 40.1 (Giraudon) – Corbis, Düsseldorf: S. 159.1 (Wolfgang Kaehler) – Deutsches Museum, München: S. 39, 40.3 – aus: Haas M., Sasse T.: Im Schatten der Pyramiden, Econ Verlag, Düsseldorf – Erzgebirgsmuseum, Anaberg: S. 40.2 – EuromedClinic, Fürth: S. 126 – Fotofinder, Berlin: S. 94 (Carsten Mathaes) – GEOSPACE, Beckel-Sateliten-bilddaten GmbH&Co. OHG, Bad Ischl: S. 147.1 – IFA, Ottobrunn: S. 64 – IMAGO Sportfotodienst, Berlin: S. 138 (Sven Simon), 147.2 (Schmidbauer), 180 (Camera 4) – Kessler-Medien, Saarbrücken: S. 178.2 – Christine Kestler, Holzkirchen: S. 199.1, 207 – Klett-Archiv: S. 11, 200.1 – Dr. Bruno P. Kremer, Wachtberg: S. 93.2 – Helga Lade Fotoagentur, Frankfurt/Main: S. 54.2 (Lange) – Mauritius, Mittenwald: S. 97.2 (Spectrum) – Dr. Johannes Novotný, München: S. 150.1, 150.2 – Okapia, Frankfurt: S. 54.4 (R. Müller-Rees) – Picture-Alliance, Frankfurt: S. 54.3 (Okapia/Uwe Walz), 55.1 (dpa), 55.2 (dpa), 55.4, 55.5, 55.6 (Okapia/Danegger), 55.7 (Okapia/Bernd Zoller), 72 (dpa/Richardsen), 178.1 (dpa/Stadler) – Reinhard-Tierfoto, Heiligenkreuzsteinach: S. 54.1 – Russische Nachrichtenagentur Nowosti, Berlin: S. 159.2 – Jens Schacht, Düsseldorf: S. 19.2, 30, 38, 52.1, 52.2, 71.1, 71.2, 80, 92, 93.1, 137, 162, 172 – Dieter Schmidtke, Schorndorf: S. 84 – Silvestris, Dießen: S. 197 (Jürgen Lindenburger) – Sportpressefoto Bongarts, Hamburg: S. 102 (A. Hassenstein) – Thyssen Krupp Stahl AG, Duisburg: S. 141 – ullstein bild, Berlin: S. 51 – Verkehrsverein Bergün: S. 205 – Wasser- und Schifffahrtsamt Nürnberg: S. 202.1, 202.2, 202.3 – Westermann Schulbuchverlag, Braunschweig: S. 97.1, 198.2 – www.luftaufnahmen.notblue.de: S. 142 – ZEFA, Düsseldorf: S. 198.1

Nicht in allen Fällen war es uns möglich, den uns bekannten Rechtsinhaber ausfindig zu machen. Berechtigte Ansprüche werden selbstverständlich im Rahmen der üblichen Vereinbarungen abgegolten.

Zum Schulbuch gehört der LS-Lösungen-und-Materialien-Band 6 (3-12-731463-9).
Die LS-Kompakt-Hefte fassen (in Doppeljahrgangsstufen) die wichtigsten Formeln und Merksätze sowie vollständig gelöste Beispiele zum Nachrechnen zusammen.
LS Kompakt 5/6 (3-12-730715-2)

9 783127 314601

1. Auflage 1 5 4 3 2 | 2009 2008 2007 2006 2005

Alle Drucke dieser Auflage können im Unterricht nebeneinander verwendet werden, sie sind untereinander unverändert. Die letzte Zahl bezeichnet das Jahr dieses Druckes.

Internetadresse: http://www.klett.de

Redaktion: Dr. U. Weiser
Zeichnungen: U. Bartl, Weil der Stadt; R. Hungreder, Leinfelden;
U. Schwarz, Schwäbisch Gmünd
Umschlaggestaltung: Alfred Marzell, Schwäbisch Gmünd
DTP-Satz: media office gmbh, Kornwestheim
Druck: Aprinta, Wemding. Printed in Germany.

ISBN 3-12-731460-4

Inhaltsverzeichnis

VIII Prozentrechnung und Diagramme

Liebe Schülerin, lieber Schüler,

im letzten Schuljahr hast du das Rechnen mit negativen Zahlen gelernt und grundlegende geometrische Kenntnisse erworben. Das Rechnen mit Größen ist dir nun vertraut und auch Flächeninhalte verschiedener Figuren kannst du bestimmen.

In diesem Schuljahr wirst du neue Zahlen – die rationalen Zahlen – kennen lernen. Doch so „neu“ sind diese Zahlen sicher gar nicht für dich: Eine Pizza auf 3 Personen gerecht aufzuteilen, bedeutet eben, dass jeder 1/3 (eine Drittel) Pizza erhält. Mit solchen Zahlen – und auch deren negativen Gegenzahlen (also z. B. –1/3) – wirst du rechnen lernen (in den Kapiteln I, III, IV und VII).

Wie vorteilhaft es ist, mit diesen Zahlen umzugehen, erfährst du z. B. im Kapitel II, in dem du Gewinnchancen von verschiedenen Spielen bestimmen wirst.
Am Ende des Schuljahres (Kapitel VIII) wirst du schließlich feststellen, dass die oft gefürchtete Prozentrechnung eigentlich auch nur eine spezielle (besonders einfache) Art ist, mit Brüchen zu rechnen.

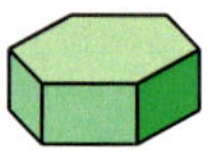

Und während du in Klasse 5 gelernt hast, Flächeninhalte von Rechtecken zu berechnen, wirst du in diesem Jahr Flächen von Dreiecken und Vierecken betrachten (Kapitel V) und das Volumen verschiedener Körper bestimmen (Kapitel VI).

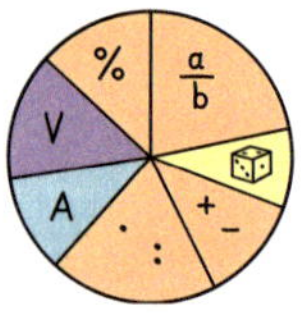

Nach dem Motto **„Ein Bild sagt mehr als tausend Worte“** spielen Diagramme und Skizzen eine wichtige Rolle in diesem Buch.
Dazu möchten wir dich ermutigen, bei Fragestellungen, die du nicht auf Anhieb lösen kannst, erst einmal eine Skizze oder ein geeignetes Diagramm zu erstellen. Dies kann dir den Sachverhalt verdeutlichen und es erleichtern, vielleicht auf einen Lösungsweg zu kommen.

An verschiedenen Stellen im Buch werden wir dir auch **Strategien** vorstellen, die dich auf die richtige Spur zu einer Lösung bringen können.

Auch in diesem Buch findest du wieder **Lösungskontrollen**, z. B. die Lösungssalate und die Lösungen zu den Aufgaben zum Üben und Wiederholen am Ende des Buches.
Und wiederum findest du im Buch die **G-Aufgaben**, mit denen du Grundlegendes regelmäßig wiederholen kannst, um gut in Übung zu bleiben.

Neben vielen interessanten Themen und Lesetexten sind im Buch auch **Projekte** vorgestellt, mit denen sich deine Klasse über einen längeren Zeitraum beschäftigen kann.

Ein erfolgreiches Schuljahr und viel Freude an der Mathematik wünschen

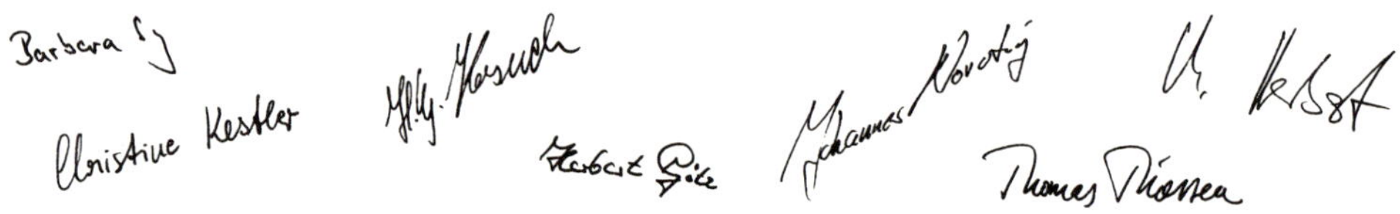

Zum Aufbau des Buches

Jedes Kapitel umfasst:

- mehrere Lerneinheiten,
- Themenseiten, Lesetexte und/oder ein Projekt
- einen Rückblick.

- Zum Aufbau einer **Lerneinheit**:
  Jede Lerneinheit beginnt mit **hinführenden Aufgaben**, die zum Kern der Lerneinheit führen, jedoch das Ergebnis der Lerneinheit nicht vorwegnehmen. Sie sind so gestaltet, dass sie eigene Aktivität und eigenes Überlegen herausfordern. Diese Aufgaben stellen ein Angebot dar und lassen so der Lehrerin/dem Lehrer alle methodische Freiheit.
  Der anschließende **Lehrtext** formuliert in knapper, aber schülerverständlicher Vorgehensweise den Gegenstand der Lerneinheit.

Im Kasten wird **Wichtiges** in einprägsamer Form zusammengefasst.

Die vollständig bearbeiteten **Beispiele** bieten den Schülerinnen und Schülern Hilfe für das selbstständige Lösen von Aufgaben. Bei den dargebotenen Lösungen wird auf wichtige Gedankenschritte und Begründungen Wert gelegt. Dabei wird immer wieder auch Wert auf die Wahl geeigneter Strategien gelegt.
Der **Aufgabenteil** bietet ein reichhaltiges Auswahlangebot. Die Aufgaben reichen von grundlegenden Routineaufgaben über zahlreiche Aufgaben im mittleren Schwierigkeitsbereich bis zu schwierigen Aufgaben. Im Sinne eines vernetzenden Lernens beziehen sich viele Aufgabenstellungen nicht nur auf die gegenwärtige Lerneinheit, sondern sind mit anderen Themenkreisen verbunden. Die den Aufgabenteil abschließenden Aufgaben – gekennzeichnet durch ein vorangestelltes **G** – dienen dazu, unabhängig vom aktuellen Lehrstoff Grundwissen und Grundfertigkeiten ständig zu trainieren.

Auf der Randspalte werden zusätzliche Informationen, Anmerkungen, Hilfestellungen und Querverweise angeboten.

- Die **Themenseiten** stellen Anwendungen der Inhalte des jeweiligen Kapitels in **einem Kontext** vor oder sprechen im Sinne einer mathematischen Exkursion ergänzende mathematische Fragen an.
  Die **Lesetexte** sind als Anregung für Schülerinnen und Schüler gedacht, sich im Sinne von „lesen und verstehen“ mit mathematischen Fragen auseinander zu setzen. Auf den Lesetextseiten sind keine Aufgaben ausformuliert.
  Die **Projekt**seiten regen an, mit der ganzen Klasse motivierende, interessante Projekte durchzuführen.

- Den Abschluss jedes Kapitels bildet ein zweiseitiger **Rückblick**. Hier sind die wichtigen Lerninhalte in prägnanter Form zusammengestellt. Auf der zweiten Seite bieten **Aufgaben zum Üben und Wiederholen** den Schülerinnen und Schülern die Gelegenheit, ihre Kenntnisse und Fähigkeiten auch mit Blick auf eine schriftliche Arbeit zu testen. Die Lösungen zu diesen Aufgaben befinden sich im Anhang des Buches.

Das letzte Kapitel bietet umfangreichere und komplexere Aufgaben an, die geeignet sind, am Ende eines Schuljahres noch einmal wesentliche Inhalte in einer vernetzenden Weise zu wiederholen. Ein besonderes Gewicht ist hierbei auf die Erarbeitung und Anwendung verschiedener Lösungsstrategien gelegt.

I Brüche

1 Kreisdiagramme

1
Die Abbildung zeigt, wie die Schülerinnen und Schüler der drei sechsten Klassen eines Gymnasiums in die Schule gekommen sind.

a) Wie kamen die meisten (wenigsten) Kinder in die Schule?
b) Maximilian behauptet, dass mehr als die Hälfte der Kinder zu Fuß oder mit dem Fahrrad in die Schule kamen.
Hat er Recht?
c) Neun Schüler fuhren mit der Bahn.
Wie viele Kinder radelten zur Schule?

2
Ein Kuchen wird in 12 gleiche Stücke geteilt. Lisa verspeist ein Viertel vom Kuchen, ihre Brüder Tim und Leon essen je zwei Stück, Sven nimmt sich ein Stück und Peter den Rest.
Wie viel Grad hat jeweils der Winkel an der Spitze eines Kuchenstücks?
Zeichne, wie der Kuchen unter den Kindern aufgeteilt wurde.

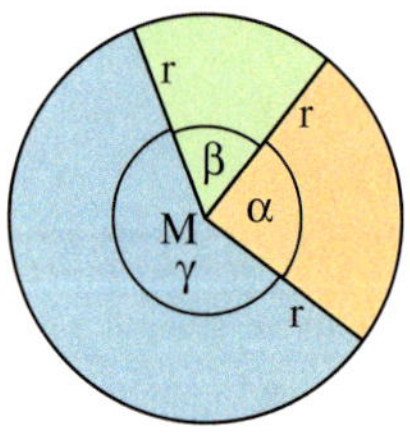

Zeichnet man in einen Kreis zwei oder mehrere Radien ein, so entstehen zwei oder mehrere **Sektoren (Kreisausschnitte)**.
Zu jedem Sektor gehört ein Mittelpunktswinkel (hier in der Figur α, β und γ). Diese Mittelpunktswinkel beschreiben die Größe der Sektoren.

Zerlegt man einen Kreis in mehrere Sektoren, so erhält man ein **Kreisdiagramm**.
Daten können damit übersichtlich dargestellt werden.

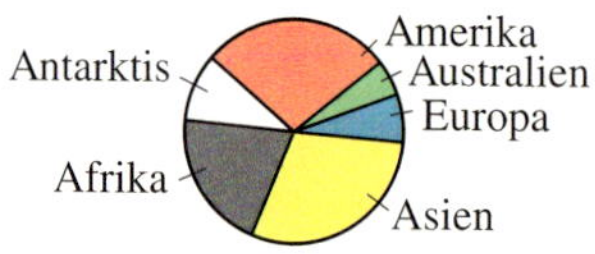

Die Gesamtfläche eines Gemeindegebiets wird Gemarkung genannt.

Beispiel 1
Die Gemarkung einer Gemeinde hat 720 ha.
Das nebenstehende Kreisdiagramm zeigt, wie sie sich zusammensetzt.
Bestimme die Größe der einzelnen Flächen.

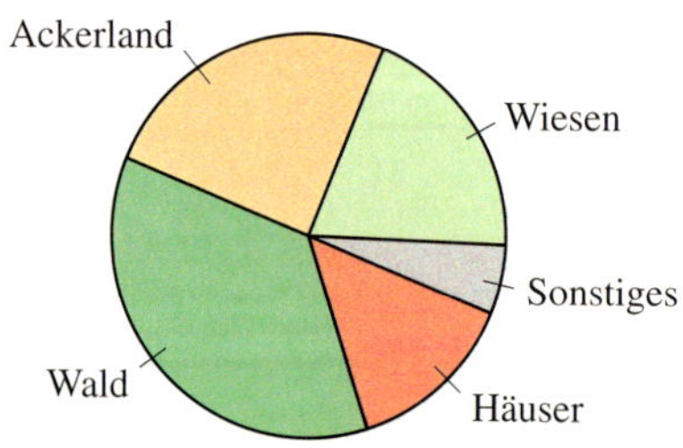

Lösung:
Das Ausmessen der Mittelpunktswinkel der einzelnen Sektoren ergibt: Wiesen 70°, Ackerland 90°, Wald 130°, Häuser 50°, Sonstiges 20°. Da 360° einer Fläche von 720 ha entsprechen, entsprechen 10° einer Fläche von 20 ha. Die Gemarkung hat also 140 ha Wiesen, 180 ha Ackerland, 260 ha Wald, 100 ha Siedlungsfläche und 40 ha sonstige Flächen.

Die Summe der Mittelpunktswinkel ergibt 360°.

So kann man sich vorstellen, wie ein Schüler durch einen Sektor mit einem Winkel von 9° dargestellt werden kann:

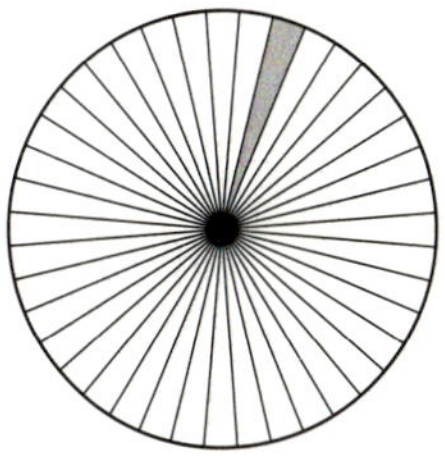

40 · 9° = 360°

Beispiel 2

Am Sommerkonzert einer Schule nehmen 40 Schülerinnen und Schüler teil. 21 Schüler singen im Chor. Im Schulorchester spielen 5 Schüler Flöte, 2 Schüler Klarinette, 6 Schüler Geige, 2 Schüler Viola und 4 Schüler Cello.

Stelle die Verteilung der Sänger und Instrumentalisten an einem Kreisdiagramm dar.

Lösung:

360° verteilen sich auf 40 Kinder, d. h. dass ein Kind durch einen Sektor mit einem Winkel von 9° dargestellt werden kann.

Sänger:	$21 \cdot 9° = 189°$
Flöten:	$5 \cdot 9° = 45°$
Klarinetten:	$2 \cdot 9° = 18°$
Geigen:	$6 \cdot 9° = 54°$
Celli:	$4 \cdot 9° = 36°$
Violas:	$2 \cdot 9° = 18°$

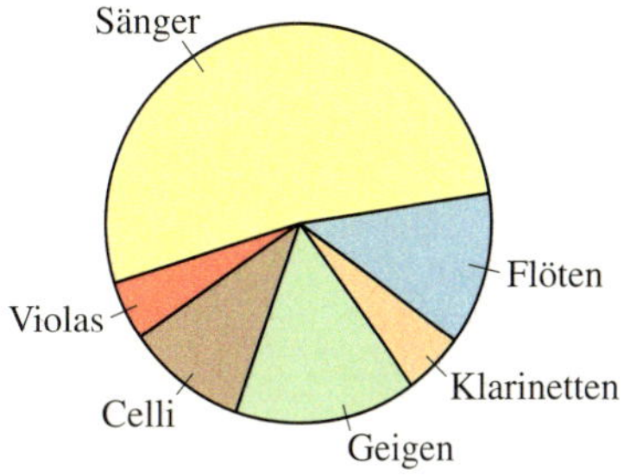

Aufgaben

3

a) Zeichne in einen Kreis mit dem Radius 4 cm vier Sektoren mit den Mittelpunktswinkeln 190°, 61°, 24° und 85°.

b) Ein Kreisdiagramm wird in 6 (in 4; 5; 9; 12) gleich große Sektoren geteilt. Wie groß ist jeweils der Mittelpunktswinkel zu zeichnen?

c) Zeichne ein Kreisdiagramm mit einem überstumpfen, einem rechten und einem spitzen Mittelpunktswinkel.

4

Bauer Kemmler bewirtschaftete seine 60 ha Ackerland im letzten Jahr wie folgt:
Winterweizen 10 ha, Raps 300 a,
Sommergerste 8 ha, Hafer 9 ha,
Wintergerste 12 ha, Sommerweizen 400 a,
Mais 14 ha.
Veranschauliche die Nutzung des Ackerlandes durch ein Kreisdiagramm.

5

Kai und Anna drehen an einem Glücksrad.

a) Welche Zahl hat die besten Gewinnchancen, welche die geringsten?

b) Kai setzt auf „gerade“, Anna auf „ungerade“. Wer hat größere Gewinnchancen?

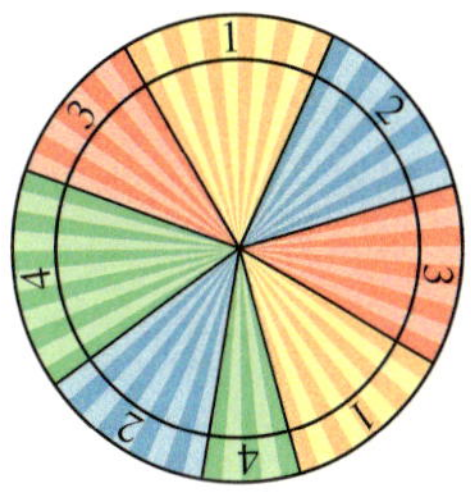

6

a) Thomas braucht heute 120 Minuten für seine Hausaufgaben. Wie viel Zeit benötigt er für die einzelnen Fächer?

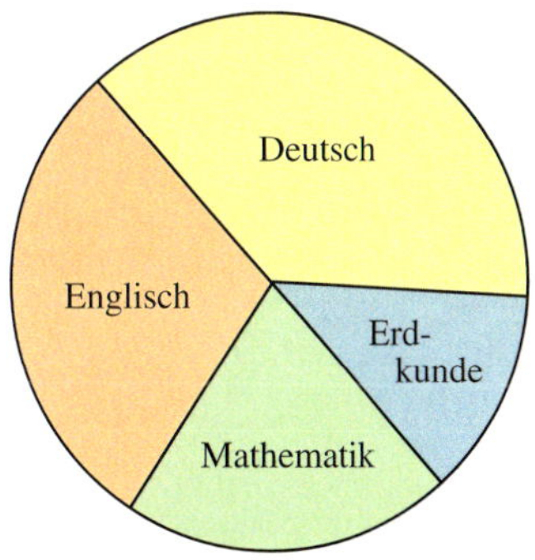

*b) Zeichne ein Kreisdiagramm für deine heutigen Hausaufgaben.

Ein Stück vom Kuchen fehlt. Kannst du es finden?

Ein Tipp: Drehe um 180°.

7

Frau Doll kauft für eine Feier beim Konditor ein. Jede Torte ist in 12 Stücke aufgeteilt und kostet 30 €.
Frau Doll nimmt eine halbe Käsesahnetorte, ein Viertel Schwarzwälderkirschtorte und ein Drittel von der Schokoladentorte.
Wie viel kosten die Tortenstücke insgesamt? Passen sie alle auf eine runde Kuchenplatte?

8

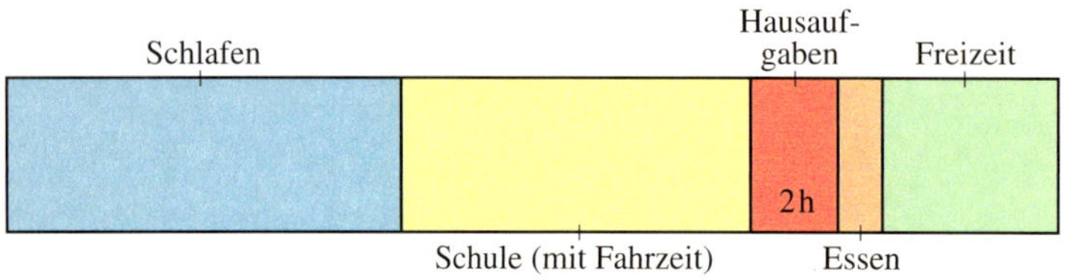

a) An einem Balkendiagramm ist die Stundenverteilung eines Schultages durch entsprechende Teilflächen eines Rechtecks dargestellt. Übertrage diese Informationen in ein Kreisdiagramm.
b) Notiere an einem Tag die Zeiten für deine eigenen Tätigkeiten (runde auf ganze Stunden) und stelle sie in einem Kreisdiagramm dar.

Vergleich der Wasser- und Landfläche auf der Nord- und Südhalbkugel.

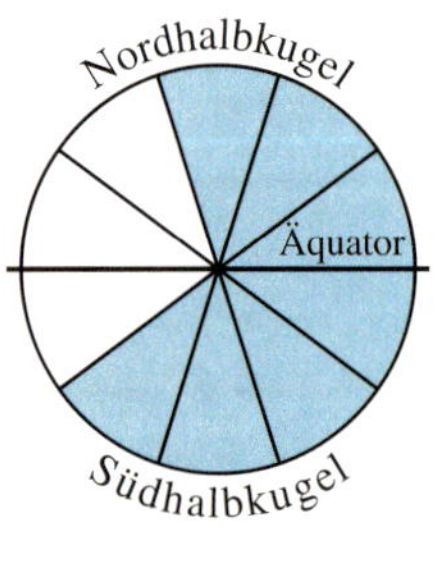

9

Die Flächengröße der Ozeane in Mio. km^2:

Indischer Ozean	75
Atlantischer Ozean	106
Pazifischer Ozean	179

a) Stelle die Aufteilung der gesamten Meeresfläche in einem Kreisdiagramm dar.
b) Welche Informationen kannst du dem nebenstehenden Kreisdiagramm entnehmen? Bestimme näherungsweise die gesamte Oberfläche unserer Erde. Recherchiere den exakten Wert.

10

In einer 6. Klasse werden alle Schüler nach der Anzahl ihrer Geschwister befragt. Es gibt doppelt so viele Einzelkinder wie Schüler, die drei oder mehr Geschwister haben. Dreimal so viele Schüler haben Geschwister wie es Einzelkinder gibt.
a) Erstelle ein Kreisdiagramm.
b) Wie viele Kinder sind wohl in der Klasse?

11

a) Von den 30 Pferden eines Reiterhofes sind 6 Rappen, 4 Schimmel, 15 Braune und 5 Füchse. Zeichne ein Kreisdiagramm (r = 4 cm).
b) Im Winter erhält jedes Pferd täglich 6 kg Heu. Ein Heuballen wiegt etwa 20 kg. Wie viele Heuballen bekommen die Pferde täglich?

12

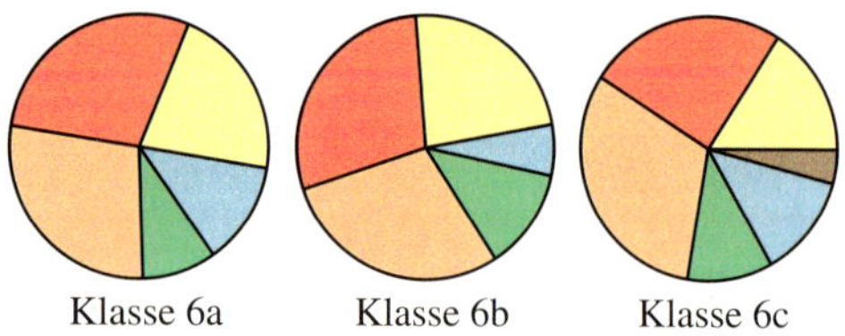

Überlege dir, welche Informationen diese Kreisdiagramme enthalten könnten. Beschreibe dann die Unterschiede zwischen den drei sechsten Klassen.

G13

$\square\square - \square\square =$

Füge die Ziffern 2, 4, 6 und 9 so an den vier freien Plätzen ein, dass der Wert der Differenz möglichst groß (möglichst klein) wird.

G14

Ergänze fehlende Zahlen und Vorzeichen.
a) $(-315) : (-\square) = \square 5$
b) $(\square 12) \cdot 16 = -\square$
c) $(-\square) : (\square 7) = -91$
d) $(\square 9) \cdot (-\square) = 1233$

2 Bruchteile, Anteile

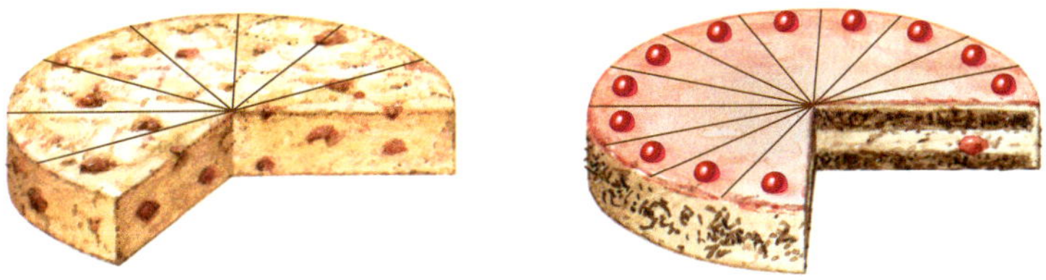

1
Christine feiert Geburtstag. Ein Kuchen wurde in 12 gleich große Stücke geteilt, der andere in 16.
Welcher Teil von den Kuchen wurde jeweils bereits gegessen?

2
Maiers haben Heizöl bestellt, da der Tank leer ist. Nach 10 Minuten ist der Tank im Heizungskeller bereits halb voll und sein Zeiger steht in der Skalenmitte.
Am Tankwagen zeigt eine Öluhr an, wie viel bei Maiers bisher eingefüllt wurde. Der Zeiger der Uhr steht aber erst auf einem Viertel seiner Skala. Liegt hier ein Widerspruch vor? Erkläre den Sachverhalt.

$\frac{1}{2}$ Wurst

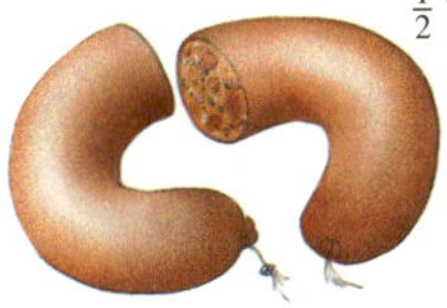

eine halbe Wurst

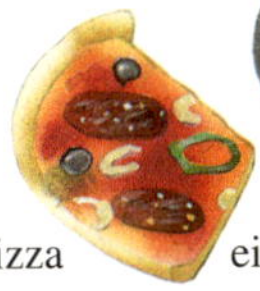

$\frac{1}{3}$ Pizza

ein Drittel Pizza

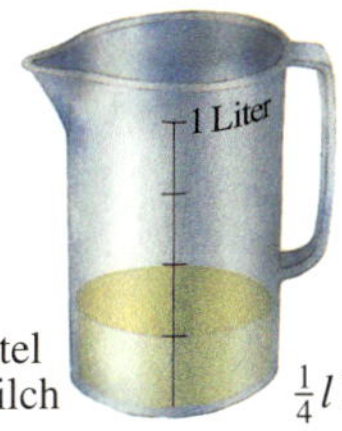

ein Viertel Liter Milch

$\frac{1}{4}\,l$ Milch

Sprich: ein n-tel

Teilt man ein Ganzes in n gleich große Teile, so heißt jeder Teil $\frac{1}{n}$ des Ganzen.

Oft werden mehrere solche Teile betrachtet.

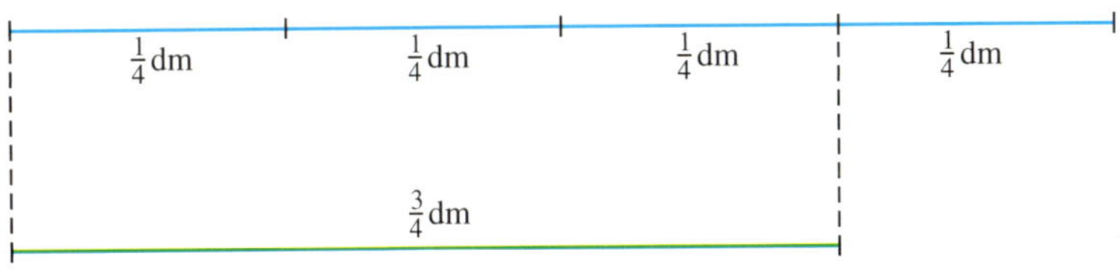

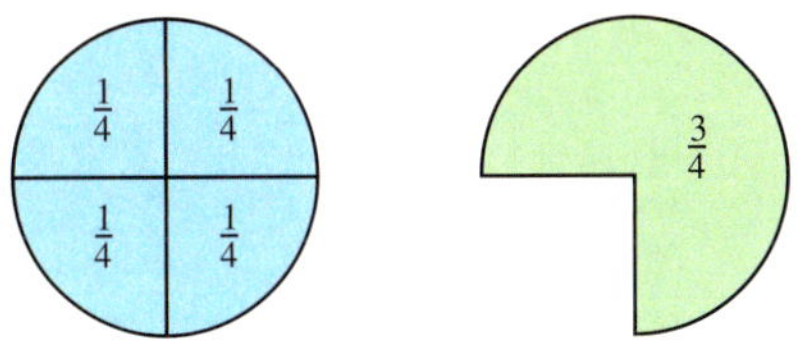

Bei der Strecke bzw. dem Kreis ist jeder Teil ein Viertel des jeweiligen Ganzen. Drei solcher Teile ergeben zusammen den **Bruchteil** $\frac{3}{4}$ des Ganzen, z. B. den Bruchteil $\frac{3}{4}$ dm, $\frac{3}{4}$ Torte.

$\frac{3}{4}$ ⟵ Bruchstrich

Sprich: drei Viertel

Der Zähler zählt die Teile. Der Nenner benennt einen Teil.

Der Bruchteil $\frac{z}{n}$ eines Ganzen bedeutet: Teile das Ganze in n gleiche Teile und nimm z von diesen Teilen. $\frac{z}{n}$ nennt man einen Bruch.

Der **Nenner** gibt an, dass das Ganze in 4 Teile geteilt wird. ⟶ $\frac{3}{4}$ ⟵ Der **Zähler** gibt an, dass 3 solcher Teile genommen werden.

Mit $\frac{3}{4}$ kg wird ein Bruchteil der Masse 1 kg bezeichnet. $\frac{3}{4}$ g oder $\frac{3}{4}$ t bezeichnen andere Massen. Entsprechend zeigt dieselbe Zeigerstellung Verschiedenes an, je nachdem was der Vollausschlag bedeutet. Solange wir nicht wissen, was der Vollausschlag bedeutet, können wir aus der Zeigerstellung nur erkennen, um welchen **Anteil** am Ganzen (dem Vollausschlag) es sich handelt. In der Abbildung ist dieser Anteil immer $\frac{3}{4}$.

Während der Anteil in der Abbildung jedesmal $\frac{3}{4}$ ist, lauten die Bruchteile 75 l, 15 l, $\frac{3}{4}$ l bzw. $\frac{3}{4}$ des Ganzen.

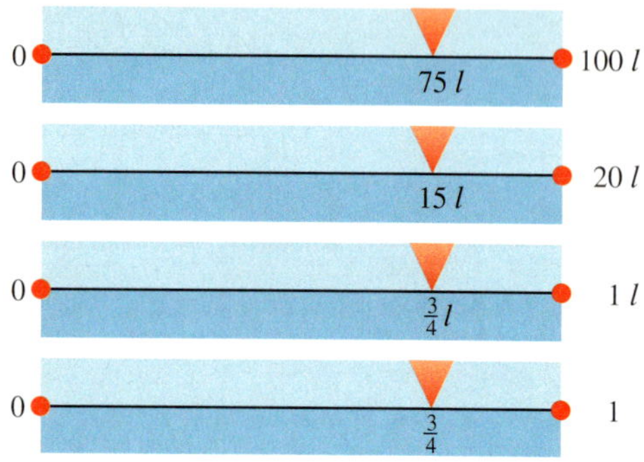

Der Bruch $\frac{3}{4}$ bezeichnet den **Anteil**, den z. B. der Bruchteil 75 kg vom Ganzen 100 kg ausmacht.
Man sagt: 75 kg sind $\frac{3}{4}$ von 100 kg und rechnet:
$\frac{3}{4}$ von 100 kg = $\left(\frac{1}{4}\text{ von }100\,\text{kg}\right)\cdot 3 = (100\,\text{kg} : 4)\cdot 3 = 25\,\text{kg}\cdot 3 = 75\,\text{kg}$
↖ Anteil ↖ Ganzes ↗ Bruchteil

centum (lat.): hundert

Anteile werden häufig in **Prozent** angegeben:
$30\,\% = \frac{30}{100}$ Das Prozentzeichen % deutet den Nenner 100 an.

Beispiel 1

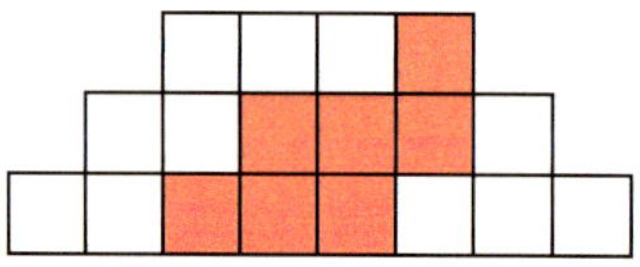

Welcher Anteil der Figur ist gefärbt?
Lösung:
$\frac{7}{18}$ der Figur sind gefärbt.

Beispiel 2
Wie viel m sind $\frac{2}{5}$ km? Veranschauliche den Bruchteil durch eine Zeichnung.
Lösung:
$\frac{2}{5}\,\text{km} = \frac{2}{5}\text{ von }1\,\text{km} = (1000\,\text{m} : 5)\cdot 2 =$
$= 200\,\text{m}\cdot 2 = 400\,\text{m}$

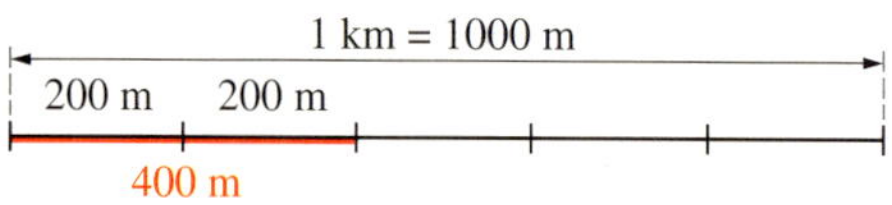

Beispiel 3
Berechne den Bruchteil 20 % von 400 kg.
Lösung:
$20\,\%\text{ von }400\,\text{kg} = \frac{20}{100}\text{ von }400\,\text{kg}$
$= (400\,\text{kg} : 100)\cdot 20 = 4\,\text{kg}\cdot 20 = 80\,\text{kg}$

Beispiel 4
Berechne $\frac{5}{12}$ von 24 h und veranschauliche den Bruchteil in einem Kreisdiagramm.
Lösung:
$\frac{5}{12}\text{ von }24\,\text{h} = \left(\frac{1}{12}\text{ von }24\,\text{h}\right)\cdot 5$
$= (24\,\text{h} : 12)\cdot 5 = 2\,\text{h}\cdot 5 = 10\,\text{h}$
Berechnung des Mittelpunktswinkels im Kreisdiagramm:
$\frac{5}{12}\text{ von }360° = (360° : 12)\cdot 5$
$= 30°\cdot 5 = 150°$

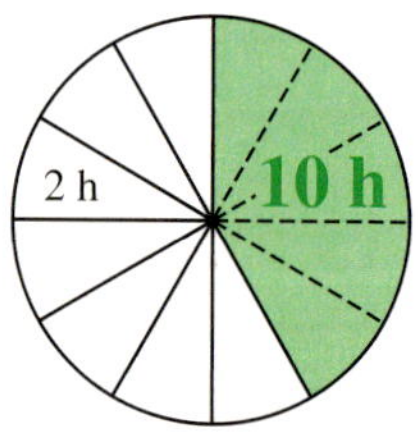

Beispiel 5
Welchen Anteil bilden 300 g von 2 kg?
Lösung:
300 und 2000 sind durch 100 teilbar.
100 g sind $\frac{1}{20}$ von 2 kg
300 g sind $\frac{3}{20}$ von 2 kg
Der Anteil beträgt $\frac{3}{20}$.

Aufgaben

Kaum zu glauben:
5 Viertel aller Schüler haben Schwierigkeiten mit der Bruchrechnung.

3
Welcher Anteil der jeweiligen Figur ist gefärbt (nicht gefärbt)?

a)
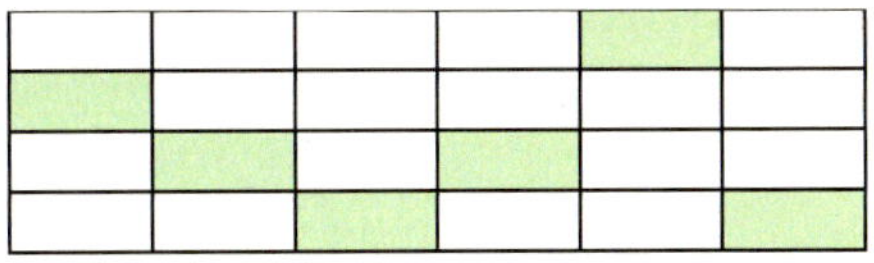

b)
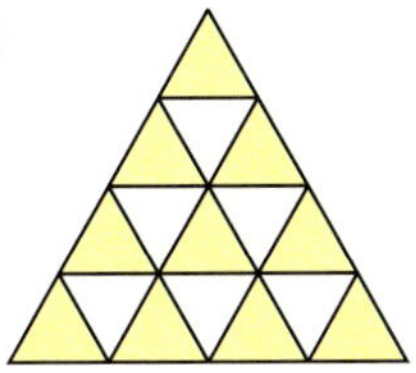

c)

4
Zeichne zu jeder Teilaufgabe ein Rechteck, teile es in 18 gleich große Felder und färbe:

a) $\frac{3}{18}$ der Figur b) $\frac{15}{18}$ der Figur
c) $\frac{2}{3}$ der Figur d) $\frac{5}{6}$ der Figur.

5
a) Welchen Anteil am Vollausschlag zeigt der rote Zeiger an?
b) Welchen Anteil am Vollausschlag zeigt der rote Zeiger an, wenn man auf den Skalen jeweils 0 und 1 vertauscht?

(1)
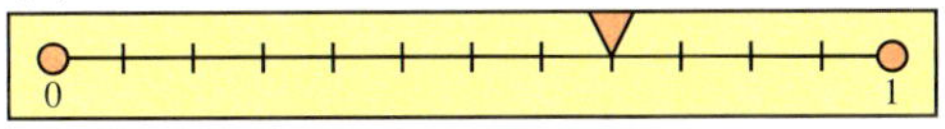

(2)
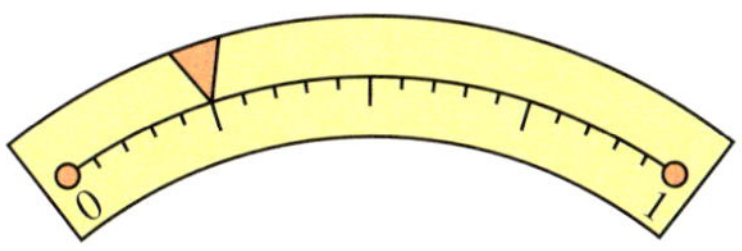

(3)
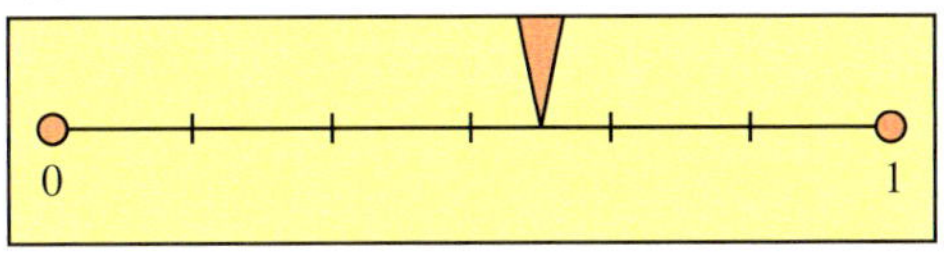

6
Rechne um:

a) in g:	$\frac{3}{5}$ kg	$\frac{4}{25}$ kg	$\frac{22}{125}$ kg
b) in cm:	$\frac{3}{4}$ m	$\frac{3}{5}$ m	$\frac{24}{25}$ m
c) in h:	$\frac{2}{3}$ d	$\frac{3}{4}$ d	$\frac{5}{8}$ d
d) in ct:	$\frac{1}{2}$ €	$\frac{3}{10}$ €	$\frac{7}{20}$ €

7
Zeichne einen Kreis, teile ihn in 12 gleich große Sektoren und färbe

a) $\frac{7}{12}$ der Figur b) $\frac{1}{2}$ der Figur
c) $\frac{2}{3}$ der Figur d) $\frac{3}{4}$ der Figur.

8
Berechne und veranschauliche in geeigneter Weise den Bruchteil.

a) $\frac{3}{4}$ von 12 m b) $\frac{5}{8}$ von 16 h
c) 25 % von 2 kg d) 80 % von 1 km

9
Im Alltag werden die Begriffe Anteil und Bruchteil nicht immer sauber getrennt. Erkläre, was in den folgenden Teilaufgaben jeweils mit Anteil gemeint ist.

a) Pauls Anteil an der Sammlung der Klasse für die Jugendherberge beträgt 65 €.
b) Der Anteil der Miete an den Kosten für den Lebensunterhalt einer Familie beträgt 30 %.
c) Der Anteil $\frac{3}{8}$ von 24 kg beträgt 9 kg.
d) Anteile werden häufig in Prozent angegeben.

10
Welcher Anteil von der in der Klammer angegebenen Größe sind:

a) 70 g (1 kg) b) 350 g (1 kg)
c) 8 dm (1 m) d) 5 min (1 h)
e) 720 s (1 h) f) 75 mm (1 m)?

11
Aus einer Zahnpastatube mit 75 ml Inhalt kann man eine 2 m lange Zahnpastaschlange drücken.
Welcher Anteil des Tubeninhalts wird hier für einmal Zähneputzen verwendet?

12
Bei einem Einkauf von 500 € erhält Frau Haas 5 % Rabatt. Wie viel zahlt sie weniger?

13
Gib folgende Größen mit der nächst größeren Maßeinheit an.

a) $75\,cm^2$ b) 15 a c) 25 ha
d) 36 min e) 20 h f) $45\,dm^2$

14
Zeichenblocks und Schulhefte haben die Formate DIN A3, DIN A4 oder DIN A5. Diese Flächenformate ergeben sich durch dreimaliges, viermaliges bzw. fünfmaliges Halbieren aus dem DIN A0-Format. Dieses DIN A0-Format ist ein Rechteck mit dem Flächeninhalt $1\,m^2$.

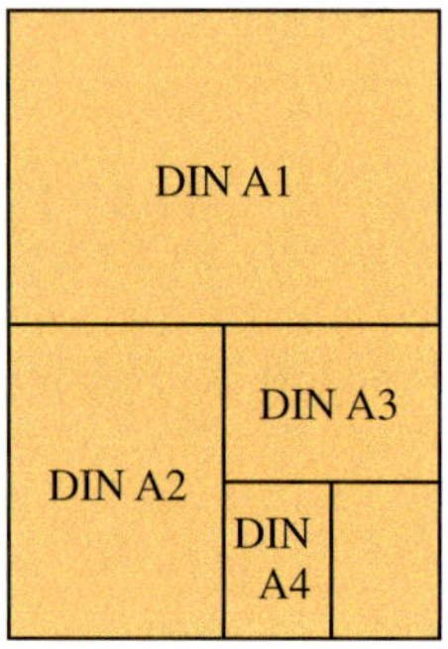

a) Welchen Bruchteil von $1\,m^2$ betragen die Flächeninhalte der Formate DIN A3, DIN A4 und DIN A5?
b) Berechne die Flächeninhalte der Formate aus Teilaufgabe a) in der Einheit cm^2.
c) Wie groß ist der Flächeninhalt einer Postkarte im Format DIN A6?
d) Gib den Anteil des Flächeninhaltes des DIN A6-Formates am Flächeninhalt deiner Heftseite an.

15
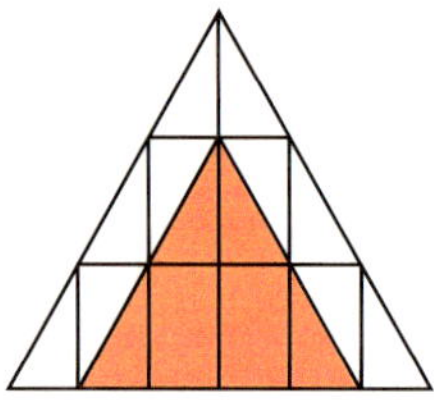

Welchen Anteil am des Flächeninhalt des großen Dreiecks veranschaulicht das rote Dreieck? Beschreibe, wie du die Lösung gefunden hast.

*16
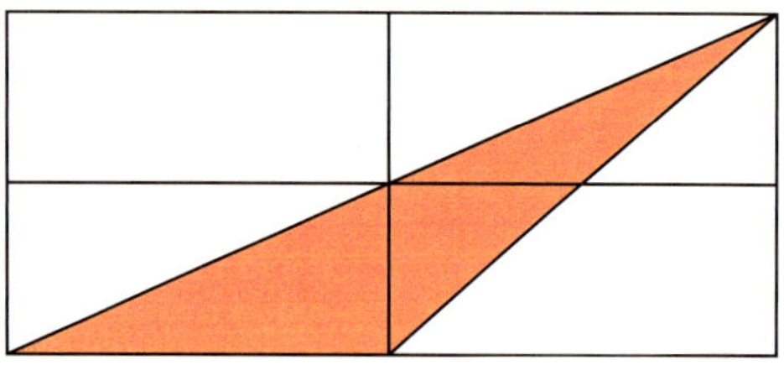

Wie groß ist der Anteil des Flächeninhaltes des roten Dreiecks am Flächeninhalt des Rechtecks? Beschreibe, wie du die Lösung gefunden hast.

*17
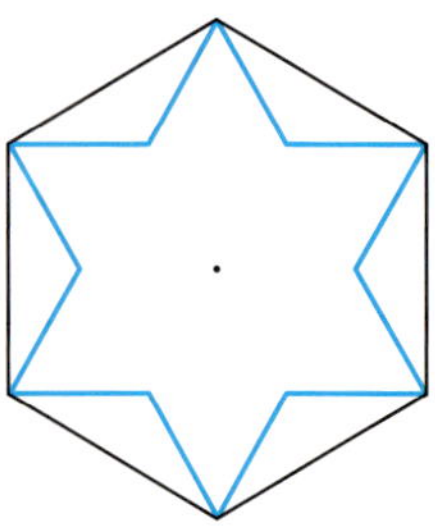

Zeichne das Sechseck und den Stern in einen Kreis mit dem Radius 4 cm.
Gib den Anteil des Flächeninhaltes des Sternes am Flächeninhalt des Sechsecks an.

18
Eine Klasse wird von 35 Kindern besucht. $\frac{3}{5}$ der Kinder sind Mädchen.

a) Veranschauliche den Sachverhalt an einem durch Felder unterteilten Rechteck. Wie viele Mädchen besuchen die Klasse?
b) Ändert sich der Anteil der Mädchen, wenn drei Mädchen und zwei Jungen die Klasse verlassen? Begründe deine Antwort. Das Rechteck hilft dir dabei.

19
Von den 540 Schülerinnen und Schülern einer Schule besuchen $\frac{7}{20}$ die Unterstufe, $\frac{8}{20}$ die Mittelstufe und $\frac{5}{20}$ die Oberstufe.

a) Wie viele Schülerinnen und Schüler besuchen die einzelnen Stufen?
b) Erstelle ein Kreisdiagramm, aus dem die Verteilung der Schülerinnen und Schüler auf die einzelnen Stufen ersichtlich ist. Beschrifte das Diagramm in geeigneter Weise.

20
Zwei Tippgemeinschaften spielen seit Jahren Lotto, die eine mit einem wöchentlichen Einsatz von 50 €, die andere mit einem wöchentlichen Einsatz von 30 €. Sie freuen sich, endlich zusammen 4800 € gewonnen zu haben.

a) Welchen Anteil haben die Tippgemeinschaften jeweils zum gesamten Einsatz geleistet? Veranschauliche den Sachverhalt in geeigneter Weise.
b) Wie ist der Gewinn gerecht auf die beiden Tippgemeinschaften zu verteilen? Wie viel Euro beträgt jeweils der Gewinn?

G21
Berechne jeweils für ein Rechteck die fehlenden Angaben.

	a)	b)	c)	d)	e)
a	0,75 dm	$\frac{1}{4}$ m	3,5 cm		
b	2 cm	8 dm		1,4 dm	4,5 cm
A			$35\,cm^2$	$28\,cm^2$	
U					2,66 dm

3 Erweitern und Kürzen

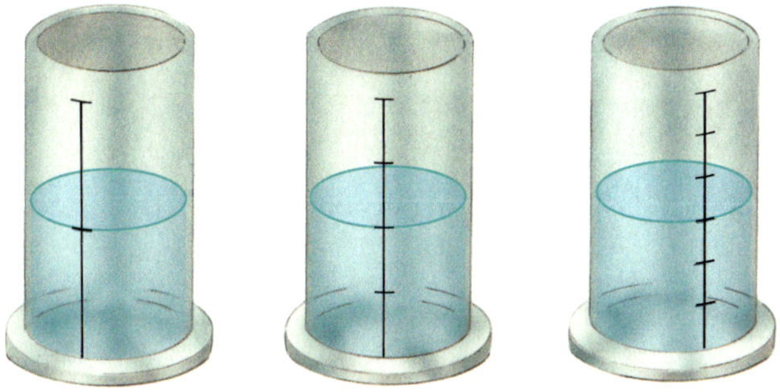

1

Die drei Messgefäße fassen jeweils einen Liter Flüssigkeit.

a) Wie müssen die drei Skalen beschriftet werden?

b) Wie viel *l* Flüssigkeit liest man an der jeweiligen Skala ab?

c) Wie muss eine Skala beschriftet werden, die doppelt so viele Messstriche besitzt wie die Skala des rechten Glases?

In der folgenden Figur wird der blau gezeichnete Bruchteil der Gesamtstrecke mit zwei verschiedenen Unterteilungen dargestellt. Der gleiche Bruchteil wird also durch zwei verschiedene Brüche dargestellt.

$\frac{3}{5}\,\text{dm} = \frac{3 \cdot 2}{5 \cdot 2}\,\text{dm} = \frac{6}{10}\,\text{dm}$

$\frac{6}{10}\,\text{dm} = \frac{6:2}{10:2} = \frac{3}{5}\,\text{dm}$

Ein Bruchteil ändert sich nicht, wenn man Zähler und Nenner des Bruches mit derselben natürlichen Zahl ($\neq 0$) multipliziert bzw. durch dieselbe natürliche Zahl dividiert.
Im ersten Fall sagt man, der Bruch wird **erweitert** und im zweiten Fall sagt man, der Bruch wird **gekürzt**.

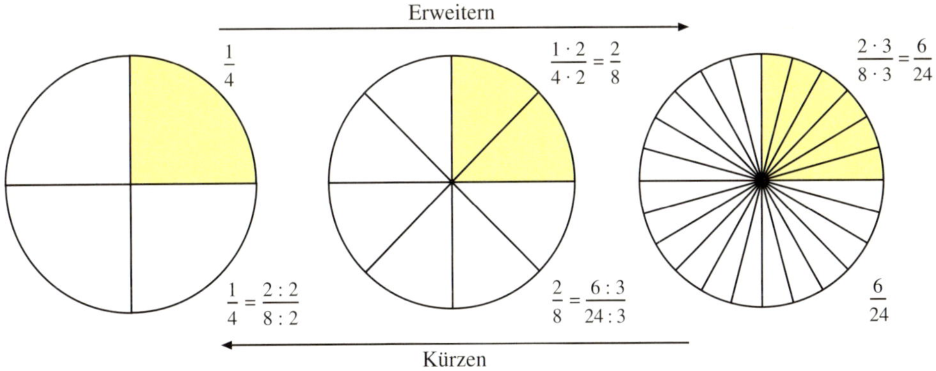

> **Erweitern:** Multipliziere Zähler und Nenner des Bruches mit derselben natürlichen Zahl ($\neq 0$).
> **Kürzen:** Dividiere Zähler und Nenner des Bruches durch dieselbe natürliche Zahl.
> Kürzen bzw. Erweitern eines Bruches ändert die Größe des Bruchteiles nicht.

Einen Anteil in Prozenten darstellen bedeutet, den Nenner durch Erweitern bzw. Kürzen des Bruches auf den Wert 100 zu bringen (vgl. Beispiel 4).

Ein Bruch ist vollständig gekürzt, wenn Zähler und Nenner keinen gemeinsamen Teiler haben (wenn also nicht mehr weiter gekürzt werden kann).

Beispiel 1

a) Erweitere $\frac{4}{7}$ mit 3. b) Kürze $\frac{36}{48}$ mit 12.

Lösung:

a) $\frac{4}{7} = \frac{4 \cdot 3}{7 \cdot 3} = \frac{12}{21}$ b) $\frac{36}{48} = \frac{36:12}{48:12} = \frac{3}{4}$

Beispiel 2

Erweitere den Bruch $\frac{3}{8}$ so, dass er den Nenner 1000 erhält.

Lösung:

$\frac{3}{8} = \frac{3 \cdot \square}{8 \cdot \square} = \frac{3 \cdot \square}{1000}$

Die Zahl, mit der zu erweitern ist, erhält man folgendermaßen:

$1000 : 8 = 125$.

$\frac{3}{8} = \frac{3 \cdot 125}{8 \cdot 125} = \frac{375}{1000}$

Beispiel 3

Kürze den Bruch $\frac{36}{54}$ vollständig.

Lösung:

$\frac{36}{54} = \frac{36:9}{54:9} = \frac{4}{6} = \frac{4:2}{6:2} = \frac{2}{3}$

Es geht auch in einem Schritt:

$\frac{36}{54} = \frac{36:18}{54:18} = \frac{2}{3}$

Beispiel 4

Gib a) $\frac{7}{25}$ und b) $\frac{70}{500}$ in Prozent an.

Lösung:

a) $\frac{7}{25} = \frac{7 \cdot 4}{25 \cdot 4} = \frac{28}{100} = 28\,\%$

b) $\frac{70}{500} = \frac{70:5}{500:5} = \frac{14}{100} = 14\,\%$

Aufgaben

Lösungssalat zu 2:

2

Mit welcher Zahl wurde erweitert bzw. gekürzt?

a) $\frac{2}{5} = \frac{6}{15}$ b) $\frac{3}{4} = \frac{12}{16}$ c) $\frac{30}{42} = \frac{5}{7}$

d) $\frac{2}{7} = \frac{16}{56}$ e) $\frac{91}{117} = \frac{7}{9}$ f) $\frac{13}{19} = \frac{117}{171}$

3

Erweitere

a) $\frac{4}{5}$ mit 7 b) $\frac{6}{7}$ mit 8 c) $\frac{17}{35}$ mit 30

d) $\frac{15}{22}$ mit 12 e) $\frac{24}{25}$ mit 25 f) $\frac{44}{51}$ mit 3

4

Kürze

a) $\frac{18}{45}$ mit 9 b) $\frac{51}{85}$ mit 17

c) $\frac{39}{104}$ mit 13 d) $\frac{375}{875}$ mit 125

e) $\frac{161}{207}$ mit 23 f) $\frac{185}{296}$ mit 37

5

32 = H 9 = T
35 = A 76 = S
48 = L 45 = E
Wenn du es richtig gemacht hast, erhältst du den Namen eines griechischen Philosophen und Mathematikers. Was steht über ihn im Lexikon? Berichte.

Übertrage ins Heft und ergänze die fehlende Zahl.

a) $\frac{3}{5} = \frac{\square}{15}$ b) $\frac{3}{8} = \frac{12}{\square}$ c) $\frac{5}{7} = \frac{25}{\square}$

d) $\frac{5}{8} = \frac{30}{\square}$ e) $\frac{9}{16} = \frac{\square}{80}$ f) $\frac{19}{25} = \frac{\square}{100}$

Ordne die Buchstaben, die den Lösungszahlen zugeordnet sind, in der Reihenfolge der Teilaufgaben.

6

Erweitere $\frac{4}{5}$ mit 2 (3; 5) und veranschauliche diese Erweiterung an einer Zeichnung.

7

Kürze vollständig.

a) $\frac{12}{18}$ b) $\frac{12}{48}$ c) $\frac{16}{96}$ d) $\frac{6^2}{38}$

e) $\frac{56}{63}$ f) $\frac{48}{72}$ g) $\frac{85}{102}$ h) $\frac{4^3}{160}$

8

Erweitern und Kürzen von Brüchen kann man in der abgebildeten Weise an einem Rechteck veranschaulichen.

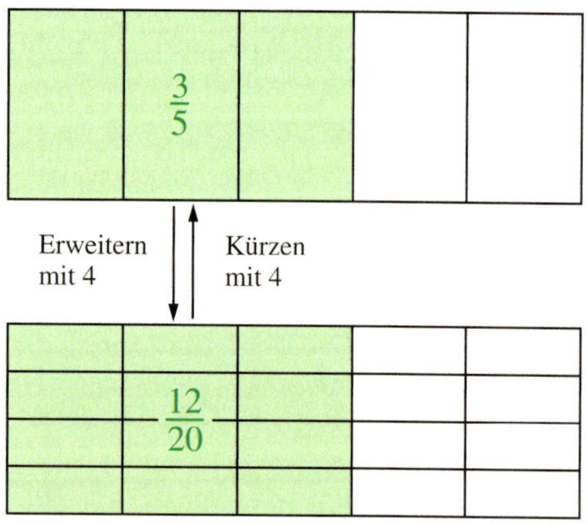

Veranschauliche in gleicher Weise

a) das Erweitern von $\frac{4}{7}$ mit 3

b) das Kürzen von $\frac{20}{36}$ mit 4.

9

Gib als vollständig gekürzten Bruch an.

a) 14 % b) 30 % c) 60 % d) 21 %

Bedenke:
Manchmal geht es mit Kürzen einfacher.

10

Bringe beide Brüche auf einen gleichen Nenner.

a) $\frac{1}{4}; \frac{1}{2}$ b) $\frac{2}{3}; \frac{1}{6}$ c) $\frac{2}{6}; \frac{4}{9}$
d) $\frac{3}{25}; \frac{7}{15}$ e) $\frac{21}{35}; \frac{4}{10}$ f) $\frac{5}{11}; \frac{7}{12}$
g) $\frac{5}{8}; \frac{7}{10}$ h) $\frac{12}{30}; \frac{2}{10}$ i) $\frac{5}{9}; \frac{7}{24}$

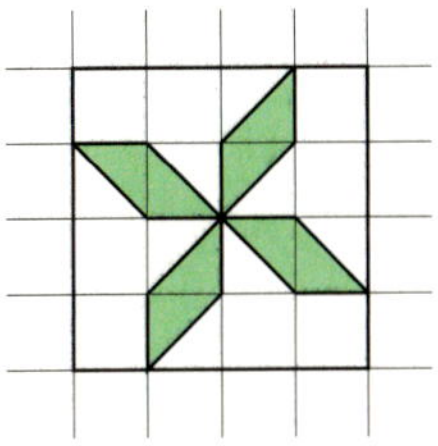

11

a) Zeichne ein Windrad, wie in der nebenstehenden Figur, in ein Quadrat mit 8 cm Seitenlänge.
b) Um welchen Winkel muss man die Figur mindestens drehen, damit sie mit sich zur Deckung kommt?
c) Welchen Bruchteil vom Flächeninhalt des großen Quadrates macht sein Flächeninhalt aus?
Durch welche Überlegungen hast du die Lösung gefunden?

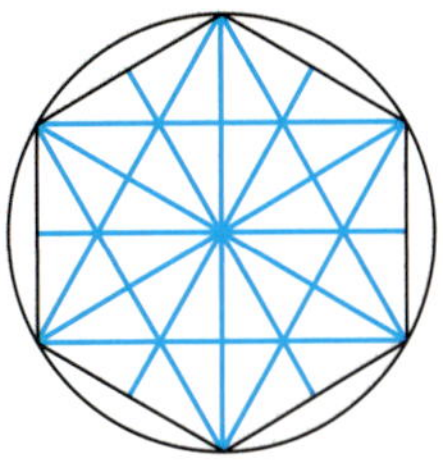

*12

Zeichne ein Sechseck in einen Kreis mit einem Radius von 4 cm Länge und überdecke es nach dem Muster der nebenstehenden Figur mit einem Dreiecksparkett.
Für die folgenden Teilaufgaben färbe jeweils eine zusammenhängende Figur aus Teildreiecken so ein, dass eine symmetrische Figur entsteht.
a) Veranschauliche den Bruch $\frac{10}{36}$ durch eine achsensymmetrische Figur.
b) Warum lässt sich der Bruch mit dem Wert $\frac{1}{4}$ nicht durch eine achsensymmetrische Figur veranschaulichen?
c) Veranschauliche den Bruch $\frac{1}{4}$ durch eine Figur, die bei Drehung (< 360°) um ihren Mittelpunkt mit sich zur Deckung kommt.
d) Welche Brüche mit dem Nenner 36 lassen sich durch eine Figur mit genau zwei Symmetrieachsen veranschaulichen? Zeichne eine dieser Figuren. Welche Lage haben die Symmetrieachsen zueinander?
e) Überdecke ein neues Sechseck mit einem Parkett aus Drachenvierecken. Überlege dir zu diesem Parkett ähnliche Fragen und stelle sie deinen Mitschülerinnen und Mitschülern.
Beurteile die angebotenen Lösungen.

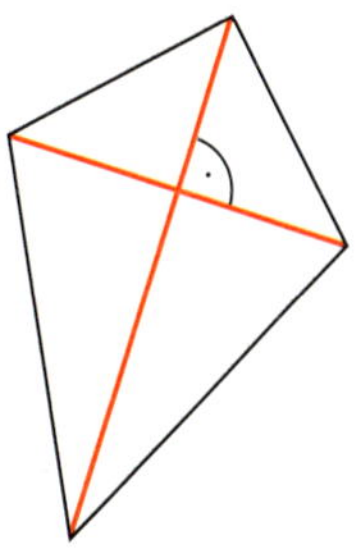

Bei einem Drachenviereck wird eine Diagonale durch die andere rechtwinkelig halbiert.

13

Gib folgende Anteile in Prozent an.

a) $\frac{3}{4}$ b) $\frac{76}{400}$ c) $\frac{27}{60}$ d) $\frac{3}{8}$

Warum gibt es bei d) Probleme?

14

Gib alle Brüche mit dem Nenner 30 und einem Zähler kleiner als 30 an, die
a) sich nicht mehr kürzen lassen,
b) sich nur mit 2 kürzen lassen,
c) sich nur mit 3 kürzen lassen,
d) sich nur mit 5 kürzen lassen,
e) sich nur mit 2, 3, 6 kürzen lassen.

15

Versuche durch Erweitern oder Kürzen zu erreichen, dass der Nenner eine Zehnerpotenz wird. Kannst du einen Grund nennen, warum dein Versuch nicht immer gelingt?

a) $\frac{17}{25}$ b) $\frac{5}{32}$ c) $\frac{18}{375}$ d) $\frac{20}{375}$

16

Jedem Bruch kann man einen Punkt im Koordinatensystem zuordnen, wenn man den Nenner als x-Koordinate und den Zähler als y-Koordinate wählt. Dem Bruch $\frac{3}{4}$ wird auf diese Weise der Punkt P(4|3) zugeordnet.
Zeichne ein Koordinatensystem und trage die Punkte für folgende Brüche ein:

$\frac{2}{3}; \frac{3}{4}; \frac{4}{6}; \frac{6}{8}; \frac{6}{9}; \frac{8}{12}; \frac{9}{12}; \frac{12}{16}$

Zeichne Punkte, die wertgleichen Brüchen zugeordnet sind, mit gleicher Farbe.

G17

Wie ändert sich der Wert des Quotienten in den folgenden Fällen? Betrachte zu jedem Fall Beispiele.
a) Bei gleich bleibendem Dividenden wird der Divisor verdoppelt (halbiert).
b) Der Dividend und der Divisor werden verdreifacht.
c) Der Dividend wird verdreifacht und der Divisor halbiert.

G18

Eine Division mit dem Divisor 117 geht nicht auf. Welche Werte für den Rest sind möglich?

4 Brüche als Quotienten

1
Die vier Geschwister Tobias, Eva, Karin und Carsten wollen drei Crêpes gerecht untereinander teilen.
Wie möchte Eva die Crêpes aufschneiden?
Gib noch andere Möglichkeiten an, wie man die Crêpes gerecht teilen kann.

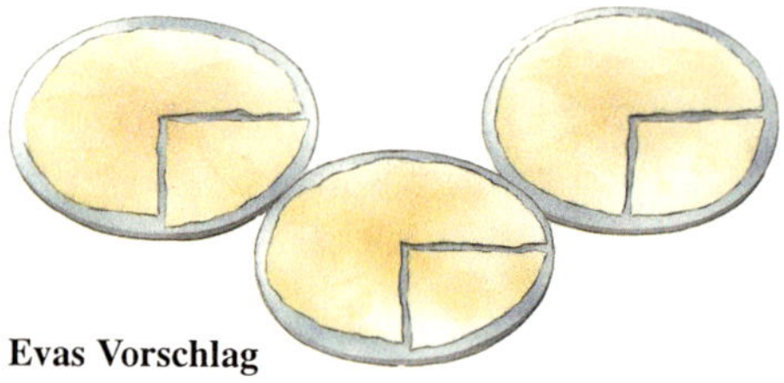
Evas Vorschlag

Bisher bestimmte man $\frac{2}{3}$ eines Ganzen folgendermaßen:
Man teilt das Ganze in drei Teile und nimmt zwei Teile davon.

Man kann aber auch zwei Ganze in drei Teile teilen.

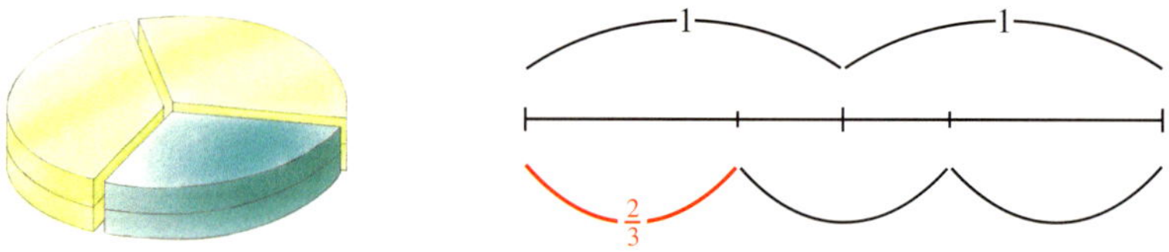

Man erkennt: $\frac{2}{3} = 2:3$

Entsprechend kann man auch $\frac{3}{2}$ eines Ganzen auf zweifache Weise erhalten.

Man teilt das Ganze in zwei Teile und nimmt drei solcher Teile.

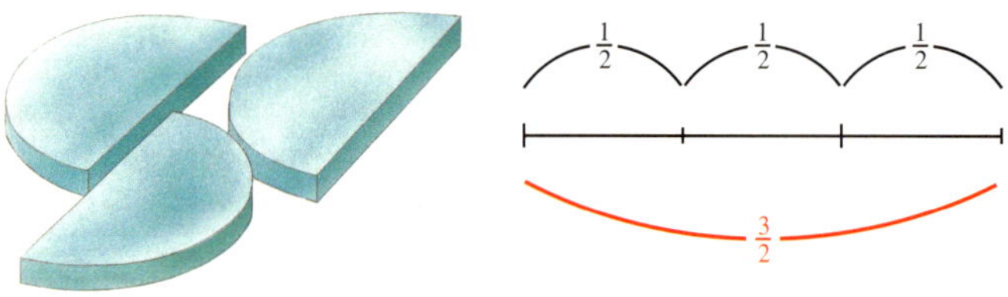

Man kann aber auch drei Ganze in zwei Teile teilen.

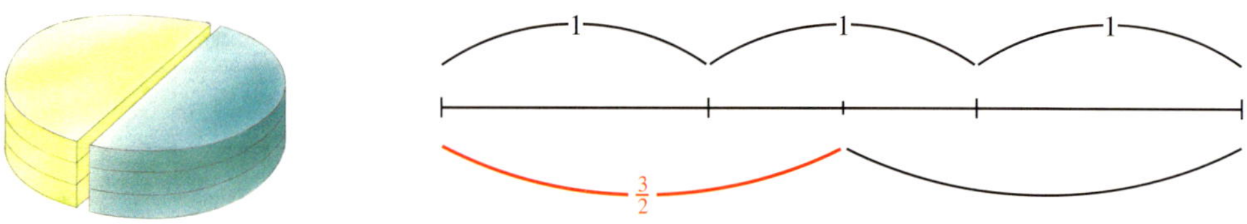

Man erkennt $\frac{3}{2} = 3:2$

Der Zähler darf auch 0 sein.

Beachte:
$\frac{0}{4} = 0:4 = 0$,
aber $\frac{4}{0}$ ergibt keine Zahl, weil man durch Null nicht dividieren darf.

Den Quotienten $z:n$ zweier natürlicher Zahlen kann man auch als Bruch $\frac{z}{n}$ schreiben.
Es gilt: $z:n = \frac{z}{n}$ z. B. $5:7 = \frac{5}{7}$

„zu" bedeutet „dividiert durch"

Den Quotienten zweier Größen der gleichen Art bezeichnet man als **Verhältnis**.
Das Verhältnis $12\,\text{kg} : 15\,\text{kg} = 12 : 15 = \frac{12}{15} = \frac{4}{5}$ gibt den Anteil $\frac{4}{5}$ an, den der Bruchteil 12 kg vom Ganzen 15 kg ausmacht.
Man sagt: 12 kg verhalten sich zu 15 kg wie 4 zu 5.
In einem Verhältnis kann der Zähler auch größer als der Nenner sein.

Beispiel 1
Schreibe als Bruch und kürze.
a) 18 : 45 b) 132 : 77
Lösung:
a) $18:45 = \frac{18}{45} = \frac{18:9}{45:9} = \frac{2}{5}$
b) $132:77 = \frac{132}{77} = \frac{132:11}{77:11} = \frac{12}{7}$

Beispiel 2
Berechne den Anteil 120 kg von 1,5 t.
Lösung:
120 kg von 1,5 t = 120 kg von 1500 kg
$= 120\,\text{kg} : 1500\,\text{kg} = 120 : 1500 =$
$= \frac{120}{1500} = \frac{120:60}{1500:60} = \frac{2}{25}$

Beispiel 3
Rechne $\frac{7}{8}$ km in Meter um.
Lösung:
1. Möglichkeit:
$\frac{7}{8}\,\text{km} = \left(\frac{1}{8}\,\text{km}\right) \cdot 7 = (1\,\text{km} : 8) \cdot 7 =$
$= 125\,\text{m} \cdot 7 = 875\,\text{m}$
2. Möglichkeit:
$\frac{7}{8}\,\text{km} = 7\,\text{km} : 8 = 7000\,\text{m} : 8 = 875\,\text{m}$

Beispiel 4
Wie viel km sind 625 m?
Lösung:
$625\,\text{m} = \frac{625}{1000}\,\text{km} = \frac{5 \cdot 125}{8 \cdot 125}\,\text{km} = \frac{5}{8}\,\text{km}$

Aufgaben

2
Schreibe als Bruch und kürze, falls möglich.
a) 3 : 6 b) 11 : 99 c) 51 : 48 d) 23 : 92
e) 9 : 6 f) 72 : 48 g) 96 : 37 h) 213 : 99

3
Schreibe $\frac{7}{3}$ als Quotient mit
a) dem Dividenden 14, b) dem Divisor 15,
c) dem Dividenden 77, d) dem Divisor 36,
e) dem Dividenden 147, f) dem Divisor 51.

Zur Erinnerung:
6 : 3 = 2
Dividend
Divisor

4
Gib mit der in Klammern stehenden Maßeinheit an. Rechne jeweils auf zwei Arten.
a) $\frac{7}{12}$ h (min) b) $\frac{7}{8}$ m (mm)
c) $\frac{3}{4}$ d (h) d) $\frac{3}{8}$ kg (g)
e) $\frac{22}{5}$ kg (g) f) $\frac{167}{20}$ ha (a)

5
Gib mit der nächstgrößeren Maßeinheit an.
a) 225 m b) 48 min c) 15 h

6

Wie lange dauert eine Umdrehung der Antriebswelle des Motors?

7
Ein 2,1 m langer Stab wird in zwei Teile zersägt, die sich wie 4 zu 3 verhalten.
a) Wie groß ist der Anteil der beiden Teile an der Gesamtlänge des Stabes? Veranschauliche den Sachverhalt an einer geeigneten Skizze.
b) Welchen Maßstab hat deine Skizze?
c) Wie lang sind die beiden Teile?

Lösungssalat zu 8:

8

Welchen Anteil bilden

a) 14 kg von 35 kg, b) 36 min von 2 h,
c) 360 m von 2,4 km, d) 420 kg von 1,12 t?

9

Die Entfernung (Luftlinie) von Schwandorf nach Schweinfurt beträgt 158 km.

Erinnerung:
Den Quotienten aus der Länge in der Karte und der Länge in Wirklichkeit bezeichnet man als Maßstab.

a) Ermittle den Maßstab der Karte.
b) Wie groß ist die Entfernung (Luftlinie) von Lauf nach Schweinfurt?
c) Ein Autofahrer fährt auf der Autobahn von Lauf nach Schweinfurt. Wie groß ist der Anteil der zurückgelegten Strecke an der Gesamtstrecke, wenn er bis Forchheim gekommen ist?
d) Wie verhält sich die Luftlinienentfernung Lauf – Schweinfurt zur Länge der Autobahnverbindung der beiden Städte? Gib das Verhältnis auch näherungsweise in Prozent an.

Johannes Kepler
1571–1630
Wer war J. Kepler? Mache dich kundig und berichte.

10

Am Kepler-Gymnasium besuchen 378 Schülerinnen und Schüler die Unterstufe, 432 die Mittelstufe und 270 die Oberstufe. Gib die Verteilung auf die einzelnen Stufen in Prozent an.

11

Ein 3 mm langer Floh kann 60 cm weit springen. Ein Mensch von 1,80 m Körperlänge bringt es nur auf etwa 9 m (Weltrekord). Wie weit müsste ein Mensch springen, um es einem Floh gleichzutun?

Tipp:
Betrachte das Verhältnis von Körperlänge zu Sprungweite.

12

Ermittle anhand eines Stapels Kopierpapier die Dicke eines Blattes.
Beschreibe dein Vorgehen.

13

Legt man 12 Computerdisketten aufeinander, so erhält man einen 4 cm dicken Stapel.

a) Wie dick (in cm) ist eine Diskette?
b) Wie hoch ist ein Stapel mit 18 Disketten?
c) Wie viele Disketten enthält ein 5 cm hoher Stapel?

14

Eine Kuh gibt etwa achtmal so viel Milch wie ein Schaf und etwa siebenmal so viel wie eine Ziege.

a) Wie viel Milch liefert ein Schaf und wie viel eine Ziege pro Jahr, wenn eine Kuh im jährlichen Durchschnitt 4200 *l* Milch gibt?
b) Welchen Bruchteil der jährlichen Milchleistung einer Ziege liefert ein Schaf?

15

Für die Herstellung von Mischbrot werden Roggenmehl und Weizenmehl im Verhältnis 3 zu 2 gemischt. Wie viel Roggenmehl muss man mit 6 kg Weizenmehl mischen?

16

Wenn Lena mit ihrem Vater wandert, dann muss sie immer acht Schritte machen, während er nur fünf Schritte macht.

a) Mache eine geeignete Skizze und gib das Verhältnis der Schrittlängen an.
b) Wie viele Schritte muss Lena machen, wenn der Vater 1000 Schritte macht?

G17

Gegeben sind die Punkte A (1|–2), B (3|2), C (–3|0) und die Gerade g = AB.

a) Zeichne die Gerade h durch den Punkt C, die parallel zur Gerade g ist.
b) Welchen Abstand haben g und h?
c) Zeichne die Senkrechte s zur Geraden g durch den Punkt C. Gib die Koordinaten des Schnittpunktes von s und g an.
d) Bestimme den Flächeninhalt des Dreiecks ABC näherungsweise.

5 Bruchzahlen

1

Bei Modelleisenbahnanlagen gibt es die abgebildeten Gleise. Zwei $\frac{1}{2}$-Gleise, vier $\frac{1}{4}$-Gleise, acht $\frac{1}{8}$-Gleise usw. sind zusammen so lang wie ein $\frac{1}{1}$-Gleis. Wie viele $\frac{1}{2}$- ($\frac{1}{4}$-, $\frac{1}{8}$-)Gleise sind zusammen so lang wie ein Gleisstück, das aus einem $\frac{1}{2}$-Gleis und $\frac{1}{1}$-Gleis zusammengesetzt wurde?

$\frac{1}{1}$-Gleis:

$\frac{1}{2}$-Gleis:

$\frac{1}{4}$-Gleis:

$\frac{1}{8}$-Gleis:

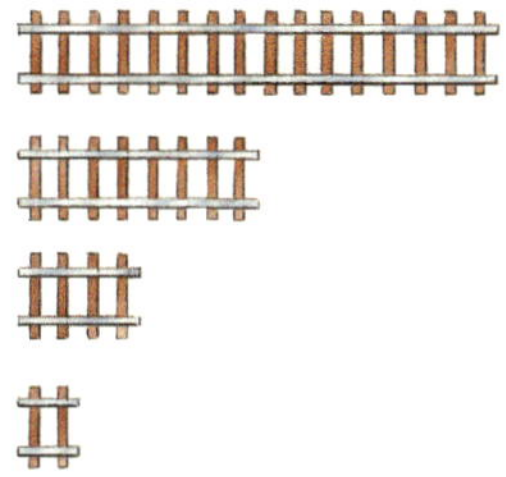

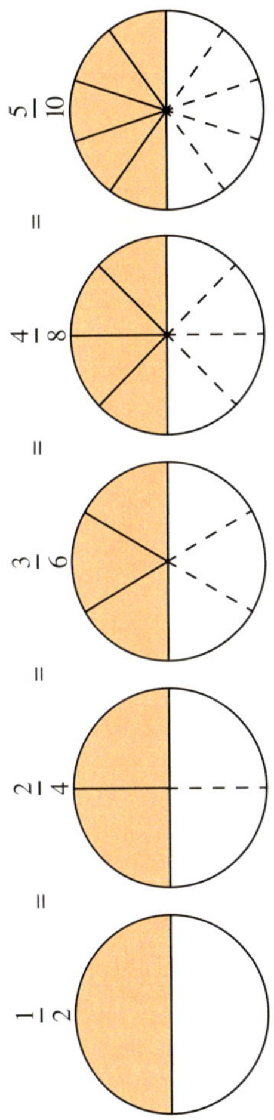

Ein Anteil kann durch viele Brüche angegeben werden, z. B.:
$\frac{3}{4} = \frac{6}{8} = \frac{18}{24}$ … Diese Brüche bezeichnen dieselbe **Bruchzahl**.

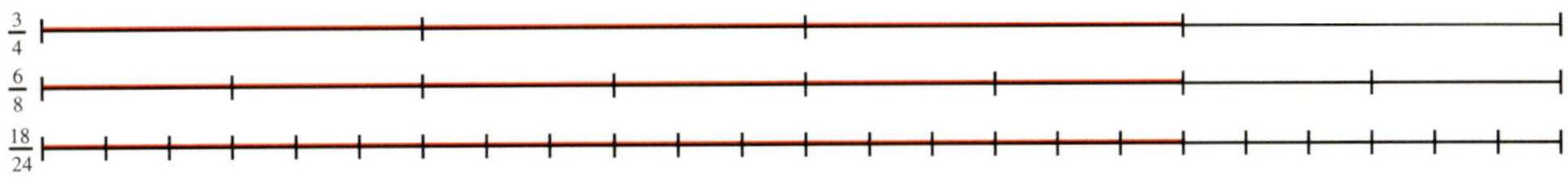

Auch natürliche Zahlen können durch Brüche angegeben werden, z. B.:

$1 = \frac{1}{1} = \frac{2}{2} = \frac{3}{3} = \frac{4}{4} = \frac{5}{5}$ …; $2 = \frac{2}{1} = \frac{4}{2} = \frac{6}{3} = \frac{8}{4}$ …; $3 = \frac{3}{1} = \frac{6}{2} = \frac{9}{3} = \frac{12}{4}$ …

Jeder Bruchzahl entspricht ein Punkt am Zahlenstrahl, der durch einen der wertgleichen Brüche gekennzeichnet werden kann.

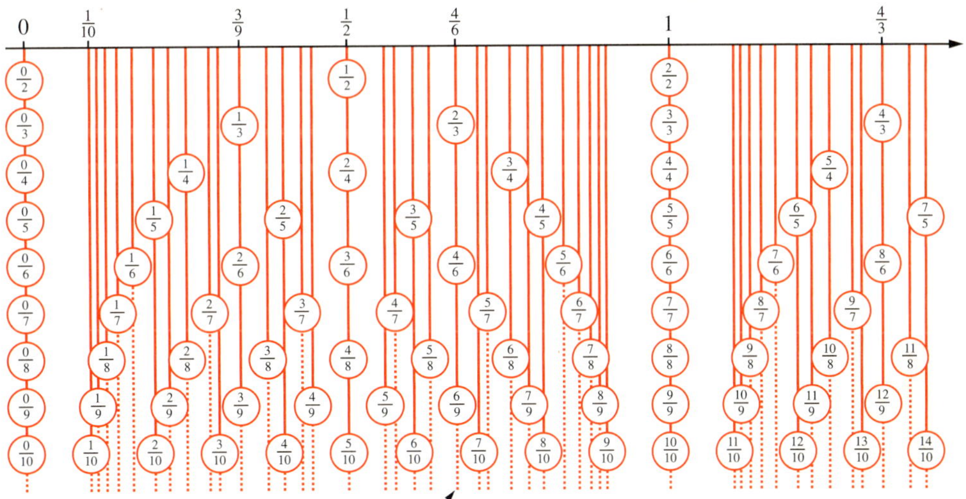

Wir erkennen z.B.: $\frac{2}{3} = \frac{4}{6} = \frac{6}{9}$

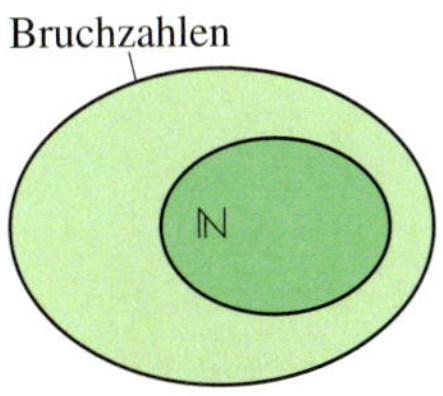

Zahlen, die man durch Brüche angeben kann, heißen **Bruchzahlen**.
Eine Bruchzahl kann durch verschiedene wertgleiche Brüche angegeben werden.
Jede natürliche Zahl ist auch eine Bruchzahl.

Bruchzahlen > 1 werden vielfach in der so genannten **gemischten Schreibweise** angegeben:
$\frac{7}{3} = 7:3 = (6+1):3 = 6:3 + 1:3 = 2 + \frac{1}{3} = 2\frac{1}{3}$
Bei gemischter Schreibweise lässt sich leichter erkennen, wo die Zahl am Zahlenstrahl einzutragen ist:

Beispiel 1
Zeichne einen Zahlenstrahl mit passend gewählter Einheit und trage folgende Brüche ein:
$\frac{1}{3}$; $\frac{1}{2}$; $\frac{5}{3}$; $\frac{1}{6}$; $\frac{2}{6}$; $\frac{5}{6}$; $\frac{10}{6}$; $\frac{10}{3}$
Lösung:
Wir wählen als Einheit die kleinste Zahl, in der alle Nenner enthalten sind, also 6. Wir bringen dann alle Brüche auf den Nenner 6.

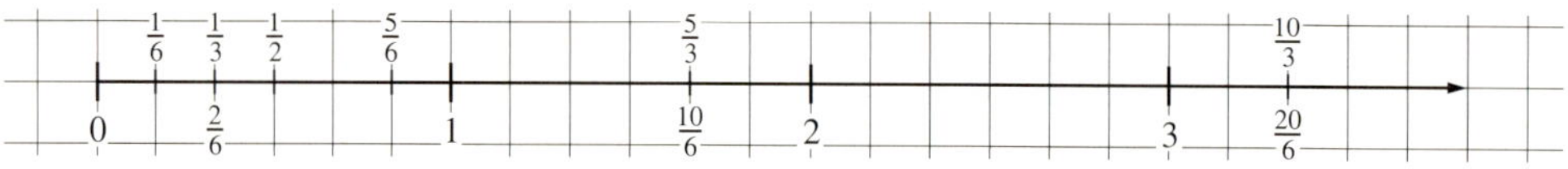

Beispiel 2
Stelle $\frac{25}{8}$ in gemischter Schreibweise dar.
Lösung:
$\frac{25}{8} = 25:8 = (24+1):8 = 3 + \frac{1}{8} = 3\frac{1}{8}$

Beispiel 3
Schreibe $2\frac{3}{5}$ als Bruch.
Lösung:
$2\frac{3}{5} = 2 + \frac{3}{5} = \frac{10}{5} + \frac{3}{5} = \frac{13}{5}$

Aufgaben

Zähler „3" Nenner „5".

2
$\frac{2}{3}$; 40 %; $\frac{8}{12}$; $\frac{2}{5}$; $\frac{27}{5}$; $\frac{4}{6}$; $2\frac{4}{10}$; $\frac{4}{10}$; $\frac{3^3}{5}$
Wie viele verschiedene Bruchzahlen sind das?

3
Gib in gemischter Schreibweise an.
a) $\frac{25}{7}$ b) $\frac{81}{36}$ c) $\frac{48}{15}$ d) $\frac{275}{5^3}$

4
Mit einem weißen und einem roten Würfel kann man Brüche würfeln. Die Würfel zeigen den gewürfelten Bruch $\frac{3}{5}$.
Wie viele verschiedene Bruchzahlen kann man mit den Würfeln werfen?
Gib sie, wenn möglich, in gemischter Schreibweise oder als natürliche Zahlen an.

5
Schreibe folgende Bruchzahlen als Brüche:
a) $3\frac{5}{8}$ b) $7\frac{3}{5}$ c) $17\frac{4}{9}$

6
Zeichne einen Zahlenstrahl mit einer geeigneten Einheit und trage folgende Bruchzahlen ein: $\frac{1}{2}$; $\frac{1}{5}$; $1\frac{2}{5}$; $\frac{7}{10}$; $\frac{5}{10}$; $\frac{14}{10}$.

7
Welche Bruchzahlen sind auf den Zahlenstrahlen rot (grün) markiert?
Gib, wenn möglich, je Bruchzahl zwei Schreibweisen an.

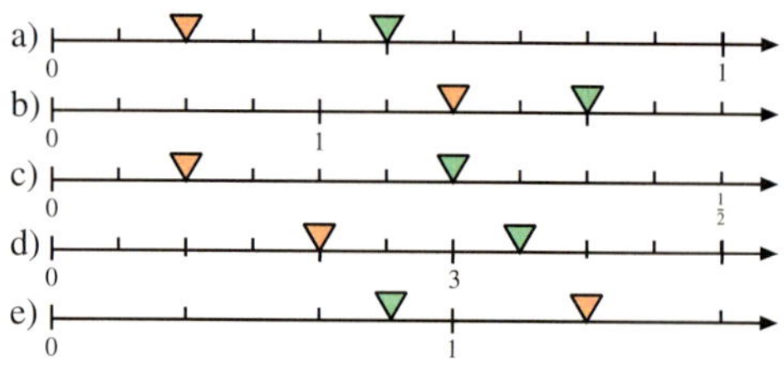

G8
Addiere zur Differenz von 97 und 58 die Differenz, deren Minuend 189 und deren Subtrahend die Summe aus 119 und 24 ist.

6 Vergleichen von Bruchzahlen

1
Die Zettel hängen der Größe ihrer Zahlen nach an der Wäscheleine. Wo sind die restlichen Zettel aufzuhängen?

Brüche lassen sich auf verschiedene Weisen vergleichen.

$6:3=2$
$9:3=3$
$12:3=4$
$15:3=5$
Bei gleich bleibendem Divisor wächst der Wert des Quotienten mit wachsendem Dividenden.

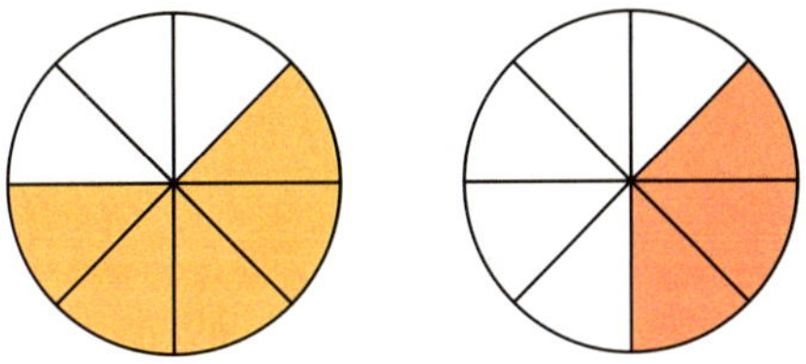

$\frac{5}{8} > \frac{3}{8}$

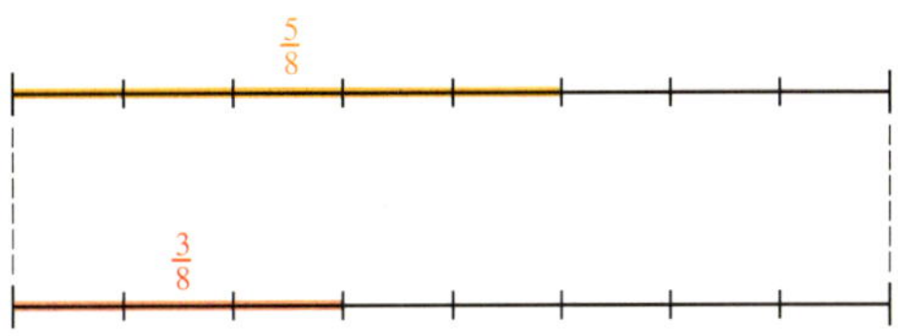

Haben die Brüche gleiche Nenner, so ist derjenige Bruch größer, der den größeren Zähler hat.

$12:6=2$
$12:4=3$
$12:3=4$
$12:2=6$
Bei gleichem Dividenden wächst der Wert des Quotienten mit kleiner werdendem Divisor.

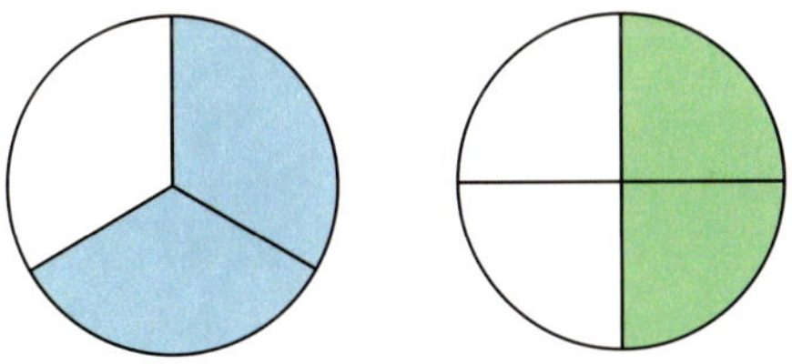

$\frac{2}{3} > \frac{2}{4}$

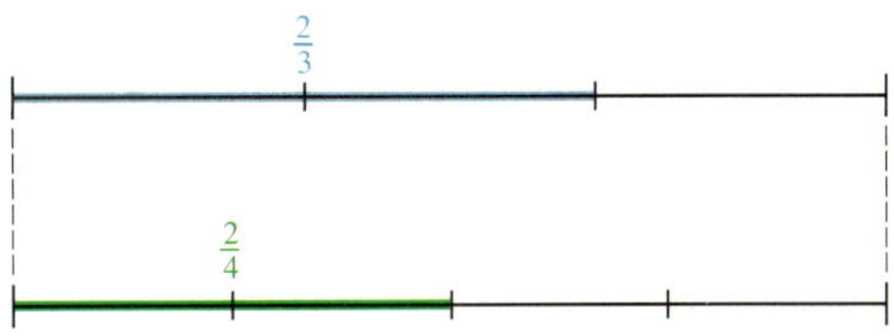

Haben zwei Brüche den gleichen Zähler, so ist derjenige Bruch größer, der den kleineren Nenner hat.

Manchmal geht es schneller ohne kgV:
$\frac{15}{35} > \frac{4}{10}$, *denn* $\frac{150}{350} > \frac{140}{350}$.

Um die Brüche $\frac{17}{24}$ und $\frac{11}{16}$ zu vergleichen, bringen wir beide auf den gleichen Nenner.
Brüche mit gleichem Nenner nennt man **gleichnamig**.
Als gemeinsamen Nenner wählt man zweckmäßigerweise meist die kleinste Zahl, in der die beiden Nenner, hier also 24 und 16, enthalten sind.
Diese Zahl nennt man das **kleinste gemeinsame Vielfache** (kgV) von 24 und 16.

kgV (24; 16) = 48 $\quad 48 = 2 \cdot 24 = 3 \cdot 16$

Es gilt: $\frac{17}{24} = \frac{17 \cdot 2}{24 \cdot 2} = \frac{34}{48} \qquad \frac{11}{16} = \frac{11 \cdot 3}{16 \cdot 3} = \frac{33}{48}$ $\qquad$ Also gilt: $\frac{17}{24} > \frac{11}{16}$

Brüche können verglichen werden, indem man sie durch Erweitern oder Kürzen gleichnamig macht oder auf den gleichen Zähler bringt.
Sind die Brüche gleichnamig, so gehört der Bruch mit dem größeren Zähler zur größeren Bruchzahl.
Haben die Brüche gleiche Zähler, so gehört der Bruch mit dem größeren Nenner zur kleineren Bruchzahl.

Manchmal lassen sich Brüche auch gut vergleichen, indem man beide Brüche mit einer dritten Bruchzahl vergleicht:

$\frac{9}{10} < \frac{13}{12}$, denn $\frac{9}{10} < 1$ und $\frac{13}{12} > 1$

$\frac{4}{7} > \frac{5}{11}$, denn $\frac{4}{7} > \frac{1}{2}$ und $\frac{5}{11} < \frac{1}{2}$

Beispiel
Vergleiche a) $\frac{5}{12}$ und $\frac{4}{9}$ b) $\frac{5}{37}$ und $\frac{3}{26}$.
Lösung:
a) Man macht die Brüche gleichnamig.
kgV (12; 9) = 36 $\frac{5}{12} = \frac{15}{36}$; $\frac{4}{9} = \frac{16}{36}$; $\frac{15}{36} < \frac{16}{36}$ Also gilt: $\frac{5}{12} < \frac{4}{9}$
b) Man bringt die Brüche auf den gleichen Zähler, weil Gleichnamigmachen sehr große Nenner liefert.
kgV (5; 3) = 15 $\frac{5}{37} = \frac{15}{111}$; $\frac{3}{26} = \frac{15}{130}$; $\frac{15}{111} > \frac{15}{130}$ Also gilt: $\frac{5}{37} > \frac{3}{26}$

Aufgaben

2
Welche Bruchzahl ist größer?
a) $\frac{3}{5}$; $\frac{4}{5}$ b) $\frac{5}{12}$; $\frac{5}{13}$ c) $\frac{2}{3}$; $\frac{3}{4}$
d) $\frac{5}{7}$; $\frac{16}{21}$ e) 75 %; $\frac{4}{5}$ f) 0,2; 25 %

3
Die zweite Bruchzahl soll größer sein als die erste. Welche natürlichen Zahlen können für x eingesetzt werden?
a) $\frac{5}{9}$; $\frac{x}{9}$ b) $\frac{x}{6}$; $\frac{1}{2}$ c) $\frac{13}{x}$; $\frac{13}{18}$
d) $\frac{27}{31}$; $\frac{27}{x}$ e) $\frac{25}{1}$; $\frac{25}{x}$ f) $\frac{x}{4}$; $\frac{3}{2}$

4
Ordne der Größe nach, mit der kleinsten Bruchzahl beginnend.
a) $\frac{3}{4}$; $\frac{1}{2}$; $\frac{1}{3}$; $\frac{7}{12}$ b) $\frac{2}{13}$; $\frac{3}{17}$; $\frac{5}{21}$
c) $\frac{6}{7}$; $\frac{7}{8}$; $\frac{8}{9}$; 90 % d) 0,1; 6 %; $\frac{21}{300}$

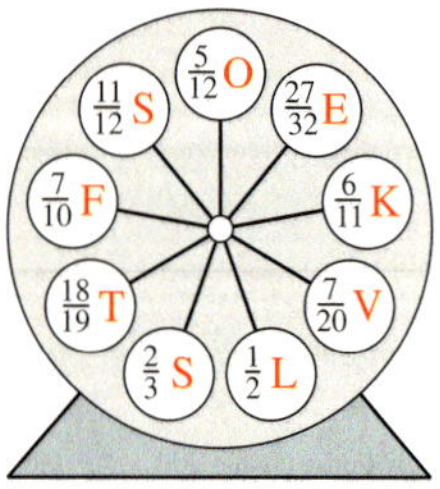

5
Welches Wort ergibt sich, wenn du die Bruchzahlen auf der Randspalte der Größe nach ordnest?
Beginne mit der kleinsten.

6
Die Zahl auf dem roten Zettel soll die größte, die auf dem blauen die kleinste sein.
Ergänze die fehlenden Ziffern mit möglichst wenig Rechenaufwand.
In welchem Fall gibt es mehrere Möglichkeiten?

7
Auf dem Zahlenstrahl wird die Strecke von $\frac{1}{2}$ bis $\frac{3}{4}$ in drei gleiche Teile geteilt.
Welche Bruchzahlen gehören zu den Teilpunkten?
Veranschauliche die Lösung am Zahlenstrahl.

8
Gib drei Brüche an, die zwischen $\frac{1}{7}$ und $\frac{1}{9}$ liegen.
Tipp: Erweitere geeignet.

9

Gib alle Brüche mit dem Nenner 7 an, die auf dem Zahlenstrahl zwischen den Bruchzahlen $\frac{5}{9}$ und $\frac{13}{11}$ liegen.
Beschreibe, wie du die Lösung mit möglichst geringem Rechenaufwand gefunden hast.

10

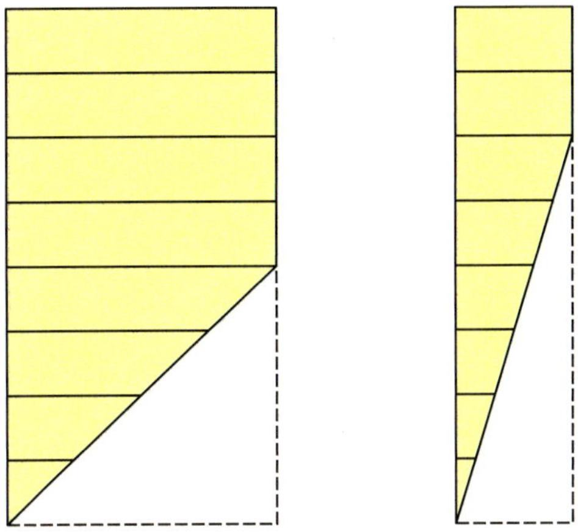

Elke sagt: „Vom kleinen Blatt wurde mehr abgeschnitten als vom großen.“
Was meint sie damit? Hat sie Recht? Begründe deine Antwort.

11

Auf einem Grundstück mit 7 a 50 m^2 steht ein Haus mit 100 m^2 Grundfläche. Auf dem Nachbargrundstück mit 6 a 25 m^2 steht ein Haus mit 80 m^2 Grundfläche.
Vergleiche die Anteile der überbauten Fläche an der Grundstücksfläche.

12

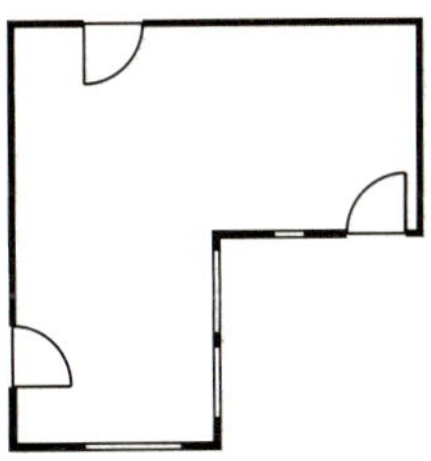

Die beiden langen Wände des L-förmigen Zimmers sind doppelt so lang wie die jeweils gleich langen kurzen Wände.
Herr Huber hat zwei Eimer Farbe gekauft und bereits die beiden langen und eine kurze Wand gestrichen. Der erste Eimer ist leer und vom zweiten Eimer hat er ein Drittel der Farbe verbraucht. Er überlegt nun, ob er noch einen dritten Eimer Farbe kaufen soll.
Würdest du einen dritten Eimer kaufen? Beschreibe deine Überlegungen.

13

Schülerinnen und Schüler sollten Rechtecke mit der Länge a mm ausschneiden. Beim genauen Nachmessen ergab sich jedoch als Länge w mm. Die Maße sind in der Tabelle festgehalten. Wie groß ist jeweils der Fehler? Welchen Bruchteil der vorgeschriebenen Länge macht der Fehler aus? Wer hat am genauesten gearbeitet? Trage die Ergebnisse in eine erweiterte Tabelle ein.

Schüler(in)	Bernd	Lea	Heinz
a	75	120	80
w	78	126	82

Schüler(in)	Karin	Otto	Stefan
a	150	200	100
w	141	209	97

14

Zwischen zwei Bruchzahlen lässt sich durch Erweitern immer eine weitere Bruchzahl finden.

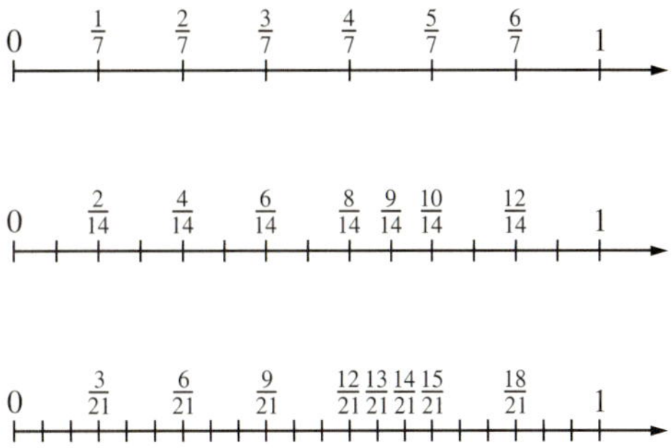

a) Nenne eine Bruchzahl zwischen $\frac{1}{4}$ und $\frac{1}{3}$.
b) Nenne mindestens zwei Bruchzahlen zwischen $-\frac{3}{13}$ und $-\frac{2}{13}$.
c) Wie viele Bruchzahlen haben zwischen $\frac{1}{5}$ und $\frac{1}{4}$ auf dem Zahlenstrahl Platz? Begründe deine Antwort.

G15

In einem Strumpf befinden sich vier Kugeln, auf die die Ziffern 1, 2, 3 und 4 geschrieben sind. Die Kugeln werden der Reihe nach gezogen. Die erste gibt die Tausender einer vierstelligen Zahl an, die zweite die Hunderter, die dritte die Zehner und die vierte die Einer. Wie viele verschiedende Zahlen können gezogen werden?

7 Rationale Zahlen

1

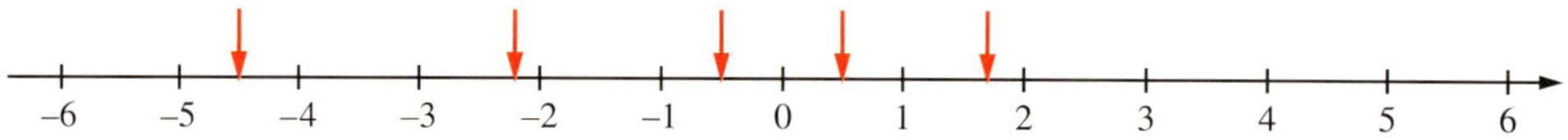

a) Auf dem Zahlenstrahl liegt in der Mitte zwischen 0 und 1 die Bruchzahl $\frac{1}{2}$. Wie kann man die Zahl bezeichnen, die auf der Zahlengeraden in der Mitte zwischen 0 und –1 liegt?
b) Benenne die übrigen durch Pfeile an der Zahlengeraden markierten Zahlen.
c) Ordne die an der Zahlengeraden markierten Zahlen nach ihrer Größe.

__Zur Erinnerung:__
Bruchzahlen kann man als Quotienten natürlicher Zahlen schreiben, z. B. $\frac{5}{3} = 5:3$.

2

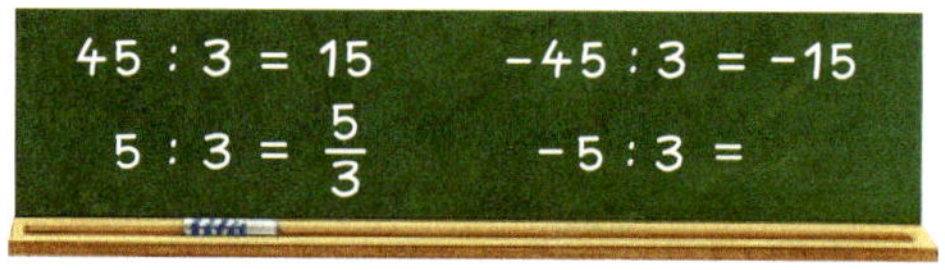

a) Wie lautet das Ergebnis der letzten Division auf der Schultafel?
b) Bestimme $(-4):7$; $(-9):6$; $12:(-10)$.

Erweitert man den Zahlenstrahl zur Zahlengeraden, so kommen die negativen Zahlen hinzu. Wie bei der Einführung der ganzen Zahlen kann man auch jeder Bruchzahl eine negative Zahl als **Gegenzahl** zuordnen.
Die Gegenzahlen von z. B. $\frac{1}{4}$; $\frac{3}{8}$; $\frac{7}{5}$ ... schreibt man wie bei den ganzen Zahlen mit einem Minuszeichen als Vorzeichen: $-\frac{1}{4}$; $-\frac{3}{8}$; $-\frac{7}{5}$ ....
Auf der Zahlengeraden halbiert die Null die Strecke zwischen einer Bruchzahl und ihrer Gegenzahl.

__Beachte:__
$-4\frac{1}{2} = -\left(4 + \frac{1}{2}\right)$

Die Bruchzahlen und ihre Gegenzahlen bilden zusammen die **Menge aller rationalen Zahlen**.

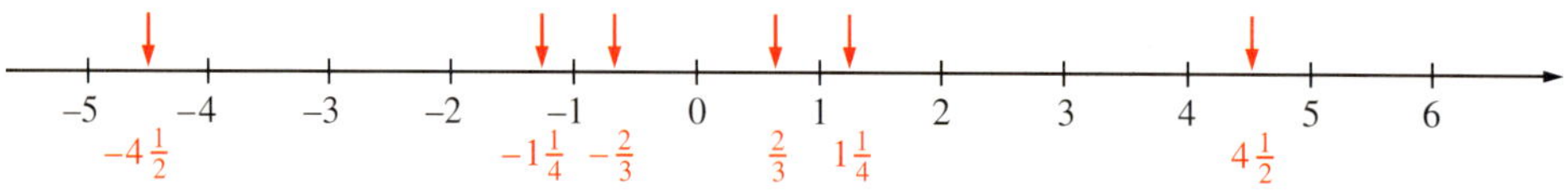

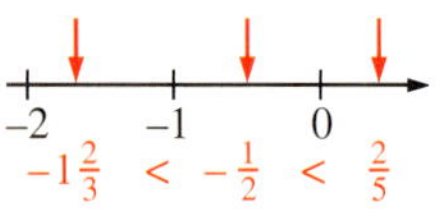

Unter dem **Betrag** einer rationalen Zahl versteht man ihren Abstand von der Zahl 0,
z. B. $\left|-\frac{2}{3}\right| = \left|+\frac{2}{3}\right| = \frac{2}{3}$
Für die **Anordnung** gilt: Liegt a auf der Zahlengeraden links von b, so ist $a < b$.

__Zur Erinnerung:__
Der Wert des Quotienten ganzer Zahlen ist positiv, wenn beide Zahlen das gleiche Vorzeichen haben. Er ist negativ, wenn die Zahlen verschiedene Vorzeichen haben.

Bruchzahlen kann man in der Form von Quotienten mit natürlichen Zahlen schreiben, z. B. $\frac{5}{9} = 5:9$.
Auch rationale Zahlen, z. B. $-\frac{5}{9}$, kann man als Quotient deuten: $-\frac{5}{9} = -(5:9)$ ↗ $(-5):(+9)$ ↘ $(+5):(-9)$

Analog zu den Quotienten natürlicher Zahlen schreibt man für die Quotienten mit ganzen Zahlen: $(-5):(+9) = \frac{-5}{+9}$ bzw. $(+5):(-9) = \frac{+5}{-9}$
Erweitert man den ersten Bruch mit –1, so sieht man sofort: $\frac{-5}{9} = \frac{-5}{+9} = \frac{(-5)\cdot(-1)}{(+9)\cdot(-1)} = \frac{+5}{-9} = \frac{5}{-9}$
Es gilt also: $\frac{-5}{9} = \frac{5}{-9} = -\frac{5}{9}$
Haben Zähler und Nenner das gleiche Vorzeichen, so gilt z.B.für $\frac{-3}{-7}$: $\frac{-3}{-7} = \frac{(-3)\cdot(-1)}{(-7)\cdot(-1)} = \frac{+3}{+7} = \frac{3}{7}$.

Mengendiagramm zu $\mathbb{N}$, $\mathbb{Z}$ und $\mathbb{Q}$:

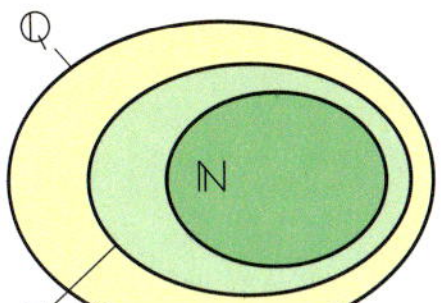

„⊂" bedeutet „ist Teilmenge von"

Jede rationale Zahl lässt sich als **Quotient zweier ganzer Zahlen** auffassen:

$\frac{a}{b} = a:b$ für $a, b \in \mathbb{Z}$ und $b \neq 0$

Daher wird die Menge der rationalen Zahlen mit $\mathbb{Q}$ bezeichnet.

Das nebenstehende Diagramm veranschaulicht die Beziehung $\mathbb{N} \subset \mathbb{Z} \subset \mathbb{Q}$, d.h. jede natürliche Zahl ist eine ganze Zahl und jede ganze Zahl ist eine rationale Zahl.

$1;\ 2;\ \ldots \in \mathbb{N}$ $\qquad 0;\ 1;\ 2;\ -2;\ \ldots \in \mathbb{Z}$ $\qquad 0;\ 1;\ 2;\ -2;\ \frac{3}{4};\ -\frac{5}{9};\ 3;\ 4;\ -2{,}5;\ \ldots \in \mathbb{Q}$

Beispiel

Trage folgende Zahlen auf der Zahlengeraden ein und erläutere dein Vorgehen:

$\frac{3}{4};\ -2;\ -\frac{5}{4};\ -8:3;\ 3{,}2;\ \frac{16}{6};\ 7:2.$

Lösung:

Zahlen zwischen $-\frac{8}{3}$ und $\frac{7}{2}$ sollen eingetragen werden, also ist aus Platzgründen die Einheit 1 cm (= 10 mm) günstig.

$\frac{3}{4}$	$\frac{3}{4} \cdot 10\,\text{mm} = 30\,\text{mm} : 4 = 7{,}5\,\text{mm}$
$-\frac{5}{4}$	$\frac{5}{4} \cdot 10\,\text{mm} = 50\,\text{mm} : 4 = 12{,}5\,\text{mm}$
$-8:3$	$\frac{8}{3} \cdot 10\,\text{mm} = 80\,\text{mm} : 3 \approx 27\,\text{mm}$
$\frac{16}{6} = \frac{8}{3}$	(wie soeben ≈ 27 mm)
$7:2$	$\frac{7}{2} \cdot 10\,\text{mm} = 70\,\text{mm} : 2 = 35\,\text{mm}$

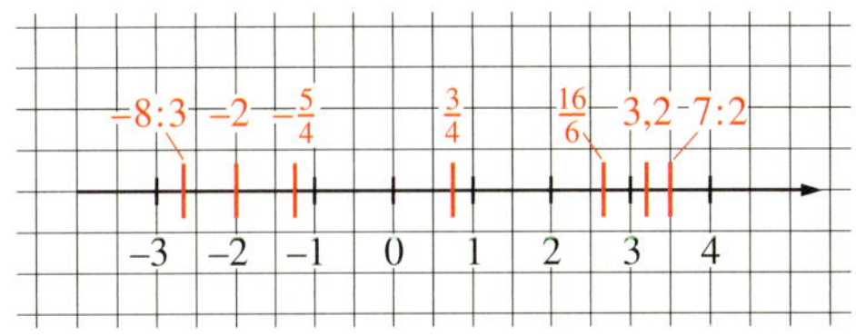

Aufgaben

3

Zeichne ein Mengendiagramm für $\mathbb{N}$, $\mathbb{Z}$ und $\mathbb{Q}$ und trage die auf den Zetteln angegebenen Zahlen ein.

4

Welche Zahlen werden auf der Zahlengerade durch Pfeile markiert? Gib jede Zahl in zwei verschiedenen Schreibweisen an.

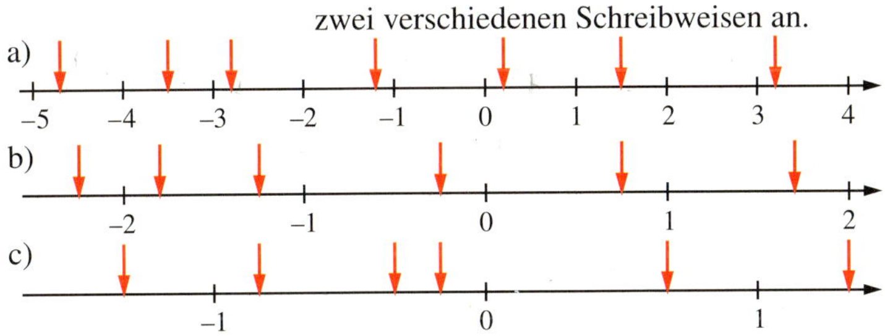

5

Trage folgende Zahlen auf einer Zahlengeraden mit einer geeigneten Einheit ein.

a) $3;\ -5;\ -1\frac{1}{2};\ \frac{5}{2};\ -0{,}7;\ \frac{4}{5};\ -4\frac{2}{5};\ 70\,\%$

b) $\frac{1}{3};\ -\frac{5}{6};\ -\frac{11}{12};\ 75\,\%;\ -\frac{8}{24};\ \frac{3}{4};\ -0{,}5;\ -\frac{3}{2^2}$

6

Welche Zahl ist größer?

a) $-\frac{7}{8};\ -\frac{8}{9};$ $\qquad$ b) $-2\frac{4}{5};\ -2\frac{11}{15}$

7

Ordne die folgenden Zahlen nach ihrer Größe. Sortiere dann die Zahlen nach der Größe ihrer Beträge. Beginne mit der Zahl, die den kleinsten Betrag hat.

a) $-23;\ 15;\ -\frac{32}{5};\ 25\,\%;\ -5\frac{1}{4};\ -3{,}2;\ 0;\ \frac{15}{2}$

b) $(-19):4;\ -\frac{24}{5};\ -4{,}7;\ -\frac{3}{7};\ \frac{2}{7};\ 15:7$

8

Markiere auf einer Zahlengeraden alle Zahlen mit dem Betrag

a) 4; $\qquad$ b) $\frac{4}{5}$; $\qquad$ c) $2\frac{1}{3}$; $\qquad$ d) 1,4.

9

Notiere für die angegebene Zahl die nächstgelegene ganze Zahl.

a) $12\frac{1}{3}$ $\qquad$ b) $-12\frac{1}{3}$ $\qquad$ c) $12\frac{2}{3}$

d) $-\frac{31}{5}$ $\qquad$ e) $-\frac{23}{4}$ $\qquad$ f) $19:(-4)$

g) $(-13):(-5)$ $\qquad$ h) $\frac{-17}{3}$ $\qquad$ i) $-\frac{37}{8}$

8 Dezimalbrüche

1
Gib der Reihe nach die Bedeutung der einzelnen Ziffern in den Angaben für Betrag, Abgabe und Preis/Liter auf der Tanksäule an.

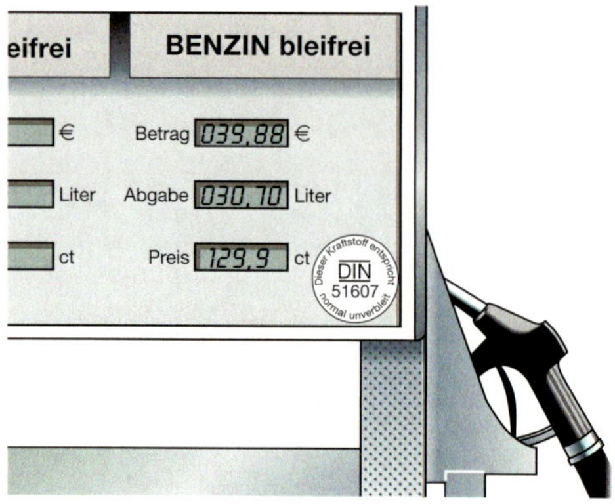

2
Lars hilft seiner Mutter beim Kochen. Für die Semmelknödel braucht sie laut Rezept $\frac{3}{8}l$ Milch. Bis zu welcher Höhe muss er den in Milliliter geeichten Messbecher füllen?

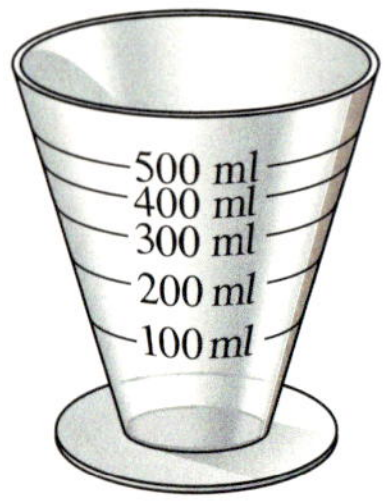

Bei der **dezimalen Schreibweise** (Kommaschreibweise) von rationalen Zahlen geben die Ziffern rechts vom Komma Zehntel, Hundertstel, Tausendstel, … an.
Eine Übersicht ergibt die erweiterte Stellenwerttafel:

Zehner	Einer		Zehntel	Hundertstel	Tausendstel	…
3	7	,	2	5	3	…

Er wird gelesen: siebenunddreißig-Komma-zwei-fünf-drei.

Der in der Stellenwerttafel dargestellte **Dezimalbruch** bedeutet:
$37{,}253 = 3 \cdot 10 + 7 \cdot 1 + 2 \cdot \frac{1}{10} + 5 \cdot \frac{1}{100} + 3 \cdot \frac{1}{1000}$

> Bei Dezimalbrüchen bedeutet die 1. (2., 3., …) Stelle hinter dem Komma Zehntel (Hundertstel, Tausendstel, …).
> Beispiel: $28{,}307 = 28 + \frac{3}{10} + \frac{0}{100} + \frac{7}{1000}$

Häufig verwendete Dezimalbrüche:
$\frac{1}{2} = 0{,}5$
$\frac{1}{4} = 0{,}25$
$\frac{3}{4} = 0{,}75$
$\frac{1}{10} = 0{,}1$
$\frac{1}{8} = 0{,}125$

Beachte:
Es ist $\frac{3}{10} = \frac{30}{100} = \frac{300}{1000}$, also: $0{,}3 = 0{,}30 = 0{,}300$.

Daher kann man Nullen am Ende eines Dezimalbruches weglassen oder hinzufügen, ohne dass sich die dargestellte Zahl ändert.

Einen Bruch kann man in einen Dezimalbruch umwandeln, indem man den Nenner durch Kürzen bzw. Erweitern auf eine Zehnerpotenz bringt:
$\frac{3}{5} = \frac{6}{10} = 0{,}6$; $\quad \frac{6}{20} = \frac{3}{10} = 0{,}3$; $\quad \frac{6}{8} = \frac{3}{4} = \frac{75}{100} = 0{,}75$

Beispiel 1
Trage die Zahlen 28,43 und 0,007 in eine Stellenwerttafel ein und schreibe sie als Bruch.
Lösung:

Dezimalbruch	Z	E ,	z	h	t
28,43	2	8	4	3	
0,007	0	0	0	0	7

Bruch
$28 + \frac{4}{10} + \frac{3}{100} = \frac{2800}{100} + \frac{40}{100} + \frac{3}{100} = \frac{2843}{100}$
$0 + \frac{0}{10} + \frac{0}{100} + \frac{7}{1000} = \frac{7}{1000}$

Beispiel 2
Zerlege die Brüche passend, trage sie in eine erweiterte Stellenwerttafel ein und schreibe die Brüche anschließend als Dezimalbrüche.

a) $\frac{2403}{100}$ b) $\frac{23}{100}$ c) $\frac{3}{1000}$

Lösung:
Bruch

a) $\frac{2403}{100} = 24 + \frac{3}{100} = 24 + \frac{0}{10} + \frac{3}{100}$

b) $\frac{23}{100} = 0 + \frac{20}{100} + \frac{3}{100} = 0 + \frac{2}{10} + \frac{3}{100}$

c) $\frac{3}{1000} = 0 + \frac{0}{10} + \frac{0}{100} + \frac{3}{1000}$

Z	E ,	z	h	t	Dezimalbruch
2	4	0	3		24,03
	0	2	3		0,23
	0	0	0	3	0,003

Zur Erinnerung:
$10 = 10^1$
$100 = 10^2$
$1000 = 10^3$
$10000 = 10^4$
.
.
.
sind Zehnerpotenzen.

Beispiel 3
Schreibe $\frac{7}{250}$ als Dezimalbruch.
Lösung:
Man erweitert den Bruch mit 4 auf den Nenner 1000.

$\frac{7}{250} = \frac{28}{1000} = 0{,}028$

Beispiel 4
Schreibe $\frac{27}{60}$ als Dezimalbruch.
Lösung:
Man kürzt zuerst mit 3 und erweitert dann den Nenner auf eine Zehnerpotenz.

$\frac{27}{60} = \frac{9}{20} = \frac{45}{100} = 0{,}45$

Aufgaben

3
Zerlege die Brüche wie in Beispiel 2. Trage sie in eine Stellenwerttafel ein und schreibe sie als Dezimalbruch.

a) $\frac{13}{10}$ b) $\frac{37}{100}$ c) $\frac{3}{1000}$ d) $\frac{12346}{1000}$
e) $\frac{309}{100}$ f) $\frac{27}{1000}$ g) $\frac{4007}{1000}$ h) $\frac{31}{10000}$

4
Trage in eine Stellenwerttafel ein und schreibe als Bruch in gekürzter Form.

a) 1,2 b) 2,04 c) 31,45
d) 0,0016 e) 0,375 f) 4,625
g) 0,3125 h) 7,075 i) 0,15625

5
Schreibe als Dezimalbruch. Schreibe die Buchstaben, die den Lösungszahlen zugeordnet sind, in der Reihenfolge der Teilaufgaben an.

a) $\frac{7}{40}$ b) $\frac{375}{500}$ c) $\frac{77}{440}$ d) $\frac{24}{16}$
e) $\frac{21}{20}$ f) $\frac{91}{35}$ g) $\frac{55}{44}$ h) $\frac{91}{175}$

Lösungswort zu 5: berühmter dt. Mathematiker
0,75 → D 1,05 → R
2,6 → I 0,175 → A
0,52 → S 1,25 → E
1,5 → M

6
Schreibe mit weniger Nullen, soweit das möglich ist und als Bruch in vollständig gekürzter Form.

a) 0,410 0,0410 5,10700
b) 6,000 0,0600 0,05 700 700

7

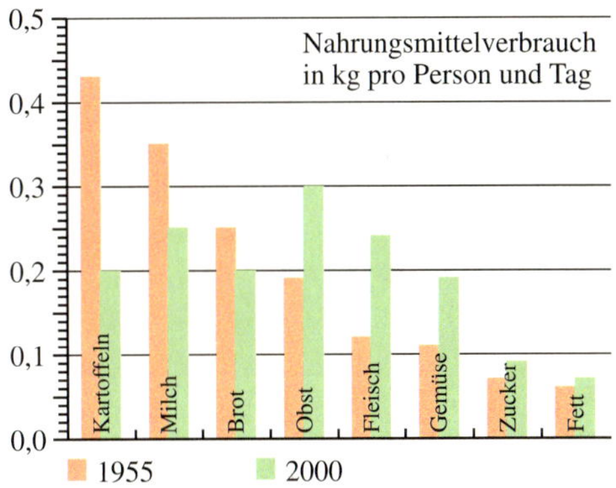

a) Lies die Werte für den täglichen Nahrungsmittelverbrauch möglichst genau ab und trage sie in eine Tabelle ein.
b) Wie erklärst du dir die Unterschiede zwischen den Jahren 1955 und 2000?

8
Schreibe als Dezimalbruch mit möglichst wenig Nachkommastellen und als Bruch in vollständig gekürzter Form.

a) 15 % b) 20 % c) 4 % d) 90,0 %

9
Gib in Prozent an.

a) 0,12 b) 0,06 c) 0,3 d) 0,005

Lösungssalat zu 10:

Eine „Schrecksekunde" dauert ungefähr 0,2 s

10

Wandle im Kopf in die jeweils andere Schreibweise um. Kürze, wenn möglich.

a) $\frac{1}{2}$ b) $\frac{3}{4}$ c) 0,25 d) 1,5 e) $\frac{1}{8}$

f) 0,01 g) $\frac{2}{5}$ h) $\frac{4}{5}$ i) 0,6 k) 1,75

11

a) Schreibe die Brüche der beiden Zahlenfolgen als Dezimalbrüche.
$\frac{1}{2}; \frac{1}{4}; \frac{1}{8}; \frac{1}{16}; \dots$
$\frac{1}{5}; \frac{1}{25}; \frac{1}{125}; \frac{1}{625}; \dots$

b) Setze beide Folgen um jeweils zwei Glieder fort.

c) Welche Gesetzmäßigkeit erkennst du? Beschreibe sie mit Worten.

12

Schreibe folgende rationale Zahlen als Dezimalbrüche und trage sie auf einer Zahlengeraden ein:

$\frac{3}{5}$; 12 : 5; 18 : 15; $\frac{48}{30}$; $\frac{153}{36}$; (−65) : (−26)

13

Schreibe die Längenangaben als Bruch.

a) Die Haut einer Seifenblase hat eine Dicke von 0,000 06 mm.

b) Gibt man einen Tropfen Öl auf eine Wasseroberfläche, so bildet sich darauf eine Ölschicht von 0,000 000 3 mm Dicke.

c) Eine CD (Compact Disc) ist 1,2 mm dick. In ihr befinden sich bis zu 3 000 000 000 Vertiefungen von etwa 0,0007 mm Tiefe, 0,0006 mm Breite und 0,0001 mm bis 0,0003 mm Länge.

14

Schreibe als Bruch und kürze soweit wie möglich.

1,5
11,15
111,115
1111,1115
11111,11115
111111,111115
⋮
1111111111,1111111115

15

Wie kannst du die für die Rezepte benötigten Mengen mit den beiden Messgeräten bestimmen?

a) Erdbeer-Johannisbeer-Marmelade:
$\frac{3}{4}$ kg Erdbeeren, $\frac{1}{4}$ kg Johannisbeeren und 1 kg Gelierzucker.

b) Milchreis:
$\frac{1}{2}$ *l* Milch, $\frac{1}{8}$ kg Reis; 50 g Zucker

16

Wie viele Nachkommastellen entstehen bei der Dezimalschreibweise eines vollständig gekürzten Bruches mit dem Nenner

a) 50; b) 200; c) 125; d) 4.

Begründe deine Antworten.

G17

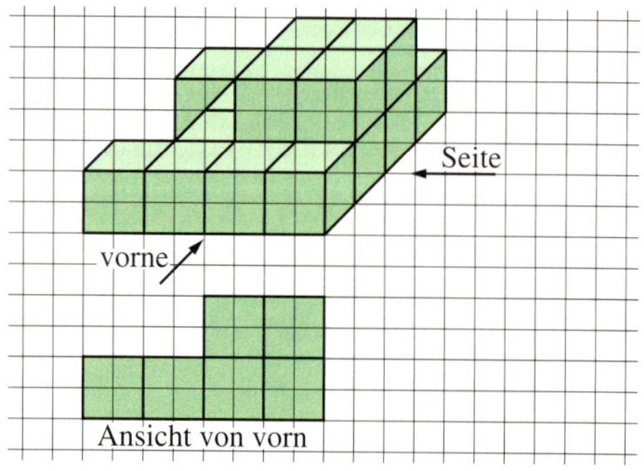

a) Welche Figur sieht man, wenn man den abgebildeten Körper von der Seite betrachtet?

b) Aus wie vielen Würfeln mindestens ist der Körper zusammengesetzt, der unten von vorne und von der Seite abgebildet ist?

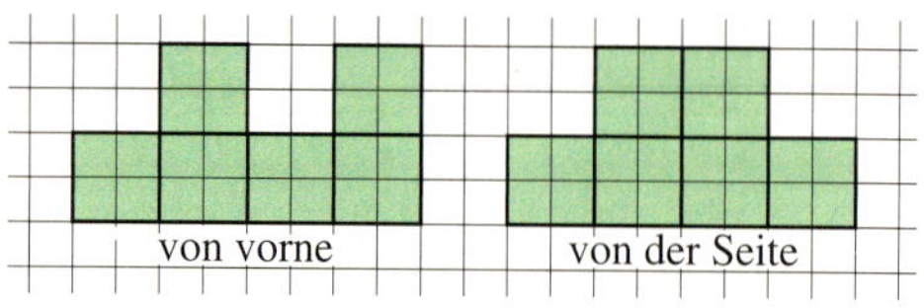

9 Vergleichen von Dezimalbrüchen

1

a) Gib den größten Dezimalbruch an, der sich mit den Augenzahlen der roten Würfel aus Tinas Wurf bilden lässt, wobei der schwarze Würfel die Zahl der Nachkommastellen angibt.

b) Gib eine Rangfolge für alle Spieler in der aufgezeichneten Runde an.

2

Erläutere an einer Stellenwerttafel und einem geeigneten Ausschnitt der Zahlengeraden:

a) Warum ist 96,539 < 123,4 und 37,456 < 37,483?

b) Warum ist −2,452 < 2,436?

Auch bei rationalen Zahlen gilt: Von zwei Zahlen a und b ist diejenige größer, die auf der Zahlengeraden weiter rechts liegt.

Achte auf die richtige Sprechweise: 2,143 wird gelesen: zwei-komma-eins-vier-drei

Die Anordnung von rationalen Zahlen in Form von Dezimalbrüchen lässt sich an verfeinerten Ausschnitten der Zahlengeraden gut veranschaulichen.
Wir betrachten die Dezimalbrüche 2,143 und 2,1482.

Bei der 10fachen Vergrößerung lassen sich 2 Nachkommastellen ablesen. Erst bei der 100fachen Vergrößerung lässt sich auch die 3. Nachkommastelle erkennen.

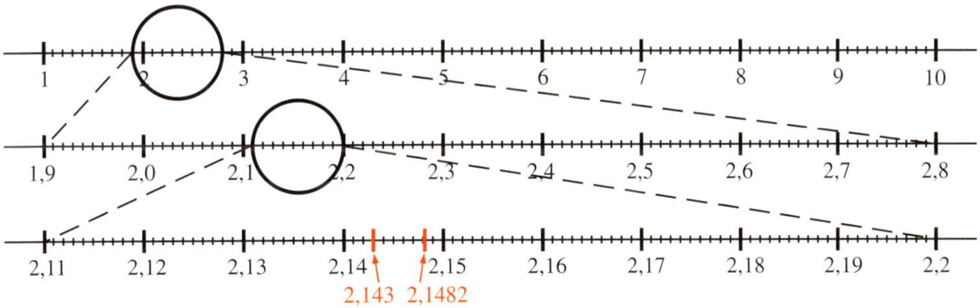

Man erkennt, dass 2,143 < 2,1482 gilt.

Kann man nicht schon an Hand der Vorzeichen oder der Zahlen vor dem Komma entscheiden, welcher Dezimalbruch größer ist, dann sind folgende Fälle zu unterscheiden:

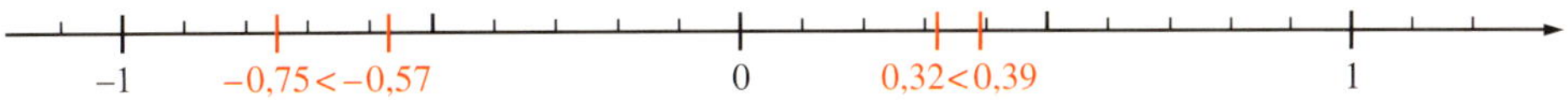

Sind beide Zahlen negativ, so ist diejenige größer, die den kleineren Betrag hat.

Sind beide Zahlen positiv, so vergleicht man von links beginnend die Ziffern mit gleichem Stellenwert. Diejenige Zahl ist größer, bei der zuerst eine größere Ziffer auftritt.

Ein Sprechfehler und seine Folgen:
fünf ist kleiner als neunundvierzig, also ist null-komma-fünf kleiner als null-komma-neunundvierzig.
Zwei Fehler!

Beispiel 1
Vergleiche
a) –3,14 und –3,2 b) 7,381 und 7,359
Lösung:
a) $-3{,}2 < -3{,}14$, weil $3{,}2 > 3{,}14$
b) $7{,}359 < 7{,}381$, weil $7{,}35 < 7{,}38$
Die weiteren Nachkommastellen spielen dann beim Vergleich keine Rolle mehr.

Beispiel 2
Veranschauliche –12,382 und –12,349 auf der Zahlengeraden.
Lösung:

Aufgaben

3
Markiere die angegebenen Zahlen auf einer Zahlengeraden.
a) 3,71; 3,5; 4,02; 3,83; 4,1; 4,0
b) –2,35; –2,5; –2,41; –2,26; –2,58
c) 0,021; –0,035; –0,022; 0,015; –0,04

4
Schreibe die zu den roten Markierungen gehörenden Dezimalbrüche auf.

a)
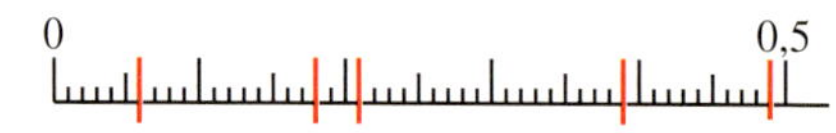

b)
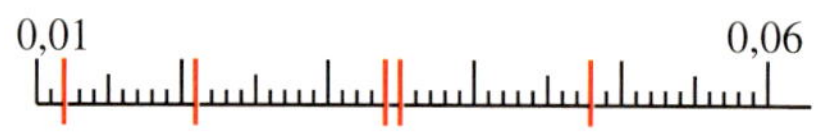

c)

d)

5
Lies die angezeigten Größen ab.

a)
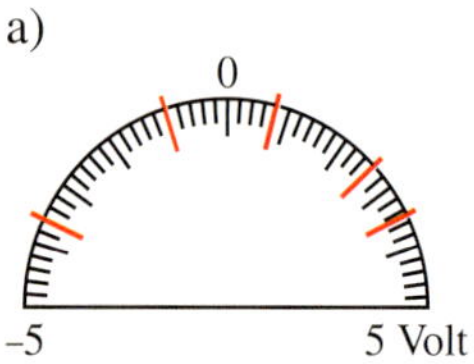

b)
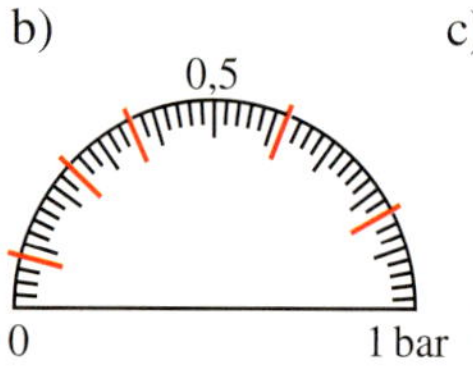

c)
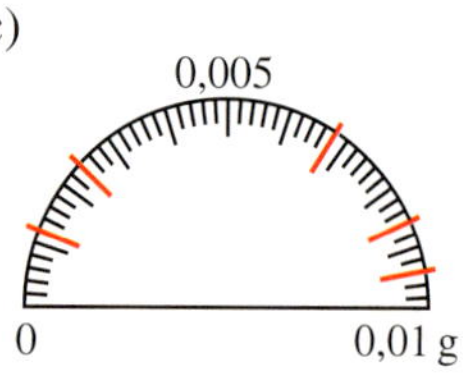

6
Schreibe als Dezimalbrüche und ordne der Größe nach.
a) $-\frac{1}{2}$; $\frac{12}{-5}$; $\frac{27}{240}$; $3\frac{1}{5}$; $4\frac{3}{4}$; $\frac{-12}{-75}$; $\frac{-18}{30}$
b) $\frac{1}{4}$; 30 %; $1\frac{3}{10}$; $\frac{-49}{70}$; 130 %; $\frac{8}{-10}$; 30,1 %
c) 24 %; $\frac{-7^2}{35}$; $\frac{42}{35}$; $-1\frac{3}{5}$; $\frac{5\cdot 3^2}{150}$; $\frac{(-6)^2}{-75}$

7
Gib alle Dezimalbrüche mit zwei Nachkommastellen an, die zwischen den beiden Dezimalbrüchen liegen.
a) 23,87 und 24,02 b) –2,54 und –2,492
c) 0,2989 und 0,31 d) –0,109 und 0,05

8
Übertrage in dein Heft.
Wo ist bei den Zahlengeraden die Null einzutragen?

a)
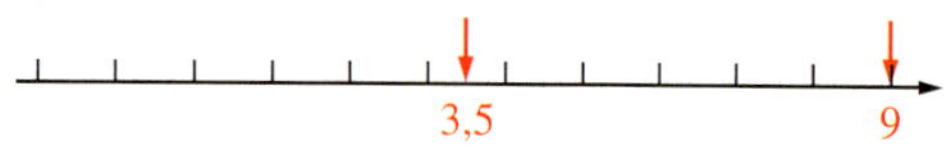

b)

c)

9
Übertrage die Skalen in dein Heft.
a) Welche Zahl muss am Ende der Skala stehen, damit der Zeiger auf den Zahlen 0,6; 0,06 bzw. 0,006 steht?

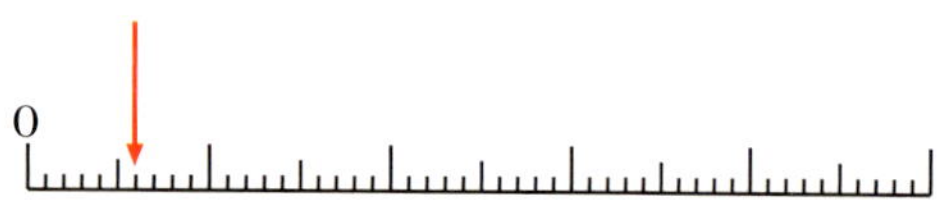

b) Wo ist die Null einzutragen, damit der Zeiger auf den Zahlen 0,4; 1,2; –1,2 steht?

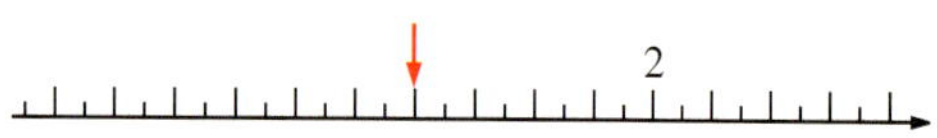

10

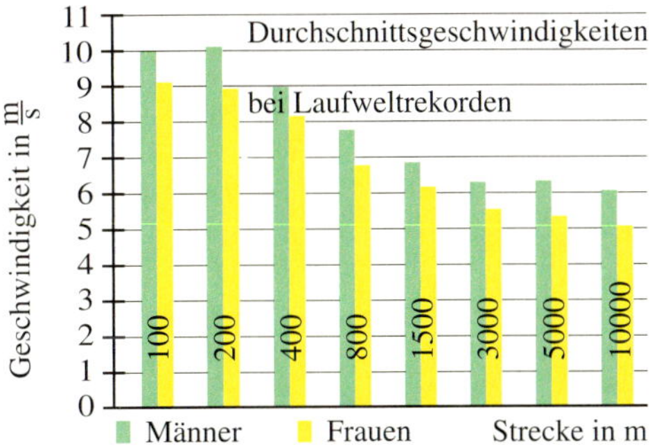

a) Lies am Säulendiagramm die Durchschnittsgeschwindigkeiten möglichst genau ab und trage sie in eine Tabelle ein.

b) Bei den olympischen Sommerspielen 2000 in Sydney erreichten die Sieger die folgenden Durchschnittsgeschwindigkeiten. Zeichne ein Säulendiagramm.

Schwimmen Freistil	50 m	100 m	200 m	400 m	800 m	1500 m
Männer	$8{,}2\,\frac{km}{h}$	$7{,}3\,\frac{km}{h}$	$6{,}7\,\frac{km}{h}$	$6{,}4\,\frac{km}{h}$		$6{,}1\,\frac{km}{h}$
Frauen	$7{,}3\,\frac{km}{h}$	$6{,}6\,\frac{km}{h}$	$6{,}1\,\frac{km}{h}$	$5{,}8\,\frac{km}{h}$	$5{,}7\,\frac{km}{h}$	

11

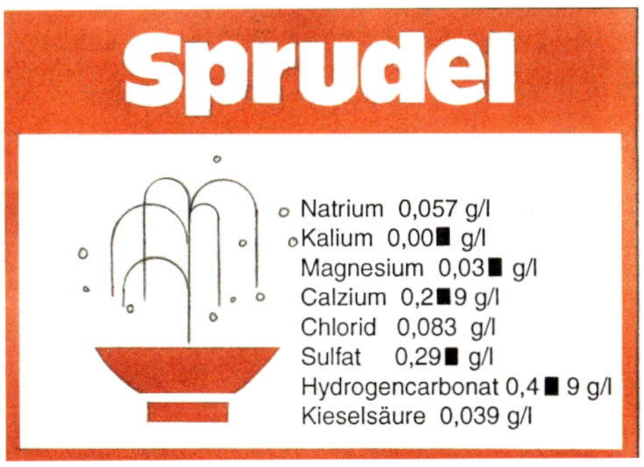

Einige Ziffern auf dem Etikett sind nicht mehr lesbar. Ordne die Stoffe nach der Masse, die von ihnen in einem Liter Sprudel enthalten ist.

12

Durch Weglassen von 1 (2; 3; 4; 5) Ziffern soll aus der Zahl -1,427 083 05

a) eine möglichst große,

b) eine möglichst kleine Zahl gebildet werden.

13

a) Lege aus den Karten auf der Hand alle möglichen Dezimalbrüche und ordne sie nach der Größe.

b) Wie viele Dezimalbrüche kannst du legen, wenn du noch eine der beiden anderen Karten oder beide dazu nimmst?

14

a) Gib den größten Dezimalbruch mit 4 (5; 6; 10) Nachkommastellen an, der kleiner als eins ist.

b) Kann man einen größten Dezimalbruch angeben, der kleiner als eins ist? Begründe deine Antwort.

15

Professor Pingelig soll in einem Kaufhaus 1,5 kg Gulasch kaufen. Da unter den abgepackten Portionen keine mit der richtigen Massenangabe ist, geht er ohne Gulasch nach Hause. Vorher hat er aber noch einige Angaben notiert:

Massen 1,485 kg; 1,527 kg; 1,458 kg; 1,476 kg; 1,512 kg; 1,510 kg;

Preise: 9,15 €; 9,06 €; 8,84 €; 8,90 €; 9,04 €; 8,73 €

Ordne jeder Masse den richtigen Preis zu. Lege eine Tabelle an.

G16

Richtig oder falsch? Begründe.

a) $-31 - 45 + 38 = -31 - (45 + 38)$

b) $(-21) \cdot 7 = 21 \cdot (-7)$

c) $-13 \cdot (-8) \cdot (-2) = 13 \cdot (-8) \cdot (-2)$

G17

a) $402 - (88 - 13) \cdot (-1)^3 + 4 \cdot 32$

b) $|87 - 5 \cdot (-8)| \cdot 100 - 85 : (3 - 2^3)$

c) $27 + 3 \cdot |(-198) : (-9) + 216 : (-9)|$

10 Umwandeln von Brüchen in Dezimalbrüche

1

Schoko-Rührkuchen
1/2 Pfund Butter
1/4 kg Zucker
5 Eier
1 Prise Salz
1 Päckchen Vanillezucker
2 EL Rum
1/2 Tafel Zartbitterschokolade, zerbröckelt
3/8 kg Mehl
1/2 Päckchen Backpulver

Die Küchenwaage zeigt nur Gramm an.

2

a) Berechne die folgenden Quotienten:
35 : 4
350 : 4
3500 : 4

b) Kannst du nun auch 35,00 : 4 berechnen, ohne einen Rest anzugeben?

c) Berechne 27 : 8.

Manche Brüche kann man durch Kürzen und Erweitern in Dezimalbrüche umwandeln. Wann diese Methode funktioniert, kann man an der Primfaktorzerlegung des Nenners erkennen:

Zur Erinnerung:
$10^1 = 10 = 2 \cdot 5$
$10^2 = 2^2 \cdot 5^2$
$10^3 = 2^3 \cdot 5^3$
$10^4 = 2^4 \cdot 5^4$
…
…
sind Zehnerpotenzen.

$\frac{63}{70} = \frac{7 \cdot 9}{7 \cdot 10} = \frac{9}{10} = 0{,}09$ Durch Kürzen bringt man den Nenner auf eine Zehnerpotenz.

$\frac{7}{20} = \frac{7}{2 \cdot 2 \cdot 5} = \frac{35}{100} = 0{,}35$ Durch Erweitern bringt man den Nenner auf eine Zehnerpotenz.

$\frac{21}{14} = \frac{3 \cdot 7}{2 \cdot 7} = \frac{3}{2} = \frac{15}{10} = 1{,}5$ Durch Kürzen und Erweitern bringt man den Nenner auf eine Zehnerpotenz.

$\frac{21}{45} = \frac{3 \cdot 7}{3 \cdot 3 \cdot 5} = \frac{7}{3 \cdot 5}$ Einer der beiden Primfaktoren 3 lässt sich nicht herauskürzen. Deshalb ist eine Erweiterung des Nenners auf eine Zehnerpotenz nicht möglich.

Enthält also die Primfaktorzerlegung des Nenners eines vollständig gekürzten Bruches nur die Primfaktoren 2 und 5, so lässt sich der ursprüngliche Bruch durch Kürzen und Erweitern in einen Dezimalbruch umwandeln.

Dezimalbrüche kann man aber auch durch Division von Zahlen erhalten.
21 m : 14 = 210 dm : 14 = 15 dm = 1,5 m   21 : 14 = 1 Rest 7
7 Ganze können wir nicht durch 14 teilen, aber 70 Zehntel können wir so teilen:
70 Zehntel : 14 = 5 Zehntel, also $21 : 14 = 1 + \frac{5}{10} = 1{,}5$
Man beginnt die Division wie gewohnt, setzt aber im Ergebnis ein Komma, sobald ein Rest auftritt. Nun kann man Nullen anfügen und weiter dividieren. Es gibt zwei Möglichkeiten:

1. Fall:

```
 7:16 = 0,4375
-0
 70
-64
  60
 -48
  120
 -112
    80
   -80
     0
```

Die Division endet irgendwann, ohne dass ein weiterer Rest auftritt.

Man erhält einen **endlichen Dezimalbruch**.

Bei negativen Bruchzahlen wandelt man zunächst den Betrag in einen Dezimalbruch um und setzt dann das Minuszeichen davor:
$-\frac{7}{16} = -(7:16)$
$= -0{,}4375$

2. Fall:

```
 13:11 = 1,1818…
-11
  20
 -11
   90
  -88
    20
   -11
     90
    -88
      ⋮
```

Wir beobachten, dass sich die Reste fortlaufend wiederholen und die Division nie aufgeht.

Man erhält einen **unendlichen Dezimalbruch**.

Der Bruch $\frac{z}{n}$ lässt sich in einen Dezimalbruch umwandeln, indem geschickt gekürzt bzw. erweitert wird oder indem der Quotient z : n berechnet wird. Beim Auftreten des ersten Restes wird im Ergebnis ein Komma gesetzt.
Enthält der Nenner des vollständig gekürzten Bruches nur die Primfaktoren zwei und fünf, so lässt sich der Bruch in einen endlichen Dezimalbruch umwandeln.

Häufig verwendete Dezimalbrüche:

$\frac{1}{2} = 0{,}5$
$\frac{1}{4} = 0{,}25$
$\frac{1}{8} = 0{,}125$
$\frac{3}{4} = 0{,}75$
$\frac{3}{8} = 0{,}375$
$\frac{1}{3} = 0{,}333\ldots$

Beispiel 1
Wandle jeweils in Dezimalbrüche um. a) $\frac{57}{40}$ b) $\frac{33}{180}$
Lösung:
a) 1. Möglichkeit:
$\frac{57}{40} = \frac{57}{2^3 \cdot 5} = \frac{57 \cdot 5^2}{2^3 \cdot 5^3} = \frac{1425}{1000} = 1{,}425$
2. Möglichkeit:
57 : 40 = 1,425
−40
170
−160
100
−80
200
−200
0

b) $\frac{33}{180} = \frac{11}{60}$
Weil sich der Nenner nicht auf eine Zehnerpotenz bringen lässt, muss das Divisionsverfahren verwendet werden:

11 : 60 = 0,1833…
110
−60
500
−480
200
−180
20

Beispiel 2
Vergleiche $-\frac{5}{32}$ und −0,162
Lösung:
Man vergleicht zunächst die Beträge. Dabei bricht man die Division ab, sobald man vergleichen kann.
5 : 32 = 0,15… Also gilt $\frac{5}{32} < 0{,}162$ und damit $-\frac{5}{32} > -0{,}162$.

Aufgaben

Lösungssalat zu 3:

3
Wandle in einen Dezimalbruch um.
a) $\frac{1}{3}$ b) $\frac{4}{5}$ c) $-\frac{8}{25}$ d) $\frac{2!}{7}$
e) $\frac{43}{25}$ f) $-\frac{14}{175}$ g) $\frac{39}{65}$ h) $\frac{1}{32}$

4
Rechne in Prozent um.
a) $\frac{9}{20}$ b) $\frac{3}{8}$ c) $\frac{21}{24}$ d) $\frac{11}{20}$ e) $\frac{11}{25}$

5
Schreibe als Dezimalbruch.
a) 12 % b) 5 % c) 10,5 % d) 0,5 %

6
Trage auf einer Zahlengeraden ein.
$1\frac{2}{3}$; $\frac{13}{8}$; 160 %; 0,9; 1,7

7
Übertrage in geeignetem Maßstab ins Heft:

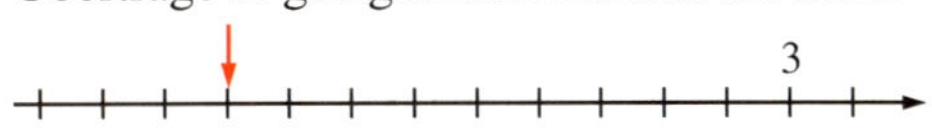

Wo ist jeweils die Null einzutragen, wenn der Pfeil auf die Zahl $\frac{3}{4}$ $\left(-\frac{3}{2}, -6\right)$ zeigen soll?

8
Lassen sich folgende Brüche in endliche Dezimalbrüche umwandeln? Begründe deine Aussage.
a) $\frac{42}{75}$ b) $\frac{43}{75}$ c) $-\frac{5}{12}$ d) $\frac{48}{375}$

9
Schreibe fünf rationale Zahlen in Bruchform auf, die sich nicht in einen endlichen Dezimalbruch umwandeln lassen.

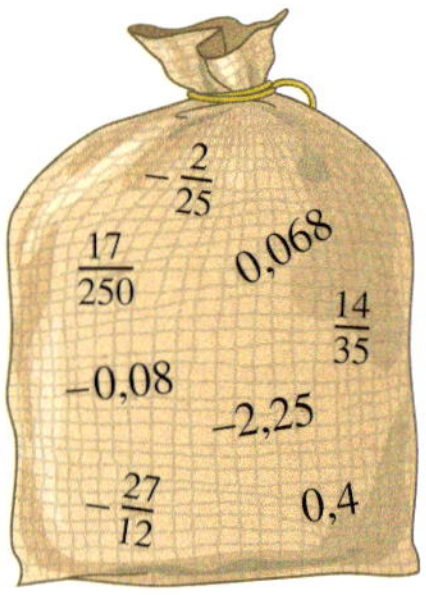

10

Bilde aus den Zahlen im Sack Pärchen gleicher Zahlen.

11

Vergleiche. Schreibe mit < oder >.

a) $\frac{3}{8}$; 0,3 b) 3,3; $\frac{13}{4}$ c) $\frac{17}{25}$; 0,7

d) $\frac{13}{16}$; $-0{,}81$ e) $\frac{193}{80}$; 2,413 f) $-\frac{3}{32}$; $-0{,}09$

g) $\frac{2}{3}$; 70 %; h) $-2\frac{1}{4}$; $\frac{20}{-9}$ i) 0,0002; 2 ‰

12

Ordne folgende rationale Zahlen. Beginne mit der kleinsten. Versuche, den Rechenaufwand so klein wie möglich zu halten.

a) $\frac{8}{19}$; 0,389; $\frac{6}{17}$; 0,4; $\frac{7}{18}$; $\frac{9}{20}$

b) $-\frac{5}{6}$; $-0{,}84$; $-\frac{6}{7}$; $-0{,}83$; $-\frac{7}{8}$; $-\frac{8}{9}$

c) $-\frac{1}{3}$; 30; $\frac{-6}{19}$; -30; $\frac{602}{20}$; $-0{,}3$; $\frac{603}{21}$

13

Welche Zahl liegt näher bei 2?

a) $\frac{96}{50}$ oder 2,1 b) $\frac{79}{40}$ oder $\frac{33}{16}$

c) $-1{,}9$ oder $\frac{67}{11}$ d) 130 % oder 2,73

14

Welche Zahl liegt näher bei −1?

a) $-\frac{48}{50}$ oder $-1{,}08$ b) $-\frac{79}{80}$ oder $-\frac{17}{16}$

c) -1000 oder 999,9 d) $-\frac{15}{7}$ oder 2 %

15

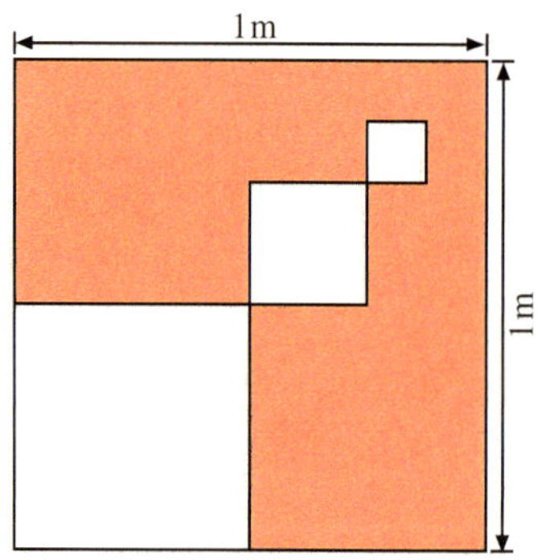

a) Welcher Bruchteil des Quadrates ist weiß?

b) Wie viel m² beträgt der Flächeninhalt der weißen Flächen zusammen? Gib das Ergebnis in Dezimalschreibweise an.

16

Trage folgende Zahlen auf einer Zahlengeraden mit einer geeignet gewählten Einheit ein.

a) $2\frac{2}{3}$; $1\frac{5}{6}$; $\frac{10}{12}$ b) $-2{,}7$; $2\frac{1}{5}$; $-\frac{16}{20}$

17

Bestimme nach dem vollständigen Kürzen die Zahl der Nachkommastellen mit Hilfe der Primfaktorzerlegung des Nenners.

a) $\frac{35}{28}$ b) $\frac{35}{36}$ c) $\frac{33}{60}$ d) $\frac{42}{240}$

18

a) Bilde aus dem Bruch $\frac{8}{15}$ einen neuen Bruch, indem du zum Zähler und zum Nenner jeweils die Zahl 6, (13, 20, 35, 85, 985, 9985) addierst.
Vergleiche diese Brüche mit dem Ausgangsbruch. Was fällt dir bei dem Vergleich auf?

b) Bilde wie in der Teilaufgabe a) aus dem Bruch $\frac{12}{5}$ neue Brüche durch die Addition der Zahlen 9, (16, 23, 30, 95, 995) zum Zähler und zum Nenner.
Vergleiche diese Brüche wieder mit dem Ausgangsbruch. Was fällt dir bei dem Vergleich auf?

c) Wähle beliebige Brüche. Addiere zu jedem dieser Brüche jeweils gleiche Zahlen in Zähler und Nenner und vergleiche mit dem Ausgangsbruch.
Beschreibe, was du beobachtest.
Versuche, die Auffälligkeiten zu erklären.

G19

Markus will aus 24 quadratischen Teppichfliesen eine rechteckige Spielfläche legen. Jede Fliese hat eine Seitenlänge von 50 cm.

a) Zuerst hat Markus eine Fläche gelegt, deren Längsseite 6 m lang ist. Berechne Umfang und Flächeninhalt dieser Spielfläche.

b) Gib alle weiteren Möglichkeiten an, wie Markus aus allen 24 Fliesen eine rechteckige Fläche legen kann.

G20

Rechne für Kommutativ-, Assoziativ- und Distributivgesetz je ein Beispiel.

11 Runden von Dezimalbrüchen

1

Familie Huber will den Abstand zweier benachbarter Straßenpfosten wissen.
Vater Max liest auf dem Kilometerzähler seines Autos 0,0 km ab, Sohn Felix auf dem Kilometerzähler seines Fahrrades 50 m.
Tochter Sabine misst mit dem Maßband 48,87 m.
Wie würdest du den Abstand der Pfosten angeben?

2

Toni sagt, er habe eine zwei als Zeugnisdurchschnitt. Lena sagt, ihre Durchschnittsnote im Zeugnis sei 2,0. Sind beide gleich gut?

Angaben, wie 2,461 € sind nicht sinnvoll, weil es keine Zehntelcentstücke gibt. Manchmal wiederum werden nur ungefähre Werte benötigt, um das Wichtige einer Information mitzuteilen. Dann werden Zahlen- oder Größenangaben gerundet.
Die Regeln für das Runden von Dezimalbrüchen sind die gleichen wie beim Runden von natürlichen Zahlen.

Vor dem Runden muss man wissen, wie viele Nachkommastellen die gerundete Zahl haben soll.
Ist die erste wegzulassende Stelle 0, 1, 2, 3 oder 4, so wird abgerundet.
Ist die erste wegzulassende Stelle 5, 6, 7, 8 oder 9, so wird aufgerundet.

Also wird z. B. gerundet:	2,5493	0,025 49	10,1099	0,9999
auf eine Nachkommastelle:	2,5	0,0	10,1	1,0
auf zwei Nachkommastellen:	2,55	0,03	10,11	1,00
auf drei Nachkommastellen:	2,549	0,025	10,110	1,000

Beachte:
Endnullen, die sich durch Runden ergeben, dürfen nicht weggelassen werden.

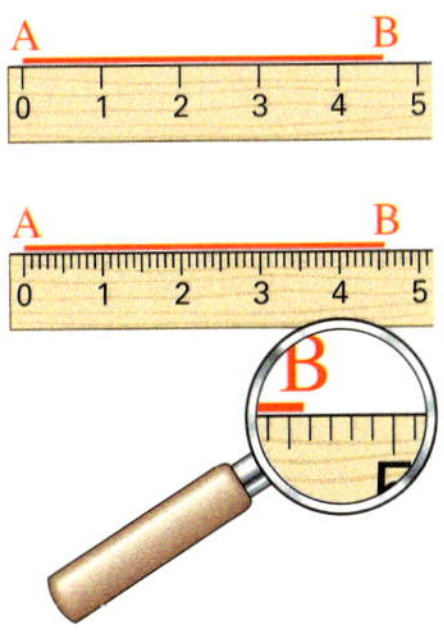

Wird die Strecke [AB] mit einem Lineal mit Zentimetereinteilung gemessen, so erfolgt die Messung auf Zentimeter genau. Will oder kann man die Zahl der Millimeter nicht abschätzen, so beträgt der dabei gemachte Fehler bis zu 5 mm. $\overline{AB}$ = 5 cm ist dann mit **einer geltenden Ziffer** angegeben.
Bei Verwendung eines Lineals mit Millimetereinteilung erfolgt die Messung der gleichen Strecke auf Millimeter genau. Der dabei gemachte Fehler kann maximal 0,5 mm betragen. $\overline{AB}$= 4,6 cm ist mit **zwei geltenden Ziffern** angegeben.

Es gilt 4,6 cm = 46 mm = 0,046 m. Die Zahl der Nachkommastellen hängt von der gewählten Maßeinheit ab, die Zahl der geltenden Ziffern dagegen nicht.

Bei negativen Dezimalbrüchen runden wir den Betrag nach der üblichen Rundungsregel und setzen das Minuszeichen davor, z. B. $-5{,}2365 \approx -5{,}237$

Beispiel 1 zeigt auch: Werden schon einmal gerundete Werte weiter gerundet, können Unstimmigkeiten auftreten.

Beispiel 1
Runde 3,0493 auf Hundertstel (Zehntel).
Lösung:
Die Ziffer 9 auf der Tausendstelstelle entscheidet für Aufrunden, die Ziffer 4 auf der Hundertstelstelle entscheidet für Abrunden:
$3{,}0493 \approx 3{,}05$; $3{,}0493 \approx 3{,}0$

Beispiel 2
Runde 5,29993 auf drei geltende Ziffern.
Lösung:
Runden auf 3 g. Z. bedeutet hier Runden auf 2 Nachkommastellen. Die Ziffer 9 auf der Tausendstelstelle entscheidet für Aufrunden.
$5{,}29993 \approx 5{,}30$

Aufgaben

3
Lars kommt müde vom Wandertag nach Hause. „Fünf Stunden waren wir unterwegs.“ Wie lange könnte die Wanderung gedauert haben, wenn er auf Stunden gerundet hat?

4
Karin erhält von ihrer Mutter für einen siebentägigen Ferienaufenthalt 200 €. Auf ihre Frage, wie viel sie pro Tag ausgeben dürfe, rechnet Mutter schnell mit dem Taschenrechner nach. Wie ist die angezeigte Zahl sinnvoll zu runden?

5
Übertrage die Tabelle in dein Heft und runde auf die in der ersten Spalte angegebene Zahl von geltenden Ziffern.

geltende Ziffern	1,8375	−0,0374	0,419	−1,999
1				
2				
3				

6

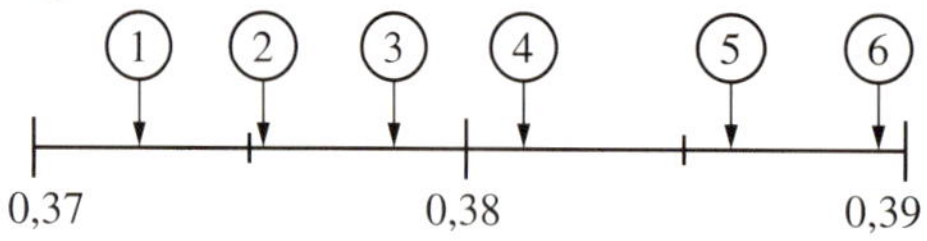

Gib die markierten Werte mit angemessener Genauigkeit an.

7
Gib die kleinste Zahl an, aus der durch Runden folgende Zahlen entstehen:
a) 4,3 b) 6,20 c) 14,89 d) 0,001
e) 0,099 f) 10,00 g) 0,1010 h) 1,000

Was stimmt hier wohl nicht?

8
a) Runde 3,7849 und 3,785 auf Hundertstel.
b) Belege durch Beispiele, dass es keinen größten Dezimalbruch gibt, aus dem durch Runden 3,78 entsteht.

9
Gib alle Dezimalbrüche mit drei Nachkommastellen an, die beim Runden
a) 0,19 b) −2,16 c) 0,04
ergeben und markiere die gefundenen Zahlen für jede Teilaufgabe auf einer Zahlengeraden mit geeigneter Einteilung.

10
Bei der Einweihung des neuen Schulgebäudes bezifferte der Oberbürgermeister die Baukosten auf rund 11,5 Millionen Euro. Zwischen welchen Beträgen (in ganzen €) lagen die genauen Kosten?

11
Wenn man eine Strecke von 6 m Länge in zwei Teile von 3,68 m und 2,32 m Länge unterteilt und diese Längenangaben auf zwei geltende Ziffern rundet, so ergeben die gerundeten Werte zusammen wieder 6 m.
Gilt dies auch für jede andere auf Zentimeter genaue Unterteilung der Länge 6 m? Begründe deine Antwort.

G12
Zeichne in ein Koordinatensystem ein Viereck ABCD, dessen Winkel alle verschieden groß sind und dessen Eckpunkte in verschiedenen Quadranten liegen.
Bezeichne jeden Winkel und miss jeweils seine Größe.

Thema:

Größter gemeinsamer Teiler (ggT) mit Schere und Papier

Einen Bruch kann man in einem Schritt kürzen, wenn man mit dem größten gemeinsamen Teiler (ggT) von Zähler und Nenner kürzt. Diesen ggT kann man auch ohne jede Rechnung, nur mit Schere und Papier ermitteln.

Beispiel
Gesucht ist der ggT von 21 und 6.

1. Schneide von einem 21 cm langen und 6 cm breiten Rechteck auf die angegebene Weise ein Quadrat ab. Jede Länge, die in 21 cm und 6 cm aufgeht, geht auch in den Seiten des verbleibenden Rechtecks auf, denn jeder Teiler von 21 und 6 teilt auch 21 – 6.
2. Schneide von dem verbleibenden Rechteck auf die gleiche Weise ein Quadrat ab. Du erhältst ein neues Rechteck. Jede Länge, die in den Seiten des ursprünglichen Rechtecks aufgeht, muss auch in den Seiten des neuen Rechtecks aufgehen.
3. Entsprechendes gilt, wenn du nochmals ein Quadrat abschneidest. Es bleibt ein Rechteck übrig, das „auf dem Kopf" steht.
4. Verfahre mit dem verbleibenden Rechteck analog dem ursprünglichen. Diesmal bleibt ein **Quadrat** übrig und das Verfahren endet. Die Seitenlänge des Quadrates ist die größte Länge, die in beiden Seiten des ursprünglichen Rechtecks aufgeht. Ihre Maßzahl 3 ist der größte gemeinsame Teiler von 21 und 6.

Ergebnis: Der ggT von 21 und 6 ist 3.

Rechnerisch sieht das so aus:

	Länge		Breite		neue Länge
1.	21	–	6	=	15
2.	15	–	6	=	9
3.	9	–	6	=	3
4.	6	–	3	=	3

Es geht sogar noch einfacher, wenn man das wiederholte Subtrahieren durch eine Division ersetzt:

$21 : 6 = 3$ Rest 3.
$6 : 3 = 2$

Der letzte auftretende Divisor, bei dem die Division schließlich aufgeht, ist der ggT von 21 und 6; hier also 3.
Man nennt das Verfahren in der Kurzform auch den **euklidischen Algorithmus**.

Algorithmus (griech.): Rechenverfahren

Euklid war ein bekannter griechischer Mathematiker der etwa 300 v. Chr. lebte.

Beispiel
Bestimme den ggT von 144 und 60.
Lösung: $144 : 60 = 2$ Rest 24
$60 : 24 = 2$ Rest 12
$24 : 12 = 2$
Der letzte auftretende Divisor ist der ggT von 144 und 60: ggT(144; 60) = 12.

1
Ermittle den ggT mit „Schere und Papier".
a) 15; 6 b) 18; 8 c) 25; 10
d) 21; 12 e) 20; 16 f) 24; 9

2
Warum endet das beschriebene Verfahren stets mit einem Quadrat?

Lesetext:

Wie man im Alltag häufig Brüche vermeidet

Bei einem Rechenmeister

Im Jahre 1475 hatte ein Nürnberger Kaufmann in Venedig 32 Pfund Pfeffer für 14 Gulden gekauft. Daheim brauchte er für ein Geschäft den Einkaufspreis für 12 Nürnberger Pfund Pfeffer.
5 Pfund in Venedig wogen so viel wie 3 Pfund in Nürnberg. Ein Gulden hatte 21 Groschen, ein Groschen hatte 12 Pfennig. In solchen alltäglichen Situationen brauchte man vor 500 Jahren einen Rechenmeister.

Die Humanisten und die Reformatoren wie Martin Luther und Philipp Melanchthon wollten diesen Zustand mit einer groß angelegten Bildungsinitiative ändern. Melanchthon ermunterte 1537 seine Zeitgenossen:

„Ich weiß, dass die Heranwachsenden von der Arithmetik durch die Meinung abgeschreckt werden, sie sei schwierig. Das ist ein gewaltiger Irrtum, vielmehr sind die Anfangsregeln in so hohem Maße augenscheinlich, dass sie schon Knaben zugänglich sind, weil ja der ganze Gegenstand seinen Ursprung in der Natur des menschlichen Geistes hat.
Freilich verlangt er, wie alle Künste, Übung und Anwendung."

Adam RIES (ca. 1492–1559)

Die Initiative hatte Erfolg. Überall entstanden Rechenschulen, an denen Rechenmeister das praktische Rechnen lehrten. Der Buchdruck ermöglichte die Herausgabe von Rechenbüchern. Am bekanntesten sind die von Adam Ries, dem großen Rechenmeister aus Staffelstein. Im Vorwort zu einem seiner Bücher schrieb er: „… habe ein gemeyn leycht büchlein zusamen gelesen für junge anhebende schüler."
Es geht in diesen Büchern um die Einübung der vier Grundrechenarten und die so genannte „Regel de Tri", den Dreisatz, mit dem man alle kaufmännischen Aufgaben lösen konnte.

Der Dreisatz heißt deshalb so, weil aus 3 gegebenen (gesetzten) Zahlen eine vierte berechnet wird.

Detri.

Regula detri/ ist eyn Regel von dreyen dingen Setze hynden das du wissen wilt/ das ym am namenn gleych ist fornn/ vnnd das eynander dingk bedeut mittenn/ Als dann lege auff das hynderst/ multiplicir mitt dem mitteln was komet teyl ab mit dem fordern/ So wirdt komenn das facit/ vnnd am namen gleych dem mitteln.
Item eyner kaufft 32 elln tuchs für 28 floren wie komen 6 elln/ facit 5 floren/ 5 groschenn/ 3 pfennig/ setz also.

32 28 6

Lege auff 6 ellnn/ multiplicir mit 28 florenn/ komenn 168/ teyll ab mitt 32/ komen 5 floren/ bleyben 8/ mach groschen/ teyll ab/ werden 5 groschen/ bleyben auch 8/ mach pfenig/ teyl ab/ komen 3 pfennig.

In uns besser verständlicher Ausdrucksweise lautet die Anweisung für den Ansatz und das Rechenschema aus dem ersten Buch von Adam Ries:
Die Regel de Tri ist eine Regel von drei Dingen. Setz hinten, was du wissen willst, das am Namen gleich setz vorn und das andere Ding in die Mitte.
Danach multipliziere das Hintere mit dem in der Mitte und teile das Ergebnis durch das Vordere […].
Beispiel:
Einer kauft 32 Ellen Tuch für 28 Florentiner (Gulden). Wie viel kommen 6 Ellen? […]
Setz also: 32 28 6
Rechne 6 mal 28 geteilt durch 32.

Wie würden wir das von Adam Ries geschilderte Problem lösen? Vielleicht so:
Die 6 Ellen Stoff haben an den 32 Ellen Stoff folgenden Anteil: $\frac{6}{32}$.
Der Preis für 6 Ellen muss eben diesen Anteil am Preis für 32 Ellen haben: $\frac{6}{32} \cdot 28$ Gulden.
Hier müsste man also mit Brüchen rechnen, was man aber früher vermeiden wollte.

1. Trick: Zuerst multiplizieren, dann erst dividieren.

2. Trick: Wandle die Größe in kleinere Maßeinheiten um.

Adam RIES wusste nun, dass $(6:32) \cdot 28$ gleichwertig ist mit der Rechnung $(6 \cdot 28):32$; d. h. Division und Multiplikation wurden in ihrer Reihenfolge vertauscht.
Wenn man die große Zahl $6 \cdot 28 = 168$ nun erst durch 32 teilt, besteht eher die Chance, dass keine Brüche auftreten.
Leider hat Adam Ries hier Pech:
$168:32 = 5$ Rest $8 = 5\frac{8}{32}$.
Aber auch hier wusste sich Adam Ries zu helfen: Er wandelte die 8 Gulden um in $8 \cdot 21$ Groschen (denn 21 Groschen ergaben einen Gulden).
Diese $8 \cdot 21 = 168$ Groschen teilte er wiederum durch 32 und es ergab sich ebenso $168:32 = 5\frac{8}{32}$.
Die übrigen 8 Groschen wandelte Ries nun in Pfennige um (12 Pfennige ergaben einen Groschen).
Diese $8 \cdot 12 = 96$ Pfennige teilte er nun durch 32 und endlich ging die Rechnung auf: $96:32 = 3$

Lege auff 6 ellnn/ multiplicir mit 28 florenn/

komenn 168/ teyll ab mitt 32/

komen 5 floren/ bleyben 8/

mach groschen/

teyll ab/ werden 5 groschen/ bleyben auch 8/

mach pfeñig/

teyl ab/ komen 3 pfennig.

Auch heute, 500 Jahre später, verwendet man häufig den Dreisatz – in etwas veränderter Form –, um das Rechnen mit Brüchen zu umgehen:
Will man z. B. wissen wie viel 14 Quorkse kosten, wenn 8 Quorkse 12 Euro kosten, so kann man so vorgehen:

		Anzahl der Quorkse	Preis	
8 Quorkse kosten 12 Euro		8	12 Euro	
	:4			:4
2 Quorkse kosten 3 Euro		2	3 Euro	
	·7			·7
14 Quorkse kosten 21 Euro		14	21 Euro	

3. Trick: Als Zwischenschritt wird nicht der Wert für eine Einheit bestimmt, sondern der für mehrere.

Hier wird nicht der Preis für 1 Quorks berechnet (was eine Bruchzahl ergäbe), sondern der Preis für 2 Quorkse. Dies genügt, um auf 14 Quorkse schließen zu können.

Die obige Rechnung lässt sich auch so verstehen: Das Verhältnis der Quorkse zu ihrem Preis ist unabhängig von der betrachteten Stückzahl. Schreibt man dieses Verhältnis als Bruch, so erkennt man:

$$\frac{\text{Anzahl der Quorkse}}{\text{Preis dieser Quorkse}} = \frac{8}{12} = \frac{14}{?}$$

Das in der Tabelle vorgestellte Verfahren bedeutet also, den Bruch $\frac{8}{12}$ durch Kürzen und Erweitern auf die Form $\frac{14}{?}$ zu bringen:

$$\frac{8}{12} = \frac{8:4}{12:4} = \frac{2}{3} = \frac{2 \cdot 7}{3 \cdot 7} = \frac{14}{21}.$$

Lesetext:

Ergebnisse präsentieren

Häufig wird es vorkommen, dass du deinen Klassenkameradinnen und Klassenkameraden im Unterricht eine von dir bearbeitete Aufgabe vorführen sollst. Es könnte sich um eine Hausaufgabe oder aber auch um eine im Unterricht z. B. in einer Gruppe bearbeitete Aufgabe handeln.
Dazu wirst du zunächst die Aufgabe lösen, wozu eventuell noch Vorarbeiten, wie Informationsbeschaffung, nötig sind, dann deinen Vortrag vorbereiten und schließlich deine Ergebnisse präsentieren.

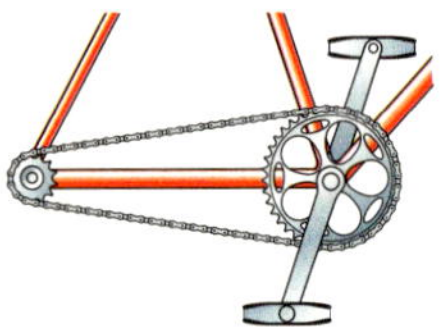

Aufgabe:
An einem Fahrrad mit einer Kettenschaltung gibt die Übersetzung des jeweiligen Gangs an, wie groß bei einer Umdrehung der Pedalkurbel die Anzahl der Drehungen des Hinterrads ist. Gib für den kleinsten und den größten Gang an, wie viele Umdrehungen des Hinterreifens durch eine Pedalumdrehung bewirkt werden. Vergleiche die Übersetzungen und ordne alle Gänge in der Reihenfolge ihrer Übersetzungen.

1. Schritt: Informationen beschaffen und Lösen der Aufgabe
Um die Lösung einer Aufgabe gut vorführen zu können, musst du sie natürlich zunächst selbst gründlich bearbeitet und wirklich gut verstanden haben. Manchmal musst du dir auch noch zusätzliche Informationen beschaffen.

Stefan zählt zunächst die Anzahl der Zähne an den verschiedenen Zahnrädern seines eigenen Fahrrads. Es hat vorne drei „Kettenblätter" mit 24, 34 bzw. 42 Zähnen und hinten acht „Ritzel" mit 30, 26, 23, 20, 18, 16, 14 bzw. 11 Zähnen. Stefan erkennt, dass er alle Übersetzungen als Brüche beschreiben kann, mit der Zahl der vorderen Zähne im Zähler und derjenigen der hinteren Zähne im Nenner. Im kleinsten Gang bedeutet die Übersetzung $\frac{24}{30}$ also, dass sich bei einer Umdrehung der Pedalkurbel und damit des Kettenblatts das Hinterrad (mit den Ritzeln) $\frac{24}{30}$-mal dreht – also etwas weniger als einmal. Für jedes einzelne Kettenblatt sind die Gänge bereits vom größten zum kleinsten Ritzel der Größe nach geordnet $\left(\frac{24}{30} < \frac{24}{26} < \frac{24}{23} \ldots\right)$ da der Zähler jeweils unverändert bleibt und der Nenner kleiner wird. Stefan beginnt mit dem kleinsten und muss nach und nach überprüfen, ob ein Gang eines der größeren Kettenblätter als nächster eingeordnet werden muss. Notwendige Vergleiche der Bruchzahlen führt er durch Kürzen oder Erweitern der Brüche oder durch Division durch.

2. Schritt: Vorbereitung der Präsentation
Um nicht im Unterricht alles erst anschreiben zu müssen, könntest du eine Folie für den Overhead-Projektor vorbereiten. Dabei sollten die wichtigsten Teile der Aufgabenbearbeitung auf der Folie stehen. Bei der Präsentation im Unterricht kannst du dann mit einem Folienstift noch das ein oder andere ergänzen. Überlege dir, welche ergänzenden Informationen (zum Beispiel kleine Zwischenrechnungen) du bei deiner Präsentation an der Tafel anschreiben solltest. Erstelle dir einen Konzeptzettel, auf dem die Dinge stehen, die du sagen willst. Mit etwas Übung genügen dabei Stichworte als Erinnerung, um dann möglichst frei vorzutragen. Überlege dir auch, ob Zeichnungen oder mitgebrachte Gegenstände für das Verständnis hilfreich sein könnten.

Zur Erklärung komplizierter Sachverhalte kann es sinnvoll sein, vor Beantwortung der eigentlichen Frage diese zunächst an einfacheren Beispielen zu erläutern.

Auf seiner Folie für den Overhead-Projektor (s. nächste Seite) fertigt Stefan zunächst zwei Zeichnungen an, die seinen Mitschülern helfen könnten, sich die Situation vorzustellen. Er könnte sogar mit seinem Lehrer absprechen, das Fahrrad mit in den Unterricht zu bringen. Zur Erklärung der Übersetzung beschreibt er zuerst zwei einfache Fälle, die an seinem Fahrrad nicht auftreten, um anschließend die erste Frage zu beantworten. Danach schreibt er für alle Übersetzungen die zugehörigen Brüche je Kettenblatt geordnet auf. Zur ersten Orientierung trägt er ein, wo jeweils die natürlichen Zahlen 1, 2 und 3 einzuordnen wären.

Tipps :
Auf der Folie musst du deutlich und erheblich größer schreiben als in deinem Heft, damit bei der Projektion alle etwas lesen können.

Wenn du hauptsächlich mit einem schwarzen Stift schreibst, sind Farbstifte zur Verdeutlichung oder für Hervorhebungen empfehlenswert.

Wasserfeste Stifte haben den Vorteil, dass deine Aufzeichnungen nicht so leicht verschmieren; zur erneuten Verwendung der Folie musst du dann zum Ablöschen allerdings Nagellackentferner oder etwas ähnliches benutzen.

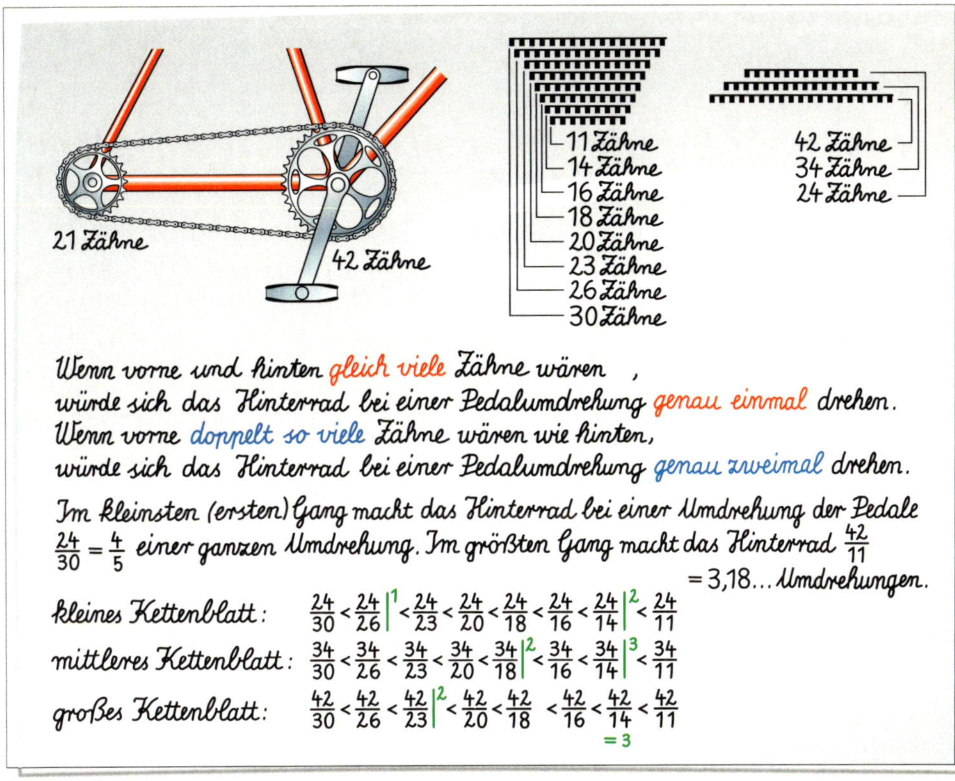

Die Nebenrechnungen schreibt er nicht auf die Folie; er wird einige davon an der Tafel vorführen.

3. Schritt: Durchführung der Präsentation

Auch wenn deine Mitschüler die Aufgabenstellung schon kennen, erinnerst du sie zunächst daran, was gefragt war und nennst den Ausgangspunkt für deine eigene Bearbeitung. Beim Vorführen der Ergebnisse sprichst du laut und deutlich und nicht zu schnell, damit dich alle gut verstehen können. Wichtige Teile einer vorbereiteten Folie liest du auch vor, denn durch gleichzeitiges Hören und Lesen können es deine Mitschüler besser erfassen. Typische Nebenrechnungen kannst du an die Tafel anschreiben. Achte darauf, ob deine Mitschüler Zwischenfragen haben.

Wenn du auf der Folie während des Vortrags noch etwas ergänzt, ist es sinnvoll, einen wasserlöslichen Stift zu verwenden, falls du dich dabei verschreibst.

Helle Farben sind in der Projektion in der Regel schlechter sichtbar als dunkle.

Stefan erklärt an Hand der Zeichnung auf seiner Folie die Übersetzung und nennt die Antwort auf die erste Frage nach der Zahl der Umdrehungen im kleinsten und im größten Gang. Danach zeigt er die Brüche für die vorkommenden Übersetzungen, die er auf der Folie vorbereitet hat, und beginnt dort die Gänge der Reihe nach zu nummerieren. Ein paar der notwendigen Vergleiche schreibt er an die Tafel.

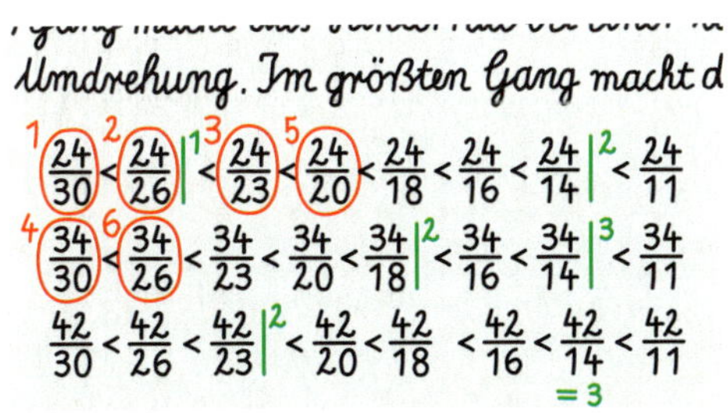

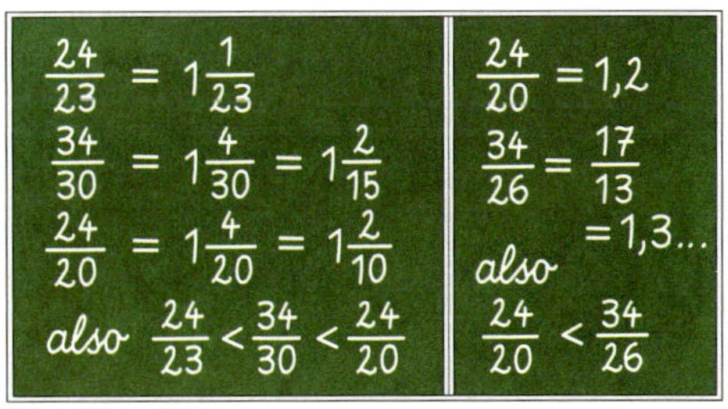

Rückblick

Bruchteil
Den Bruchteil $\frac{z}{n}$ einer Größe oder eines Ganzen berechnet man so:
1. Man teilt die Größe oder das Ganze durch n.
2. Man nimmt das Ergebnis z mal.

$\frac{3}{4}$ von $24\,kg = (24\,kg : 4) \cdot 3 = 6\,kg \cdot 3 = 18\,kg$
$\frac{2}{3}h = \frac{2}{3}$ von $1\,h = (1\,h : 3) \cdot 2 =$
$(60\,min : 3) \cdot 2 = 20\,min \cdot 2 = 40\,min$

Erweitern und Kürzen
Erweitern: Man multipliziert Zähler und Nenner mit der gleichen natürlichen Zahl ($\neq 0$).
Kürzen: Man dividiert Zähler und Nenner durch die gleiche natürliche Zahl ($\neq 0$).
Brüche ändern ihren Wert beim Erweitern und Kürzen nicht.

$\frac{2}{5} = \frac{2 \cdot 3}{5 \cdot 3} = \frac{6}{15}$
$\frac{12}{18} = \frac{12:6}{18:6} = \frac{2}{3}$

Bruchzahlen
Alle Brüche, die aus einem Bruch durch Erweitern oder Kürzen entstehen, geben dieselbe Bruchzahl an.

$\frac{12}{18}$; $\frac{2}{3}$; $\frac{4}{6}$; $\frac{6}{9}$ und $\frac{120}{180}$ geben dieselbe Bruchzahl an.

Bruchzahlen als Quotienten
Jeden Quotienten zweier natürlicher Zahlen kann man als Bruchzahl angeben und umgekehrt kann man jede Bruchzahl als Quotient zweier natürlicher Zahlen schreiben.
Anteile kann man als Quotient zweier Größen der gleichen Art berechnen.

$24 : 36 = \frac{24}{36} = \frac{2}{3}$
$12\,h$ von $15\,h = 12\,h : 15\,h = \frac{12}{15} = \frac{4}{5}$

Vergleichen von Brüchen
Um Brüche zu vergleichen, kann man sie gleichnamig machen oder man bringt sie auf den gleichen Zähler.

$\frac{9}{20} = \frac{45}{100}$; $\frac{12}{25} = \frac{48}{100}$; also $\frac{9}{20} < \frac{12}{25}$

Rationale Zahlen
Die Bruchzahlen und ihre Gegenzahlen bilden zusammen die Menge der rationalen Zahlen.
Ein Quotient $a : b$, bei dem a und $b \neq 0$ ganze Zahlen sind, ist gleich der rationalen Zahl $\frac{a}{b}$.

$-\frac{3}{4}$; 0,5; 7; −3; $3\frac{4}{7}$ sind rationale Zahlen.
$-\frac{2}{9} = \frac{-2}{9} = \frac{2}{-9}$

Dezimalbrüche
Bei der Dezimalschreibweise bedeutet die 1. (2., 3. ...) Stelle hinter dem Komma Zehntel, (Hundertstel, Tausendstel, ...).

$23{,}407 = 23 + \frac{4}{10} + \frac{0}{100} + \frac{7}{1000}$

Umwandeln von Brüchen in Dezimalbrüche
Man bringt den Nenner auf eine Zehnerpotenz oder man dividiert den Zähler durch den Nenner.

$\frac{12}{75} = \frac{4}{25} = \frac{16}{100} = 0{,}16$
$\frac{49}{35} = \frac{7}{5} = 7 : 5 = 1{,}4$ $\qquad \frac{7}{3} = 7 : 3 = 2{,}33\ldots$

Runden von Dezimalbrüchen
Hat man die gewünschte Zahl der Nachkommastellen festgelegt, so betrachtet man die Ziffer auf der nächsten Nachkommastelle und rundet nach den üblichen Regeln.

$123{,}74 \approx 124$	(auf E gerundet)
$74{,}0054 \approx 74{,}0$	(auf z gerundet)
$-0{,}0855 \approx -0{,}086$	(auf t gerundet)

Aufgaben zum Üben und Wiederholen

1
Gib folgende Größen mit der in Klammern stehenden Maßeinheit an.

a) $\frac{2}{5}$ m (cm) b) $\frac{5}{6}$ h (min)

c) $\frac{7}{8}$ kg (g) d) $\frac{77}{25}$ ha (m^2)

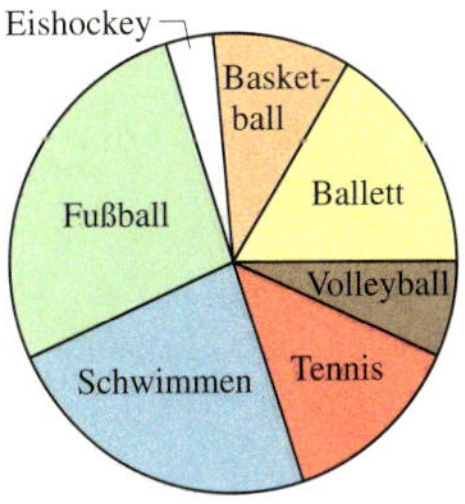

2
Die 30 Schüler und Schülerinnen einer sechsten Klasse werden nach ihrer Lieblingssportart befragt. Das Ergebnis dieser Umfrage ist im Kreisdiagramm veranschaulicht. Ermittle daraus, wieviele der Schüler/Schülerinnen die angegebenen Sportarten bevorzugen.
Gib die Anteile auch in Prozent an.

3
Berechne

a) $\frac{2}{3}$ von 27 kg b) $\frac{2}{7}$ von 56 min

c) $\frac{3}{4}$ von 36 a d) $\frac{5}{9}$ von 81 km

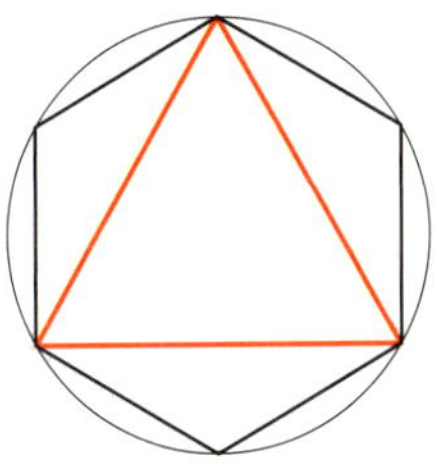

4
a) Zeichne die nebenstehende Figur in dein Heft in einen Kreis mit einem Radius von 3 cm Länge.
b) Überdecke die Gesamtfigur mit möglichst großen deckungsgleichen Dreiecken.
c) Welchen Bruchteil der Fläche des Sechseckes überdeckt das rote Dreieck?

5
Bringe auf einen möglichst kleinen gemeinsamen Nenner

a) $\frac{5}{9}$; $\frac{8}{21}$ b) $\frac{5}{12}$; $\frac{7}{15}$; $\frac{3}{8}$

6
Kürze, wenn möglich, und schreibe in gemischter Schreibweise.

a) $\frac{19}{3}$ b) $-\frac{312}{28}$ c) $\frac{2345}{250}$

Die Lösungen zu den Aufgaben dieser Seite findest du auf Seite 208.

7

Ordne die Zahlen auf den Zetteln aufsteigend der Größe nach.

8
Mache aus der rationalen Zahl −1,059 308 9 durch Weglassen von einer (zwei, drei, vier) Ziffern nach dem Komma eine möglichst kleine Zahl.

9
Berechne den Anteil in gekürzter Form.

a) 34 € von 85 € b) 375 g von 1,2 kg

10
Gib vier Bruchzahlen an, die auf der Zahlengeraden zwischen $-\frac{1}{4}$ und $-\frac{1}{5}$ liegen. Stelle diese Zahlen auf einer Zahlengeraden dar, die auch den Nullpunkt enthält.

11
Kürze vollständig und schreibe als Dezimalbruch

a) $\frac{36}{75}$ b) $\frac{306}{1440}$ c) $\frac{119}{680}$ d) $\frac{1001}{1375}$

12
Entscheide ohne Ausführung der Division, ob sich bei Umwandlung in einen Dezimalbruch ein endlicher Dezimalbruch ergibt oder nicht. Begründe deine Antwort.

a) $\frac{37}{80}$ b) $\frac{85}{102}$ c) $\frac{39}{175}$ d) $\frac{27}{810}$

13
Eine Bäckerei stellt helle Lebkuchen und Schokoladenlebkuchen her. Sie verkauft die Lebkuchen in Packungen zu 12 oder zu 20 Stück. In beiden Packungen soll der Anteil der Schokoladenlebkuchen gleich sein.
a) Wie viele Möglichkeiten, die Packungen zu füllen, gibt es?
b) Welche Möglichkeiten gibt es bei gleicher Bedingung, wenn auch noch Großpackungen zu 30 Stück verkauft werden?

14
Im Jahre 2000 waren 16 % der Bevölkerung in Deutschland jünger als 15 Jahre und 17 % älter als 64 Jahre.
a) Wie viel Prozent der Bevölkerung waren dann 15 bis 64 Jahre alt?
b) Zeichne ein Kreisdiagramm für die Zusammensetzung der Bevölkerung in Deutschland im Jahre 2000.

II Relative Häufigkeit

1 Zufallsexperimente

1

Wirft man einen Reißnagel, so kann er entweder auf „Kopf“ oder auf „Seite“ fallen.

a) Wie oft wird wohl bei 20 Würfen das Ergebnis „Kopf“ auftreten?

b) Führe das Experiment 20-mal aus und vergleiche mit deiner Vermutung.

2

Markus würfelt 20-mal mit einem normalen Spielwürfel und notiert vier „Sechser“. Lena erzielt bei 30 Würfen fünfmal eine „Sechs“. Markus behauptet, bei ihm sei die „Sechs“ häufiger gefallen.
Hat er Recht mit seiner Behauptung?

Dreht man am abgebildeten Glücksrad, so wird der Zeiger auf einer der 12 Zahlen stehenbleiben.
Auf welche Zahl er zeigen wird, kann man nicht vorhersagen.
Experimente dieser Art bezeichnet man als **Zufallsexperimente**.

Erkennungsmerkmale eines Zufallsexperimentes
Bei der Durchführung des Experimentes gilt:
1. Es wird genau ein Ergebnis von mehreren möglichen Ergebnissen eintreten.
2. Welches Ergebnis auftreten wird, lässt sich nicht vorhersagen.

Bei mehrfacher Durchführung eines Zufallsexperimentes, z. B. 50-maligem Würfelwurf, können die dabei aufgetretenen Ergebnisse zunächst in einer **Strichliste** erfasst werden.

Augenzahl	1	2	3	4	5	6
	卌 II	卌 I	卌 卌	卌 IIII	卌 III	卌 卌

Von Interesse sind dabei folgende Fragen:
1. Wie oft tritt ein bestimmtes Ergebnis, z. B. „6“ auf? (**absolute Häufigkeit** von „6“)
2. Wie oft tritt dieses Ergebnis im Verhältnis zur Gesamtzahl $n = 50$ der Würfe auf? (**relative Häufigkeit** von „6“)

Aus der Strichliste ergibt sich folgende Tabelle:

Augenzahl	1	2	3	4	5	6
absolute Häufigkeit	7	6	10	9	8	10
relative Häufigkeit	$\frac{7}{50}$	$\frac{6}{50}$	$\frac{10}{50}$	$\frac{9}{50}$	$\frac{8}{50}$	$\frac{10}{50}$

Die absolute Häufigkeit gibt an, wie oft ein bestimmtes Ergebnis auftritt.
Die relative Häufigkeit gibt an, wie groß der Anteil der absoluten Häufigkeit an der Gesamtzahl der Durchführungen des Zufallsexperimentes ist.

$$\text{Relative Häufigkeit} = \frac{\text{absolute Häufigkeit}}{\text{Gesamtzahl}}$$

Vergleiche:
a) $\frac{4}{7}$, $\frac{5}{7}$, $\frac{10}{17}$
b) 70 %, 63 %, 67 %

Der besseren Vergleichbarkeit wegen werden relative Häufigkeiten oft in Prozent oder als Dezimalbruch angegeben.

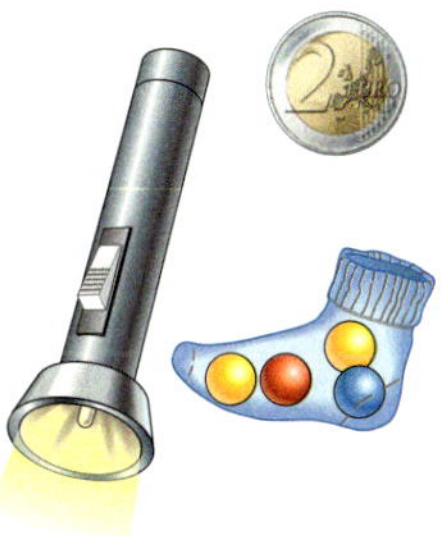

Gefäße, aus denen man zufällig z. B. Kugeln zieht, nennt man in der Mathematik Urnen.
Als Urnen kann man Kisten, Tüten, Beutel, Socken, Schüsseln und vieles andere benutzen.

Beispiel 1
Welche Vorgänge können als Zufallsexperimente angesehen werden? Begründe deine Antwort.
a) Eine Münze wird geworfen.
b) Eine Taschenlampe wird ausgeknipst.
c) Eine Kugel wird mit geschlossenen Augen aus einer Urne mit roten, gelben und blauen Kugeln gezogen.
Lösung:
a) Es handelt sich um ein Zufallsexperiment, weil man zwar weiß, dass entweder „Wappen“ oder „Zahl“ erscheinen wird, man aber beim einzelnen Wurf das Ergebnis nicht vorhersagen kann.
b) Es handelt sich um kein Zufallsexperiment, weil als Ergebnis das Licht erlöschen wird.
c) Es handelt sich um ein Zufallsexperiment, weil man weiß, dass die gezogene Kugel eine der Farben rot, gelb oder blau haben wird, aber nicht vorhersagen kann, welche der drei Farben die gezogene Kugel haben wird.

Augenzahl	1	2	3	4	5	6
Leonie	卌 I	卌 II	卌 I	卌 II	卌	卌 IIII
Marcel	卌 IIII	卌 I	卌 IIII	卌 III	卌 卌	卌 III

Beispiel 2
Leonie und Marcel haben gewürfelt. Die Strichliste hält die Ergebnisse fest.
Bei wem ist der Anteil der gewürfelten Vierer größer?

Lösung:
Die Strichliste zeigt, dass Leonie 40-mal und Marcel 50-mal gewürfelt hat. Die absolute Häufigkeit für die „Vier“ beträgt bei Leonie 7 und bei Marcel 8. Die relative Häufigkeit der „Vier“ beträgt bei Leonie $\frac{7}{40} = 0{,}175 = 17{,}5\,\%$ und bei Marcel beträgt sie $\frac{8}{50} = 0{,}16 = 16\,\%$. Obwohl Marcel absolut gesehen mehr „Vierer“ gewürfelt hat, ist der Anteil der „Vierer“ an der Gesamtzahl der Würfe (d. h. die relative Häufigkeit) bei Leonie größer.

Aufgaben

3
Welche der folgenden Vorgänge sind Zufallsexperimente? Begründe deine Antwort. Welche Ergebnisse sind jeweils möglich?
a) Werfen eines Würfels und Ablesen der oben liegenden Augenzahl.
b) Befragen eines fremden Schülers nach dem Wochentag, an dem er Geburtstag hat.
c) Feststellen der Himmelsrichtung, in der die Sonne zu Mittag steht.
d) Aufschlagen einer Seite eines Buches und Ermitteln des Buchstabens, mit dem diese Seite beginnt.
e) Ermitteln des Wochentages, auf den der 15. September 2010 fallen wird.
f) Messen der Länge eures Klassenzimmers auf Zentimeter genau.

4
Wenn man sich an eine Straße stellt und dafür interessiert, welches Fahrzeug als nächstes in der ausgewählten Fahrtrichtung fahren wird, so handelt es sich um ein Zufallsexperiment. Warum ist diese Aussage wahr?

5
Mit einem Skatblatt kann man Zufallsexperimente machen.
a) Unter welchen Bedingungen handelt es sich wirklich um Zufallsexperimente?
b) Es wird eine Karte gezogen. Gib Zufallsexperimente mit je vier möglichen Ergebnissen an.
c) Es werden zwei Karten gezogen. Gib Zufallsexperimente mit zwei möglichen Ergebnissen an.

6

Die Kugel fällt auf die unterschiedlich geformten Bodenflächen und bleibt an einer Stelle liegen.
Welche dieser Vorgänge sind Zufallsexperimente? Begründe deine Antwort.

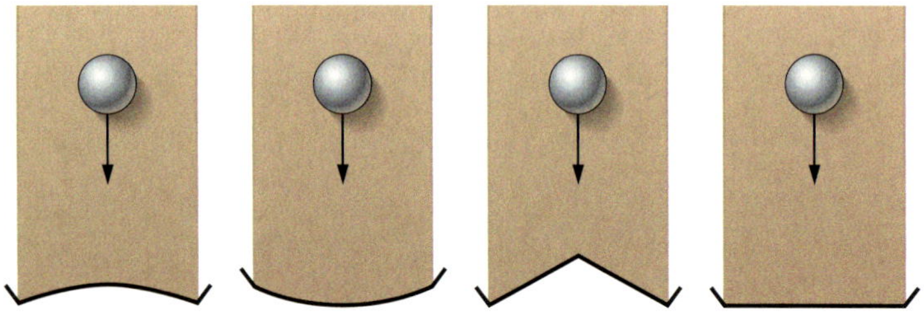

7

Die Strichliste hält das Ergebnis des Würfelns von Frank und Patrick fest.

Augenzahl	Häufigkeit Frank	Häufigkeit Patrick
1	卌 卌 卌	卌 卌
2	卌 卌 ||	卌 ||
3	卌 卌 卌 |||	卌 |||
4	卌 卌 ||||	卌 卌 |
5	卌 ||||	卌 ||||
6	卌 卌 ||	卌

a) Berechne für Frank und für Patrick jeweils die relativen Häufigkeiten, mit denen die einzelnen Augenzahlen aufgetreten sind.
b) Fertige für beide je ein Säulendiagramm für diese relativen Häufigkeiten an.

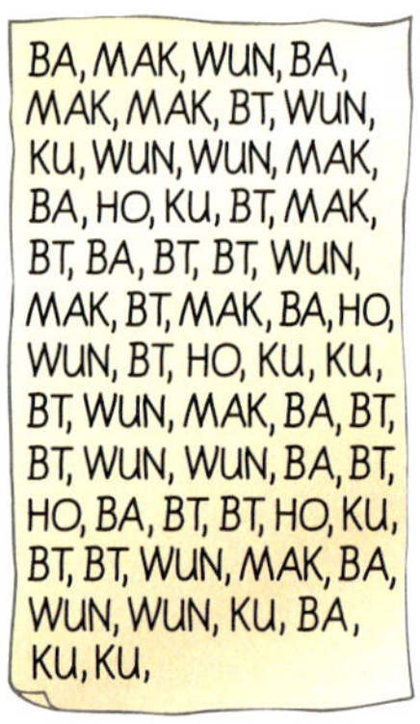

8

Am Grenzübergang Schirnding (Oberfranken) wurden in einer halben Stunde nebenstehende Kennzeichen deutscher PKWs notiert. Erstelle aus der Liste eine Tabelle mit den absoluten und den relativen Häufigkeiten (auf ganze Prozent gerundet) der Orte, in denen die PKWs zugelassen wurden.

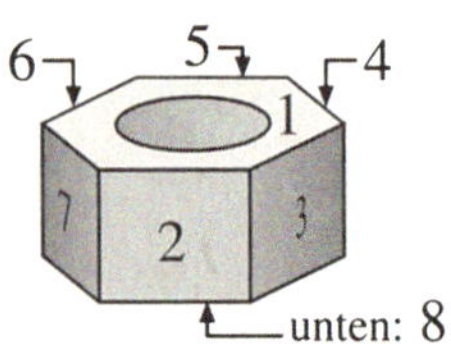

9

Stelle dir aus einer Sechskantmutter einen „Würfel" mit den Augenzahlen von 1 bis 8 her. Würfle 100-mal und ermittle die relative Häufigkeit der einzelnen Augenzahlen. Vergleicht die Ergebnisse in eurer Klasse.

10

Zwei unterscheidbare Münzen (z. B. 10 ct und 20 ct) werden zusammen geworfen.
a) Welche Ergebnisse sind möglich?
b) Kannst du ein faires Spiel für zwei Spieler angeben?
c) Führe das Zufallsexperiment 40-mal aus, notiere die aufgetretenen Ergebnisse und berechne die relativen Häufigkeiten der einzelnen Ergebnisse.
d) Hältst du nach den 40 Durchführungen des Zufallsexperimentes das in Teilaufgabe b) angegebene Spiel immer noch für fair?

11

Die Tabelle hält das Ergebnis von 100 Würfelwürfen fest.

Augenzahl	1	2	3	4	5	6
abs. H.	16	17	18	17	18	14

Mit welcher relativen Häufigkeit zeigt der Würfel eine Primzahl?

12

Die gleichen Gewinnchancen in einer Lotterie werden unterschiedlich beschrieben:
- 200 von 1000 Losen gewinnen.
- Von den 1000 Losen im Topf gewinnen 200.
- Jedes 5. Los gewinnt.
- Eines von fünf Losen gewinnt.
- Die Gewinnchancen stehen 1 zu 5.

a) Welche Aussage enthält am meisten Informationen über die Lotterie?
b) Welche Formulierungen sind missverständlich? Begründe deine Antwort.

G13

Skizziere jeweils einen Termbaum, schreibe den Term auf und berechne ihn:
a) Multipliziere die Summe aus 5 und –9 mit 82. Subtrahiere davon 92 und dividiere das Ergebnis durch –10.
b) Addiere –93 und 7 und multipliziere diese Summe mit der Differenz aus –8 und –12.
c) Der 1. Faktor eines Produkts ist der Quotient aus 729 und –9, der 2. Faktor ist die Summe aus –8 und –43.

2 Erfassen und Auswerten von Daten

Urliste zu einem Fragebogen der Klasse 6a

Vorname	J/M	Lieblingsfarbe	Lieblingstier	Lieblingssport
Karin	M	lila	Hund	Schwimmen
Stefan	J	grün	Hund	Fußball
Mike	J	blau	Katze	Fußball
Aishe	M	gelb	Pferd	Inlineskating
Ines	M	rot	Katze	Schwimmen
Bernd	J	grün	Hund	Tennis
Alex	J	blau	Katze	Basketball
Anja	M	grün	Hund	Volleyball
Patrick	J	blau	Hund	Schwimmen
Ali	J	blau	Fische	Volleyball
Gabi	M	pink	Pferd	Reiten
Natascha	M	gelb	Schlange	Basketball
Sascha	J	orange	Vogel	Basketball
Nora	M	grün	Katze	Schwimmen
Anke	M	rot	Hund	Fußball
Robert	J	blau	Hund	Basketball
Wiebke	M	rot	Katze	Inlineskating
Max	J	rot	Katze	Inlineskating
Sebastian	J	lila	Hund	Schwimmen
Lisa	M	rot	Pferd	Reiten
Kosta	J	blau	Bär	Basketball
Florian	J	grün	Fische	Fußball
Ulrike	M	grün	Pferd	Reiten
Peter	J	blau	Hund	Fußball
Lukas	J	grün	Katze	Tennis
Simon	J	rot	Hund	Fußball
Ahmed	J	blau	Katze	Schwimmen
Stefanie	M	rot	Katze	Inlineskating
Markus	J	rot	Vogel	Tennis
Andreas	J	blau	Pferd	Fußball

1

Entwerft gemeinsam einen Fragebogen für eine Erhebung von euch interessierenden Daten über eure Klasse und wertet ihn aus. Plant zunächst, wie ihr vorgehen wollt und wie ihr die Arbeit gerecht verteilen könnt. Die hier abgebildete Urliste mit den gesammelten Ergebnissen einer Befragung in der Klasse 6a liefert ein Beispiel. Ihr könnt sie gemeinsam auswerten, wenn ihr keine eigene Befragung durchführen wollt.

a) Legt Strichlisten für Jungen und Mädchen an und zählt darin die in der Urliste festgehaltenen Antworten auf die drei gestellten Fragen.

b) Erstellt Tabellen mit den absoluten und den relativen Häufigkeiten der von den Jungen und den Mädchen gegebenen Antworten.

c) Veranschaulicht die absoluten und die relativen Häufigkeiten der Antworten der Jungen und der Mädchen zur Frage nach dem Lieblingstier in einem Balkendiagramm.

d) Welches Tier ist in der Klasse am beliebtesten?

e) Gibt es in der Klasse eine ausgesprochene Lieblingsfarbe?

f) Grün ist bei Jungen beliebter als bei Mädchen. Stimmt das?

g) Schwimmen ist bei Mädchen beliebter als bei Jungen. Stimmt das?

h) Gibt es typische Mädchensportarten?

i) Untersucht weitere interessante Fragestellungen.

k) Welche Möglichkeiten gibt es, um zu kontrollieren, ob richtig gezählt wurde?

Strichliste:

Junge mag Katzen: 卌
Mädchen mag Katzen: ||||

Stefan behauptet: „Katzen sind bei Jungen beliebter als bei Mädchen?" Hat er Recht?

Will man Daten erfassen und auswerten, trägt man diese häufig zunächst in die sogenannte **Urliste** ein. Mit geeigneten Strichlisten ermittelt man die absoluten Häufigkeiten der gegebenen Antworten und kann dann die relativen Häufigkeiten berechnen.

Um z. B. die Frage zu beantworten, ob Katzen bei Mädchen beliebter sind als bei Jungen, betrachtet man die relativen Häufigkeiten:
Fünf von 18 Jungen, also $\frac{5}{18}$ der Jungen und vier von 12 Mädchen, also $\frac{4}{12} = \frac{1}{3} = \frac{6}{18}$ der Mädchen, mögen Katzen. Im Verhältnis zur Gesamtzahl mögen also mehr Mädchen Katzen.

Auf die Frage nach dem Lieblingstier wurden bei der Umfrage von Seite 49 Hund, Katze, Pferd, Fische, Schlange, Vogel und Bär genannt.
Ist nur die Beliebtheit von Katzen bei Jungen und Mädchen von Interesse, so zerlegt man die Menge der Schülerinnen und Schüler folgendermaßen in vier Teilmengen:

Mädchen mag Katzen	Mädchen mag anderes Tier
Junge mag Katzen	Junge mag anderes Tier

Jede Schülerin bzw. jeder Schüler gehört genau einer Teilmenge an. Es wird also niemand doppelt gezählt.

Diese Zerlegung der Gesamtmenge der Schülerinnen und Schüler bildet die Grundlage für eine so genannte **Vierfeldertafel**:

	Mag Katzen	Mag anderes Tier	Zeilensumme
Mädchen	4	8	12
Junge	5	13	18
Spaltensumme	9	21	30

In sie werden die absoluten bzw. die relativen Häufigkeiten der Antworten auf die vier Fragen eingetragen.

Häufig lässt sich eine Fragestellung so formulieren, dass eine geeignete Vierfeldertafel einen guten Überblick über die absoluten bzw. die relativen Häufigkeiten des Sachverhaltes gibt.
Sind die Zahlen zweier Felder einer Zeile oder einer Spalte bekannt, so kann man die dritte Zahl berechnen.

Beispiel
Die Klasse 6b hat untersucht, wo die Klassenmitglieder wohnen. 30 % der Schülerinnen und Schüler kommen aus dem Umland. In der Klasse sind 60 % Jungen. 10 % der Schülerinnen und Schüler sind Mädchen, die von auswärts kommen.
Wie groß ist der Anteil der Mädchen, die in der Stadt wohnen?

Lösung:

	Junge	Mädchen	
auswärtig	20 %	10 %	30 %
einheimisch	40 %	30 %	70 %
	60 %	40 %	100 %

Aus den bekannten Zahlen (rot) werden die übrigen berechnet. 30 % der Klasse sind Mädchen aus der Stadt.

Aufgaben

2
Von den 32 Schülerinnen und Schülern der Klasse 6c spielen 9 in der Theatergruppe der Klasse und 11 singen im Schulchor. Die Hälfte der Schülerinnen und Schüler ist weder im Chor noch in der Theatergruppe.
a) Trage die gegebenen absoluten Häufigkeiten in eine Vierfeldertafel ein und berechne die fehlenden.
b) Erstelle eine zweite Vierfeldertafel mit den relativen Häufigkeiten, angegeben in Prozent. Runde auf ganze Prozent. Welche Unstimmigkeiten können dadurch entstehen?

3
Bei einer Radarkontrolle übertraten 5 % der Fahrzeuge die erlaubte Höchstgeschwindigkeit. Es gab 30 Verkehrssünder. Wie viele Fahrzeuge wurden kontrolliert?

4
Beim Werfen eines Würfels interessiert uns, ob die „Eins“ geworfen wurde oder nicht.
a) In welche Teilmengen wird die Menge der möglichen Ergebnisse durch diese Fragestellung zerlegt?
b) Bei 48 von 60 Würfen erschien keine „Eins“. Gib den Anteil der „Einser“ an.

„Augensumme 7“

5

Bei einem Zufallsexperiment werden zwei Würfel gleichzeitig geworfen und als Ergebnis die Summe der beiden Augenzahlen notiert.

a) Welche Ergebnisse sind bei einem Wurf möglich?

b) Führe das Experiment 100-mal durch und notiere die Ergebnisse.

c) Erstelle eine Tabelle mit den absoluten und den relativen Häufigkeiten der Ergebnisse.

d) Zeichne ein Säulendiagramm mit den relativen Häufigkeiten der Ergebnisse.

e) Fällt dir bei der Auswertung des Zufallsexperimentes etwas auf? Versuche deine Beobachtungen zu erklären.

Wer war Emmy NOETHER? Informiere dich und berichte.

6

Am Emmy-Noether-Gymnasium wurden die Schülerinnen und Schüler nach ihrer liebsten Freizeitbeschäftigung gefragt. Es durfte nur eine Antwort gegeben werden.

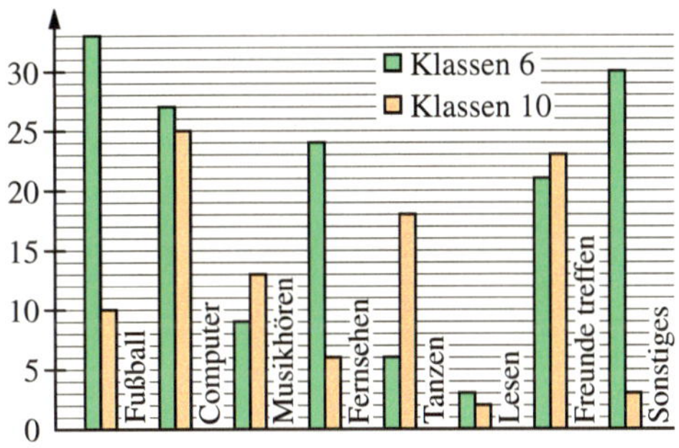

a) Erstelle eine Tabelle mit den absoluten und den relativen Häufigkeiten der genannten Lieblingsbeschäftigungen in den einzelnen Klassenstufen.

b) Warum wurde in dem Diagramm die Rubrik Sonstiges eingeführt?

c) Was sagt die Grafik über das Freizeitverhalten der Schülerinnen und Schüler aus?

7

a) Wähle eine Seite im Lesebuch aus und bestimme dort die relative Häufigkeit der Vokale a, e, i, o und u.

b) Führe die gleiche Untersuchung für eine Seite im Englischbuch durch.

c) Beschreibe die Unterschiede.

8

Patrick hat an zwei Wintertagen die Vögel, die sein Futterhäuschen im Garten anflogen, beobachtet und gezählt.

	Kohlmeise	Blaumeise	Sperling	Amsel	Buchfink	Sonstige
1. Tag	卌 卌 卌	卌 ||||	卌 卌|| 卌 卌 卌	|||	卌|	–
2. Tag	卌 卌	卌 卌||	卌|	卌 卌 卌	||||	|||

a) Bestimme für jeden Tag die relativen Häufigkeiten (in Prozent) der einzelnen Vogelarten und notiere sie in einer Tabelle.

b) Zeichne ein Balkendiagramm mit relativen Häufigkeiten an beiden Tagen.

9

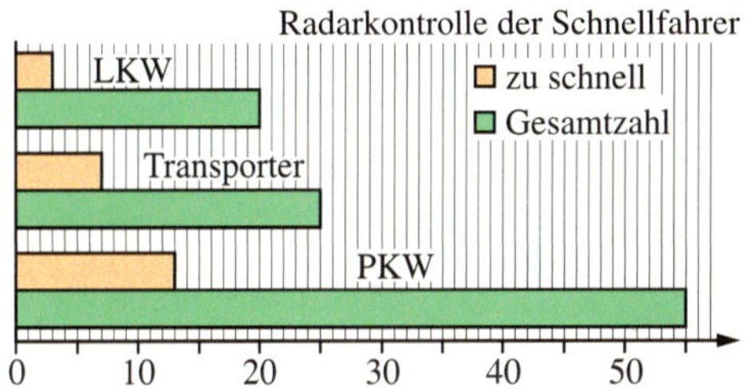

Bei einer Radarkontrolle vor einer Schule wurden insgesamt 100 Fahrzeuge gezählt.

a) Wie viele PKWs, (Transporter, LKWs) fuhren nicht zu schnell? Lege zur Beantwortung dieser Fragen zunächst eine geeignete Tabelle an und trage in diese die Daten aus dem Diagramm ein.

b) Berechne die relative Häufigkeit (in Prozent) der Schnellfahrer unter den PKWs (anderen Fahrzeugen).
Reduziere dazu die Tabelle auf eine geeignete Vierfeldertafel.

c) Berechne die relative Häufigkeit (in Prozent) der zu schnell fahrenden Fahrzeuge.

G10

Faktorisiere die Zahl auf möglichst viele verschiedene Arten.

a) 60	b) 84	c) 105	d) 59
e) 120	f) 56	g) 48	h) 90

3 Relative Häufigkeit und Wahrscheinlichkeit

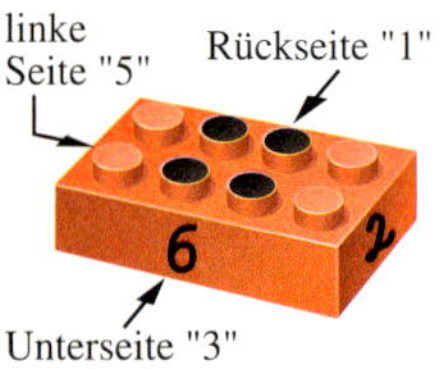

1

Statt mit einem normalen Spielwürfel kann man auch mit einem Legostein „würfeln“. Nimm einen „Achter“ und beschrifte ihn wie im Bild. Wie bei einem richtigen Spielwürfel ergibt die Augenzahl auf den gegenüberliegenden Seiten zusammen sieben.
Schätze, mit welcher relativen Häufigkeit (in Prozent) die einzelnen Augenzahlen beim Werfen des Legosteins auftreten werden.

2

Sebastian, Julia, Tobias und Rebecca haben den Lego-Achter jeweils 100-mal geworfen und die Augenzahlen in der nebenstehenden Tabelle festgehalten.

a) Berechne die fehlenden relativen Häufigkeiten.
b) Wie beurteilst du jetzt die Chancen für das Auftreten der einzelnen Augenzahlen?

Bei einem Zufallsexperiment weist man den einzelnen Ergebnissen bestimmte „Chancen“ des Auftretens zu. Statt von Chancen spricht man in der Mathematik von **Wahrscheinlichkeiten**.
Wahrscheinlichkeiten gibt man als Bruchzahlen an, z. B. $\frac{1}{6}$; 0,5; 30 %.
Obwohl wir bei einer Durchführung des Zufallsexperimentes das genaue Ergebnis nicht vorhersagen können, erwarten wir, dass die Wahrscheinlichkeit des Ergebnisses von Bedingungen des Experimentes abhängt (z. B. von der Form des Würfels).
Wir erwarten z. B. beim Werfen eines „fairen“ Würfels, dass in ungefähr $\frac{1}{6}$ aller Würfe die Augenzahl vier erscheint.

Ein Würfel heißt fair, wenn er keine Augenzahl bevorzugt.

„Empirisch“ bedeutet „aus der Erfahrung gewonnen“.

Empirisches Gesetz der großen Zahlen
Wird ein Zufallsexperiment sehr oft ausgeführt, dann stabilisieren sich für jedes Ergebnis die relativen Häufigkeiten, sie pendeln sich um einen bestimmten Wert ein.
Wir erwarten, dass dieser Wert nahe bei der tatsächlichen Wahrscheinlichkeit dieses Ergebnisses liegt.

Beispiel
Beim Werfen eines Lego-Achters ergab sich nach 1300 Würfen folgende Tabelle.

Augenzahl	1	2	3	4	5	6
absolute Häufigkeit	151	17	585	403	15	129
relative Häufigkeit	$\frac{151}{1300} = 11{,}6\,\%$	$\frac{17}{1300} = 1{,}3\,\%$	$\frac{585}{1300} = 45{,}0\,\%$	$\frac{403}{1300} = 31{,}0\,\%$	$\frac{15}{1300} = 1{,}2\,\%$	$\frac{129}{1300} = 9{,}9\,\%$

Schätze mit ihrer Hilfe die Wahrscheinlichkeiten für die einzelnen Augenzahlen.
Wie gut ist die Schätzung?
Lösung:

Augenzahl	1	2	3	4	5	6
Wahrscheinlichkeit	11 %	1 %	46 %	31 %	1 %	10 %

Wie gut die Schätzung ist, kann nur durch viele weitere Experimente mit großen Wurfzahlen festgestellt werden.

Aufgaben

3
a) Ermittle aus einem beliebigen deutschsprachigen Text von 300 Buchstaben Länge die absolute und die relative Häufigkeit für das Auftreten der Buchstaben E bzw. T.

b) Verwende deine Werte und die Werte deiner Mitschülerinnen und Mitschüler zur Ermittlung eines Schätzwertes für die Wahrscheinlichkeit des Auftretens von E bzw. T an zufällig ausgewählten Stellen eines deutschsprachigen Textes.

4
Eine volle Streichholzschachtel wird geworfen. Dabei interessiert die entstehende Lage der Schachtel. Möglich sind die Lagen flach, quer und hoch.

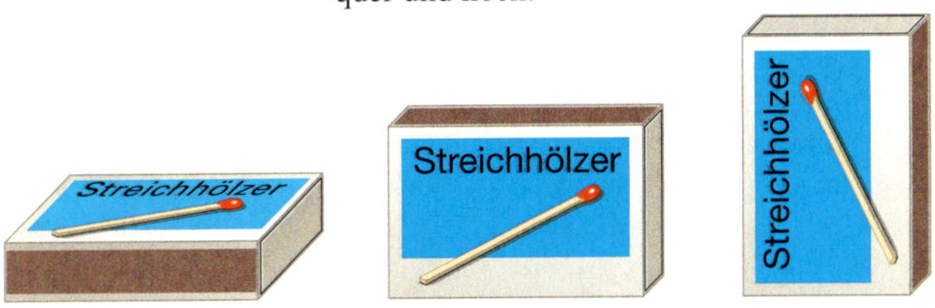

a) Schätze gefühlsmäßig die Wahrscheinlichkeiten der möglichen Ergebnisse.

b) Überprüfe die Schätzung durch 100-maliges Werfen der Schachtel.

c) Treten beim Werfen einer leeren Streichholzschachtel die gleichen Wahrscheinlichkeiten auf?

5
Tobias hat eine verbeulte Münze und behauptet, dass beim Werfen dieser Münze die Wahrscheinlichkeit für „Zahl" 60 % und für „Wappen" 70 % beträgt. Was meinst du dazu?

6
Ben hat die Wahrscheinlichkeiten für Lego-Achter, -Sechser und -Vierer geschätzt. Welche Schätzung (Tabelle unten) gehört zu welchem Stein?

Augenzahl	1	2	3	4	5	6
Schätzung 1	10 %	10 %	40 %	20 %	10 %	10 %
Schätzung 2	10 %	0,5 %	47 %	32 %	0,5 %	10 %
Schätzung 3	11 %	1,5 %	45 %	30 %	1,5 %	11 %

7
Die Computersimulation des Münzenwurfes mit einem Tabellenkalkulationsprogramm ergab die in der Tabelle festgehaltenen Werte.

Gesamtzahl	100	1000	10^4	10^5
Wappen	56	478	4851	50804

a) Bei einer idealen Münze hat „Wappen" die Wahrscheinlichkeit 50 %. Gib für jede Wurfzahl die Abweichung der absoluten und der relativen Häufigkeit in der Simulation von den theoretisch ermittelten Werten an.

b) Inwiefern wird das empirische Gesetz der großen Zahlen bestätigt?

8
Peter behauptet, dass bei den Telefonnummern alle Ziffern 0, 1, 2, …, 9 mit der gleichen Wahrscheinlichkeit vorkommen. Entwerft in eurer Klasse ein Zufallsexperiment unter Benutzung des Telefonbuches eures Wohnortes und überprüft damit, ob Peters Behauptung gerechtfertigt ist.

9
Peter Heil besitzt einen Fischteich. Vor einigen Tagen fing er 25 Fische, markierte sie und setzte sie wieder aus. Am nächsten Tag fing er wiederum mehrere Fische, davon waren 4 % markiert. Wie kann er damit berechnen, wie viele Fische ungefähr im Teich sind?
Beschreibe deine Überlegungen.

G10
Die Kreisdiagramme zeigen, dass gilt: $\frac{3}{5} < \frac{5}{7}$

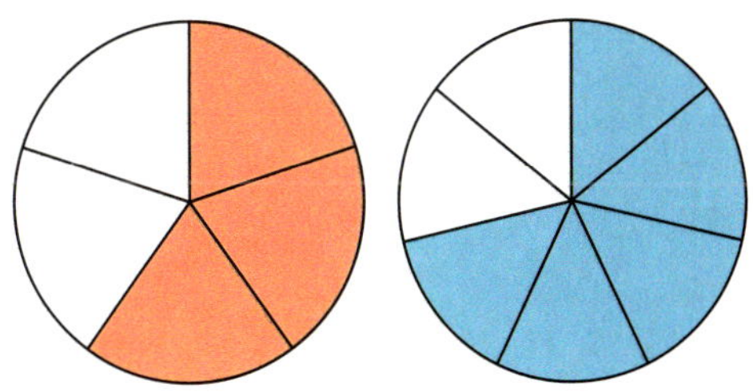

Veranschauliche ebenso die Brüche $\frac{4}{9}$ und $\frac{2}{4}$

Projekt:

Beobachten von Vögeln am Futterplatz

Wenn ihr während der Wintermonate Vögel füttert und beim Fressen beobachtet, lernt ihr verschiedene Vogelarten und deren Gewohnheiten kennen.
Im Rahmen eines gemeinsamen Projektes in der Klasse könnt ihr viele interessante Beobachtungen machen und Fragen rund um die Vögel untersuchen.

Haussperling: brauner, dunkelgestreifter Rücken; ♀: heller und ohne schwarze Kehle

Buchfink: weißer Flügelstreif und Schulterfleck, olivgrüne Oberschwanzdecken; ♂: rötliche Brust, blaugrauer Oberkopf

Grünfink: moosgrün mit gelben Partien an Flügel und Schwanz; ♀: matter

Rotkehlchen: orangebraune Brust

Ziele und Planung des Projektes

Zuerst solltet ihr gemeinsam festlegen, was genau ihr beobachten und welche Fragestellungen ihr untersuchen wollt.

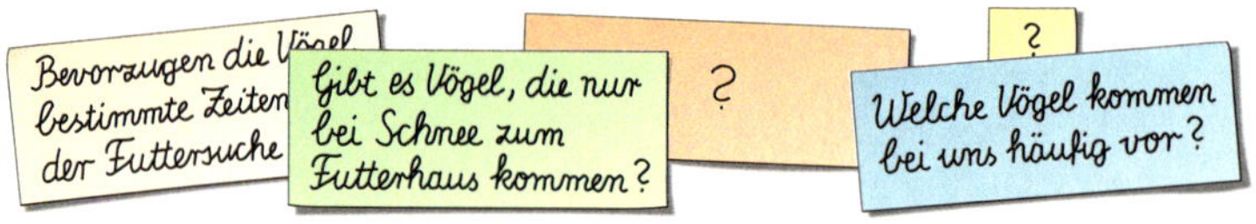

Plant nun die einzelnen Teilschritte eures Projektes und verteilt die Aufgaben untereinander.

Der Futterplatz

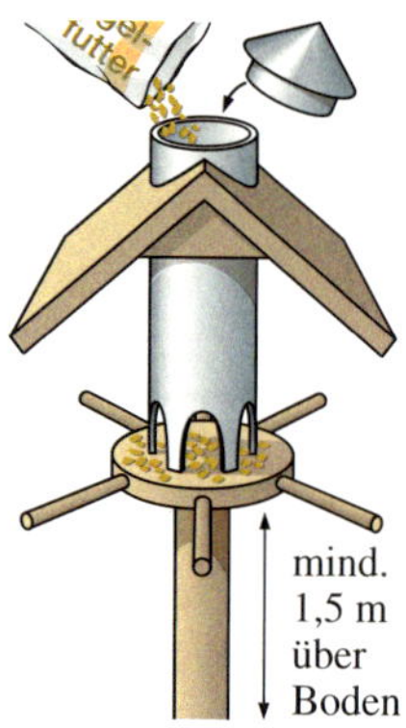

Vögel suchen ihr Futter an unterschiedlichen Stellen, z. B. der Buchfink gerne am Boden. Das Futter sollte vor Nässe geschützt werden. Die Futterstellen sind stets sauber zu halten, damit nicht kranke Vögel die gesunden anstecken. Werden tote Vögel gefunden, so ist die Fütterung sofort einzustellen. Das Futterhaus muss gesäubert und desinfiziert werden. Auch alle Futterreste am Boden sind zu beseitigen. Bei der Arbeit sind Handschuhe zu tragen und die Hände hinterher zu säubern.

Vogelfutter

Rindertalg und Weizenkleie im Gewichtsverhältnis 2 : 1 bereitstellen. In den geschmolzenen Talg die Kleie einrühren, einen Schuss Salatöl dazugeben, damit das Futter bei großer Kälte nicht hart und brüchig wird. Die lockere bröselige Masse ist für alle Vogelarten geeignet. Ersetzt man die Hälfte der Weizenkleie durch Sonnenblumenkerne und Hanf, so ist das Futter besonders für Meisen und Kleiber geeignet.

Hinweise zum Füttern

Die Winterfütterung soll nur eine Hilfe für die harten Zeiten mit Frost und Schnee sein. Außerhalb dieser Zeiten dürfen die Vögel nicht verlernen, ihr Futter selbst zu suchen.
Die Futterstelle sollte bereits zu Winteranfang eingerichtet werden, damit die Vögel sie kennen lernen.
Im Frühjahr ist die Fütterung rechtzeitig zu beenden, damit sich die Vögel vor Beginn der Brutzeit wieder auf ihre natürliche Nahrung einstellen.

Kohlmeise: gelbe Unterseite mit schwarzen Längsstreifen; schwarzer Kopf mit weißen Wangen

Blaumeise: gelbe Unterseite, Blau auf Scheitel, Schwingen und Schwanz, schwarzer Augenstrich

Zaunkönig: überwiegend braun mit dunkler Wellenzeichnung, kurzer, häufig gestelzter Schwanz

Vorbereitung für die Beobachtung

Bereitet zu euren Fragestellungen passende Listen vor. Teilt ein, wer für welchen Beobachtungszeitraum verantwortlich ist.
Wollt ihr an einem Vogelhaus z. B. an der Schule beobachten oder Einzelbeobachtungen von zu Hause zusammentragen?
Wie müssen die Listen gestaltet sein, wenn euch eine Vogelart besonders interessiert und ihr deren Verhalten im Gegensatz zu allen anderen Vögeln beobachten wollt?

Beobachtung und Auswertung

Beim Erheben und Auswerten der Daten kann es Überraschungen und unerwartete Probleme geben:
Manche Tageszeiten werden von den Vögeln bevorzugt. An manchen Futterstellen bleiben einzelne Arten ganz aus. Ist das Zufall? Welche Gründe könnte es für solche Schankungen geben? Warum sind diese Schwankungen nicht so groß, wenn die Daten der ganzen Klasse zusammengetragen werden?
Vielleicht sind eure Beobachtungen auch verfälscht: So könntet ihr z. B. festgestellt haben, dass um die Mittagszeit immer besonders wenige Vögel Futter suchen – bis ihr erfahrt, dass der Nachbar immer um diese Zeit seine Katze in den Garten lässt …
Bevor ihr aus euren gesammelten Daten also falsche Schlüsse zieht, versucht, solche systematischen Fehler auszuschließen. Manchmal wird es nötig sein, eine Beobachtung zu wiederholen, oder auch die zu untersuchende Fragestellung zu verändern oder zu ergänzen.

Präsentation der Ergebnisse

Euer Projekt liefert sicherlich genug Material für eine Präsentation in eurem Klassenzimmer oder auch im Schulgebäude. Ihr könnt zum Beispiel schöne Bilder mit Vögeln an euren Futterplätzen machen, besonders schöne und geeignete Futterhäuschen zeigen, anschauliche Diagramme mit euren Ergebnissen erstellen oder über interessante Beobachtungen berichten.

Kaum zu glauben
Meisen fressen doppelt so viel wie Amseln.

	Vormittag	Nachmittag
Kohlmeise	87	66
Blaumeise	22	23
Amsel	52	70
Sonstige	183	217

Amsel: ♂: schwarz, mit gelbem Schnabel; ♀: dunkelbraun mit braungefleckter Brust

Dompfaff = Gimpel: schwarzer Oberkopf, weißer Bürzel; ♂: leuchtend rote Unterseite; ♀: bräunlich-graue Brust

Kleiber: Meißelförmiger Schnabel, kurzer Schwanz, schwarzer Augenstreif, Oberseite blaugrau; ♂: rostfarbene Flanken

Buntspecht: groß, rote Unterschwanzdecken, weißer Schulterfleck; ♂: rote Binde im Genick

Thema:

Zufallsexperimente mit dem Computer

simulieren (lat.): nachahmen

Zufallsexperimente mit vielen Durchführungen sind sehr zeitaufwendig. Experimente wie das Werfen einer Münze oder eines Würfels lassen sich am Computer simulieren, z. B. mit Hilfe eines Tabellenkalkulationsprogrammes.
Wie erhält man nun mit dem Computer „Wappen“ bzw. „Zahl“ beim Münzwurf oder die Ziffern 1 bis 6 beim Würfelwurf? Dazu benutzt man die Möglichkeit, mit dem Computer so genannte Zufallszahlen zu erzeugen. Beispielsweise gibt es Tabellenkalkulationsprogramme, die mit dem Befehl „ZUFALLSZAHL( )“ einen Dezimalbruch zwischen 0 und 1 ausgeben, z. B. 0,374093502 oder 0,98207453.
Um aus einer Zufallszahl das Ergebnis eines Münzwurfes zu machen, geht man dann folgendermaßen vor: Da man nur zwei verschiedene Ergebnisse („Wappen“ oder „Zahl“) erzielen möchte, ist es sinnvoll, alle Dezimalzahlen zwischen 0 und 0,5 z. B. als „Wappen“ und alle Dezimalzahlen zwischen 0,5 und 1 dann als „Zahl“ zu deuten.

1

Die nebenstehende Auflistung zeigt eine Reihe von Zufallszahlen, die von einem Computer erzeugt wurden.

a) Deute jede der Zufallszahlen entweder als „Zahl“ oder als „Wappen“.

b) Bestimme für die Ergebnisse „Zahl“ und „Wappen“ die relativen Häufigkeiten.

0,508935862	0,195639587	0,00226983
0,470426525	0,474297518	0,503325561
0,270228613	0,287254883	0,371663548
0,12653392	0,841536649	0,319032448
0,90095714	0,742754052	0,429001991
0,511400364	0,498868809	0,439885255
0,674299122	0,601899874	0,32441725
0,50300217	0,46999195	0,313134875

Die hier gezeigte Tabelle ist im Internetauftritt des Verlages downloadbar.

Die Deutung der Zufallszahlen als „Zahl“ oder „Wappen“ kann auch mit Hilfe des Computers vorgenommen werden. Dazu gibt es verschiedene Möglichkeiten. Häufig geht man dabei folgendermaßen vor:

Wurf Nr.	errechnete Zufallszahl	gedeutet als Wappen	Zahl
1	0	W	
2	0	W	
3	1		Z
4	1		Z
5	1		Z
6	1		Z
7	0	W	
8	1		Z
9	0	W	
10	1		Z
11	1		Z
12	1		Z

Die Zufallszahl wird verdoppelt und vom Ergebnis werden die Stellen nach dem Komma weggelassen. Dadurch ergibt sich entweder die Zahl 0 oder die Zahl 1. Dem Ergebnis 0 wird dann zum Beispiel „Wappen“ und dem Ergebnis 1 „Zahl“ zugeordnet.

Zufallszahl	Doppelter Wert	Ganze Zahl	Deutung
0,90095714	1,80191428	1	Zahl
0,371663548	0,743327096	0	Wappen

Links siehst du, wie die bisherigen Überlegungen mit einem Tabellenkalkulationsprogramm als Simulation umgesetzt wurden.

Für die Simulation des Würfelns ist es nötig, den durch den Computer erzeugten Zufallszahlen die Augenzahlen 1 bis 6 zuzuordnen. Dazu multipliziert man die Zufallszahl jeweils mit 6, streicht die Nachkommastellen und erhält somit die ganzen Zahlen 0, 1, 2, …, 5. Durch Addition von 1 ergeben sich dann alle möglichen Augenzahlen eines Würfels.

2

Beschreibe, wie man aus Zufallszahlen die Lottozahlen (1 bis 49) in einem Simulationsexperiment gewinnen kann.

3

In der folgenden Auflistung sind die Ergebnisse einer Simulation „100-maliges Werfen eines Würfels“ zu sehen.

Wurf Nr.	Augen-zahl	Wurf Nr.	Augen-zahl	Wurf Nr.	Augen-zahl	Wurf Nr.	Augen-zahl	Wurf Nr.	Augen-zahl
1	5	21	5	41	5	61	1	81	4
2	2	22	5	42	6	62	4	82	2
3	3	23	3	43	6	63	2	83	6
4	4	24	2	44	6	64	3	84	3
5	3	25	2	45	5	65	5	85	4
6	4	26	6	46	4	66	1	86	4
7	4	27	5	47	5	67	5	87	5
8	2	28	4	48	2	68	5	88	6
9	1	29	5	49	6	69	4	89	5
10	2	30	4	50	4	70	6	90	5
11	3	31	2	51	6	71	6	91	2
12	2	32	2	52	1	72	5	92	6
13	1	33	4	53	2	73	4	93	2
14	5	34	3	54	4	74	2	94	5
15	4	35	2	55	3	75	4	95	2
16	3	36	2	56	2	76	5	96	2
17	5	37	4	57	3	77	4	97	6
18	5	38	3	58	4	78	1	98	6
19	1	39	4	59	3	79	4	99	5
20	2	40	6	60	3	80	5	100	5

a) Bestimme für die Augenzahlen 1 bis 6 jeweils die absoluten und relativen Häufigkeiten. Erstelle ein Säulendiagramm für diese Häufigkeiten. Wie viele Einser, Zweier, … hättest du bei 100 Würfen erwartet?

b) Wann tritt bei dieser Simulation erstmals die Augenzahl 6 auf? Wann treten mehrere Sechser hintereinander auf? Wie lang ist diese Serie? Bestimme die längste Serie, bei der kein Sechser (Einser, Dreier) auftaucht.

c) Erstelle ein Säulendiagramm für den Anteil der Sechser nach 20, 50, 80 und 100 Würfen.

Die Datei, mit der die hier gezeigte Grafik erstellt wurde, ist im Internetauftritt des Verlages downloadbar.

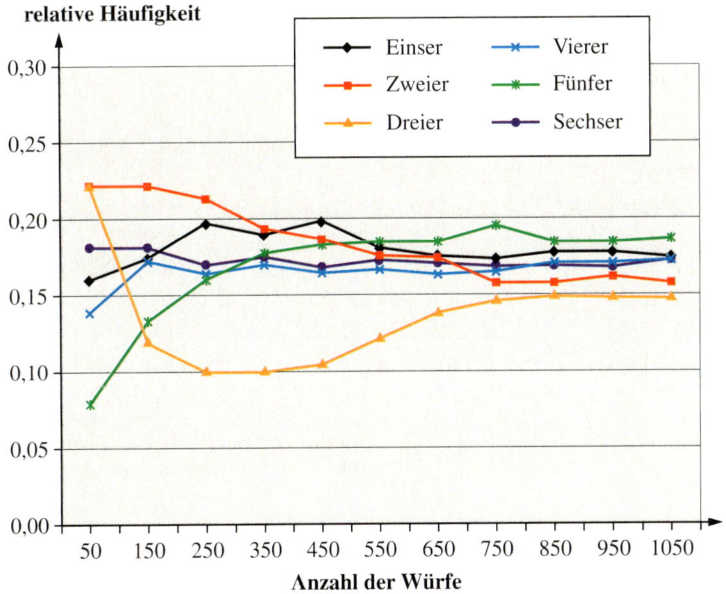

4

Das nebenstehende Diagramm zeigt das Ergebnis einer Computersimulation für das 1050-malige Werfen eines Würfels. Dabei hat der Computer mit Hilfe eines Tabellenkalkulationsprogrammes die relativen Häufigkeiten für $n = 50, 150, \ldots, 1050$ berechnet und in das Diagramm eingetragen. Zur besseren Übersichtlichkeit wurden für jede Augenzahl die einzelnen Punkte durch Strecken verbunden.

a) Beschreibe, wie sich die relative Häufigkeit bei zunehmender Wurfzahl für die Augenzahlen 2, 3 und 4 ändert.

b) Welche relativen Häufigkeiten würdest du für noch wesentlich größere Wurfzahlen erwarten?

c) Überprüfe deine Vermutung aus b) mit einem geeigneten Simulationsprogramm.

Rückblick

Erkennungsmerkmale eines Zufallsexperimentes
- Die möglichen Ergebnisse bei der Durchführung des Experimentes sind vorher bekannt.
- Es lässt sich nicht vorhersagen, welches dieser Ergebnisse bei der Durchführung des Experimentes auftreten wird.

Absolute Häufigkeit
Die absolute Häufigkeit eines Ergebnisses gibt an, wie oft dieses Ergebnis bei mehrfacher Ausführung des Zufallsexperimentes auftritt.

Bei einer Umfrage „Mögen Sie Haustiere?" antworten 27 von 90 Personen mit „Nein".

Absolute Häufigkeit von „Nein": 27

Relative Häufigkeit
Die relative Häufigkeit gibt den Anteil eines bestimmten Ergebnisses an der Gesamtzahl der Durchführungen des Zufallsexperimentes an.

$$\text{Relative Häufigkeit} = \frac{\text{absolute Häufigkeit}}{\text{Gesamtzahl}}$$

Relative Häufigkeit von „Nein":
$\frac{27}{90} = \frac{3}{10} = 0{,}3 = 30\,\%$

Vierfeldertafel
Sie ist ein übersichtliches Hilfsmittel zur Berechnung von absoluten und relativen Häufigkeiten bei der Auswertung von Daten eines Zufallsexperimentes oder einer Befragung.

	Mag rot	Mag andere Farbe	
Junge	3	15	18
Mädchen	7	5	12
	10	20	30

Empirisches Gesetz der großen Zahlen
Wird ein Zufallsexperiment sehr oft ausgeführt, dann stabilisiert sich die relative Häufigkeit eines einzelnen Ergebnisses um eine bestimmte Bruchzahl.
Diese Bruchzahl ist ein guter Schätzwert für die tatsächliche Wahrscheinlichkeit des Ergebnisses.

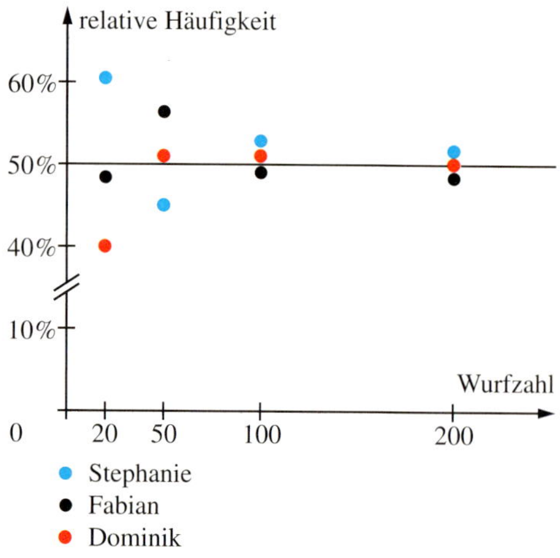

Aufgaben zum Üben und Wiederholen

①

②

③

 *Kopf*  *Seite*

Schätzung: 

Klaus	*30 %*	*70 %*
Helga	*65 %*	*35 %*
Ines	*50 %*	*50 %*
Sarah	*50 %*	*45 %*
Theo	*62 %*	*38 %*

Die Lösungen zu den Aufgaben dieser Seite findest du auf den Seiten 208 und 209.

1

Alina beobachtet, welcher Vogel als nächstes ihr Futterhäuschen anfliegt. Beschreibe Zufallsexperimente, die sie betrachten könnte.

2

Für die drei abgebildeten „Würfel" werden die Wahrscheinlichkeiten geschätzt.

	1	2	3	4	5	6
Schätzung A	$\frac{4}{25}$	$\frac{1}{4}$	$\frac{9}{100}$	$\frac{9}{100}$	$\frac{1}{4}$	$\frac{4}{25}$
Schätzung B	$\frac{1}{6}$	$\frac{1}{6}$	$\frac{1}{6}$	$\frac{1}{6}$	$\frac{1}{6}$	$\frac{1}{6}$
Schätzung C	$\frac{1}{10}$	$\frac{1}{5}$	$\frac{1}{5}$	$\frac{1}{5}$	$\frac{1}{5}$	$\frac{1}{10}$

a) Welche Schätzung gehört zu welchem „Würfel"?
b) Die Würfel werden 450-mal geworfen. Mit welcher absoluten Häufigkeit sind die Augenzahlen 1 bis 6 jeweils zu erwarten?

3

Beim Werfen eines Reißnagels sind die Ergebnisse „Kopf" und „Seite" möglich. Klaus, Helga, Ines, Sarah und Theo schätzen die Wahrscheinlichkeiten der beiden Ergebnisse. Wie beurteilst du die einzelnen Schätzungen nach einem Zufallsexperiment, in dem bei 1000 Würfen eines Reißnagels 659-mal „Kopf" erschien?

4

Verkehrsmittel	PKW	Flugzeug	Bahn	Bus	Sonstige
rel. Häufigkeit	57 %	21 %		10 %	1 %

In einer Umfrage unter 38 000 Bundesbürgern wurde folgende Frage gestellt: „Welches Verkehrsmittel benutzen Sie für Ihre Urlaubsreise?"
a) Bestimme die fehlende Angabe in der Tabelle.
b) Wozu wurde die Spalte Sonstige eingefügt?
c) Berechne die absoluten Häufigkeiten.

5

Beim Basketballtraining erzielt Nicola 26 Körbe bei 65 Würfen. Lena trifft bei 50 Würfen 29-mal nicht. Wer hat besser geworfen?

6

Die 125 Schülerinnen und Schüler der sechsten Klassen im Geschwister-Scholl-Gymnasium wurden unter anderem gefragt, ob sie einem Sportverein angehören oder nicht. 25 der 75 Jungen und 15 Mädchen gehören einem Sportverein an.
a) Wie viele Mädchen in der Klasse sind nicht in einem Sportverein? Eine Vierfeldertafel mit absoluten Häufigkeiten hilft dir bei der Lösung.
b) Ist der Anteil der Sportvereinsmitglieder bei den Jungen größer als bei den Mädchen?

7

Beate, Klaus und Peter werfen eine Münze. Beate wirft bei 15 Würfen 6-mal „Wappen", Klaus bei 45 Würfen 25-mal „Wappen" und Peter bei 95 Würfen 41-mal „Wappen".
a) Bei allen schließt sich nun eine Serie von 5-mal „Zahl" an. Berechne jeweils die relative Häufigkeit von „Wappen".
b) Welche relativen Häufigkeiten ergeben sich für „Wappen", wenn sich im Gegensatz zu Teilaufgabe a) bei allen eine Serie mit 5-mal „Wappen" anschließt?
c) Inwiefern bestätigt das Ergebnis der Teilaufgaben a) und b) das empirische Gesetz der großen Zahlen?

8

Bei einer Verkehrszählung zur gleichen Zeit am Donnerstag und am Samstag wurden folgende Ergebnisse notiert:

Tag	PKWs	Bus	LKWs	Radfahrer
Do	408	17	255	170
Sa	432	18	54	216

a) Berechne für jede Fahrzeugart die relativen Häufigkeiten für Donnerstag (Samstag) in Prozent. Vergleiche die Ergebnisse für beide Tage miteinander.
b) Zeichne für beide Tage ein Balkendiagramm mit den relativen Häufigkeiten.
c) Wie viel Prozent der Verkehrsteilnehmer waren am Donnerstag bzw. am Samstag motorisiert? Rechne auf zwei verschiedene Arten. Warum kann es sein, dass du unterschiedliche Ergebnisse erhältst?

1 Addieren und Subtrahieren gleichnamiger Brüche

1

Eine Pizzeria backt für den Straßenverkauf die Pizzas auf gleich großen Blechen und teilt sie dann in gleich große Stücke.

a) Welcher Teil einer ganzen Pizza ist noch auf dem oberen bzw. dem unteren Blech?

b) Die Reste werden alle auf ein Blech gelegt. Welcher Teil einer ganzen Pizza ist nun auf diesem Blech?

c) Welcher Teil einer ganzen Pizza ist noch übrig, wenn weitere 7 Portionen verkauft werden?

Addieren

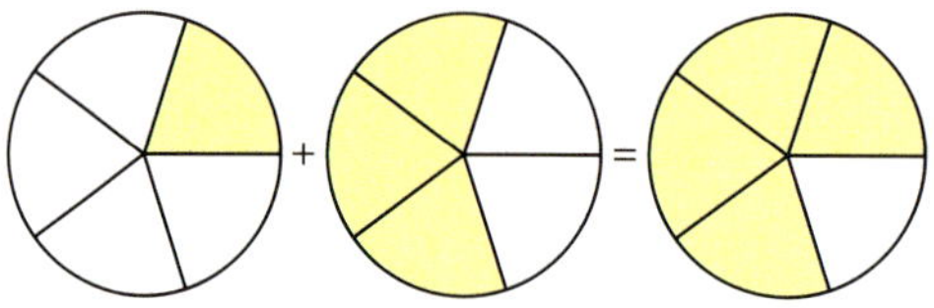

$\frac{1}{5} + \frac{3}{5} = \frac{4}{5}$

1 Fünftel + 3 Fünftel = 4 Fünftel

Subtrahieren

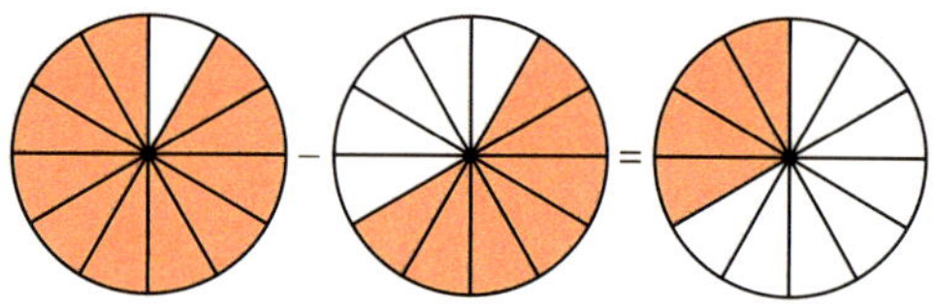

$\frac{11}{12} - \frac{7}{12} = \frac{4}{12}$

11 Zwölftel – 7 Zwölftel = 4 Zwölftel

Ebenso:

$\frac{5}{8} + \frac{7}{8} = \frac{12}{8} = 1\frac{1}{2}$

5 Achtel + 7 Achtel = 12 Achtel

$\frac{7}{4} - \frac{3}{4} = \frac{4}{4} = 1$

7 Viertel – 3 Viertel = 4 Viertel

Zur Erinnerung: *Brüche mit gleichem Nenner heißen* ***gleichnamig****.*

Addition gleichnamiger Brüche:
Addiere die Zähler und behalte den Nenner bei.
$\frac{a}{c} + \frac{b}{c} = \frac{a+b}{c}$

Subtraktion gleichnamiger Brüche:
Subtrahiere die Zähler und behalte den Nenner bei.
$\frac{a}{c} - \frac{b}{c} = \frac{a-b}{c}$

Beispiel 1

Berechne und kürze falls möglich.

a) $\frac{13}{25} + \frac{7}{25}$ b) $\frac{16}{21} + \frac{11}{21}$

c) $\frac{2}{17} + \frac{7}{17} + \frac{6}{17}$

Lösung:

a) $\frac{13}{25} + \frac{7}{25} = \frac{13+7}{25} = \frac{20}{25} = \frac{4}{5}$

b) $\frac{16}{21} + \frac{11}{21} = \frac{27}{21} = \frac{9}{7} = 1\frac{2}{7}$

c) $\frac{2}{17} + \frac{7}{17} + \frac{6}{17} = \frac{2+7+6}{17} = \frac{15}{17}$

Beispiel 2

Berechne und kürze falls möglich.

a) $\frac{29}{38} - \frac{15}{38}$ b) $\frac{2}{9} - \frac{7}{9}$

c) $\frac{6}{15} + \frac{2}{15} - \frac{13}{15}$

Lösung:

a) $\frac{29}{38} - \frac{15}{38} = \frac{29-15}{38} = \frac{14}{38} = \frac{7}{19}$

b) $\frac{2}{9} - \frac{7}{9} = \frac{2-7}{9} = \frac{-5}{9} = -\frac{5}{9}$

c) $\frac{6}{15} + \frac{2}{15} - \frac{13}{15} = \frac{8}{15} - \frac{13}{15} = -\frac{5}{15} = -\frac{1}{3}$

Aufgaben

Zur Erinnerung:
% bedeutet Hundertstel.

2
Berechne.

a) $\frac{5}{18} + \frac{11}{18}$ b) $\frac{25}{27} - \frac{7}{27}$ c) $\frac{7}{19} - \frac{12}{19}$

d) $\frac{130}{250} + \frac{170}{250}$ e) $\frac{5}{28} - \frac{19}{28}$ f) $67\,\% + \frac{33}{100}$

g) $\frac{37}{100} - 12\,\%$ h) $\frac{13}{21} + \frac{29}{21}$ i) $\frac{37}{60} - \frac{17}{60}$

3
Jeder Kasten enthält die Summe aus den beiden darunter liegenden Kästen. Übertrage jeweils den Turm in dein Heft und ergänze.

a)

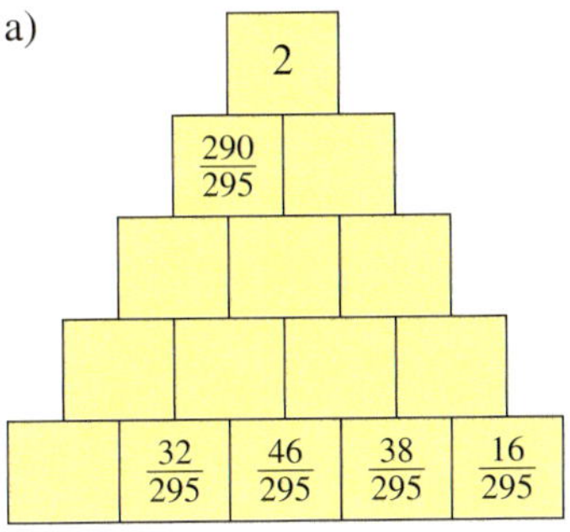

b)

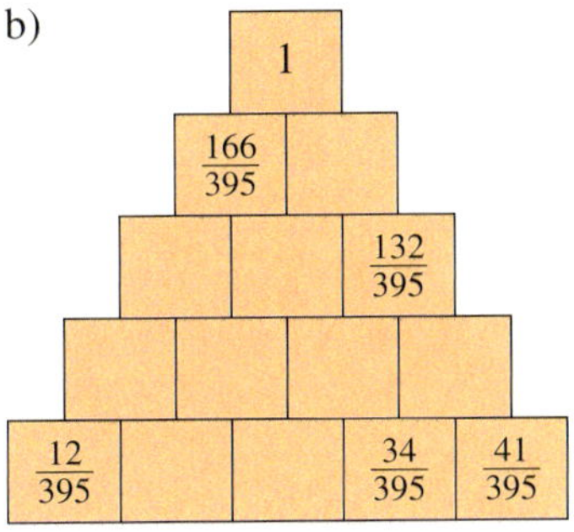

4
Lea mischt $\frac{1}{8}\,l$ Ananassaft mit $\frac{5}{8}\,l$ Orangensaft und $\frac{3}{8}\,l$ Mineralwasser.

a) Ihr steht ein Gefäß mit einem Fassungsvermögen von $1\frac{1}{2}\,l$ zur Verfügung. Reicht dieses Gefäß für das Mixgetränk aus?

b) Wie viele Liter bleiben übrig, wenn Lea an 7 Gäste je $\frac{1}{8}\,l$ verteilt?

Lösungssalat zu 5:

5
Berechne.

a) $\frac{5}{24} + \frac{7}{24} + \frac{9}{24}$ b) $\frac{11}{60} + \frac{5}{60} - \frac{36}{60}$

c) $(9 - 2) : 12 + \frac{2}{12}$ d) $\frac{35}{36} - \frac{7}{36} + \frac{14}{36}$

e) $\left(\frac{278}{96} - \frac{99}{96}\right) - \frac{95}{96}$ f) $\frac{5}{18} - (13 - 5) : (13 + 5)$

g) $\frac{113}{78} - \left(\frac{31}{78} + \frac{43}{78}\right)$ h) $\frac{9}{23} - \frac{7}{23} - \frac{25}{23}$

i) $30 : (25 - 18) + 9 : 7 - (13 - 5) : 14$

6
Stelle einen Term auf und berechne ihn.

a) Subtrahiere $\frac{15}{16}$ von der Summe der Zahlen $\frac{13}{16}$ und $\frac{9}{16}$.

b) Subtrahiere von $\frac{5}{12}$ die Differenz der Zahlen $\frac{11}{12}$ und $\frac{2}{12}$.

7
Notiere zu den Abbildungen jeweils eine zugehörige Additions- und Subtraktionsaufgabe und das Ergebnis.

a)

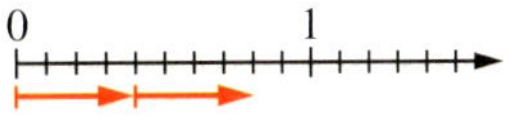

b)

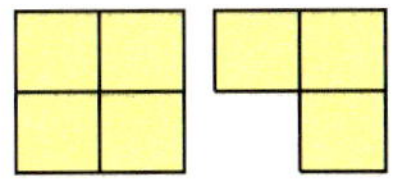

c)

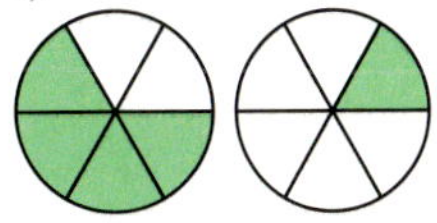

d)

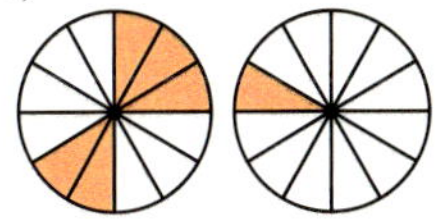

8
Übertrage die Rechnungen ins Heft. Ersetze dabei die Symbole durch passende Zahlen.

a) $\frac{\triangle}{\bigcirc} + \frac{29}{54} = \frac{53}{54}$ b) $\frac{\triangle}{71} - \frac{15}{71} = \frac{\bigcirc}{71}$

c) $\frac{\triangle}{18} + \frac{5}{18} = \frac{14}{36}$ d) $\frac{13}{25} - \triangle = -\frac{8}{25}$

e) $\frac{8}{9} - \left(\frac{11}{9} - \frac{\bigcirc}{9}\right) = \frac{2}{\triangle}$ f) $\frac{7}{\triangle} - \frac{\bigcirc}{30} = \frac{2}{15}$

g) $\frac{\triangle}{42} + \frac{29}{\diamond} - \frac{\bigcirc}{42} = 0$ h) $\frac{26}{17} - \frac{3}{17} + \frac{\bigcirc}{\triangle} = 2$

9
Erstelle selbst einen Term, in dem eine Addition und eine Subtraktion vorkommen und der als gekürztes Ergebnis den angegebenen Wert besitzt.

a) $\frac{1}{2}$ b) $\frac{2}{3}$ c) 0 d) $-\frac{1}{2}$ e) 3 f) -2

g) Prüfe durch Rechnung nach, ob die von deinem Nachbarn aufgestellten Terme das angegebene Ergebnis besitzen.

10
Ergänze im Heft die magischen Quadrate. In jeder Zeile, jeder Spalte und jeder Diagonalen soll die Summe 1 betragen.

a)

		$\frac{4}{30}$
	$\frac{5}{15}$	
	$\frac{1}{15}$	

b)

		$\frac{5}{33}$
	$\frac{1}{3}$	
		$\frac{13}{33}$

G11
Berechne im Kopf.

a) $5 \cdot 12$ b) $3 \cdot 20$ c) $(-4) \cdot 15$

d) $54 : 3$ e) $35 \cdot (-3)$ f) $72 : 2$

g) $345 + 78 + 5 \cdot 11$

h) $159 + 66 + 41 + 33 - 101$

2 Addieren und Subtrahieren ungleichnamiger Brüche

1

Am Weg vom Wildgehege zur Kapelle ist ein Rastplatz. Dort befindet sich das links abgebildete Schild mit Hinweisen für Wanderer. Gib jeweils in Minuten und in Bruchteilen einer Stunde an, wie lange ein Wanderer benötigt, um

a) vom Wildgehege zum Waldsee zu kommen,

b) vom Wildgehege zur Kapelle zu kommen,

c) vom Waldsee zur Kapelle zu gelangen.

Ungleichnamige Brüche müssen beim Addieren und Subtrahieren zuerst gleichnamig gemacht werden:

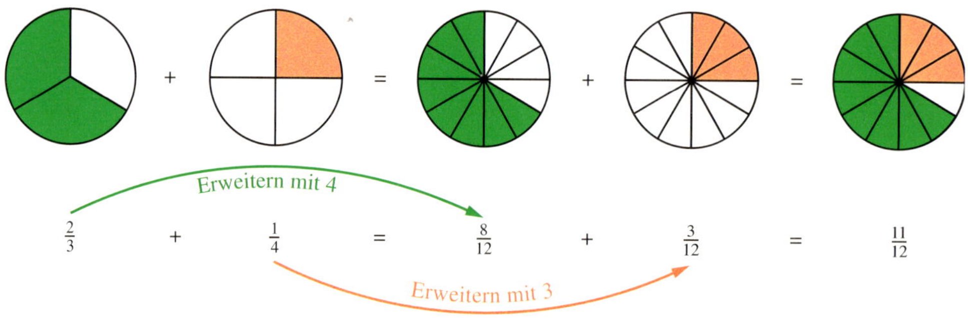

$$\frac{2}{3} + \frac{1}{4} = \frac{8}{12} + \frac{3}{12} = \frac{11}{12}$$

Die beiden Brüche wurden so erweitert, dass der Nenner ein gemeinsames Vielfaches der beiden ursprünglichen Nenner ist.

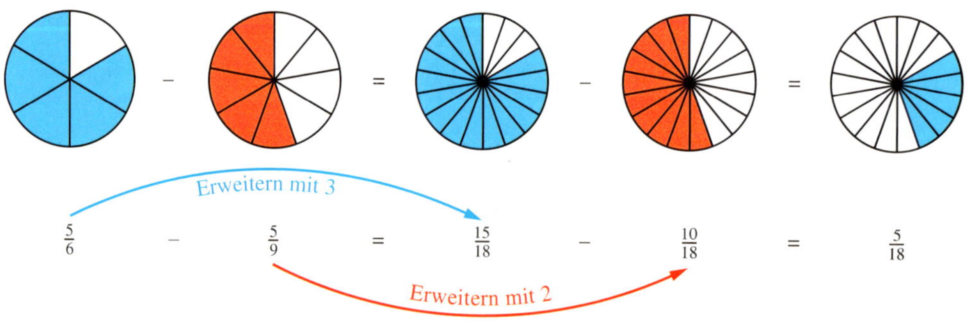

$$\frac{5}{6} - \frac{5}{9} = \frac{15}{18} - \frac{10}{18} = \frac{5}{18}$$

Auch beim Subtrahieren wurden die Brüche auf ein gemeinsames Vielfaches der Nenner erweitert. Da es sich mit kleinen Zahlen leichter rechnet als mit großen Zahlen, wählt man hier als gemeinsamen Nenner 18 und nicht das Produkt $6 \cdot 9 = 54$ der beiden gegebenen Nenner.

Addition bzw. **Subtraktion ungleichnamiger Brüche:**
1. Mache die Brüche gleichnamig.
2. Addiere bzw. subtrahiere die gleichnamigen Brüche.

Der kleinstmögliche gemeinsame Nenner mehrerer Brüche ist das kleinste gemeinsame Vielfache ihrer Nenner. Man nennt ihn **Hauptnenner**.

Beispiel 1
Berechne.
a) $\frac{1}{6}+\frac{9}{14}$ b) $\frac{4}{9}+\frac{1}{12}+\frac{2}{9}$ c) $\frac{8}{15}+\frac{4}{9}+\frac{5}{9}$
Lösung:
a) $\frac{1}{6}+\frac{9}{14}=\frac{7}{42}+\frac{27}{42}=\frac{34}{42}=\frac{17}{21}$
b) $\frac{4}{9}+\frac{1}{12}+\frac{2}{9}=\frac{6}{9}+\frac{1}{12}=\frac{2}{3}+\frac{1}{12}=\frac{8}{12}+\frac{1}{12}$
$=\frac{9}{12}=\frac{3}{4}$
c) $\frac{8}{15}+\frac{4}{9}+\frac{5}{9}=\frac{8}{15}+\frac{9}{9}=\frac{8}{15}+1=1\frac{8}{15}$

In Beispiel 1 b) und 1 c) ist es sinnvoll, das Kommutativ- bzw. das Assoziativgesetz der Addition anzuwenden.

Beispiel 2
Berechne.
a) $\frac{5}{6}-\frac{4}{7}$ b) $\frac{11}{15}-\frac{1}{15}+\frac{5}{18}$ c) $\frac{17}{20}+\frac{7}{8}-2$
Lösung:
a) $\frac{5}{6}-\frac{4}{7}=\frac{35}{42}-\frac{24}{42}=\frac{11}{42}$
b) $\frac{11}{15}-\frac{1}{15}+\frac{5}{18}=\frac{10}{15}+\frac{5}{18}=\frac{2}{3}+\frac{5}{18}=\frac{12}{18}+\frac{5}{18}$
$=\frac{17}{18}$
c) $\frac{17}{20}+\frac{7}{8}-2=\frac{34}{40}+\frac{35}{40}-2=\frac{69}{40}-\frac{80}{40}=-\frac{11}{40}$

Beispiel 3
In einem Parlament hat Partei A $\frac{1}{3}$ aller Sitze, Partei B 15 % aller Sitze. Haben die beiden Parteien zusammen die Mehrheit der Sitze?
Lösung:
1. Möglichkeit:
$\frac{1}{3}+15\,\%=\frac{1}{3}+\frac{15}{100}=\frac{100}{300}+\frac{45}{300}=\frac{145}{300}<\frac{150}{300}=\frac{1}{2}$
2. Möglichkeit:
$\frac{1}{3}+15\,\%<34\,\%+15\,\%=49\,\%<50\,\%$
Antwort: Die Parteien besitzen zusammen nicht die Mehrheit der Sitze.

$\frac{1}{3}=1:3=0{,}333\ldots<0{,}34=34\,\%$

Beispiel 4
In einem Bus sind $\frac{1}{3}$ der Plätze von Kindern belegt. Es steigen ebenso viele Kinder ein, wie sich bereits im Bus befinden. Zusätzlich steigen noch 6 Erwachsene ein. Nun sind noch 9 Plätze frei. Wie viele Plätze hat der Bus?
Lösung:
Hier ist es eine sinnvolle Strategie, sich das Ganze (die Anzahl aller Plätze im Bus) grafisch zu veranschaulichen, z. B. als Strecke:

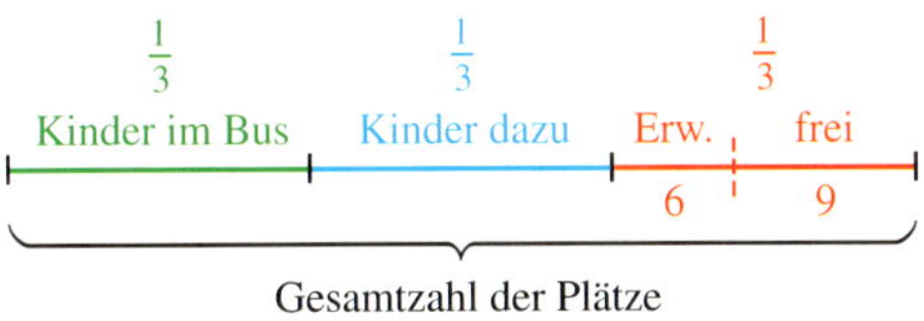

Das verbleibende Drittel umfasst 15 Plätze, nämlich 6 von Erwachsenen belegte und 9 freie Plätze.
Also gibt es $3\cdot 15$ Plätze.
Antwort: Der Bus hat 45 Plätze.

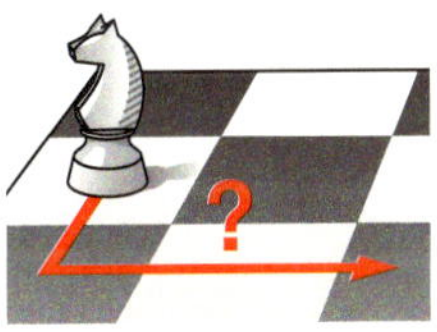

***Strategie:** Veranschaulichen durch eine Skizze*

Aufgaben

$\frac{2}{3}-\frac{1}{2}=$
$\frac{3}{4}-\frac{2}{3}=$
$\frac{4}{5}-\frac{3}{4}=$
$\frac{5}{6}-\frac{4}{5}=$
□ − □ =
⋮ ⋮ ⋮

Wie geht die Folge weiter?

2
Berechne im Kopf.
a) $\frac{1}{3}+\frac{1}{6}$ b) $\frac{1}{4}-\frac{1}{8}$ c) $8\,\%+\frac{2}{5}$
d) $1-\frac{5}{8}$ e) $\frac{2}{3}-\frac{5}{6}$ f) $\frac{3}{7}+\frac{3}{14}+\frac{2}{7}$
g) $\frac{1}{2}+\frac{1}{48}+\frac{5}{48}$ h) $\frac{3}{4}-60\,\%$ i) $\frac{3}{5}-\frac{11}{15}$
k) $\frac{1}{2}+\frac{1}{3}$ l) $\frac{1}{6}+\frac{7}{18}-\frac{5}{9}$ m) $2-\frac{3}{5}$

3
Kann man eine Tafel Schokolade so an zwei Kinder verteilen, dass das eine $\frac{3}{4}$ und das andere $\frac{3}{10}$ der Schokolade bekommt?

4
In der „Rechenmauer" steht über zwei Steinen immer deren Summe. Übertrage die Mauer in dein Heft und ergänze sie.

a)
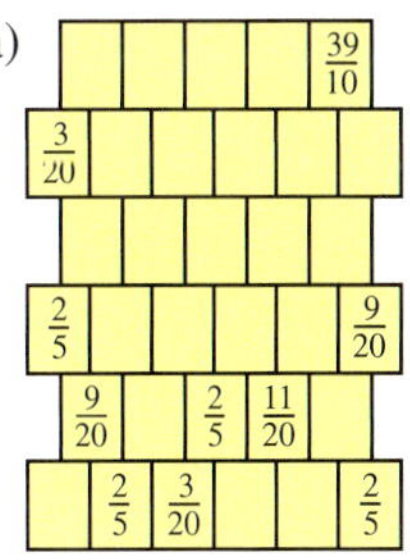

b)
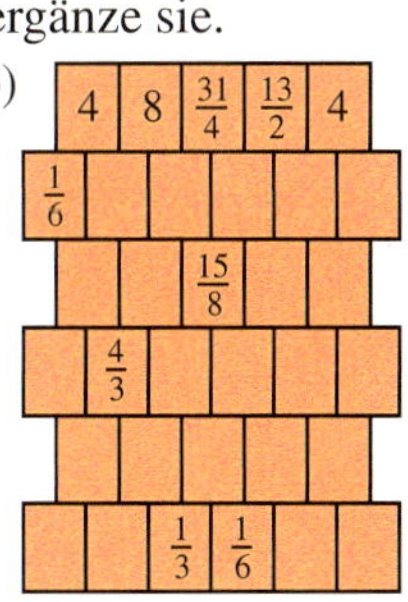

5

Bei den Ermittlungen zu einem Schmuckdiebstahl will der Kommissar wissen, wie Diamanten-Ede den letzten Tag verbracht hat. Warum genügt ihm Edes Alibi nicht?

6

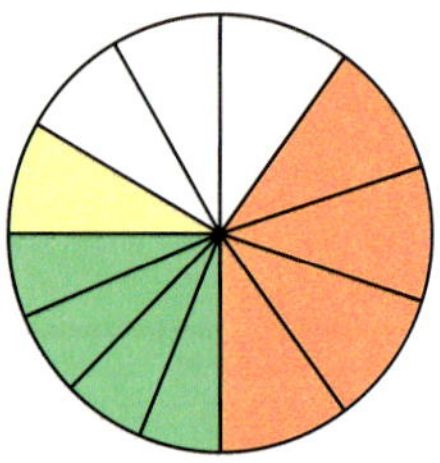

a) Schätze die Größe des Anteils der weißen Fläche der linken Figur.
b) Die Sektoren sind nicht alle gleich groß. Berechne, welchen Anteil die weiße Fläche einnimmt. Vergleiche mit a).
c) Berechne für den weißen Sektor die Größe des Mittelpunktswinkels.

7

Zwei Mäuse fressen nachts an einem Stück Käse. In der 1. Nacht frisst die eine Maus $\frac{1}{6}$, die andere $\frac{1}{7}$ des Stückes. In der 2. Nacht fressen beide Mäuse die doppelte Menge.
a) Berechne, welchen Anteil jede Maus gefressen hat und begründe, warum für die dritte Nacht noch etwas übrig bleibt.
b) Vom Rest erhält die eine Maus doppelt so viel wie die andere. Welchen Bruchteil des gesamten Käses bekommt jede Maus in der letzten Nacht?

Lösungssalat zu 8:

8

a) $\frac{1}{2} + \frac{1}{8} - \frac{4}{16}$
b) $\frac{1}{4} - 20\,\% - \frac{1}{6}$
c) $\frac{4}{9} + \frac{1}{4} + \frac{1}{6} + \frac{3}{4}$
d) $\frac{1}{9} + \frac{2}{9} + \frac{3}{4} + \frac{1}{8}$
e) $70\,\% - \left(\frac{16}{25} - \frac{7}{20}\right)$
f) $\frac{21}{48} + \frac{7}{16} - \frac{3}{8}$
g) $\frac{2}{7} + \frac{5}{8} - 1$
h) $\frac{11}{12} - \frac{3}{12} - \frac{7}{18}$

9

Berechne die Summe möglichst geschickt.

10

Australien besteht zu $\frac{1}{25}$ aus Ackerland, zu 5 % aus Wald, zu 60 % aus Weideland und im Übrigen aus Ödland, vor allem Wüste.
a) Welchen Bruchteil der Gesamtfläche nimmt das Ödland ein?
b) Recherchiere, welche Fläche das Ödland einnimmt.

11

Der Film in Lauras Fotoapparat ist halb voll. Sie macht 4 Aufnahmen, danach ist noch $\frac{1}{3}$ des Films leer. Wie viele Aufnahmen sind auf dem Film?

12

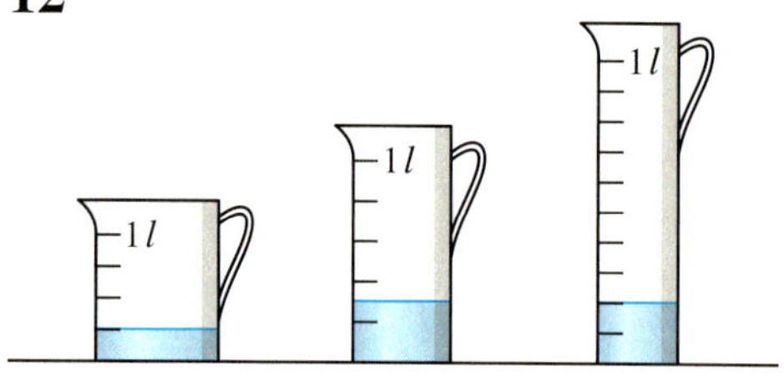

a) Wie viel Flüssigkeit befindet sich jeweils in den drei Gefäßen?
b) Die Flüssigkeit in den Gefäßen wird in das hohe Gefäß zusammengeschüttet. Zeichne das hohe Gefäß mit der zusammengeschütteten Flüssigkeit in dein Heft und beschrifte die Skala an diesem Gefäß.

13

Berechne.

a) $\frac{3}{8}\,\text{kg} + \frac{2}{5}\,\text{kg}$ b) $2\,\text{h} + 8\,\text{h} : 3$

c) $-2 \cdot \left(0{,}5 - \frac{5}{2}\right)$ d) $0{,}8 - \frac{1}{5} - 1$

e) $\frac{7}{8}\,\text{m}^2 - 50\,\text{dm}^2$ f) $\frac{23}{15} - (3 : 5 + 3)$

g) $(5 \cdot 5 - 5) : 15 - \frac{1}{3}$

h) $(-2^3 \cdot 5 + 8) : (-2 - 6)$

Lösungssalat zu 14:

14

a) $\left(\frac{6}{25} + \frac{7}{15} - \frac{13}{75}\right) - \frac{2}{15}$ b) $\frac{5}{48} + \frac{7}{18} + \frac{4}{9} + \frac{1}{16} - 2$

c) $\frac{3}{8} + \frac{7}{12} + \frac{5}{12}$ d) $9^2 : 3^2 - 2^3 - \frac{5}{6} + \frac{3}{14}$

e) $0{,}75 - \frac{7}{20} + \frac{6}{35} - 1$ f) $\frac{2}{27} + \frac{5}{21} + \frac{3}{7} + \frac{2}{54}$

g) $\frac{7}{9} - \frac{7}{36} - \left(\frac{7}{24} + \frac{5}{8}\right)$ h) $\frac{7}{12} - \frac{3}{14} + \frac{1}{6}$

i) $2^2 \cdot 3 + 7 - \frac{25}{2} - \frac{8}{3} - 3$

k) $0{,}5 + \frac{2}{5} - 0{,}25 + \frac{1}{4} - \frac{1}{10}$

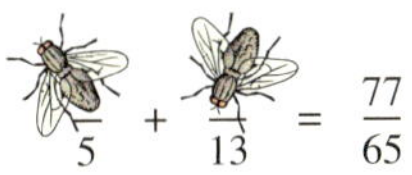

Wie lauten die verdeckten Zahlen?

15

Welchen Anteil nimmt die gefärbte Fläche von der gesamten Figur ein?
Gib den nicht gefärbten Anteil in Prozent an. Runde bei der Berechnung gegebenenfalls auf zwei Nachkommastellen.

a) 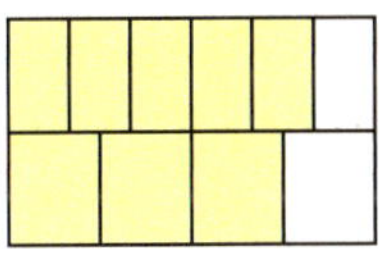

b) 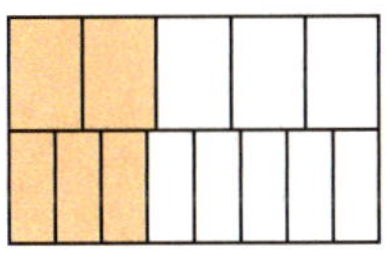

c) 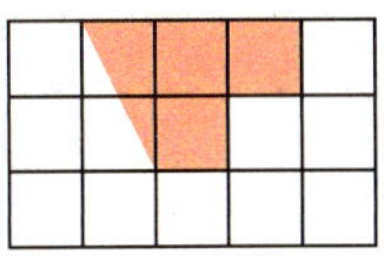

d) 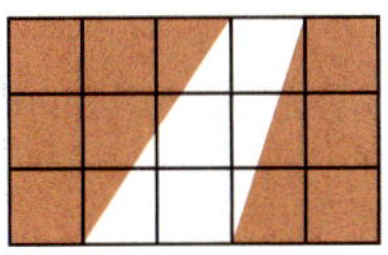

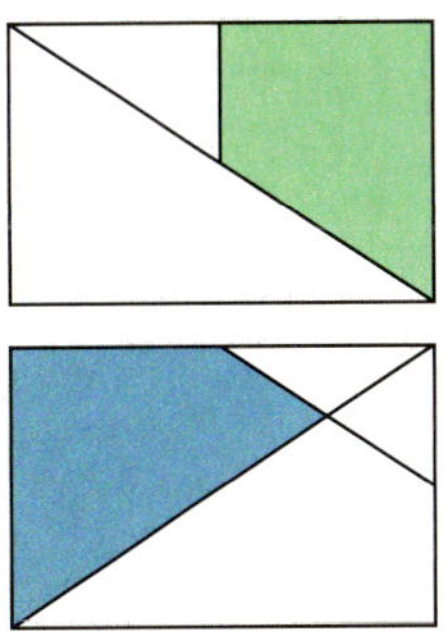

16

Welcher Anteil der linken Rechtecksflächen ist jeweils bunt gefärbt?
Beschreibe in Worten, wie du die Lösung gefunden hast.

17

Sieben Zehntel der Plätze eines Busses sind besetzt. An der nächsten Haltestelle steigen fünf Fahrgäste aus und keiner ein. Nun sind drei Fünftel der Plätze besetzt.
Wie viele Plätze hat der Bus?

18

Es gibt 6 verschiedene Möglichkeiten, die Karten

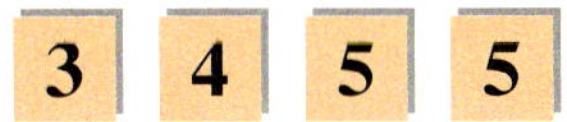

so in die Form

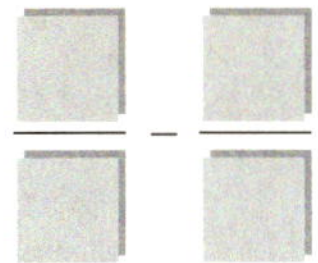

zu legen, dass der Wert der Differenz größer als null ist (Beispiel: $\frac{4}{5} - \frac{3}{5}$).

a) Berechne diese Differenzwerte und ordne dann die Ergebnisse in aufsteigender Reihenfolge.

b) Wie viele Möglichkeiten gibt es, ein negatives Ergebnis zu erhalten? Gib die Ergebnisse an und ordne sie in aufsteigender Reihenfolge.

19

a) Kombiniere alle Karten mit den Rechenzeichen + und – so, dass das Ergebnis möglichst nahe bei der Zahl Null liegt.

b) Nimm 2 Karten doppelt, damit du auf null kommst. Welche sind dies?

c) Finde selbst 5 Brüche, die mit den Rechenzeichen + und – kombiniert das Ergebnis $\frac{1}{3}$ haben. Überlege dir zuerst eine Lösungsstrategie.

20

Der Floh FLIP wird älter; früher schaffte er die Länge der Gardinenstange in zwei Sprüngen. Jetzt erreicht er zwar mit dem ersten Sprung noch die Mitte, aber dann schafft er wegen Ermüdung bei jedem weiteren Sprung nur noch die Hälfte des vorangehenden Sprungs.

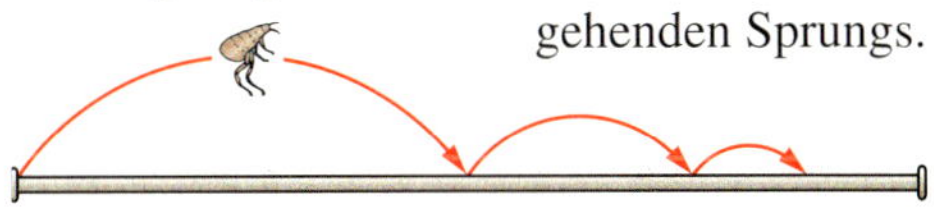

Wie weit gelangt FLIP in 2 (3; 4; 5) Sprüngen? Nach dem fünften Sprung bleibt FLIP keuchend sitzen: ob er wohl jemals das andere Ende der Gardinenstange erreichen wird? Was meinst du?

Zu Aufgabe 24:

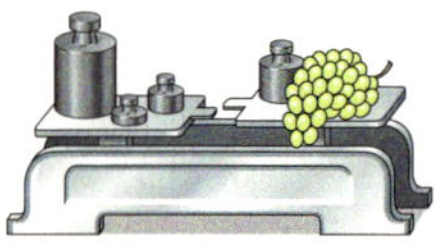

*21

Auf die Frage, wie alt er sei, antwortet Opa: „Als ich $\frac{1}{12}$ meines jetzigen Alters erreicht hatte, begann meine Ausbildung, die $\frac{1}{4}$ meines Lebens und zwei Jahre dauerte. $\frac{5}{12}$ meines Lebens und drei Jahre war ich im Beruf und seit $\frac{1}{6}$ meines Lebens und einem Jahr erhalte ich meine Rente.“Wie alt ist Opa? Beschreibe deine Strategie bei der Lösung in wenigen Sätzen.

22

Setze ein Klammerpaar so, dass die Rechnung stimmt.

a) $\frac{13}{6} - \frac{2}{3} - \frac{1}{4} + \frac{7}{12} = \frac{7}{3}$ b) $\frac{5}{12} - \frac{4}{9} - \frac{1}{3} + \frac{1}{4} = \frac{5}{9}$

c) $\frac{9}{4} - \frac{7}{16} + \frac{1}{8} - \frac{3}{16} + \frac{5}{8} = \frac{17}{8}$

23 Mäuselabyrinth

Tipp:
Wenn du das Labyrinth nicht ins Heft übertragen willst, kopiere es oder lege eine Folie darüber und zeichne den Weg der Mäuse ein.

Die beiden Mäuse starten bei $\frac{3}{10}$ und suchen den Weg zum Käse. Dabei ist Zurückgehen nicht erlaubt.

Jede Maus schaut, um wie viel sich die Zahl des Feldes, auf dem sie sich gerade befindet, von den Zahlen der Nachbarfelder unterscheidet. Maus 1 ist bedächtig und geht zu der Zahl, für die dieser Unterschied am kleinsten ist. Die vorwitzige Maus 2 dagegen springt zu der Zahl mit dem größtmöglichen Unterschied (Beispiel: $\frac{3}{10} - \frac{1}{3} = -\frac{1}{30}$ und $\frac{3}{10} - \frac{7}{25} = \frac{1}{50}$. Da $\left|-\frac{1}{30}\right| = \frac{1}{30} > \frac{1}{50}$ geht Maus 1 zu $\frac{7}{25}$ und Maus 2 zu $\frac{1}{3}$.).

Welche Maus muss weniger Felder durchlaufen und ist daher schneller beim Käse?

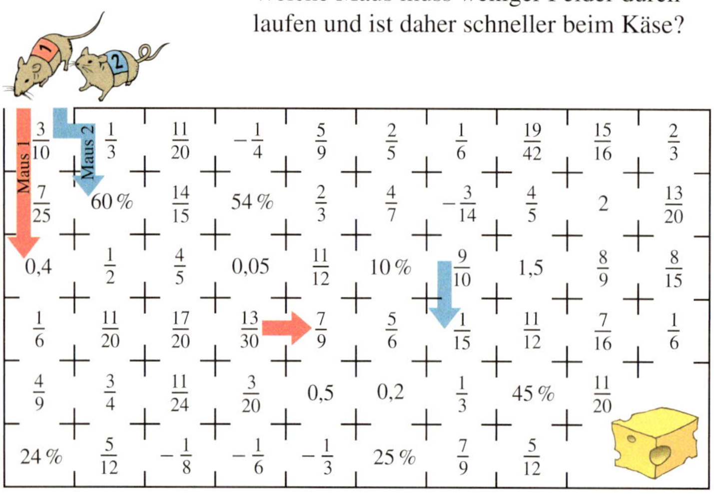

Die zwei eingezeichneten Pfeile in der Mitte geben dir eine Zwischenkontrolle.

24 Zum Knobeln

Ein Kaufmann hat für seine Waage vier verschiedene Gewichtsstücke. Durch geschicktes Wiegen kann er damit die Gewichte $\frac{1}{4}$ kg, $\frac{1}{2}$ kg, $\frac{3}{4}$ kg, 1 kg, $1\frac{1}{4}$ kg, …, 10 kg abwiegen. Wie viel wiegen die vier Gewichtsstücke?

*25

Ein alter Araber bestimmte vor seinem Tode, dass der erste seiner Söhne die Hälfte, der zweite den dritten und der dritte den neunten Teil seiner Kamele erben sollte. Da er 17 Kamele hinterließ, konnten sich die Söhne nicht einigen. Ein Derwisch, der auf einem Kamel geritten kam, half ihnen: „Ich will euch mein Kamel leihen.“ Nun nahm jeder der Söhne von den 18 Kamelen seinen Teil. Zum Schluss blieb das Kamel des Derwischs übrig.

a) Wurde der letzte Wille erfüllt?
b) Erfinde eine ähnliche Aufgabe.

26 Ein Würfelspiel für 2 bis 4 Personen

Drei Würfel werden gleichzeitig geworfen. Jeder Spieler wählt für sich zwei davon aus, bildet einen Bruch und notiert ihn. Dann wird erneut gewürfelt. Jeder Spieler bildet wieder einen Bruch und subtrahiert/addiert ihn vom/zum ersten Bruch. Es wird erneut gewürfelt. Jeder Spieler bildet wieder einen Bruch und subtrahiert/addiert ihn vom/zum Ergebnis der ersten Rechnung. Dann erfolgt der nächste Durchgang usw. Das Spiel ist beendet, wenn ein Spieler ein Ergebnis aufweist, das weniger als $\frac{1}{10}$ $\left(\frac{1}{15}, \frac{1}{20}, \frac{1}{30}\right)$ von null entfernt ist. Nach 10 Durchgängen ist auf jeden Fall Schluss. Gewonnen hat derjenige, dessen letztes Ergebnis am nächsten bei null liegt.

3 Ermittlung gemeinsamer Nenner

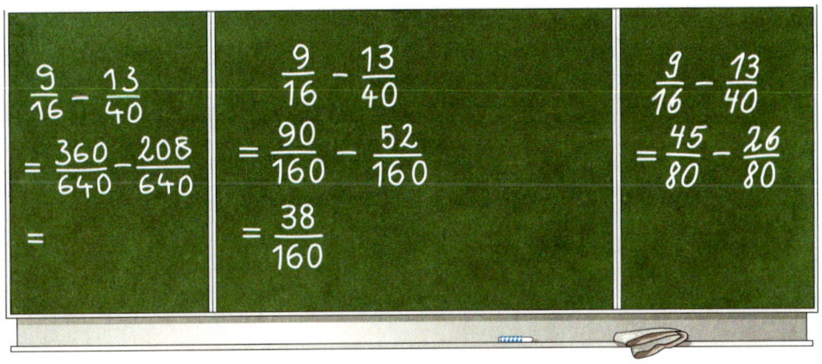

1

Max, Lea und Eva rechnen die Aufgabe $\frac{9}{16} - \frac{13}{40}$ an der Tafel.
Erkläre die Unterschiede in ihrer Vorgehensweise. Haben alle richtig gerechnet?

2

Berechne den Term $\frac{13}{240} + \left(\frac{7}{12} - \frac{7}{30}\right)$ möglichst geschickt.
Begründe dein Vorgehen.

Zur Lösung der Aufgabe $\frac{1}{36} + \frac{1}{60}$ müssen die Nenner der beiden Summanden gleichnamig gemacht werden, d. h. es muss ein gemeinsames Vielfaches der Zahlen 36 und 60 gefunden werden. Dafür kennen wir bisher folgende beiden Möglichkeiten:

– Multiplikation der Nenner: $\frac{1}{36} + \frac{1}{60} = \frac{1 \cdot 60}{36 \cdot 60} + \frac{1 \cdot 36}{60 \cdot 36} = \frac{60}{2160} + \frac{36}{2160} = \frac{96}{2160} = \frac{32}{720} = \frac{4}{90} = \frac{2}{45}$

– Erkennen eines gemeinsamen Vielfachen:

Zum Beispiel 360: $\frac{1}{36} + \frac{1}{60} = \frac{10}{360} + \frac{6}{360} = \frac{16}{360} = \frac{4}{90} = \frac{2}{45}$

Zum Beispiel 180: $\frac{1}{36} + \frac{1}{60} = \frac{5}{180} + \frac{3}{180} = \frac{8}{180} = \frac{2}{45}$

Nicht immer erscheint die Multiplikation der Nenner zweckmäßig (weil der gemeinsame Nenner dann groß wird) und nicht immer ist auf Anhieb ein gemeinsames Vielfaches erkennbar.
Findet man gemeinsame Teiler der Nenner, die größer als 1 sind, so kann ein gemeinsames Vielfaches bestimmt werden, das kleiner ist als das Produkt der Nenner. Dabei geht man folgendermaßen vor:

Im Gegensatz zum Produkt $36 \cdot 60 = 2160$ enthält die Faktorzerlegung von 180 den gemeinsamen Teiler 12 der Zahlen 36 und 60 nur einmal und ist daher kleiner:

$2160 = \underbrace{3 \cdot 12}_{36} \cdot \overbrace{12 \cdot 5}^{60}$

$180 = \underbrace{3 \cdot \overbrace{12 \cdot 5}^{60}}_{36}$ — $3 \cdot 60$; $36 \cdot 5$

Mit dem gemeinsamen Teiler beider Nenner führt man eine Faktorzerlegung des jeweiligen Nenners durch. Man erhält ein gemeinsames Vielfaches (gV), indem man alle Faktoren der einen Zahl nimmt und die noch fehlenden Faktoren der anderen Zahl hinzufügt.

Beispiel:
6 ist ein gemeinsamer Teiler von 60 und 36.

$60 = 6 \cdot 10$
$36 = 6 \cdot \quad 6$
gV $(60; 36) = 6 \cdot 10 \cdot 6 = 360$

Man findet ein kleineres gV, wenn die nicht übereinstimmenden Faktoren einen weiteren gemeinsamen Teiler besitzen und somit die Faktorzerlegung in der gleichen Weise fortsetzbar ist.

2 ist ein gemeinsamer Teiler der nicht übereinstimmenden Faktoren 10 und 6.

$60 = 6 \cdot 2 \cdot 5$
$36 = 6 \cdot 2 \cdot \quad 3$
gV $(60; 36) = 6 \cdot 2 \cdot 5 \cdot 3 = 180$

Zur Erinnerung:
kgV: kleinstes gemeinsames Vielfaches

Das Verfahren endet, wenn die verbleibenden Faktoren keinen gemeinsamen Teiler > 1 haben. Dann hat man das kgV beider Zahlen gefunden.

Die Faktoren 5 und 3 haben keinen gemeinsamen Teiler > 1.

kgV $(60; 36) = 180$

Beachte:
Bei vielen Aufgaben ist es nicht notwendig, das kgV der Nenner zu finden.
Manchmal genügt es schon, auf die eben beschriebene Weise irgendein gemeinsames Vielfaches zu finden oder gar das Produkt der beiden Nenner als Vielfaches zu wählen. Grundsätzlich lohnt sich beim Lösen von Aufgaben das genaue Hinschauen vor dem Rechnen.

Tipp:
Bei „überschaubaren" Nennern wie zum Beispiel 12 und 20 lohnt oft folgende Vorgehensweise (Kopfrechnen!): Betrachte nacheinander die Vielfachen 20, 40, … der größeren Zahl. Stößt du erstmals auf eine durch 12 teilbare Zahl (hier: 60), hast du ein gemeinsames Vielfaches gefunden. Es ist sogar das kgV von 12 und 20.

Ermittlung gemeinsamer Nenner durch Faktorzerlegung
Suche gemeinsame Teiler beider Nenner und führe mit ihnen eine Faktorzerlegung beider Nenner durch. Bilde dann das Produkt aller Faktoren und berücksichtige dabei die gefundenen gemeinsamen Teiler nur einmal.

Beispiel 1
Berechne $\frac{5}{24} + \frac{3}{28}$.

Lösung:
NR: $24 = 4 \cdot 6$
$28 = 4 \cdot 7$
möglicher Nenner:
$4 \cdot 6 \cdot 7 = 168$
$\frac{5}{24} + \frac{3}{28} = \frac{5 \cdot 7}{168} + \frac{3 \cdot 6}{168} = \frac{35 + 18}{168} = \frac{53}{168}$

Beispiel 2
Berechne.
a) $\frac{5}{12} - \frac{7}{40} + \frac{1}{360}$
b) $\frac{119}{300} - \left(\frac{8}{15} - \frac{3}{20}\right)$

Lösung:
a) $\frac{5}{12} - \frac{7}{40} + \frac{1}{360} = \frac{150}{360} - \frac{63}{360} + \frac{1}{360} = \frac{88}{360} = \frac{11}{45}$
b) $\frac{119}{300} - \left(\frac{8}{15} - \frac{3}{20}\right) = \frac{119}{300} - \left(\frac{160}{300} - \frac{45}{300}\right)$
$= \frac{119}{300} - \frac{115}{300} = \frac{4}{300} = \frac{1}{75}$

Beispiel 3
Bei der Modelleisenbahn von Peter braucht eine Lokomotive auf der inneren Bahn 24 Sekunden für eine Runde, eine andere Lokomotive auf der äußeren Bahn 36 Sekunden für eine Runde. Beide Lokomotiven starten gemeinsam am Bahnhof. Werden sie jemals wieder gleichzeitig durch den Bahnhof fahren? Wenn ja, gib drei verschiedene Zeitpunkte an.

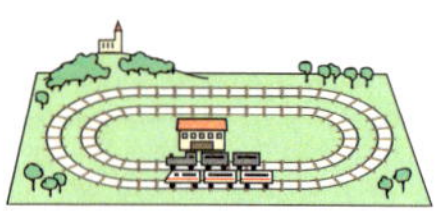

Aus der Zerlegung
$24 = 2 \cdot 12$
$36 = 3 \cdot 12$
hätte sich das kgV ergeben: $2 \cdot 3 \cdot 12 = 72$

Lösung:
Ja, sie fahren bei gemeinsamen Vielfachen von 24 und 36 Sekunden wieder gemeinsam durch den Bahnhof.
Um Zeitpunkte anzugeben, muss man gemeinsame Vielfache bestimmen:
Zum Beispiel gilt: $24 = 4 \cdot 6$
$36 = 6 \cdot 6$
Daher ist $4 \cdot 6 \cdot 6 = 144$ ein gemeinsames Vielfaches.
Antwort: Nach beispielsweise 144 Sekunden, 288 Sekunden oder 1440 Sekunden fahren sie gemeinsam durch den Bahnhof.

Aufgaben

3
Berechne.
a) $\frac{7}{15} - \frac{7}{18}$
b) $0{,}75 - \frac{5}{16} + \frac{7}{20}$
c) $\frac{5}{6} + \frac{19}{42} + \frac{1}{6}$
d) $\frac{23}{24} - \frac{27}{28}$
e) $\frac{7}{15} - \frac{5}{12} + \frac{9}{120}$
f) $\frac{1}{6} + \frac{2}{21} + \frac{4}{15}$
g) $\frac{7}{100} + \frac{3}{40}$
h) $\frac{7}{20} + \frac{3}{8} - 0{,}1$
i) $\frac{9}{20} - \frac{7}{12} + \frac{4}{15}$
k) $\frac{11}{80} - \left(\frac{5}{8} - \frac{11}{20}\right)$
l) $\frac{3}{16} + \frac{7}{28}$
m) $\frac{5}{16} - \frac{3}{20} + \frac{5}{8} + 0{,}5$

4
a) Vom Marktplatz fährt alle 15 Minuten ein Bus der Linie A, alle 35 Minuten ein Bus der Linie B ab. Um 6.00 Uhr fahren gleichzeitig ein Bus der Linie A und der Linie B ab. Zu welchen Zeiten fahren vormittags 2 Busse gleichzeitig ab?
b) Erfinde eine ähnliche Aufgabe. Stelle sie so, dass es in der Lösung zwischen 6.00 und 13.00 Uhr 5 verschiedene Zeiten gibt, zu denen 2 Busse gleichzeitig abfahren.

5
Gib, falls möglich, zu den Zahlen jeweils einen gemeinsamen Teiler und ein gemeinsames Vielfaches an, das kleiner ist als das Produkt der Zahlen.

a) 12, 28	b) 8, 36	c) 21, 32
d) 15, 28	e) 32, 40	f) 16, 28
g) 6, 40	h) 77, 78	i) 70, 84
k) 24, 64	l) 75, 175	m) 14, 24

Lösungssalat zu 6:

6
Berechne geschickt.

a) $\left(\frac{7}{12} - \frac{13}{30}\right) + \frac{7}{120}$ b) $0{,}375 - \frac{17}{36} + \frac{1}{8}$

c) $1{,}25 + \frac{1}{20} + \frac{3}{4} - 2\frac{1}{8}$ d) $\frac{29}{240} + \left(\frac{1}{6} - \frac{3}{40}\right)$

e) $\left(\frac{7}{80} + \frac{1}{2}\right) - \left(\frac{3}{4} - \frac{1}{10}\right)$ f) $\left(\frac{1}{10} + \frac{1}{4}\right) - 0{,}27$

g) $\left(\frac{5}{8} - \frac{9}{20}\right) + \left(\frac{7}{160} - \frac{5}{160}\right)$ h) $\frac{1}{36} + \frac{1}{60} + \frac{1}{720}$

7
Jeder Kasten enthält ein gemeinsames Vielfaches der beiden darunter liegenden Kästen. Übertrage jeweils den Turm ins Heft und ergänze.

a)

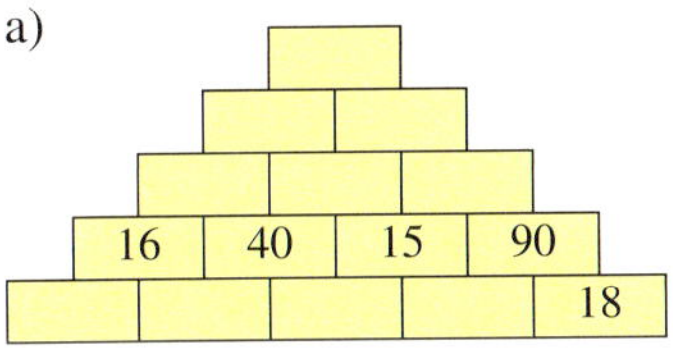

b)

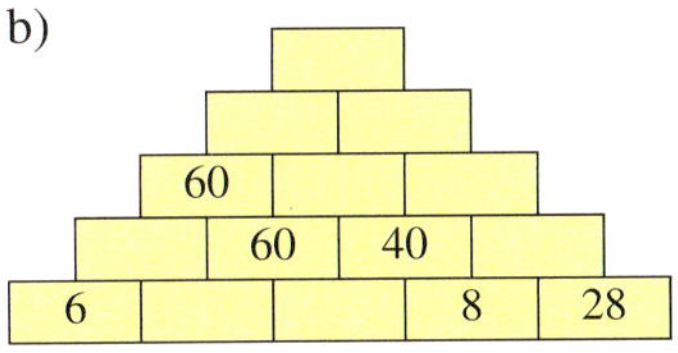

8
Erstelle entsprechend Aufgabe 7 selbst einen Turm, der aus vier Schichten besteht. Lasse die Aufgabe von deinem Nachbarn lösen.

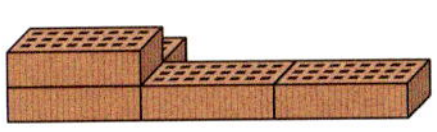

9
Wie viele 24 cm lange, 10 cm breite und 5 cm hohe Ziegelsteine braucht man, um einen Würfel zu schlichten?

10
Suche für die Zahlenpaare jeweils das zugehörige gemeinsame Vielfache. Du erhältst ein Lösungswort.

12 | 20	15 | 24	6 | 27	15 | 35	6 | 21	24 | 28	12 | 16	25 | 35
210 | G	168 | T	120 | P	54 | A	96 | T	60 | S	84 | E	175 | I

11

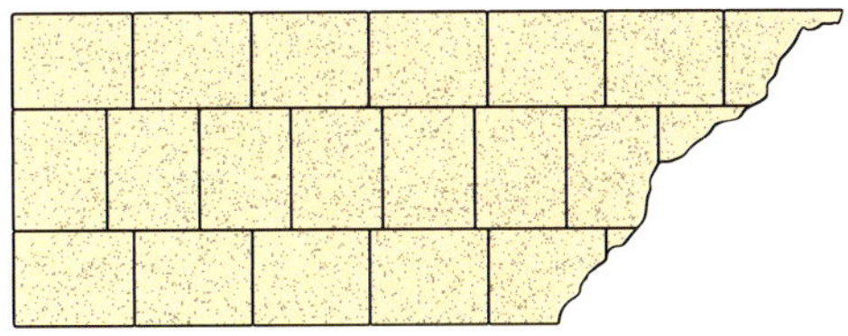

a) Ein Gehweg wird mit 45 cm langen und 35 cm breiten Platten belegt. Nach wie viel Metern bilden die Kanten wieder wie anfangs eine gerade Linie?

b) Welche Maße können die Platten haben, wenn die Kanten nach 6 m eine gerade Linie bilden sollen? Die Breite des Weges soll maximal 1 m betragen.

12
a) Carmen behauptet, dass der Hauptnenner der Brüche $\frac{1}{17}$ und $\frac{1}{19}$ zwischen 289 und 361 liegt. Stimmt das? Begründe.

b) Was kannst du über den Hauptnenner zweier Brüche aussagen, deren Nenner keinen gemeinsamen Teiler > 1 besitzen?

c) Können zwei aufeinanderfolgende natürliche Zahlen einen gemeinsamen Teiler > 1 besitzen? Begründe.

13
Stimmen folgende Aussagen? Begründe jeweils, ohne zu rechnen.

a) $\frac{17}{35} - \frac{19}{36} > 0$ b) $\frac{9}{20} + \frac{1}{21} < 0{,}5$

c) $\frac{7}{16} + \frac{4}{15} > 0{,}75$ d) $\frac{3}{11} + \frac{4}{13} > \frac{4}{11} + \frac{3}{13}$

14
Finde 5 verschiedene Zahlenpaare, die als gemeinsames Vielfaches jeweils die Zahl 60 besitzen und deren Produkt größer als 60 ist. Findest du noch weitere? Wie viele solcher Zahlenpaare gibt es insgesamt?

G15

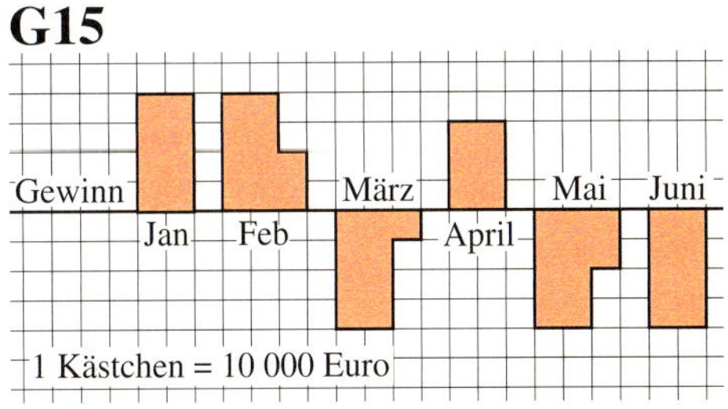

Wie hoch ist der Gewinn im ersten Halbjahr?

4 Addieren und Subtrahieren gemischter Zahlen

1

In einem Tierheim wird die Fütterung der jungen Katzen vorbereitet. Hierbei wird die Milch aus dem Glasgefäß und den beiden Flaschen in die Schüssel gegossen.

a) Wie viel *l* Milch befinden sich nun in der Schüssel?

b) Wie viel *l* Milch sind noch in der Schüssel, wenn wieder $1\frac{5}{8}l$ entnommen werden?

Beim Addieren von gemischten Zahlen können die Ganzen und die Brüche getrennt voneinander addiert werden:

$$1\tfrac{1}{2} + 1\tfrac{3}{4} = (1 + 1) + \left(\tfrac{2}{4} + \tfrac{3}{4}\right) = 2\tfrac{5}{4} = 3\tfrac{1}{4}$$

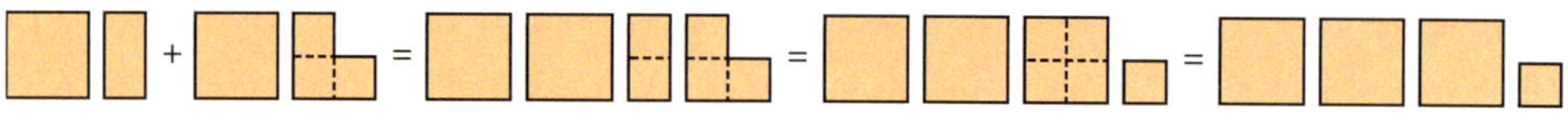

Auch beim Subtrahieren von gemischten Zahlen können die Ganzen und die Brüche getrennt voneinander subtrahiert werden. Ist hierbei der Bruch des Minuenden kleiner als der Bruch des Subtrahenden, so wandelt man ein Ganzes des Minuenden um:

$$3\tfrac{1}{4} - 1\tfrac{3}{4} = 2\tfrac{5}{4} - 1\tfrac{3}{4} = 1\tfrac{2}{4} = 1\tfrac{1}{2}$$

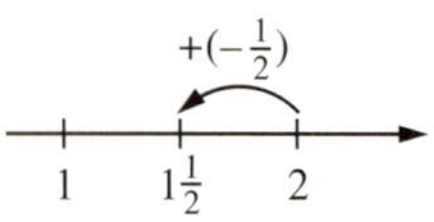

Alternativ geht auch: $3\frac{1}{4} - 1\frac{3}{4} = (3 - 1) + \left(\frac{1}{4} - \frac{3}{4}\right) = 2 + \left(-\frac{2}{4}\right) = 2 + \left(-\frac{1}{2}\right) = 1\frac{1}{2}$

Addition bzw. **Subtraktion gemischter Zahlen:**
1. Mache, falls nötig, die Brüche gleichnamig.
2. Addiere bzw. subtrahiere die Ganzen und die Brüche getrennt voneinander und fasse zusammen.

Eine weitere Möglichkeit besteht darin, die gemischten Zahlen zuerst in Brüche umzuwandeln und anschließend die Addition bzw. Subtraktion durchzuführen:

$1\frac{1}{2} + 1\frac{3}{4} = \frac{3}{2} + \frac{7}{4} = \frac{6}{4} + \frac{7}{4} = \frac{13}{4} = 3\frac{1}{4}$ bzw. $3\frac{1}{4} - 1\frac{3}{4} = \frac{13}{4} - \frac{7}{4} = \frac{6}{4} = \frac{3}{2} = 1\frac{1}{2}$

Beispiel 1

Berechne: $26\frac{2}{3} + 14\frac{3}{4} + 6\frac{1}{6}$

Lösung: $26\frac{2}{3} + 14\frac{3}{4} + 6\frac{1}{6} = 26\frac{8}{12} + 14\frac{9}{12} + 6\frac{2}{12} = (26 + 14 + 6) + \frac{8 + 9 + 2}{12} = 46\frac{19}{12} = 47\frac{7}{12}$

Beispiel 2

Berechne und skizziere an der Zahlengeraden: $5-\frac{2}{5}$

Lösung: $5-\frac{2}{5}=4\frac{5}{5}-\frac{2}{5}=4\frac{3}{5}$

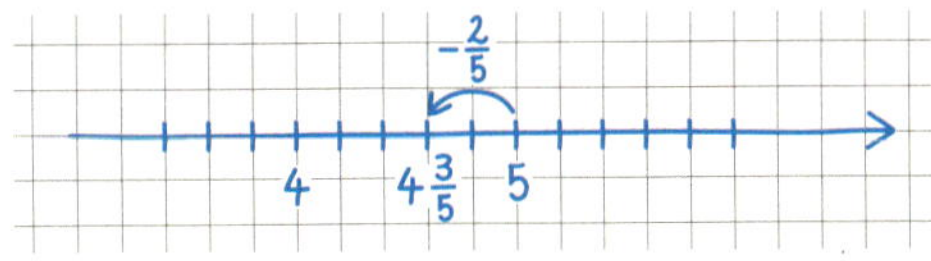

Beispiel 3

Berechne: $12\frac{2}{15}-7\frac{3}{10}$

Lösung:

Als gemeinsamer Nenner wird hier das kgV von 15 und 10 gewählt.

1. Möglichkeit:

$12\frac{2}{15}-7\frac{3}{10}=12\frac{4}{30}-7\frac{9}{30}$

$=11\frac{34}{30}-7\frac{9}{30}=4\frac{25}{30}=4\frac{5}{6}$

2. Möglichkeit:

$12\frac{2}{15}-7\frac{3}{10}=12\frac{4}{30}-7\frac{9}{30}=(12-7)+\left(\frac{4}{30}-\frac{9}{30}\right)$

$=5+\left(-\frac{5}{30}\right)=5+\left(-\frac{1}{6}\right)=4\frac{5}{6}$

Aufgaben

2

Berechne im Kopf.

a) $2\frac{3}{7}+3\frac{1}{7}$ b) $5\frac{3}{4}-3\frac{1}{4}$ c) $2\frac{1}{4}+4\frac{1}{2}$

d) $9\frac{7}{15}-3\frac{2}{15}$ e) $2\frac{4}{8}+3\frac{6}{8}$ f) $7\frac{5}{7}-2\frac{2}{7}$

g) $7\frac{3}{4}-5{,}25$ h) $3\frac{2}{5}+4\frac{3}{5}$ i) $1{,}4+4\frac{6}{10}$

3

Übertrage ins Heft und ergänze.

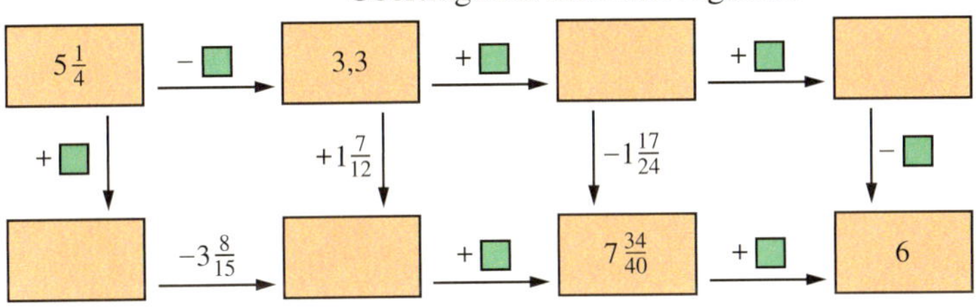

4

Skizziere an der Zahlengeraden und gib das Ergebnis an.

a) $7-\frac{3}{5}$ b) $6-2\frac{1}{2}$ c) $2-3\frac{1}{2}$

d) $9-2{,}75$ e) $2{,}25-4\frac{1}{2}$ f) $1{,}4-2\frac{1}{5}$

5

Berechne.

a) $5\frac{1}{4}-2\frac{1}{3}+1{,}25$ b) $2\frac{1}{2}+3\frac{2}{3}-4\frac{1}{6}-5{,}5$

c) $5\frac{3}{8}-2\frac{7}{12}+1\frac{1}{3}$ d) $5\frac{11}{15}+4\frac{5}{12}-9{,}35$

e) $5-\left(2-1\frac{5}{6}\right)$ f) $2\frac{1}{6}+0{,}5+3\frac{5}{6}-\frac{1}{4}$

g) $9\frac{5}{12}-7\frac{5}{18}+3\frac{1}{60}-3\frac{22}{45}$

h) $3\frac{7}{9}-2\frac{1}{3}-\left[5\frac{5}{6}-\left(3\frac{1}{3}+2\frac{1}{6}\right)\right]-\frac{1}{9}$

i) $\left(5\frac{1}{6}-\frac{4}{7}\right)-\left(1\frac{2}{21}-\frac{13}{14}\right)+2\frac{10}{35}$

Lösungssalat zu 5:

6

Ein Spediteur fährt mit seinem Lastwagen 4 Stationen an. An der ersten lädt er $1\frac{1}{3}$ t auf, an der zweiten $\frac{3}{4}$ t ab, an der dritten wieder $1\frac{1}{5}$ t zu und an der vierten $1\frac{1}{2}$ t ab.

a) Wie viel hat der Lastwagen am Ende der Fahrt noch geladen, wenn die Fahrt leer begonnen wurde?

b) Welche Masse darf der leere Lastwagen maximal haben, damit während der Fahrt niemals das zulässige Gesamtgewicht von 3,5 t überschritten wird? Gib das Ergebnis auch als sinnvoll gerundeten Dezimalbruch an.

7

Wie spät ist es jetzt, wenn die Uhr vor $7\frac{3}{4}$ h stehen geblieben ist?

a)

b)

8

Michas Mutter ist $1\frac{1}{2}$ Jahre jünger als Michas Vater. Micha ist $10\frac{1}{6}$ Jahre älter als seine Schwester Sabine. Sabine ist $36\frac{5}{12}$ Jahre jünger als ihr Vater, der genau 40 Jahre alt ist. Wie alt ist jeder?

G9

In einem Kreisdiagramm mit 3 Sektoren ist der blaue Sektor dreimal so groß wie der gelbe, der rote Sektor ist doppelt so groß wie der blaue.

Bestimme die Mittelpunktswinkel.

5 Addieren und Subtrahieren von Dezimalbrüchen

Damenslalom in Bormio vom 05.01.2003					
Läuferin	1. Lauf	2. Lauf	Läuferin	1. Lauf	2. Lauf
J. Kostelic	47,37 s	49,37 s	E. Görgl	49,00 s	49,82 s
M. Schild	47,96 s	51,25 s	S. Nef	49,02 s	49,94 s
A. Paerson	48,65 s	50,25 s	M. Ertl	49,51 s	49,70 s

1

Jan kauft beim Metzger ein: Salami 1,78 €, Backschinken 6,07 €, Emmentaler 2,70 €. Er bezahlt mit einem 20-€-Schein.

a) Wie viel Euro muss er bezahlen?

b) Wie viel Euro bekommt er heraus?

2

Beim Slalom gibt es zwei Durchgänge. Die Summe der benötigten Zeiten entscheidet über die Platzierung.

a) Berechne die Gesamtzeiten der einzelnen Läuferinnen und bestimme damit die Rangfolge.

b) Wie viele Sekunden Vorsprung hatte die Siegerin vor der Zweitplatzierten? Wie schnell hätte Martina Ertl im zweiten Lauf mindestens sein müssen, um den ersten Platz zu belegen?

Addieren

Die Summe 788 cm + 437 cm kann auf folgende Weise berechnet werden:

$$\begin{array}{r} 788\,\text{cm} \\ +\;437\,\text{cm} \\ {\scriptstyle 1\,1\;\;} \\ \hline 1225\,\text{cm} \end{array}$$

Verwendet man statt der Einheit 1 cm die Einheit 1 m, so rechnet man mit Komma:

$$\begin{array}{r} 7{,}88\,\text{m} \\ +\;4{,}37\,\text{m} \\ {\scriptstyle 1\,1\;\;} \\ \hline 12{,}25\,\text{m} \end{array}$$

Subtrahieren

Die Differenz 788 cm – 437 cm kann auf folgende Weise berechnet werden:

$$\begin{array}{r} 788\,\text{cm} \\ -\;437\,\text{cm} \\ \hline 351\,\text{cm} \end{array}$$

Verwendet man statt der Einheit 1 cm die Einheit 1 m, so rechnet man mit Komma:

$$\begin{array}{r} 7{,}88\,\text{m} \\ -\;4{,}37\,\text{m} \\ \hline 3{,}51\,\text{m} \end{array}$$

Das Komma legt den Stellenwert der Ziffern fest. Wie bei den ganzen Zahlen wird stellenweise addiert bzw. subtrahiert.

Addition bzw. **Subtraktion von Dezimalbrüchen:**
Addiere bzw. subtrahiere die Dezimalbrüche stellenwertgerecht.

Beim Untereinanderschreiben bedeutet dies:
Komma muss unter **Komma** stehen.

$$\begin{array}{r} 12{,}173 \\ +\;423{,}29 \\ {\scriptstyle 1\;\;\;\;} \\ \hline 435{,}463 \end{array} \qquad \begin{array}{r} 179{,}853 \\ -\;41{,}72 \\ \hline 138{,}133 \end{array}$$

Beachte:
Werden Zahlen nebeneinander addiert oder subtrahiert, muss ganz besonders darauf geachtet werden, dass die Ziffern mit gleichem Stellenwert zusammengefasst werden, z. B.:

$0{,}456 + 0{,}2 + 0{,}43 = 1{,}086$ oder $4{,}9 - 3{,}425 = 1{,}475$

Überschlagsrechnung:
Mit Hilfe der Überschlagsrechnung kannst du prüfen, ob dein Ergebnis in der richtigen Größenordnung liegt, z. B.: $7{,}88 + 4{,}37 \approx 8 + 4 = 12$ (Exaktes Ergebnis: 12,25)

Zur Erinnerung:
Beim schriftlichen Subtrahieren gibt es zwei verschiedene Vorgehensweisen, nämlich das Ergänzungs- und das Abziehverfahren.

Beispiel 1
Berechne.
a) $70{,}625 + 4{,}9272$ b) $63{,}184 + 8{,}2 + 25$ c) $5 - 2{,}83$ d) $18{,}312 - 3{,}94$
Lösung:

a)
$$\begin{array}{r} 70{,}625 \\ +\ \ 4{,}9272 \\ \hline 75{,}5522 \end{array}$$
(Übertrag: 1 1)

b)
$$\begin{array}{r} 63{,}184 \\ 8{,}2 \\ +\ 25 \\ \hline 96{,}384 \end{array}$$
(Übertrag: 1)

c) hier wird ergänzt:
$$\begin{array}{r} 5{,}00 \\ -\ 2{,}83 \\ \hline 2{,}17 \end{array}$$
(Übertrag: 1 1)

d) hier wird geborgt:
$$\begin{array}{r} 1\not{8},\not{3}12 \\ -\ \ 3{,}94 \\ \hline 14{,}372 \end{array}$$
(geborgt: 7 2)

Beispiel 2
Überschlage und berechne.
$13{,}2\,\text{m} + 1\frac{3}{4}\,\text{m} + 4{,}38\,\text{m} + 26\,\text{cm}$
Lösung:
Überschlagsrechnung:
$13\,\text{m} + 2\,\text{m} + 4\,\text{m} + 0\,\text{m} = 19\,\text{m}$

Rechnung:
$$\begin{array}{r} 13{,}2\,\text{m} \\ +\ \ 1{,}75\,\text{m} \\ +\ \ 4{,}38\,\text{m} \\ +\ \ 0{,}26\,\text{m} \\ \hline 19{,}59\,\text{m} \end{array}$$
(Übertrag: 1 1)

Kommen in einem Term sowohl Brüche als auch Dezimalbrüche vor, muss man entscheiden, ob es günstiger ist, mit Brüchen oder mit Dezimalbrüchen zu rechnen.
Kommt ein Bruch vor, der sich nicht in einen endlichen Dezimalbruch umwandeln lässt, so muss auf jeden Fall die Bruchschreibweise gewählt werden.

Beispiel 3
Berechne.
a) $14\frac{2}{3} - 8\frac{1}{6} - 3{,}65$
b) $2\frac{3}{16} + 0{,}25 + 2\frac{1}{8} + 1{,}75$
Lösung:
a) $14\frac{2}{3} - 8\frac{1}{6} - 3{,}65 = 14\frac{4}{6} - 8\frac{1}{6} - 3{,}65$
$= 6\frac{3}{6} - 3{,}65 = 6{,}5 - 3{,}65 = 2{,}85$
b) $2\frac{3}{16} + 0{,}25 + 2\frac{1}{8} + 1{,}75$
$= 2\frac{3}{16} + 2\frac{1}{8} + 0{,}25 + 1{,}75$
$= 2\frac{3}{16} + 2\frac{2}{16} + 2 = 6\frac{5}{16}$

Beispiel 4
Berechne.
a) $1{,}7 + \frac{7}{10} - 2\frac{1}{2}$
b) $1{,}5 + 2{,}2 - 0{,}4 - \frac{1}{6}$
Lösung:
a) $1{,}7 + \frac{7}{10} - 2\frac{1}{2} = 1{,}7 + 0{,}7 - 2{,}5$
$= 2{,}4 - 2{,}5 = -0{,}1$
b) $1{,}5 + 2{,}2 - 0{,}4 - \frac{1}{6} = 3{,}7 - 0{,}4 - \frac{1}{6}$
$= 3{,}3 - \frac{1}{6} = 3\frac{3}{10} - \frac{1}{6} = 3\frac{9}{30} - \frac{5}{30}$
$= 3\frac{4}{30} = 3\frac{2}{15}$

Aufgaben

3
Berechne.
a) $4{,}3 + 1{,}9$ b) $8{,}6 - 5{,}3$ c) $3{,}21 - 2{,}94$
d) $2{,}02 - 3{,}13$ e) $2{,}54 + 27{,}9$ f) $5 - 3{,}68$

4
Berechne.
a) $9{,}375 + 21{,}82$ b) $1{,}6841 - 0{,}139$
c) $12{,}15 - 3{,}2578$ d) $5{,}3692 + 23{,}94$

Lösungssalat zu 10 g–o:

5
Berechne im Kopf.

a) 1,4 + 0,6 b) 2,8 − 0,6 c) $\frac{3}{4}$ + 1,25
d) 1,73 + 0,37 e) 2,4 − 2,5 f) 0,8 + 0,88
g) 2,72 − 1,98 h) 7,9 + $3\frac{1}{10}$ i) 0,4 − 1
k) $4\frac{3}{5}$ − 0,06 l) 0,99 − 2 % m) 8,8 + $\frac{33}{10}$

6

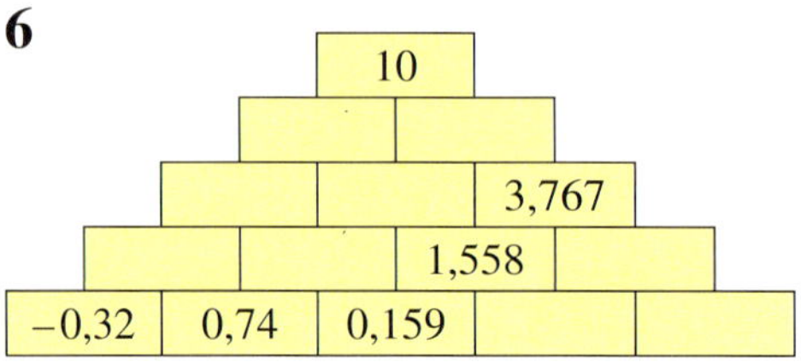

Jeder Kasten enthält die Summe aus den jeweiligen Zahlen der beiden darunter liegenden Kästen. Welche Zahlen fehlen?

Dachdecker Frey
Rechnung
Fam. Kern

Dachplatten	47,42 €
Kleinteile	9,04 €
Lohn (3 h)	76,95 €
MwSt. (16%)	21,35 €

7
Beim letzten Sturm wurde das Dach des Hauses von Familie Kern beschädigt. Der Schaden wurde vom Dachdecker beseitigt.

a) Frau Kern hat 150 € Bargeld zu Hause. Überschlage, ob sie die Rechnung sofort bezahlen kann.
b) Ermittle den exakten Rechnungsbetrag.
c) Wie viel hätte Familie Kern bezahlen müssen, wenn die Arbeiten 4 Stunden (2 Stunden) gedauert hätten?

8 Kreuzzahlrätsel

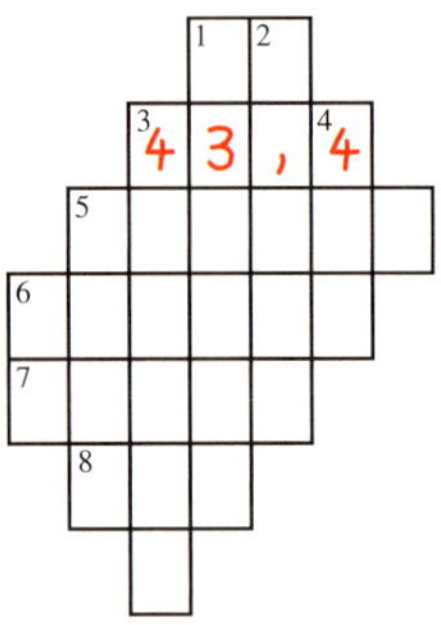

Übertrage das Rätsel in dein Heft und löse es dann. Beachte, dass Kommas ein eigenes Kästchen haben.

waagerecht:	senkrecht:
1. 3,578 + 8,422	1. 22,579 − 9,05
3. 60,20 − $16\frac{4}{5}$	2. 25 % + 2,673 − $\frac{1}{8}$
5. 23,03 − 0,266	3. 47 − 4,057
6. $29\frac{3}{5}$ − 16,008	4. 459,2 + 0,345 + 2,455
7. 1,22 + 4,358 − 65 %	5. $34\frac{1}{6} + 3\frac{1}{3} - 13\frac{9}{10}$
8. $(2^3 \cdot 5 + 95 : 5) \cdot 11$	6. $[(-7 \cdot 2^2) \cdot (5 - 3 \cdot 4)] : 14$

9
a) Welche Zahl muss man addieren, um als Ergebnis 1 zu erhalten?
0,4; 0,44; 0,444; 0,9; 0,09; −0,6
b) Welche Zahl muss man addieren, um die nächstgrößere ganze Zahl zu erhalten?
8,3; −5,2; 17,19; 2,202; 3,480; 7,89

10
Berechne.

a) 3,25 + $\frac{3}{4}$ b) $\frac{1}{2} - \frac{4}{5}$ c) 2,08 + $\frac{3}{4}$
d) $\frac{2}{5}$ − 0,04 e) 2,49 − $\frac{1}{2}$ f) $\frac{1}{10}$ − 0,1
g) $2\frac{1}{9} + \frac{23}{36}$ − 1,23 h) $\frac{3}{8}$ + 4,625 − 5,25
i) $\frac{1}{4}$ + 2,3 + $\frac{3}{8}$ + 1,5 k) 2,25 − $2\frac{1}{5} + \frac{3}{40} - \frac{5}{6}$
l) 1,75 + $2\frac{1}{3} + 3\frac{1}{6}$ m) 1,15 + $\frac{3}{5} + \frac{5}{18} - \frac{1}{36}$
n) $\frac{7}{25}$ + 0,6 − $\frac{7}{30}$ o) 4,3 − 1,21 + $\frac{1}{8} + 2\frac{1}{4}$

11
Tanja notiert auf ihrer Radtour bei der Abfahrt und an jedem Abend den Kilometerstand des Fahrradtachos. Leider sind ihr die Zettel durcheinander geraten.

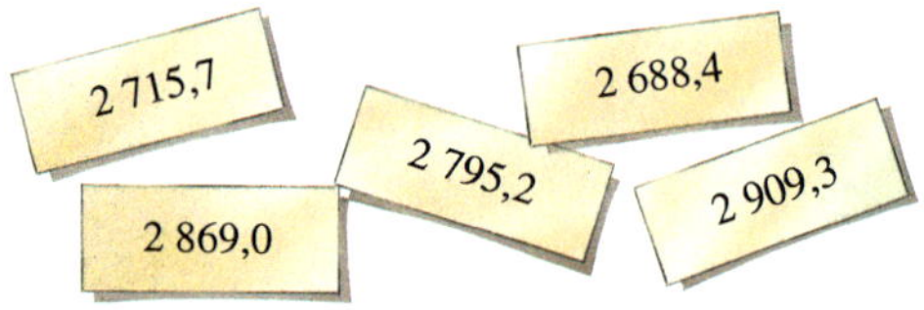

a) Wie viele Kilometer ist sie an den einzelnen Tagen gefahren, wie viele waren es insgesamt?
b) Überschlage, wie viele Kilometer Tanja durchschnittlich pro Tag gefahren ist. Beschreibe auch in Worten, wie du diesen Durchschnittswert ermittelt hast.
c) Wie groß wäre der Durchschnittswert, wenn auf dem Zettel links oben 2730,0 stehen würde?

12
In einem Parlament hat Partei A vor der Wahl 20 % aller Sitze, Partei B $\frac{1}{3}$ aller Sitze. Nach der Wahl hat Partei A 15 Sitze weniger und Partei B 5 Sitze weniger. Insgesamt haben sie dann zusammen die Hälfte aller Sitze. Die Gesamtzahl der Sitze ist vor und nach der Wahl gleich.

a) Haben die Parteien A und B vor der Wahl die Mehrheit der Sitze? Begründe.
b) Berechne die Gesamtzahl der Sitze.

13
Welche Zahl ist kleiner: $\frac{7}{8}$ vermindert um die Differenz von 0,4 und $\frac{1}{4}$ oder die Summe von $\frac{7}{8}$ und 0,25 vermindert um $\frac{2}{5}$?

Lösungssalat zu 14:

14
Überschlage zuerst und berechne dann.

a) $23{,}90 + 36{,}503$ b) $520{,}49 - 89{,}57$

c) $10 + \frac{1}{4} - 1{,}8 + \frac{11}{20}$ d) $1{,}5 + 7{,}9 - 9\frac{1}{10} - \frac{1}{3}$

e) $245{,}361 + 87\frac{9}{10} + 54{,}637 + 12\frac{1}{10} + 2{,}702$

f) $5\frac{1}{7} + 2{,}3 + \frac{5}{14} + 13{,}7 - (4^2 - 4)\cdot 2$

g) $59{,}904 + 2{,}0035 - \left(84{,}6 + 7\frac{1}{4} - 33\frac{4}{5}\right)$

h) $13\frac{4}{5} - \left(0{,}025 + \frac{1}{8}\right) + \left(5\frac{3}{4} - 1{,}25\right) - 2\frac{1}{8}$

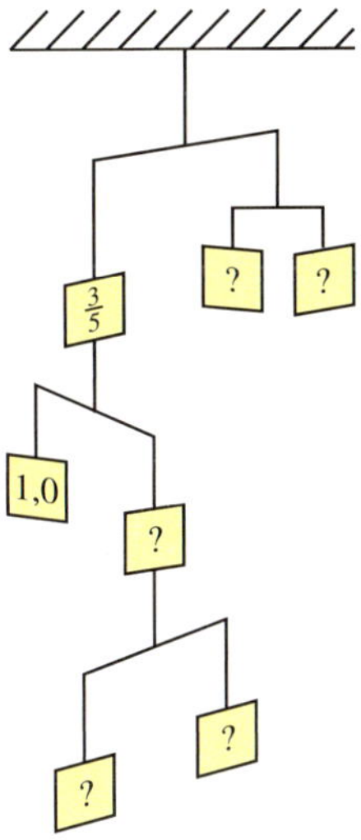

15
a) Berechne die Summe.
$3{,}923 + 8{,}084 + 3{,}4247 + 7{,}031 + 0{,}5983$
und runde das Ergebnis auf Hundertstel.

b) Runde in der Summe in a) jeden Summanden erst auf Hundertstel und addiere dann. Vergleiche mit dem Ergebnis aus a).

16
Ersetze die Fragezeichen so durch Zahlen, dass das Mobile im „Gleichgewicht" ist.

17
a) Gib zwei Dezimalbrüche mit einer (zwei) Nachkommastelle(n) an, deren Summe 5 ergibt.

b) Wie viele solcher Zahlenpaare gibt es?

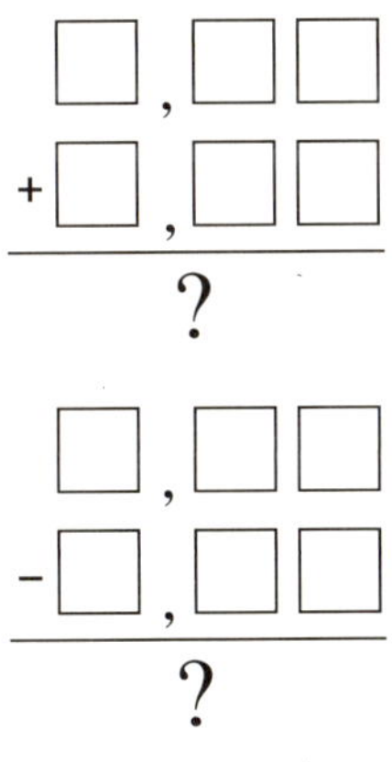

18
Übertrage nebenstehende Figuren in dein Heft. Jedes Kästchen steht für eine der Ziffern 0, 2, 3, 6, 7, 9. Jede Ziffer darf nur einmal vorkommen. Setze die Ziffern so ein, dass

a) der Wert der Summe möglichst groß ist,

b) der Wert der Summe möglichst klein ist,

c) der Wert der Summe 9,45 beträgt,

d) der Wert der Differenz möglichst klein ist,

e) der Wert der Differenz 6,12 beträgt.

f) Erkläre in wenigen Sätzen, warum es bei den Aufgaben mit Summen immer mehrere Lösungen gibt.

19

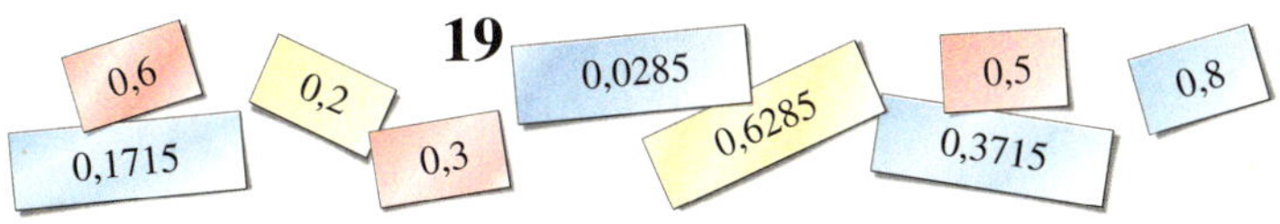

Welche 2 (3; 4) Zahlen ergeben die Summe 1? Finde jeweils alle Möglichkeiten.

20
Ergänze in deinem Heft die Quadrate. In jeder Zeile, jeder Spalte und jeder Diagonale beträgt die Summe 4,5.

a)

2,03		
	$\frac{3}{2}$	$1\frac{2}{5}$

b)

0,54		−1,38
	1,5	

21
Es ist $2{,}7 + 4{,}2 + 6{,}1 + 12{,}0 = 25{,}0$.
Gib vier Zahlen mit je drei Nachkommastellen an, die auf Zehntel gerundet jeweils gerade die Summanden 2,7; 4,2; 6,1 und 12,0 ergeben, deren Summe aber

a) möglichst groß,   b) möglichst klein ist.

22

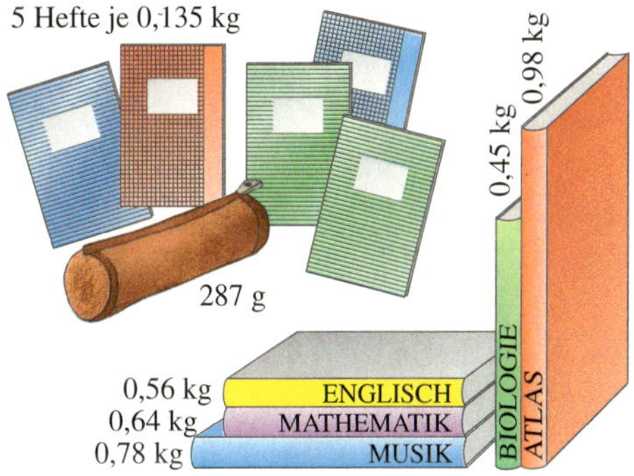

Katja hat ihre Schultasche ausgepackt und den Inhalt gewogen. Die leere Schultasche hat eine Masse von 1,13 kg.

a) Überschlage zunächst, welche Masse die gefüllte Schultasche besitzt und berechne dann die Masse genau.

b) Welche Masse hat deine Schultasche?

c) Schätze die Masse einer Seite des Mathematikbuches. Bestimme einen Näherungswert für diese Masse. Beschreibe dein Vorgehen mit Worten. Gehe davon aus, dass die Masse des Einbandkartons ungefähr 20 % der Buchmasse entspricht.

G23
Berechne geschickt im Kopf.

a) $298 \cdot 17$ b) $-44 \cdot 11$

c) $497 : 7$ d) $19 \cdot 7$

Thema:

Musik und Bruchrechnung

Aus dem Musikunterricht kennst du die **Notenwerte**:

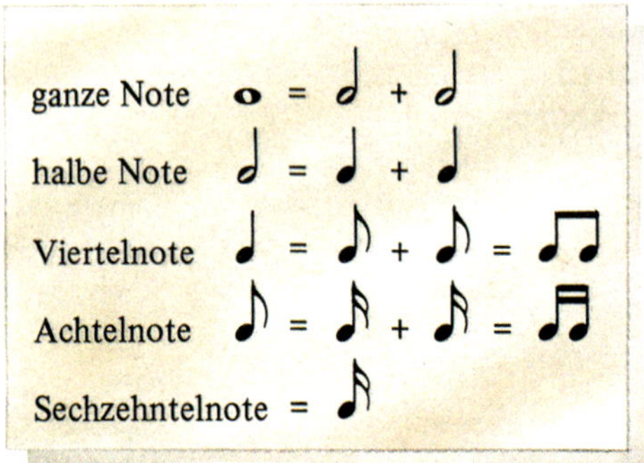

Addiert man die Notenwerte, so erhält man einen Hinweis auf den jeweiligen **Takt**:

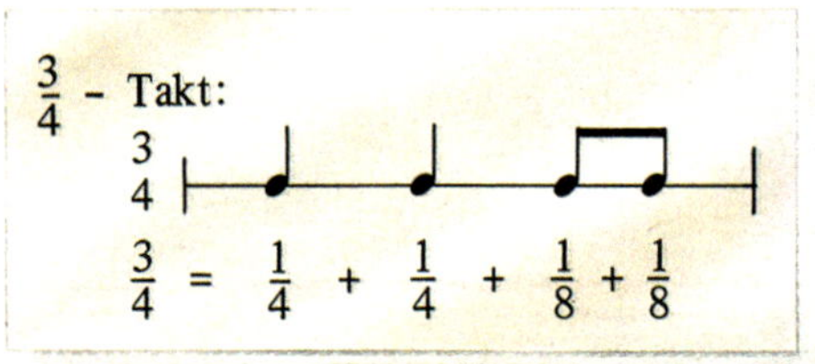

Mehr über Takte kannst du von deinem Musiklehrer erfahren. Frage ihn danach.

1
Gib die Notenwerte an und stelle fest, ob es sich um einen $\frac{2}{4}$-, $\frac{4}{4}$- oder $\frac{3}{4}$-Takt handelt.

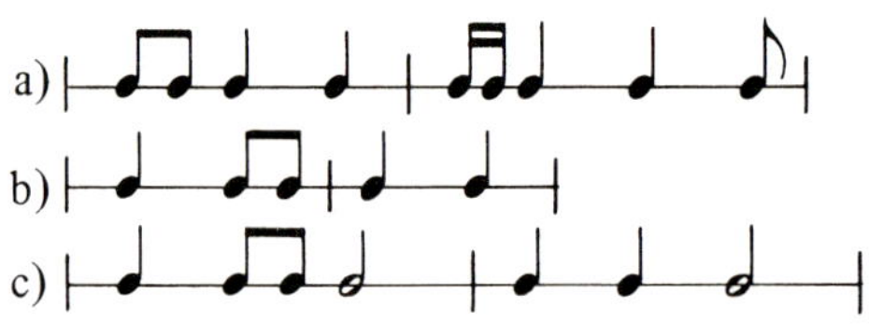

2
Schreibe die Brüche als Noten und gib an, ob es sich um einen $\frac{2}{4}$-, $\frac{4}{4}$- oder einen $\frac{3}{4}$-Takt handelt.

a) $\frac{1}{4}+\frac{1}{4}$ b) $\frac{1}{8}+\frac{1}{8}+\frac{1}{8}+\frac{1}{8}$
c) $\frac{1}{4}+\frac{1}{4}+\frac{1}{4}$ d) $\frac{1}{8}+\frac{1}{2}+\frac{1}{8}$
e) $\frac{1}{4}+\frac{1}{4}+\frac{1}{2}$ f) $\frac{1}{4}+\frac{1}{8}+\frac{1}{8}+\frac{1}{2}$

3
a) Welchen Wert müsste die Note ◇ besitzen?

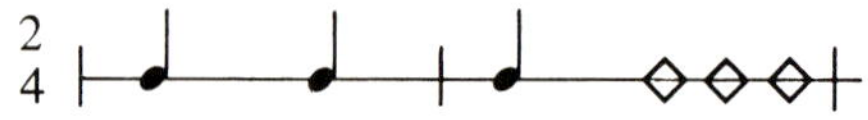

b) Die Note ◇ gibt es nicht. Man schreibt

für ◇ ◇ ◇ diese **Triole** 

Welchen Wert hat diese Triole  ?

4
Dies ist der Bolero-Rhythmus:

Welchen Wert hat die hier vorkommende

Triole  ?

Ein Punkt hinter einer Note verlängert den Notenwert um seine Hälfte. Man spricht von **Punktierung**:

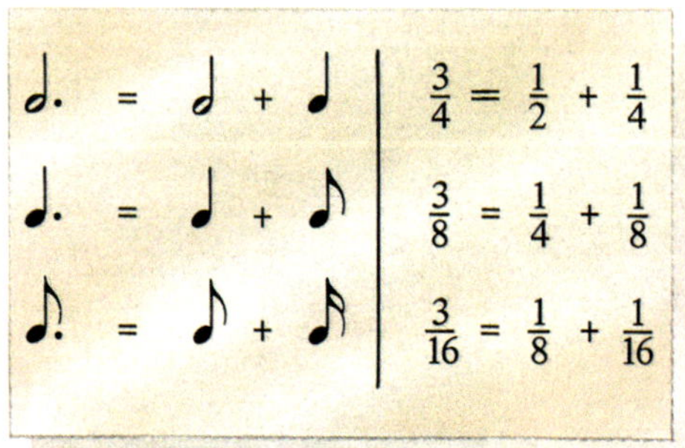

5
Gib die Notenwerte an und berechne den jeweiligen Takt:

a)  b) 

6
Schreibe einen $\frac{2}{4}$-Takt mit zwei punktierten Noten und einer nicht punktierten Note.

> gibt den Grundschlag an.

Die Summe der Notenwerte gibt einen Hinweis auf den Takt. Es ist $\frac{3}{4}=\frac{6}{8}$, aber in der Musik wird zwischen einem $\frac{3}{4}$-Takt und einem $\frac{6}{8}$-Takt unterschieden. Ein Unterschied liegt in der Anzahl der Grundschläge. Taktarten mit einer geraden Anzahl von Grundschlägen nennt man **gerade Taktarten**, solche mit einer ungeraden Anzahl von Grundschlägen **ungerade Taktarten**. Der $\frac{3}{4}$-Takt ist ein ungerader Takt, der $\frac{6}{8}$-Takt ist ein gerader Takt.

Beispiel für einen $\frac{3}{4}$-Takt:

Beispiel für einen $\frac{6}{8}$-Takt:

Beim Notenlesen hilft zur Unterscheidung von $\frac{3}{4}$-Takt und $\frac{6}{8}$-Takt auch folgender Tipp: Sind in dem Takt Noten mit einem Balken verbunden und ist der Wert dieser Notengruppe $\frac{3}{8}$, so handelt es sich meistens um einen $\frac{6}{8}$-Takt.

7

Bestimme den Takt:

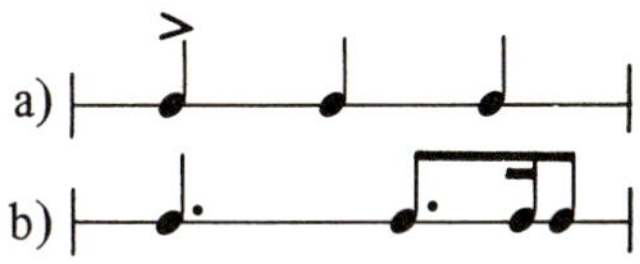

8

Die auf dem unteren Teil dieser Seite abgedruckten Noten sind ein Auszug aus

CARILLON
(L'Arlésienne Suite No. I)
von GEORGES BIZET

Vergleiche die Takte der Flöten und Hörner. Wo findet ein Taktwechsel statt?

Rückblick

Addieren und Subtrahieren von Brüchen
Zum Addieren und Subtrahieren müssen Brüche den gleichen Nenner haben. Ist dies nicht der Fall, müssen sie zunächst gleichnamig gemacht, d. h. auf einen gemeinsamen Nenner gebracht werden. Dann addiert bzw. subtrahiert man die Zähler und behält den gemeinsamen Nenner bei:

$$\frac{a}{c} + \frac{b}{c} = \frac{a+b}{c} \text{ bzw. } \frac{a}{c} - \frac{b}{c} = \frac{a-b}{c}$$

$\frac{1}{4} + \frac{5}{16} = \frac{4}{16} + \frac{5}{16} = \frac{9}{16}$

$\frac{5}{6} - \frac{3}{14} = \frac{35}{42} - \frac{9}{42} = \frac{26}{42} = \frac{13}{21}$

Ermittlung gemeinsamer Nenner durch Faktorzerlegung
Suche gemeinsame Teiler der Nenner und führe mit ihnen eine Faktorzerlegung der Nenner durch. Bilde dann das Produkt aller Faktoren und berücksichtige dabei die gefundenen gemeinsamen Teiler nur einmal.
Der kleinstmögliche gemeinsame Nenner ist das kleinste gemeinsame Vielfache (kgV) dieser Nenner.

$\frac{5}{12} - \frac{9}{28} = \frac{5 \cdot 7}{84} - \frac{9 \cdot 3}{84} = \frac{8}{84} = \frac{2}{21}$

NR: $12 = 3 \cdot 4$ *möglicher Nenner:*
$28 = 4 \cdot 7$ $3 \cdot 4 \cdot 7 = 84$

84 ist das kgV der Nenner 12 und 28.

Addieren und Subtrahieren gemischter Zahlen
Zunächst müssen, falls nötig, die Brüche gleichnamig gemacht werden. Dann addiert bzw. subtrahiert man die Ganzen und die Brüche getrennt voneinander und fasst zusammen.

$2\frac{2}{3} + 3\frac{1}{2} = 2\frac{4}{6} + 3\frac{3}{6} = 5\frac{7}{6} = 6\frac{1}{6}$

$5\frac{1}{4} - 2\frac{5}{6}$

$= 5\frac{3}{12} - 2\frac{10}{12} =$ $4\frac{15}{12} - 2\frac{10}{12} = 2\frac{5}{12}$

$\phantom{= 5\frac{3}{12} - 2\frac{10}{12} =}$ $3 + \left(-\frac{7}{12}\right) = 2\frac{5}{12}$

Eine weitere Möglichkeit besteht darin, die gemischten Zahlen zuerst in Brüche umzuwandeln und anschließend die Addition bzw. Subtraktion durchzuführen.

$5\frac{1}{4} - 2\frac{5}{6} = \frac{21}{4} - \frac{17}{6} = \frac{63}{12} - \frac{34}{12} = \frac{29}{12} = 2\frac{5}{12}$

Addieren und Subtrahieren von Dezimalbrüchen
Wie bei den ganzen Zahlen wird auch bei Dezimalbrüchen stellenweise addiert bzw. subtrahiert. Der Stellenwert der Ziffern wird durch das Komma festgelegt.
Beim Untereinanderschreiben bedeutet dies, dass Komma unter Komma stehen muss.

	Ergänzen:	*oder Borgen:*
43,421	742,36	3 5
+ 194,7	− 8,356	7~~4~~2,3~~6~~
1 1	1 1	− 8,356
238,121	734,004	734,004

Aufgaben zum Üben und Wiederholen

1

a) $8 + 75\,\% - 1{,}8 + \frac{1}{20}$ b) $5\frac{3}{4} - 1{,}25 + 7\frac{3}{10} - 1$

c) $5\frac{5}{9} + 3{,}1 + \frac{4}{9} + 0{,}2$ d) $\left(3\frac{1}{9} - 3\frac{1}{12}\right) - \frac{5}{72}$

e) $4{,}375 + \frac{5}{8} - \frac{2}{7}$ f) $20\,\% + 3\frac{4}{5} - 2{,}002$

g) $\frac{13}{24} - \left(\frac{7}{15} - \frac{2}{15} + \frac{7}{18}\right)$ h) $4{,}7 - 1{,}98 + \frac{1}{4} - 5\frac{1}{2}$

2

Kakaobohnenernte in Millionen Tonnen	2000	1999		2000	1999		2000	1999
Elfenbeinküste	1,300	1,153	Ghana	0,410	0,409	Brasilien	0,209	0,205
			Indonesien	0,348	0,350	Kamerun	0,150	0,150
			Nigeria	0,225	0,225	Malaysia	0,098	0,100

a) Vergleiche für das Jahr 2000 durch einen Überschlag die Ernte der Elfenbeinküste mit der Ernte der anderen Länder zusammen. Berechne anschließend genau.

b) Um wie viele Tonnen war die Ernte der Elfenbeinküste im Jahr 1999 geringer als im Jahr 2000? Haben die restlichen Länder zusammen auch so viel weniger geerntet?

Wo steckt jeweils der Fehler?

$\frac{2}{3} + \frac{2}{5} = \frac{2}{8} = \frac{1}{4}$

42,503 – 2,23= 42,28

3

Berechne die Summe möglichst geschickt.

4

Übertrage die Rechnungen ins Heft. Ersetze dabei die Symbole durch passende Zahlen.

a) $0{,}55 + \frac{\triangle}{\bigcirc} = \frac{53}{60}$ b) $\frac{17}{25} - \triangle = -\frac{17}{100}$

c) $\frac{10}{21} - \left(\frac{2}{3} - \frac{\triangle}{7}\right) = \frac{8}{21}$ d) $\frac{11}{16} - \frac{1}{4} + \frac{\triangle}{\bigcirc} = 2{,}125$

5

In einer Reisegesellschaft beträgt der Anteil an Reisenden über 65 Jahren $\frac{2}{7}$, die Reisenden zwischen 30 und 65 Jahren machen die Hälfte aus und diejenigen zwischen 15 und 30 Jahren 10 Prozent. Der Rest der Gesellschaft besteht aus Kindern.

a) Wie viele Teilnehmer hat die Reisegesellschaft mindestens?

b) Welche Teilnehmerzahlen sind möglich?

Die Lösungen zu den Aufgaben dieser Seite findest du auf Seite 209.

6

Stelle einen Term auf und berechne ihn.

a) Subtrahiere $2\frac{19}{54}$ von der Summe der Zahlen $3\frac{5}{6}$ und $2\frac{4}{9}$.

b) Subtrahiere von der Summe der Zahlen $\frac{5}{12}$ und $\frac{2}{9}$ die Differenz der Zahlen $1\frac{1}{3}$ und $\frac{17}{18}$.

c) Subtrahiere die Differenz der Zahlen $\frac{5}{16}$ und $\frac{1}{40}$ von der Zahl $\frac{41}{160}$.

7

Überschlage zunächst und berechne dann.

a) $24{,}768 + 21{,}02 + 39{,}8804 + 0{,}49 - 20{,}92$

b) $384 - 23{,}45 - 0{,}00002 - 3{,}45 - 6{,}5$

c) $53{,}29 - 14\frac{1}{4} + 13\frac{2}{9} + 26\frac{5}{6} + 2\frac{4}{9}$

d) $\left(81{,}6 - 19\frac{9}{10} + 2{,}06\right) - \left(36\frac{3}{4} - 2{,}25 + 4\frac{1}{5}\right)$

e) $\left(7\frac{8}{9} + 4\frac{2}{15}\right) - 9\frac{7}{90} + 23{,}21 + 17{,}04 + 2\frac{1}{18}$

8

a) Schreibe die hier veranschaulichte Rechenaufgabe auf.

b) Man könnte als Zwischenschritt noch zwei weitere Rechtecke einfügen. Zeichne sie und erkläre, was sie veranschaulichen.

c) Veranschauliche in ähnlicher Weise $\frac{4}{5} - \frac{2}{3}$.

9

Yann möchte ein Fahrrad kaufen. 20 % des Kaufpreises hat er bereits gespart. Sein Vater steuert die Hälfte des Kaufpreises bei. Tante Beate gibt ihm 200 €, das entspricht einem Drittel des Kaufpreises.

a) Begründe, warum das Geld ausreicht.

b) Reicht das Geld auch noch für das 17,90 € teure Fahrradschloss?

10

Löse das Rechenpuzzle mit den sechs Zahlenkärtchen in deinem Heft.

1 Multiplizieren eines Bruches mit einer natürlichen Zahl

1

Bei der abgebildeten Klaviertastatur benötigt jede weiße Taste $\frac{1}{4}$ dm Platz.

a) Wie viele weiße Tasten sind bei der abgebildeten Tastatur zu erkennen?

b) Berechne die Breite der Tastatur auf verschiedene Arten.

Das Produkt aus einer natürlichen Zahl und einem Bruch bedeutet, den Bruch mehrfach zu addieren.

$3 \cdot \frac{2}{7} = \frac{2}{7} + \frac{2}{7} + \frac{2}{7} = \frac{2+2+2}{7} = \frac{3 \cdot 2}{7} = \frac{6}{7}$

$3 \cdot 2$ Siebtel = $(3 \cdot 2)$ Siebtel = 6 Siebtel

Multiplikation eines Bruches mit einer natürlichen Zahl:
Multipliziere den Zähler des Bruches mit der natürlichen Zahl und behalte den Nenner bei.

$a \cdot \frac{b}{c} = \frac{a \cdot b}{c}$

$\frac{3}{4}$ von $7 = \frac{3}{4} \cdot 7$
*Kurz: „Bruchteil **von** … = Bruchteil **mal** …“.*

Damit lässt sich auch das Verfahren zur Bestimmung von Bruchteilen einer Größe kürzer beschreiben. Es ist z. B.:

$\frac{3}{4}$ von 7 cm = (7 cm : 4) · 3 = $\frac{7}{4}$ cm · 3 = $\frac{7 \cdot 3}{4}$ cm = $\frac{3}{4} \cdot 7$ cm = $\frac{21}{4}$ cm = $5\frac{1}{4}$ cm.

Man erkennt: Der Bruchteil einer Größe ergibt sich als Produkt aus Bruchzahl und Maßzahl der Größe.

Vor dem Ausmultiplizieren kürzen!

Beispiel 1

Berechne $8 \cdot \frac{5}{6}$. Gib das Ergebnis in gemischter Schreibweise an.

Lösung:

$8 \cdot \frac{5}{6} = \frac{8 \cdot 5}{6} = \frac{4 \cdot 5}{3} = \frac{20}{3} = 6\frac{2}{3}$

Beispiel 2

Berechne $\frac{7}{6}$ von 21 kg.

Lösung:

$\frac{7}{6}$ von 21 kg = $\frac{7}{6} \cdot 21$ kg = $\frac{7 \cdot 21}{6}$ kg

= $\frac{7 \cdot 7}{2}$ kg = $\frac{49}{2}$ kg = $24\frac{1}{2}$ kg

Erinnere dich an das Distributivgesetz: $a \cdot (b + c) = a \cdot b + a \cdot c$.

Beispiel 3

Berechne $4 \cdot 22\frac{3}{7}$.

Lösung:

$4 \cdot 22\frac{3}{7} = 4 \cdot \frac{157}{7} = 4 \cdot \frac{157}{7} = \frac{628}{7} = 89\frac{5}{7}$

Andere Möglichkeit:

$4 \cdot 22\frac{3}{7} = 4 \cdot \left(22 + \frac{3}{7}\right) = 4 \cdot 22 + 4 \cdot \frac{3}{7}$

$= 88 + \frac{4 \cdot 3}{7} = 88 + \frac{12}{7} = 89\frac{5}{7}$

Aufgaben

2

Rechne im Kopf.

a) $3 \cdot \frac{1}{5}$ b) $4 \cdot \frac{2}{11}$ c) $10 \cdot \frac{9}{100}$ d) $\frac{7}{75} \cdot 25$ e) $2\frac{1}{2} \cdot 5$ f) $6 \cdot 1\frac{2}{3}$

g) $23 \cdot \frac{1}{46}$ h) $0{,}25 \cdot 16$ i) $0{,}75 \cdot 64$ k) $9 \cdot 7\frac{2}{9}$ l) $220 \cdot \frac{1}{400}$ m) $\frac{1}{600} \cdot 320$

3

Übertrage in dein Heft und fülle aus.

$5 \cdot \frac{1}{720} = ■$
↓
$3 \cdot ■ = ■$
↓
$2 \cdot ■ = ■$
↓
$4 \cdot ■ = ■$
↓
$6 \cdot ■ = ■$

Wie kannst du auf einfache Weise dein „Endergebnis“ kontrollieren?

4

In einem Kasten sind 6 Flaschen mit Apfelsaft. Jede Flasche enthält $\frac{7}{10}\,l$ Saft. Wie viel l Apfelsaft sind dies insgesamt?

Beispiel:
$27 \cdot \frac{5}{9} - 3\frac{6}{7}$
$\approx 28 \cdot \frac{1}{2} - 4$
$= 14 - 4 = 10$
(Genaues Ergebnis: $11\frac{1}{7}$)

5

Überschlage und berechne dann.

a) $35 \cdot \frac{2}{7} + 4\frac{5}{7}$ b) $1\frac{4}{9} \cdot 3 - 2\frac{1}{6}$
c) $\frac{5}{9} \cdot 12 - 10 \cdot 1\frac{2}{5}$ d) $-48 \cdot \frac{3}{16} + 5 \cdot \frac{4}{15}$

6

Berechne die fehlenden Zahlen:

1. Faktor	2. Faktor	Produktwert
33		11
11	$1\frac{17}{55}$	
3		$\frac{75}{127}$
33	$\frac{17}{11}$	
	7	$\frac{21}{4}$

7

Emmentaler-Käse besteht zu etwa $\frac{1}{3}$ aus Wasser und zu $\frac{2}{3}$ aus Trockenmasse (Eiweiße, Fette, Kohlenhydrate etc.). Wie viel Gramm Fett und wie viel Gramm Wasser enthält der Käse?

i. Tr. heißt „in der Trockenmasse“.

8

Setze eine passende Zahl ein.

a) $■ \cdot \frac{11}{20} = \frac{11}{5}$ b) $12 \cdot \frac{■}{36} = \frac{13}{3}$
c) $5 \cdot \frac{7}{■} = 2\frac{1}{3}$ d) $■ \cdot \frac{10}{21} = -20$

9

Gib das Ergebnis stets durch einen möglichst einfachen Bruch an.

a) $3 \cdot \frac{1}{2}$ m   b) $5 \cdot \frac{4}{5}$ kg   c) $6 \cdot \frac{2}{3}$ l
d) $12 \cdot \frac{4}{5}$ dm   e) $\frac{3}{4} \cdot 8$ m   f) $\frac{5}{8} \cdot 4$ m²
g) $9 \cdot \frac{1}{2}$ min   h) $12 \cdot \frac{5}{4}$ €   i) $4 \cdot \frac{3}{4}$ kg
k) $6 \cdot \frac{2}{3}$ kg   l) $\frac{5}{6} \cdot 10$ h   m) $3 \cdot \frac{3}{8}$ m

10

Gib das Ergebnis jeweils als Dezimalbruch an.

a) $2 \cdot 3\frac{1}{2}$ €   b) $4 \cdot 1\frac{1}{5}$ m   c) $5 \cdot 1\frac{3}{10}$ m²
d) $3\,\text{ha} \cdot 3\frac{1}{2}$ e) $3 \cdot 1\frac{3}{4}$ h   f) $6 \cdot 2\frac{4}{5}$ kg
g) $3 \cdot 2\frac{1}{3}$ kg   h) $5 \cdot 1\frac{3}{4}$ m²   i) $6 \cdot 2\frac{2}{3}$ h

11

Gib als Bruchteil der genannten Einheit an.

a) $\frac{4}{5}$ von 8 dm   b) $\frac{3}{7}$ von 14 €
c) $\frac{5}{6}$ von 9 h   d) 15 % von 10 a
e) $\frac{3}{8}$ von 96 kg   f) $\frac{5}{12}$ von 252 km
g) 80 % von 120 h   h) 25 % von 195 t

12

Bei einem 15 km-Skilanglauf starten die Läufer im Abstand von $2\frac{1}{4}$ Minuten.
An dem Lauf beteiligen sich 57 Sportler.
Der erste Teilnehmer startet um 8 Uhr.
Wann startet der letzte Läufer?

13

> ***Sensation an der Devisenbörse***
>
> Nach dem gestrigen Fixing hat sich der Euro gegenüber dem Dollar verbessert. Urlaubsreisende in die USA bezahlen beim Geldumtausch für einen US-Dollar $4\frac{3}{4}$ Cent weniger als gestern.

Um wie viel Euro wird ein Leihwagen in den USA, der 640 $ kostet, jetzt billiger?

2 Dividieren eines Bruches durch eine natürliche Zahl

1

Von Johannas Geburtstagsfeier ist noch Erdbeertorte übrig geblieben.
Am nächsten Tag teilen Johanna, Kai und Steffi die Torte gerecht unter sich auf.

a) Wie viel von der Torte erhält jedes Kind?

b) Wie viel erhält jeder, wenn noch 3 Freunde hinzukommen?

Das Kreisdiagramm zeigt, wie ein Bruch durch eine natürliche Zahl geteilt wird, die ein Teiler des Zählers ist:

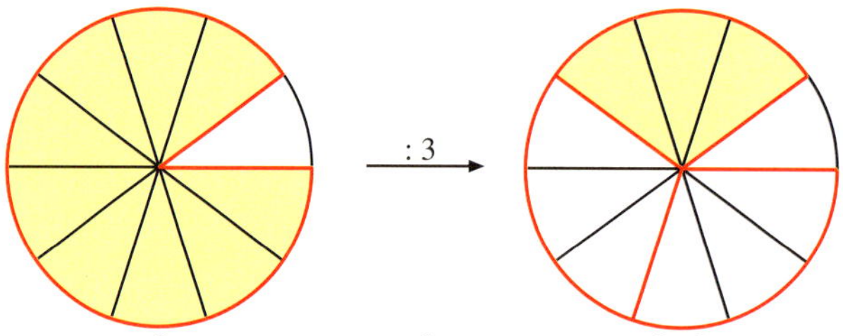

$\frac{9}{10} \xrightarrow{:3} \frac{9:3}{10} = \frac{3}{10}$

9 Zehntel : 3 = 3 Zehntel

Am Kreisdiagramm erkennt man, wie ein Bruch durch jede natürliche Zahl geteilt werden kann. Man erweitert hierbei den Bruch mit dieser natürlichen Zahl, z. B.:

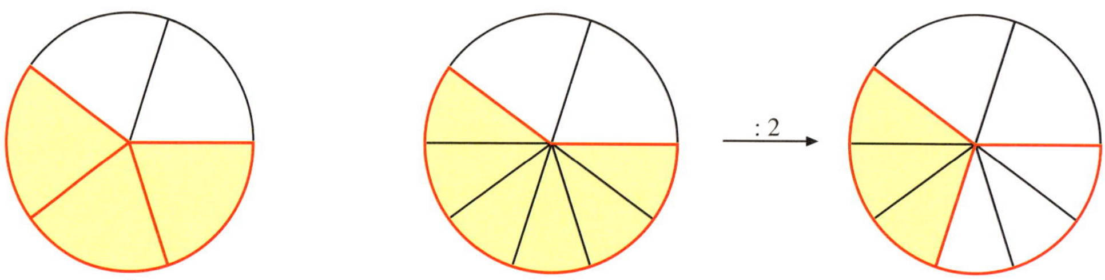

$\frac{3}{5} = \frac{3 \cdot 2}{5 \cdot 2} \xrightarrow{:2} \frac{6}{5 \cdot 2} : 2 = \frac{3}{5 \cdot 2}$

Division eines Bruches durch eine natürliche Zahl
Multipliziere den Nenner des Bruches mit der natürlichen Zahl und behalte den Zähler bei.

$\frac{a}{b} : c = \frac{a}{b \cdot c} \quad (c \neq 0)$

Erinnerung:
$0 \notin \mathbb{N}$

Erinnerung:
Wenn möglich, vor dem Ausmultiplizieren kürzen

Beispiel

a) $\frac{3}{8} : 5 = \frac{3}{8 \cdot 5} = \frac{3}{40}$ b) $\frac{8}{15} : 4 = \frac{8}{15 \cdot 4} = \frac{2}{15}$ c) $4\frac{1}{5} : 9 = \frac{21}{5} : 9 = \frac{21}{5 \cdot 9} = \frac{7}{5 \cdot 3} = \frac{7}{15}$

Aufgaben

2
Rechne im Kopf.

a) $\frac{2}{5}:5$ b) $\frac{3}{4}:2$ c) $\frac{4}{5}:3$

d) $\frac{4}{5}:4$ e) $0{,}3:3$ f) $\frac{6}{7}:3$

g) $0{,}25:5$ h) $1\frac{1}{2}:3$ i) $1{,}6:8$

3
a) $\frac{3}{4}:51$ b) $\frac{23}{96}:92$

c) $6\frac{2}{11}:102$ d) $\frac{98}{87}:294$

e) $5\cdot\left(\frac{2}{5}+\frac{1}{2}\right)$ f) $\left(2+3\frac{2}{3}\right):17$

4
Übertrage ins Heft und setze in die Kästchen passende Zahlen ein.

a)
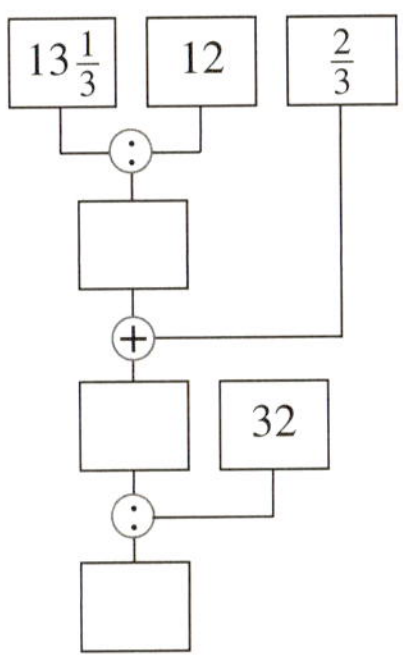

b)
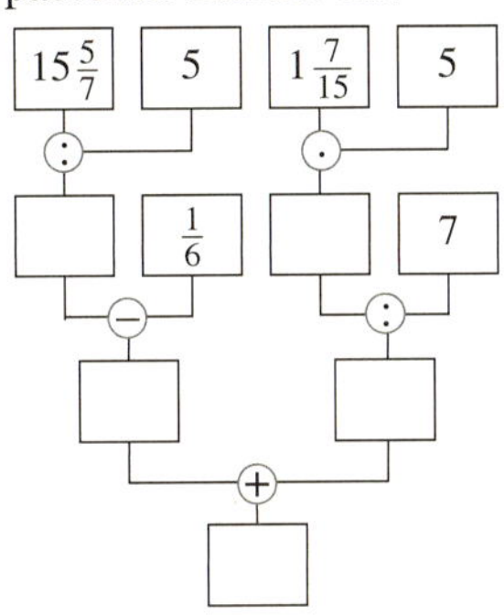

5
Überschlage und gib eine ganze Zahl als näherungsweises Ergebnis an (vgl. Randspalte); berechne dann genau.

Beispiel:
$\frac{6}{7}\cdot 5 - 11\frac{1}{3}:5$
$\approx 1\cdot 5 - 10:5$
$= 5 \;-\; 2 \;= 3$

a) $4\cdot\frac{2}{3}-4:6$ b) $\frac{4}{5}:3+4:5$

c) $\frac{2}{3}\cdot 5-13\cdot\frac{1}{3}$ d) $8:3-\frac{3}{4}\cdot 2$

e) $6\cdot 2\frac{1}{3}-1\frac{1}{4}\cdot 8$ f) $-\frac{3}{8}:3-1\frac{3}{4}:2$

6
a) $1\frac{1}{2}\,\text{m}:4$ b) $2\frac{1}{4}\,\text{kg}:5$ c) $3{,}6\,\text{h}:4$

d) $3\frac{3}{8}\,\text{km}:9$ e) $4{,}5\,\text{m}^2:5$ f) $1\frac{2}{3}\,\text{h}\cdot 6$

g) $2\frac{1}{2}\,\text{ha}\cdot 5$ h) $1\frac{1}{4}\,\text{kg}:10$ i) $3{,}8\,\text{m}:19$

7
Berechne geschickt mit Hilfe des Distributivgesetzes (vgl. Randspalte).

Beispiel:
$45\frac{1}{3}:4$
$= \left(44+\frac{4}{3}\right):4$
$= 44:4+\frac{4}{3}:4$
$= 11+\frac{1}{3}$

a) $72\frac{1}{5}\,\text{m}:12$ b) $110\frac{11}{12}\,\text{kg}:11$

c) $62\frac{1}{2}\,\text{km}:5$ d) $43\frac{3}{4}\,\text{dm}:7$

e) $81\frac{1}{3}\,\text{a}:4$ f) $68\frac{4}{7}\,\text{ha}:6$

8
a) In der Metzgerei werden aus $1\frac{3}{4}$ kg Schweinefleisch 14 etwa gleich große Schnitzel geschnitten. Wie viel wiegt ein Schnitzel im Durchschnitt?

b) Herr Kolb kauft 6 dieser Schnitzel. Wie viel etwa wiegen sie zusammen?

c) 1 kg Schnitzelfleisch kostet 10,80 €. Wie viel hat er ungefähr zu bezahlen?

9
Wie lauten die fehlenden Zahlen?

a) $\frac{124}{63}:\blacksquare=\frac{2}{63}$ b) $\frac{\blacksquare}{213}:7=\frac{3}{213}$

c) $\frac{6}{25}:\blacksquare=\frac{1}{50}$ d) $\frac{\blacksquare}{13}:9=\frac{1}{39}$

e) $\frac{17}{27}:\blacksquare=\frac{1}{81}$ f) $\frac{\blacksquare}{3}\cdot 12=16$

10
Ein Stapel Druckerpapier mit 500 Blatt (Größe DIN A4) wiegt $2\frac{1}{2}$ kg.

a) Wie viel wiegt ein Blatt? Wie viel wiegt ein Blatt der nächstkleineren Sorte DIN A5 (deren Blätter halb so groß sind)?

b) Der Stapel ist $4\frac{1}{2}$ cm dick. Wie dick ist ein Blatt?

11
Zusammensetzung von dunklem Brot:

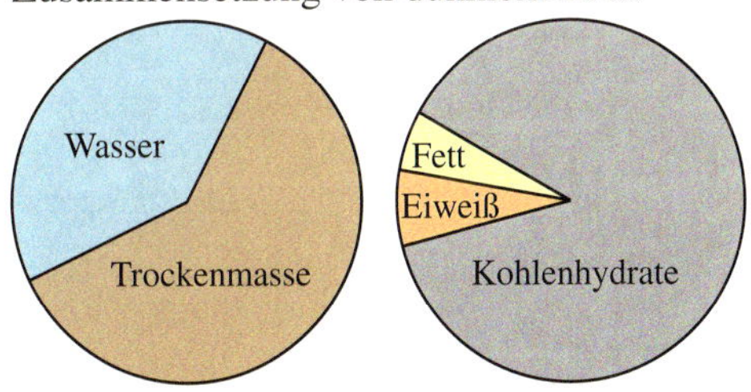

Aus der linken Figur kannst du ersehen, dass „trockenes" Brot auch Wasser enthält. Die rechte Figur zeigt, wie sich die Trockenmasse des Brotes aus Eiweißen, Fetten und Kohlenhydraten zusammensetzt. Wie viel Gramm Wasser (Eiweiße, Fette, Kohlenhydrate) etwa sind in einem 2-kg-Brotlaib enthalten?

G12
Berechne geschickt.

a) 23 + 146 + 127

b) $137\cdot 25\cdot 4$

Welches Rechengesetz hast du angewendet?

3 Multiplizieren von Brüchen

1
Der Schulgarten wird neu angelegt. $\frac{2}{5}$ der Fläche sind für Beete vorgesehen. Die Klassen 6a und 6b übernehmen je zur Hälfte die Bestellung der Beetfläche. Die Klasse 6a entscheidet sich für Erdbeeren auf einem Viertel ihrer Fläche und für Zucchini auf dem Rest ihres Teils. Die Klasse 6b sät in ihren Beeten Karotten, Radieschen und Spinat zu je gleichen Teilen an.

a) Welchen Anteil an der Gemüsebeetfläche machen die Erdbeeren aus?

b) Wie groß ist der Anteil der Spinatbeete an der Gesamtfläche des Schulgartens?

Bruchteile von Bruchteilen kann man in zwei Schritten berechnen, z. B.:
$\frac{2}{3}$ von $\frac{4}{5}$ der Kreisfläche;

$\frac{2}{3}$ von $\frac{4}{5}$:
$\frac{4}{5} \xrightarrow{:3} \frac{4}{5\cdot 3} \xrightarrow{\cdot 2} \frac{4\cdot 2}{5\cdot 3}$

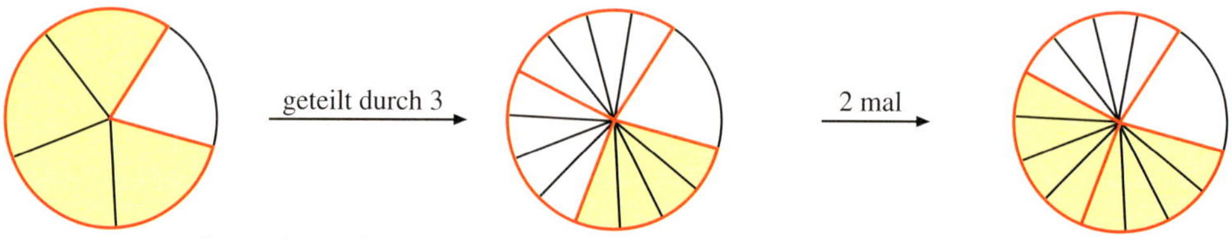

$\frac{1}{3}$ von $\frac{4}{5}$ ist $\frac{4}{5}:3$, also $\frac{4}{5\cdot 3}$. $\frac{2}{3}$ von $\frac{4}{5}$ ist $2\cdot\left(\frac{4}{5\cdot 3}\right)$, also $\frac{4\cdot 2}{5\cdot 3}$.

Berechnet man Bruchteile von Bruchteilen, so wird Nenner mit Nenner und Zähler mit Zähler multipliziert.
Weil sich der Bruchteil von einer Zahl aus dem Produkt Bruch mal Zahl ergibt, fasst man entsprechend $\frac{4\cdot 2}{5\cdot 3}$ als Produkt auf. Man sagt: Die beiden Brüche werden multipliziert.
Man schreibt: $\frac{2}{3}$ von $\frac{4}{5}$: $\frac{4}{5}\cdot\frac{2}{3} = \frac{4\cdot 2}{5\cdot 3} = \frac{8}{15}$.

Erinnerung:
$\frac{2}{3}$ von $4 = \frac{2}{3}\cdot 4 = 4\cdot\frac{2}{3}$

Zähler mal Zähler
Nenner mal Nenner

Multiplikation zweier Brüche:
Multipliziere Nenner mit Nenner und Zähler mit Zähler.
$\frac{a}{b}\cdot\frac{c}{d} = \frac{a\cdot c}{b\cdot d}$

Beachte: Faktoren in gemischter Schreibweise werden vor dem Multiplizieren in Brüche umgewandelt. Vor dem Ausmultiplizieren wird soweit möglich gekürzt.

***Strategie:** Veranschaulichen durch eine Skizze*

Beispiel 1
Berechne $\frac{3}{4}\cdot\frac{5}{8}$.

Lösung:
$\frac{3}{4}\cdot\frac{5}{8} = \frac{3\cdot 5}{4\cdot 8} = \frac{15}{32}$

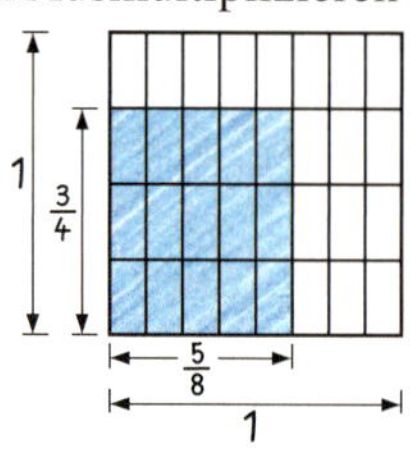

Beispiel 2
Berechne $\frac{3}{5}$ von $\frac{3}{4}$kg.

Lösung:
$\frac{3}{5}$ von $\frac{3}{4}$kg: $\left(\frac{3}{4}\cdot\frac{3}{5}\right)$kg $= \frac{3\cdot 3}{4\cdot 5}$kg $= \frac{9}{20}$kg

Beispiel 3

Berechne, kürze dabei möglichst früh.

a) $\frac{5}{12} \cdot \frac{8}{25}$ b) $4\frac{2}{3} \cdot 3\frac{4}{7}$

Lösung:

a) $\frac{5}{12} \cdot \frac{8}{25} = \frac{5 \cdot 8}{12 \cdot 25} = \frac{1 \cdot 2}{3 \cdot 5} = \frac{2}{15}$

b) $4\frac{2}{3} \cdot 3\frac{4}{7} = \frac{14}{3} \cdot \frac{25}{7} = \frac{14 \cdot 25}{3 \cdot 7} = \frac{2 \cdot 25}{3 \cdot 1} = \frac{50}{3} = 16\frac{2}{3}$

Aufgaben

Lösungssalat zu 3 (ohne Einheiten):

2

Veranschauliche mit einem Kreisdiagramm.

a) $\frac{3}{4}$ von $\frac{4}{9}$ b) $\frac{1}{6}$ von $\frac{2}{3}$

c) $\frac{5}{4}$ von $\frac{2}{5}$ d) $\frac{4}{3}$ von $\frac{3}{8}$

3

Berechne.

a) $\frac{2}{5}$ von $\frac{5}{3}$ kg b) $\frac{3}{5}$ von $\frac{10}{3}$ ha

c) $\frac{3}{2}$ von $\frac{2}{5}$ m d) $\frac{3}{4}$ von $2\frac{1}{3}$ m

e) $\frac{2}{3}$ von $1\frac{3}{4}$ m^2 f) $\frac{1}{6}$ von $4\frac{1}{2}$ l

g) $\frac{5}{6}$ von eineinhalb Stunden

4

Bei einem Sportfest erhalten 40 % der Teilnehmer Preise, davon sind $\frac{1}{6}$ erste und $\frac{3}{5}$ dritte Preise. Wie groß ist der Anteil der Teilnehmer, die zweite Preise erhalten?

5

Wie viel reinen Fruchtsaft enthält die Flasche?

6

Prüfe, ob der Bruchteil größer oder kleiner ist als ein Ganzes der jeweils verwendeten Einheit:

(Beispiel: $\frac{4}{3}$ von $\frac{5}{4}$ kg sind $\frac{5}{3}$ kg; $\frac{5}{3}$ kg > 1 kg)

a) $\frac{3}{5}$ von 2 cm b) $\frac{1}{2}$ von $\frac{7}{3}$ dm

c) $\frac{2}{3}$ von $1\frac{3}{4}$ t d) $\frac{4}{3}$ von $\frac{2}{3}$ t

e) $\frac{3}{11}$ von $3\frac{1}{2}$ kg f) $\frac{7}{12}$ von $1\frac{2}{3}$ m^2

g) $\frac{1}{4}$ von 2 h und $\frac{1}{3}$ von $\frac{1}{2}$ h

Adam Risen Rechenbuch

1574.

Multipliciren in gebrochnen.

Die Zehler multiplicir mit einander / vnnd auch die Nenner / so hastu es gemacht.

Item $\frac{3}{4}$ mit $\frac{4}{5}$ wirdt $\frac{12}{20}$ oder $\frac{3}{5}$ theil.

Wiltu gantze mit gebrochnen multipliciren / so brich die gantzen mit vndersetzung 1. Als dann multiplicir die obern mit einander vnd auch die vndern.

Item 24 mit $\frac{3}{7}$ setz $\frac{24}{1}$ mit $\frac{3}{7}$. Machs fort wie oben / kommen $10\frac{2}{7}$ theil. Wiltu aber multipliciren gantze mit gantzen vnd gebrochnen / oder gantze vnd gebrochne / mit gantzen vnd gebrochnen / so resoluir vorhin die gantzen in theil / vnd machs darnach wie oben.

Item $3\frac{2}{3}$ mit $\frac{3}{4}$. resoluir gantze in theil / kommen $\frac{11}{3}$. $\frac{3}{4}$. Machs nach gesagten / so kommen $\frac{33}{12}$ theil.

In der Figur siehst du, wie Adam Riese vor über 400 Jahren seinen Zeitgenossen das Multiplizieren von Bruchzahlen erklärt hat.

7

Rechne im Kopf.

a) $\frac{1}{2} \cdot \frac{1}{3}$ b) $0{,}8 \cdot \frac{3}{7}$ c) $\frac{5}{8} \cdot \frac{1}{6}$

d) $\frac{3}{7} + \frac{1}{5}$ e) $\frac{3}{4} \cdot \frac{7}{2}$ f) $0{,}5 \cdot 1\frac{1}{2}$

g) $\frac{1}{3} - 1\frac{1}{3}$ h) $\frac{4}{3} \cdot 1\frac{1}{2}$ i) $\frac{2}{3} - \frac{1}{6}$

8

Berechne.

a) $\frac{2}{9} \cdot \frac{3}{4}$ b) $\frac{12}{25} \cdot \frac{15}{16}$ c) $\frac{14}{9} \cdot \frac{6}{7}$

d) $\frac{16}{21} \cdot \frac{27}{40}$ e) $\frac{45}{32} \cdot 0{,}48$ f) $\frac{22}{65} \cdot \frac{39}{77}$

g) $3\frac{1}{5} \cdot 0{,}75$ h) $3\frac{5}{24} \cdot 8\frac{4}{7}$ i) $10\frac{1}{9} \cdot 7\frac{5}{7}$

9

In Peters Heft steht:

$1\frac{17}{19} \cdot 3\frac{19}{27} = 3\frac{17}{27}$

Wie kann man mit einer Überschlagsrechnung sehen, dass er nicht richtig gerechnet hat?

Beschreibe, welchen Fehler er gemacht hat.

10

In einer Klasse ist ein Drittel der Schüler erkrankt, die Hälfte davon an Masern. Wie hoch ist der Anteil der an Masern Erkrankten in der Klasse?

11

Übertrage die Tabelle in dein Heft und ergänze sie.

$\cdot$	$\frac{9}{4}$	$\frac{5}{7}$	$\frac{24}{5}$	$2\frac{1}{2}$	24
$\frac{2}{3}$			$\frac{16}{5}$		
$\frac{3}{4}$					
$\frac{5}{6}$					
$2\frac{2}{5}$					
$\frac{25}{36}$					

12
Überschlage und notiere deine Überlegungen. Vergleiche mit dem genauen Ergebnis.

a) $4 \cdot 5\frac{3}{8}$ b) $2\frac{5}{8} \cdot 9$ c) $1\frac{1}{4} \cdot 1\frac{1}{3}$

d) $5\frac{7}{9} \cdot 1\frac{7}{8}$ e) $5\frac{5}{6} \cdot 1\frac{4}{5}$ f) $3{,}9 \cdot 1\frac{5}{13}$

13
Übertrage die Rechenpyramiden in dein Heft und ergänze sie. Über zwei Zahlen steht immer deren Produkt.

a) 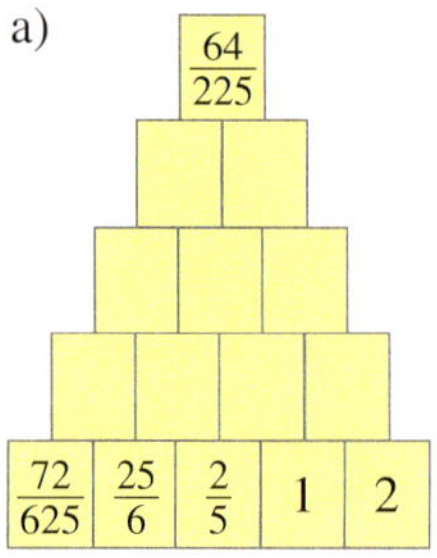

b) 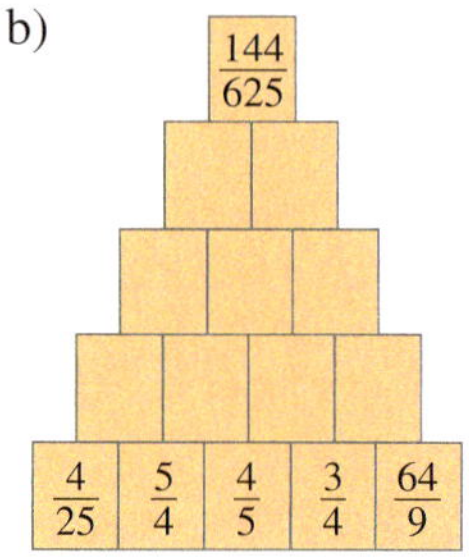

14
$\left(\frac{6}{7}\right)^2 = \frac{6}{7} \cdot \frac{6}{7}$

Berechne.

a) $\left(\frac{1}{2}\right)^2$ b) $\left(\frac{1}{3}\right)^3$ c) $\left(\frac{2}{3}\right)^2$

d) $0{,}8^2$ e) $\left(1\frac{1}{2}\right)^4$ f) $\left(2\frac{1}{3}\right)^2$

g) $\left(2\frac{3}{4}\right)^2$ h) $\left(1\frac{5}{6}\right)^2$ i) $4{,}5^2$

15
Erinnerung:
Punkt vor Strich!

Berechne im Kopf.

a) $\frac{1}{2} \cdot \frac{1}{3} + \frac{1}{6}$ b) $\frac{2}{5} \cdot \frac{1}{4} + \frac{3}{10}$ c) $\frac{3}{10} - \frac{2}{3} \cdot \frac{3}{4}$

d) $-\frac{1}{3} + \frac{4}{5} \cdot \frac{5}{8}$ e) $\frac{1}{8} - \frac{1}{3} \cdot \frac{3}{4}$ f) $-\frac{2}{3} + \frac{1}{8} \cdot \frac{4}{3}$

16
Karl erhält $\frac{2}{5}$ eines Lottogewinnes. Seinem Freund Heinz hat er versprochen: „Wenn ich gewinne, bekommst du $\frac{1}{3}$ meines Gewinns."

a) Mit welchem Anteil des Gesamtgewinns kann Heinz rechnen?
b) Wie viel bekommt Heinz, wenn der Gesamtgewinn 600 € beträgt?

Lösungssalat zu 17:

17
a) $\frac{1}{2}\left(\frac{1}{2} + \frac{1}{4}\right)$ b) $\frac{2}{3}\left(\frac{1}{4} + \frac{1}{5}\right)$

c) $\left(\frac{4}{3} + \frac{1}{9}\right) \cdot \frac{4}{13}$ d) $\left(\frac{1}{5} - \frac{3}{8}\right) \cdot \frac{1}{7}$

e) $1\frac{3}{4} \cdot \left(1\frac{3}{5} - 1\frac{1}{7}\right)$ f) $\left(1\frac{1}{9} - 1\frac{2}{3}\right) \cdot 1\frac{1}{5}$

18
a) Multipliziere die Bruchzahl $\frac{1}{5}$ $\left(\frac{3}{7};\ \frac{4}{3};\ \frac{7}{8};\ \frac{3}{2}\right)$ mit sich selbst.
b) Für welche Bruchzahlen ist das Produkt der Bruchzahl mit sich selbst größer (kleiner) als die Bruchzahl?

19
Vergleiche den Produktwert mit der Größe der Faktoren. Beschreibe und begründe deine Beobachtung.

a) $\frac{1}{5} \cdot \frac{7}{9}$ b) $\frac{1}{4} \cdot \frac{3}{5} \cdot \frac{7}{8}$

20
a) Multipliziere $\frac{5}{6}$ mit einer Bruchzahl, so dass das Ergebnis größer (kleiner) ist als $\frac{5}{6}$.
b) Gib eine Bruchzahl an, deren Produkt mit $\frac{3}{4}$ größer als 1 $\left(\text{kleiner als } \frac{1}{2}\right)$ ist.

21
Welche Bruchzahl ist für ■ einzusetzen?

a) $\frac{3}{4} \cdot ■ = \frac{3}{8}$ b) $\frac{2}{3} \cdot ■ = \frac{8}{9}$

c) $■ \cdot \frac{5}{6} = 2\frac{1}{12}$ d) $■ + \frac{5}{6} = 2\frac{1}{12}$

e) $3\frac{1}{3} \cdot ■ = \frac{2}{3}$ f) $1\frac{2}{3} - ■ = -1$

g) $\frac{2}{5} \cdot ■ = 1$ h) $■ \cdot 1\frac{1}{3} = \frac{10}{21}$

i) $■ - \frac{6}{5} = \frac{5}{6}$ k) $■ \cdot ■ = 1\frac{7}{9}$

22

Den Goldanteil von Goldschmuck erkennt man an einer eingestempelten Zahl. Ist der Stempeleindruck z. B. 750, so besteht das Schmuckstück zu $\frac{750}{1000}$ aus reinem Gold.
Wie viel Gold enthält

a) ein Ring: $2\frac{1}{4}$ g; Stempel 750
b) eine Kette: $28\frac{1}{5}$ g; Stempel 585
c) ein Armband: $79\frac{1}{2}$ g; Stempel 333?

23
Multipliziere $\frac{2}{5}$ $\left(1\frac{3}{4},\ 2\frac{1}{3},\ \frac{5}{6},\ 3\frac{1}{7}\right)$ so, dass sich der Produktwert 2 ergibt. Ordne die gesuchten und die gegebenen Faktoren nach der Größe.

24
Wie viele Schritte wurden ausgelassen?

a) $1 \xrightarrow{\cdot\frac{1}{2}} \blacksquare \xrightarrow{\cdot\frac{1}{2}} \blacksquare \dots \xrightarrow{\cdot\frac{1}{2}} \frac{1}{2048}$

b) $1 \xrightarrow{\cdot\frac{3}{5}} \blacksquare \xrightarrow{\cdot\frac{3}{5}} \blacksquare \dots \xrightarrow{\cdot\frac{3}{5}} \frac{2187}{78\,125}$

c) $1 \xrightarrow{\cdot 1\frac{1}{6}} \blacksquare \xrightarrow{\cdot 1\frac{1}{6}} \blacksquare \dots \xrightarrow{\cdot 1\frac{1}{6}} \frac{2401}{1296}$

Beispiel:
$\frac{4}{15}\cdot 1\frac{3}{4}\cdot\frac{25}{28}$
$= \frac{4\cdot 7\cdot 25}{15\cdot 4\cdot 28}$
$= \frac{1\cdot 1\cdot 5}{3\cdot 1\cdot 4}$
$= \frac{5}{12}$

25
Überschlage erst und berechne dann vorteilhaft, indem du vor dem Ausmultiplizieren kürzst.

a) $\frac{1}{8}\cdot\frac{2}{3}\cdot\frac{4}{5}$ b) $2\frac{1}{2}\cdot 1\frac{4}{5}\cdot\frac{2}{3}$

c) $3\frac{1}{3}\cdot 4\frac{1}{5}\cdot 3\frac{1}{8}$ d) $3\cdot 2\frac{3}{4}\cdot\frac{2}{3}$

e) $2\frac{2}{9}\cdot 3\frac{3}{4}\cdot 8\frac{1}{10}$ f) $1\frac{13}{44}\cdot\frac{4}{15}\cdot 2\frac{17}{19}$

26
Berechne vorteilhaft.

a) $\frac{1}{5}\cdot\left(\frac{3}{8}\cdot 5\right)$ b) $\frac{3}{7}\cdot\left(\frac{1}{4}\cdot 2\frac{1}{3}\right)$

c) $\left(\frac{2}{9}\cdot\frac{7}{11}\right)\cdot 2\frac{1}{4}$ d) $\left(\frac{2}{5}\cdot 2\frac{3}{4}\right)\cdot\left(1\frac{2}{3}\cdot\frac{8}{11}\right)$

e) $\left(3\frac{1}{5}\cdot\frac{11}{13}\right)\cdot\left(\frac{5}{2}\cdot\frac{3}{11}\right)\cdot 6\frac{1}{2}$

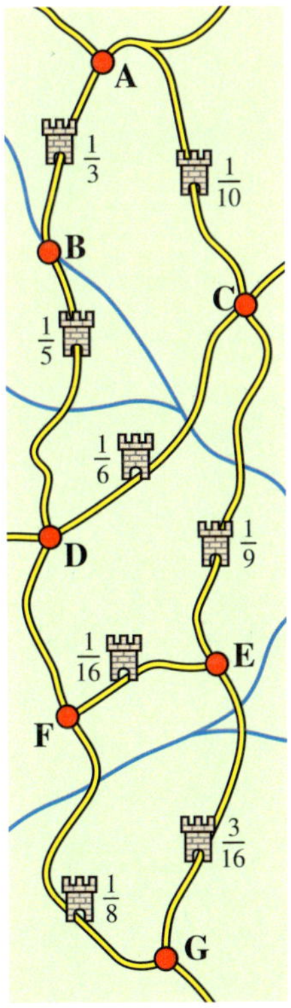

27
Kaufleute, die im mittelalterlichen Europa unterwegs waren, mussten an Zoll- oder Geleitstationen einen Anteil ihrer mitgeführten Ware abgeben. Jede Station hatte ihre eigenen Tarife. Auf der abgebildeten Karte sind die Anteile verzeichnet, die an jeder Station zu bezahlen waren. Ermittle für alle Städte (A bis G) diejenigen Wegeverbindungen, die am günstigsten sind.

	A	B	C	D	E	F	G
A		$\frac{1}{3}$	$\frac{1}{10}$	$\frac{1}{4}$			
B	$\frac{1}{3}$						
C							
D							
E							
F							
G							

Übertrage die Tabelle in dein Heft und vervollständige sie so, dass in jedem Feld der Anteil (bezogen auf ihre ursprünglichen Waren) steht, den die Kaufleute auf ihrer ganzen Reise insgesamt abgeben mussten.

28
Im Tennis-Club unterhalten sich Ina und Karin. Ina sagt: „Ich bin $1\frac{1}{2}$-mal so lang im Club wie du.“ Karin erwidert: „Früher hast du mal behauptet, dass du sogar $2\frac{1}{2}$-mal so lang Mitglied bist.“ Darauf Ina: „Das war vor 4 Jahren.“
Wie lange sind beide Mitglied?

29
Anna, Hans und Petra teilen sich eine Schale Erdbeeren so, dass jeder gleich viel erhält.
Als Bernd hinzukommt, geben ihm Anna und Hans von ihren Portionen jeweils ein Drittel ab. Petra gibt ihm von ihren Erdbeeren ein Viertel.
Welchen Anteil aller Erdbeeren hat jetzt jedes der Kinder?
Wer hat die größte Portion?
Wer hat die kleinste Portion?

30

In welchem Jahr hat das Auto mehr an Wert verloren?

G31
Überschlage zuerst und berechne dann. Runde das Ergebnis auf Zehner (Hunderter, Tausender).

a) $19\cdot 21 - 9\cdot 11$

b) $(7235\cdot 16 - 24^2)\cdot 63 - 9\cdot 7$

c) $18\cdot 27 - 27\cdot 7 - 27$

d) $\left(3{,}333 + 18\frac{7}{8}\right)\cdot\left(20{,}45 - 17\frac{1}{5} - 2\frac{1}{4}\right)$

e) $\left(\frac{3}{10} + 31\,\%\right)\cdot 333$

4 Dividieren von Brüchen

1

a) Mit dem Inhalt des 12-Liter-Fasses sollen die kleineren Gefäße gefüllt werden. Wie oft lässt sich der 3-Liter-Krug füllen? Wie viele $\frac{3}{4}$-Liter-Flaschen können aus dem Fass abgefüllt werden?

b) Mit welchem Bruch musst du die Zahl 12 multiplizieren, um die Zahl 16 zu erhalten?

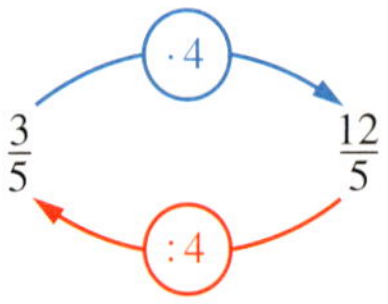

Bei den natürlichen Zahlen sind Multiplikation und Division umgekehrte Rechenarten. Ebenso erhält man wieder den gleichen Bruch, wenn man diesen mit einer natürlichen Zahl multipliziert und anschließend durch die gleiche Zahl dividiert. Gleiches soll auch für das Rechnen mit Brüchen untereinander gelten.

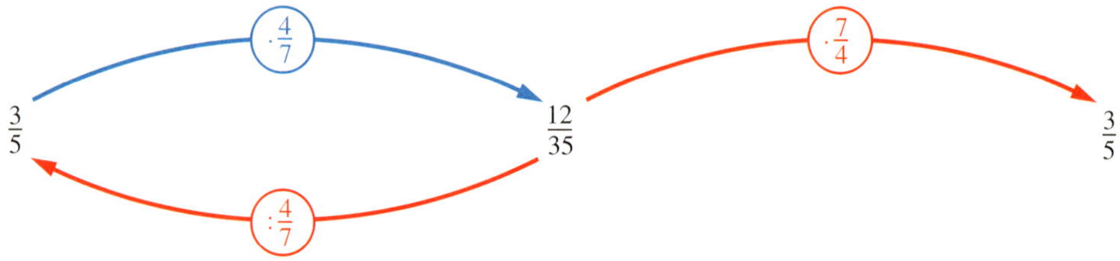

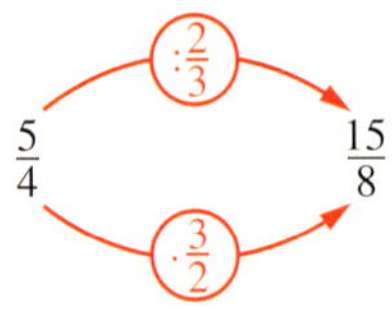

„$:\frac{2}{3}$“ und „$\cdot\frac{3}{2}$“ liefern dasselbe Ergebnis

Aus der Figur erkennt man, dass die Division durch $\frac{4}{7}$ gleichbedeutend ist mit der Multiplikation mit $\frac{7}{4}$.

Es gilt also: $\frac{12}{35}:\frac{4}{7} = \frac{12}{35}\cdot\frac{7}{4}$

Vertauscht man bei einem Bruch Zähler und Nenner, so erhält man seinen **Kehrbruch:** $\frac{b}{a}$ ist der Kehrbruch des Bruches $\frac{a}{b}$ $(a \neq 0;\ b \neq 0)$.

Erinnerung:
In 12 : 4 ist 12 der Dividend, 4 der Divisor.

Division eines Bruches durch einen Bruch:
Multipliziere den Dividenden mit dem Kehrbruch des Divisors.

$$\frac{a}{b}:\frac{c}{d} = \frac{a}{b}\cdot\frac{d}{c} \quad (b, c, d \neq 0)$$

Quotienten z : n natürlicher Zahlen werden auch als Brüche $\frac{z}{n}$ geschrieben, z. B. $3:4 = \frac{3}{4}$.

Entsprechendes gilt auch für Quotienten aus Bruchzahlen, z. B. $\frac{3}{5}:\frac{4}{7} = \frac{\frac{3}{5}}{\frac{4}{7}}$

Einen solchen Bruch, bei dem Zähler und Nenner Brüche sind, nennt man **Doppelbruch.**

Beispiel 1

Berechne: a) $\frac{4}{9}:\frac{20}{27}$ b) $\frac{3}{4}:6$

Lösung:

a) $\frac{4}{9}:\frac{20}{27} = \frac{4}{9}\cdot\frac{27}{20} = \frac{4\cdot 27}{9\cdot 20} = \frac{1\cdot 3}{1\cdot 5} = \frac{3}{5}$

b) $\frac{3}{4}:6 = \frac{3}{4}:\frac{6}{1} = \frac{3}{4}\cdot\frac{1}{6} = \frac{3\cdot 1}{4\cdot 6} = \frac{1\cdot 1}{4\cdot 2} = \frac{1}{8}$

Beispiel 2
Berechne: $3\frac{5}{6} : 2\frac{7}{8}$

Lösung:
$3\frac{5}{6} : 2\frac{7}{8} = \frac{23}{6} : \frac{23}{8} = \frac{23 \cdot 8}{6 \cdot 23} = \frac{1 \cdot 4}{3 \cdot 1} = \frac{4}{3} = 1\frac{1}{3}$

Beispiel 3
Vereinfache: $\frac{\frac{2}{5}}{\frac{7}{15}}$

Lösung:
$\frac{\frac{2}{5}}{\frac{7}{15}} = \frac{2}{5} : \frac{7}{15} = \frac{2 \cdot 15}{5 \cdot 7} = \frac{2 \cdot 3}{1 \cdot 7} = \frac{6}{7}$

Aufgaben

3
Berechne im Kopf.

a) $\frac{1}{2} : \frac{1}{8}$ b) $\frac{1}{2} : \frac{1}{3}$ c) $\frac{1}{5} \cdot \frac{1}{2}$
d) $\frac{2}{3} : \frac{1}{4}$ e) $\frac{3}{4} - \frac{1}{2}$ f) $\frac{4}{5} : \frac{1}{10}$
g) $\frac{3}{8} + \frac{1}{4}$ h) $\frac{4}{9} : \frac{1}{6}$ i) $\frac{2}{5} \cdot \frac{3}{4}$

4
Berechne.

a) $\frac{4}{7} : \frac{2}{21}$ b) $\frac{3}{4} : \frac{5}{2}$ c) $\frac{6}{7} \cdot \frac{2}{5}$
d) $\frac{5}{6} : \frac{2}{3}$ e) $\frac{8}{15} - \frac{4}{5}$ f) $\frac{9}{16} : \frac{3}{4}$
g) $\frac{21}{22} : \frac{14}{55}$ h) $\frac{5}{6} + \frac{5}{3}$ i) $\frac{18}{35} : \frac{9}{70}$

5
Eine große Limoflasche enthält $1\frac{1}{2}\,l$ Limonade.
Wie viele $\frac{3}{10}$-*l*-Gläser lassen sich damit füllen?

Lösungssalat zu 6:

6
a) $\frac{2}{3} \cdot \frac{1}{2}$ b) $\frac{2}{3} + \frac{1}{2}$ c) $\frac{2}{3} : \frac{1}{2}$
d) $\frac{7}{8} : \frac{1}{4}$ e) $6 \cdot \frac{4}{5}$ f) $\frac{4}{9} - \frac{2}{3}$
g) $1 : \frac{2}{3}$ h) $3 : \frac{3}{2}$ i) $\frac{4}{5} : 4$

7
Die Kärtchen sollen passend in die Felder eingefügt werden. Gibt es mehrere Möglichkeiten?

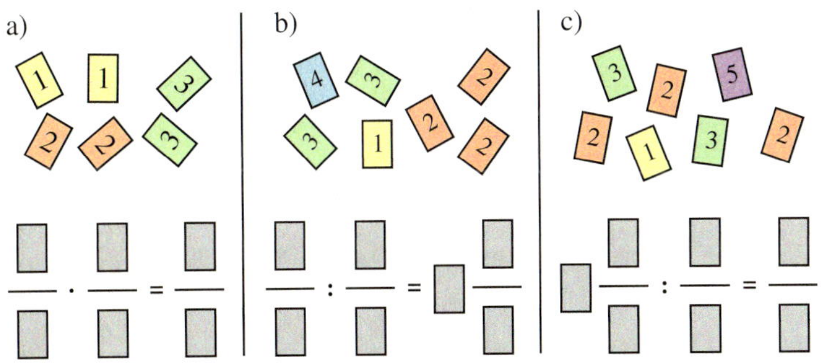

d) Finde selbst ein solches Spiel.

8
a) $1\frac{1}{4} : 5$ b) $2\frac{1}{3} : 14$ c) $3\frac{3}{5} : 3$
d) $8\frac{1}{8} : 8$ e) $10 : 2\frac{1}{2}$ f) $9 : 4\frac{1}{2}$
g) $3\frac{1}{2} : 1\frac{1}{2}$ h) $1\frac{3}{4} : 2\frac{5}{8}$ i) $1\frac{3}{5} : 1\frac{1}{15}$

Welche der Aufgaben kannst du leicht im Kopf berechnen?

9
a) $\frac{2}{7} : \frac{4}{5} - \frac{1}{2}$ b) $\frac{2}{3} + \frac{1}{2} : \frac{3}{4}$
c) $\left(\frac{2}{3} + \frac{3}{2}\right) \cdot 1\frac{1}{5}$ d) $\left(\frac{1}{6} - \frac{2}{3}\right) : \frac{1}{12}$
e) $\frac{5}{7} : \frac{10}{11} + \frac{3}{8} \cdot \frac{4}{7}$ f) $\frac{7}{10} : \left(1\frac{1}{5} + \frac{2}{3}\right)$

10
In jedem gelben Dreieck steht das Produkt der Zahlen in den danebenstehenden grünen Dreiecken. In übereinander liegenden grünen und gelben Dreiecken stehen die Kehrbrüche. Übertrage die Dreiecke in dein Heft und ergänze sie.

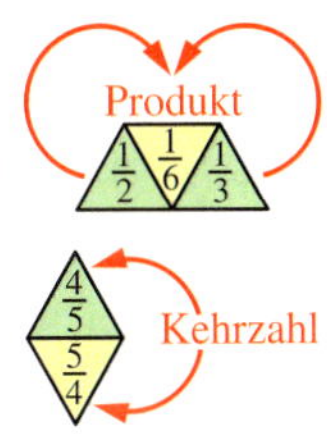

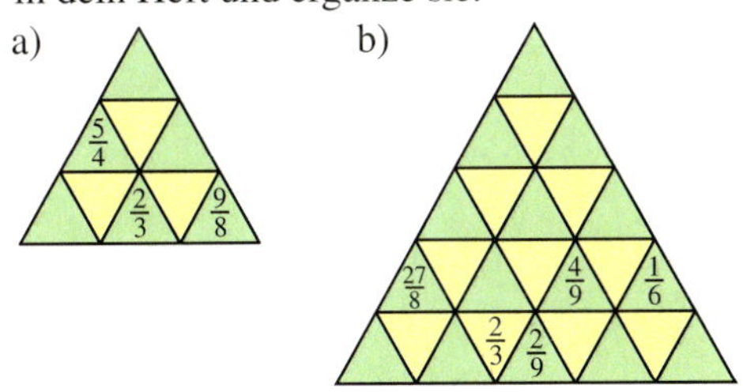

11
Kann man 5 so durch eine andere Zahl dividieren, dass der Quotient größer ist als 5?
Kann man 5 so mit einer Zahl multiplizieren, dass das Produkt kleiner ist als 5?
Schreibe deine Überlegungen auf.

12
Vergleiche.
$8\frac{1}{7} : 7\frac{1}{8}$; $8\frac{5}{7} : 7\frac{5}{8}$; $8\frac{6}{7} : 7\frac{6}{8}$

13

Welche Bruchzahl steht für $\square$?

a) $\frac{4}{5} \cdot \square = \frac{8}{9}$ b) $\frac{7}{5} : \square = \frac{18}{25}$ c) $\square : \frac{36}{11} = \frac{5}{48}$

d) $\square + \frac{3}{7} = \frac{9}{14}$ e) $\frac{8}{9} : \square = \frac{9}{4}$ f) $\frac{45}{22} \cdot \square = \frac{5}{33}$

g) $\square : 2\frac{1}{4} = \frac{1}{2}$ h) $\square - \frac{2}{5} = 3\frac{1}{3}$ i) $\square : 3\frac{1}{2} = 1\frac{2}{7}$

14

Schreibe als Doppelbruch und berechne.

a) $(11:17) : \frac{19}{21}$ b) $\frac{31}{32} : (62:96)$

c) $\frac{13}{51} : (7:17)$ d) $\frac{111}{198} : (37:99)$

15

Berechne.

a) $\frac{\frac{3}{4}}{\frac{3}{8}}$ b) $\frac{\frac{2}{5}}{\frac{3}{4}}$ c) $\frac{\frac{3}{8}}{\frac{5}{10}}$ d) $\frac{\frac{4}{5}}{\frac{3}{5}}$

e) $\frac{\frac{3}{8}}{6}$ f) $\frac{\frac{5}{6}}{10}$ g) $\frac{5}{\frac{2}{3}}$ h) $\frac{\frac{5}{2}}{3}$

16

a) $\frac{2\frac{1}{2}}{4\frac{1}{2}}$ b) $\frac{15\frac{1}{2}}{3\frac{7}{8}}$ c) $\frac{4\frac{1}{3}}{19\frac{1}{2}}$

d) $\frac{40\frac{2}{3}}{6}$ e) $\frac{21}{\frac{14}{15}}$ f) $\frac{77}{7\frac{7}{9}}$

17

In der nebenstehenden Figur kannst du allein durch Verlängern einzelner Bruchstriche vier verschiedene Zahlen erhalten. Schreibe die Möglichkeiten auf und berechne die Zahlen.

18

Übertrage in dein Heft und ergänze.

a) $\frac{5}{6} \xrightarrow{:\frac{5}{6}} \square \xrightarrow{:\frac{5}{6}} \square \xrightarrow{:\square} \frac{5}{6}$

b) $\square \xrightarrow{:\frac{3}{8}} \frac{3}{8} \xrightarrow{:\frac{3}{8}} \square \xrightarrow{:\square} \frac{3}{8}$

19

Wie viele Schritte wurden nicht aufgeschrieben?

a) $\frac{1}{1024} \xrightarrow{:\frac{1}{2}} \square \xrightarrow{:\frac{1}{2}} \square \ldots \xrightarrow{:\frac{1}{2}} 1$

b) $\frac{256}{6561} \xrightarrow{:\frac{2}{3}} \square \xrightarrow{:\frac{2}{3}} \square \ldots \xrightarrow{:\frac{2}{3}} 1$

c) $\frac{1250}{81} \xrightarrow{:\frac{5}{3}} \square \xrightarrow{:\frac{5}{3}} \square \ldots \xrightarrow{:\frac{5}{3}} 2$

20

Udo kauft mit Tom eine 100 g-Tafel Schokolade; Udo zahlt 21 ct, Tom 49 ct. Tom isst sofort die halbe Tafel. Welcher Bruchteil der anderen Hälfte steht ihm noch zu?

21

Setze eine Klammer so, dass die Rechnung stimmt.

a) $\frac{3}{4} : \frac{9}{16} : \frac{5}{3} = \frac{4}{5}$ b) $\frac{15}{28} \cdot \frac{49}{9} : \frac{28}{27} = \frac{45}{16}$

c) $\frac{26}{3} : \frac{52}{27} \cdot \frac{36}{11} = \frac{11}{8}$ d) $\frac{36}{35} : \frac{18}{49} \cdot \frac{27}{28} = \frac{27}{10}$

e) $\frac{1}{12} \cdot \frac{54}{5} : \frac{28}{15} = \frac{27}{56}$ f) $\frac{8}{21} : \frac{16}{35} : \frac{25}{8} = \frac{125}{48}$

22

Energieverbrauch 2003 in der Bundesrepublik Deutschland

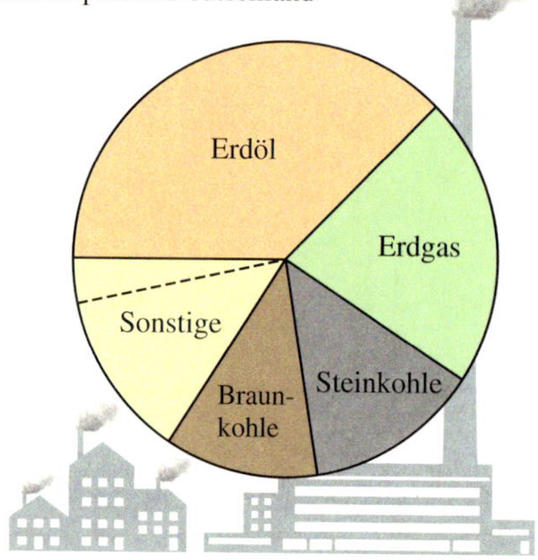

Das Diagramm zeigt die Anteile der einzelnen Energieträger am Energieverbrauch im Jahre 2003.

a) Wie hoch war der Anteil von Erdöl, Erdgas und Kohle?

b) Auf „Sonstige" entfiel ungefähr $\frac{1}{6}$ des Verbrauchs. Welchen Bruchteil machte davon die Kernenergie aus, die am Gesamtverbrauch einen Anteil von etwa $\frac{1}{8}$ hat?

23

Berechne die Terme. Was fällt dir auf? Beschreibe.

a) $\frac{3}{5} : \frac{4}{10} - \frac{1}{4} + \frac{3}{8}$; $\frac{3}{5} : \left(\frac{4}{10} - \frac{1}{4}\right) + \frac{3}{8}$;

$\frac{3}{5} : \frac{4}{10} - \left(\frac{1}{4} + \frac{3}{8}\right)$; $\frac{3}{5} : \left(\frac{4}{10} - \frac{1}{4} + \frac{3}{8}\right)$

b) $\frac{2}{3} + \frac{5}{6} \cdot \frac{3}{4} - \frac{2}{5}$; $\frac{2}{3} + \frac{5}{6} \cdot \left(\frac{3}{4} - \frac{2}{5}\right)$;

$\left(\frac{2}{3} + \frac{5}{6}\right) \cdot \frac{3}{4} - \frac{2}{5}$; $\left(\frac{2}{3} + \frac{5}{6}\right) \cdot \left(\frac{3}{4} - \frac{2}{5}\right)$

24
Notiere einen Term und berechne.
a) Subtrahiere das 3fache von $\frac{2}{5}$ vom Produkt der Zahlen $2\frac{1}{3}$ und $4\frac{1}{2}$.
b) Subtrahiere vom Quotienten der Zahlen $\frac{5}{6}$ und $1\frac{1}{3}$ die Differenz der Zahlen $2\frac{1}{2}$ und 1,7.
c) Multipliziere das Produkt der Zahlen $2\frac{1}{6}$ und $3\frac{2}{13}$ mit der Summe der Zahlen $\frac{1}{2}$, $\frac{1}{6}$ und $\frac{1}{3}$.
d) Dividiere die Summe von $1\frac{2}{3}$ und $\frac{7}{6}$ durch die Differenz von $4\frac{1}{8}$ und 3,75.
e) Addiere zu $-\frac{1}{5}$ den 4. Teil der Differenz aus den Zahlen $\frac{1}{9}$ und $\frac{2}{15}$.

Lösungssalat zu 25:

25
Drücke den Term in Worten aus wie in Aufgabe 24; rechne.
a) $\left(\frac{1}{8} + 1\frac{3}{4}\right)\cdot\left(\frac{3}{5} - \frac{1}{3}\right)$ b) $3\frac{1}{2}\cdot 1\frac{3}{7} + \left(3\frac{1}{2} - 1\frac{3}{7}\right)$
c) $4\cdot\left(\frac{5}{8} + 1\frac{1}{4}\right) : \left[3\cdot\left(\frac{5}{6} + \frac{5}{12}\right)\right]$
d) $\frac{11}{12}\cdot\frac{9}{22} - \frac{1}{4} : 2\frac{2}{3}$ e) $1\frac{7}{8} : 1\frac{1}{4} + \left(1\frac{1}{2}\right)^2$

26
Ein Obsthändler setzt auf dem Markt an einem Tag zwei Drittel seiner eingekauften Erdbeeren ab. Er macht dabei einen Gewinn in Höhe von einem Viertel seiner Selbstkosten. Den Rest der Erdbeeren kann er am nächsten Tag nur noch zu einem geringeren Preis verkaufen, wodurch er einen Verlust in Höhe von einem Drittel seiner Selbstkosten hat. Hat der Händler beim Verkauf der Erdbeeren insgesamt einen Gewinn oder einen Verlust gemacht?

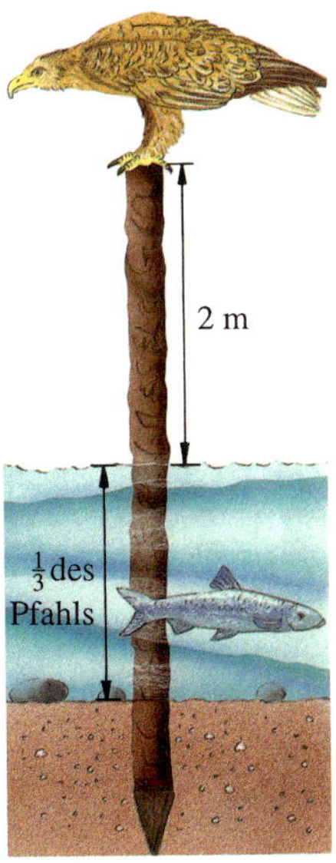

27
Ein Holzpfahl steht in einem See. 2 m des Pfahls ragen aus dem Wasser heraus. $\frac{1}{3}$ des Pfahles steht im Wasser und $\frac{2}{9}$ stecken im Seegrund.
Wie lang ist der Pfahl?

28
a) $\frac{6}{11}$ einer Zahl ist $\frac{6}{11}$; wie heißt die Zahl?
b) Stefanie denkt sich eine Zahl. Ein Drittel und ein Viertel dieser Zahl zusammen ergeben 14.
Welche Zahl hat sich Stefanie gedacht?

29

Ab der dritten Zahl ist jede Zahl $\frac{3}{5}$ der Summe aller vorausgehenden Zahlen. Welche Zahlen des Bandes sind nicht lesbar?

30

$$\frac{2+\frac{1}{3}}{3+\frac{1}{2}} \qquad \frac{3+\frac{1}{4}}{4+\frac{1}{3}}$$

$$\frac{4+\frac{1}{5}}{5+\frac{1}{4}} \qquad \frac{5+\frac{1}{6}}{6+\frac{1}{5}}$$

a) Berechne.
b) Setze um 2 Brüche fort.

G31
Ein Quader wird längs der jeweils vorgegebenen Ebene durchgeschnitten. Zeichne wie im Beispiel die Schnittkanten in ein Schrägbild und ein Netz ein.

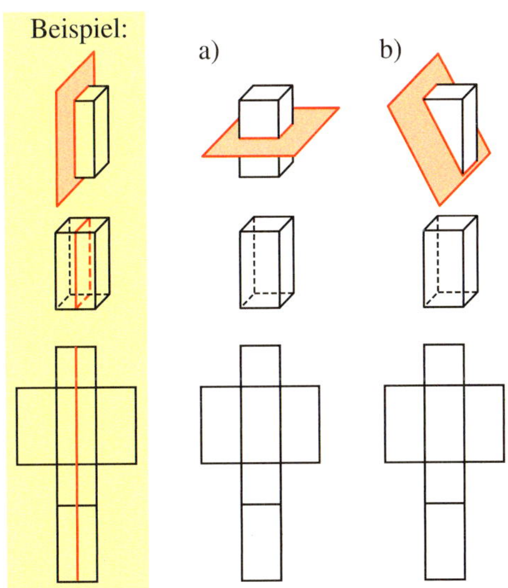

5 Multiplizieren und Dividieren eines Dezimalbruchs mit Zehnerpotenzen

1
Wie viel g beträgt das Füllgewicht von
a) 10 Teebeuteln, b) 100 Teebeuteln,
c) 1000 Teebeuteln der gezeigten Größe?

2
Lege zehn Münzen einer Sorte aufeinander und miss die Höhe des Stapels in mm so genau wie möglich.
Wie dick ist ungefähr eine Münze?

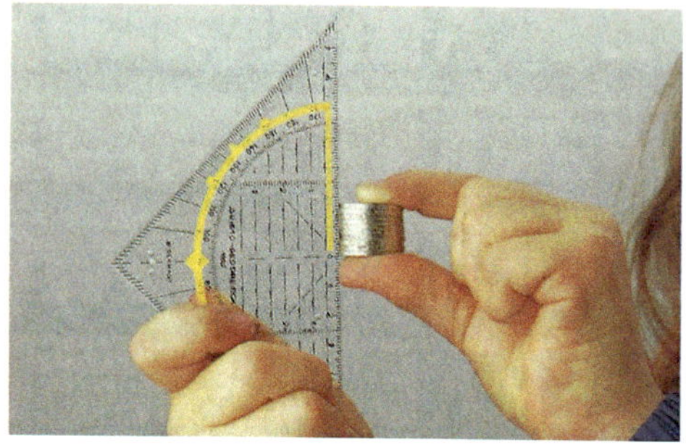

Hängt man an eine natürliche Zahl eine Null, so rückt jede Ziffer um eine Stelle nach links, ihr Stellenwert verzehnfacht sich. Man erhält eine zehnmal so große Zahl.
Z. B. $25 \rightarrow 250 = 10 \cdot 25$.
Die gleiche Wirkung hat für einen Dezimalbruch die Verschiebung des Kommas um eine Stelle nach rechts.
Z. B. $0{,}025 \rightarrow 0{,}25 = 10 \cdot 0{,}025$
$0{,}25 \rightarrow 2{,}5 = 10 \cdot 0{,}25$

E ,	z	h	t
0	0	2	5
0	2	5	
2	5		

Die Regel zum Multiplizieren von Dezimalbrüchen mit Zehnerpotenzen kann man auch entdecken, indem man die Dezimalbrüche in Brüche verwandelt:
$34{,}17 \cdot 10 = \frac{3417}{100} \cdot 10 = \frac{3417}{10} = 341{,}7$

Umgekehrt ergibt jede Multiplikation bzw. Division mit 10; 100; 1000; ... eine Kommaverschiebung.

Multiplikation:	$34{,}17 \cdot 10 = 341{,}7$	Kommaverschiebung: 1 Stelle nach rechts.
	$34{,}17 \cdot 100 = 3417$	Kommaverschiebung: 2 Stellen nach rechts.
	$34{,}17 \cdot 1000 = 34\,170$	Kommaverschiebung: 3 Stellen nach rechts.
Division:	$34{,}17 : 10 = 3{,}417$	Kommaverschiebung: 1 Stelle nach links.
	$34{,}17 : 100 = 0{,}3417$	Kommaverschiebung: 2 Stellen nach links.
	$34{,}17 : 1000 = 0{,}03417$	Kommaverschiebung: 3 Stellen nach links.

Reichen beim Verschieben des Kommas die vorhandenen Stellen nicht aus, so werden beim Multiplizieren Nullen angehängt, beim Dividieren vorgesetzt.

Das Komma wird um so viele Stellen verschoben, wie die Zehnerpotenz Nullen hat.

> **Multipliziert** man einen Dezimalbruch mit 10 (100; 1000; ...), so rückt das Komma um 1 (2; 3; ...) Stellen **nach rechts**.
> **Dividiert** man einen Dezimalbruch durch 10 (100; 1000; ...), so rückt das Komma um 1 (2; 3; ...) Stellen **nach links**.

Beispiel 1
a) $1{,}452 \cdot 100 = 145{,}2$ b) $792{,}4 : 100 = 7{,}924$ c) $3{,}83 : 1000 = 0{,}00383$

Beispiel 2
Welche Zahl fehlt? a) $0{,}0314 \cdot ■ = 314$ b) $24\,310 : ■ = 0{,}02431$
Lösung:
a) Kommaverschiebung um 4 Stellen nach rechts, also Faktor $10^4 = 10\,000$.
b) Kommaverschiebung um 6 Stellen nach links, also Divisor $10^6 = 1\,000\,000$.

Aufgaben

3
Wie viele Umdrehungen in der Minute zeigt der Drehzahlmesser an?

4
Berechne im Kopf.

a) $73{,}29 \cdot 10$ b) $0{,}362 \cdot 100$
c) $0{,}4 \cdot 100$ d) $0{,}08 \cdot 1000$
e) $5{,}631 : 10$ f) $\frac{4}{5} : 100$
g) $0{,}02 : 10^2$ h) $4{,}2 : 1000$
i) $3\frac{1}{2} \cdot 10$ k) $0{,}017 \cdot 10^4$

5
Berechne.

a) $45{,}319 \cdot 100$ b) $384{,}5 : 10$
c) $10\,000 \cdot 0{,}0025$ d) $9{,}01 \cdot 1000$
e) $0{,}0047 : 10$ f) $3{,}9 : 100$
g) $-0{,}035 \cdot 100$ h) $100 \cdot 15$
i) $5 : 10$ k) $700 : 10^4$

6
Gib die kleinste Zehnerpotenz an, mit der man multiplizieren muss, um eine natürliche Zahl zu erhalten.

a) 0,03 b) 1,003 c) 0,0351
d) 3,511 89 e) 230,230 f) 0,600
g) 70,0015 h) 0,00017 i) 15,100

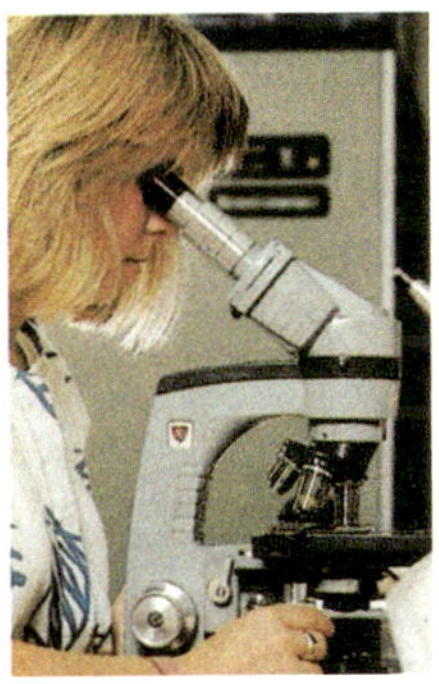

7
a) $3{,}11 \cdot 10^2$ b) $200 : 10^2$ c) $14 : 10$
d) $6{,}2 \cdot 10^3$ e) $0{,}3 : 10^2$ f) $0{,}7 \cdot 10^2$
g) $0{,}004 \cdot 10^3$ h) $0{,}04 : 10^3$ i) $0{,}05 \cdot 10^6$
k) $\frac{1}{4} \cdot 10^3$ l) $\frac{2}{5} : 10^2$ m) $\frac{3}{8} : 10^3$

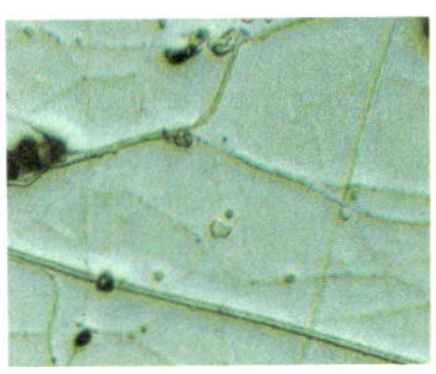

8
Das auf dem Rand abgebildete Mikroskop vergrößert auf das Tausendfache.

a) Ein Faden von einem Spinnennetz erscheint unter dem Mikroskop 5 mm dick. Wie dick ist er in Wirklichkeit?
b) Ein Bazillus ist 0,004 mm lang. Wie lang erscheint er unter dem Mikroskop?

9
Mit welcher Zahl muss man die erste Zahl multiplizieren, um die zweite zu erhalten?

a) 0,2; 20 b) 3,6; 360
c) 0,00035; 0,35 d) 0,0001; 1
e) 0,0023; 2300 f) 0,0007; 0,07

10
Durch welche Zahl muss man die erste Zahl dividieren, um die zweite zu erhalten?

a) 1,2; 0,12 b) 68,3; 0,683
c) 225; 0,225 d) 1; 0,000 01
e) 0,04; 0,0004 f) 2500; 2,5

11
a) Um wie viel ist das Produkt $0{,}092 \cdot 100$ kleiner als der Quotient $98{,}3 : 10$?
b) Addiere zur 100fachen Differenz von 0,91 und 0,03 deren 10fache Summe.

12
Berechne.

a) $0{,}65 \cdot 10^2$; $10^2 - 0{,}65$; $0{,}65 - 10^2$
b) $0{,}7 \cdot (-10^3)$; $0{,}7 - 10^3$; $-0{,}7 : 10^3$
c) $10^3 \cdot \frac{4}{100}$; $10^3 : (100 : 4)$
d) $(0{,}03 : 10) \cdot 10^2$; $10^2 : (10 : 0{,}03)$

13
Gliedere und berechne.

a) $(21{,}374 + 9{,}8039) : 100$
b) $(0{,}0536 - 0{,}00213) \cdot 100$
c) $(0{,}034 \cdot 100 - 3{,}5 : 1000) \cdot 10$
d) $(4 : 100) \cdot 1000 + 0{,}006 \cdot 10\,000$

14
Welche der folgenden Zettel bedeuten die gleiche Zahl?

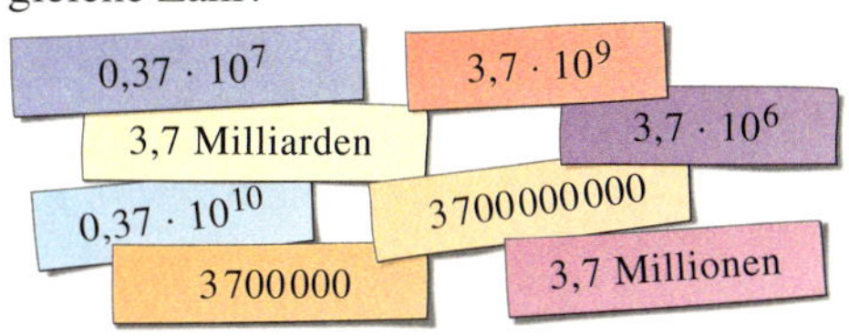

15
Es ist $1{,}6 \cdot 25 = (1{,}6 \cdot 100) : 4 = \ldots$
Berechne ähnlich geschickt.

a) $8{,}3 \cdot 50$ b) $0{,}44 \cdot 25$
c) $0{,}08 \cdot 250$ d) $2{,}96 \cdot 50$
e) $0{,}062 \cdot 500$ f) $0{,}004 \cdot 125$
g) $0{,}56 \cdot 250$ h) $0{,}308 \cdot 500$

G16
Berechne den Flächeninhalt des Dreiecks.

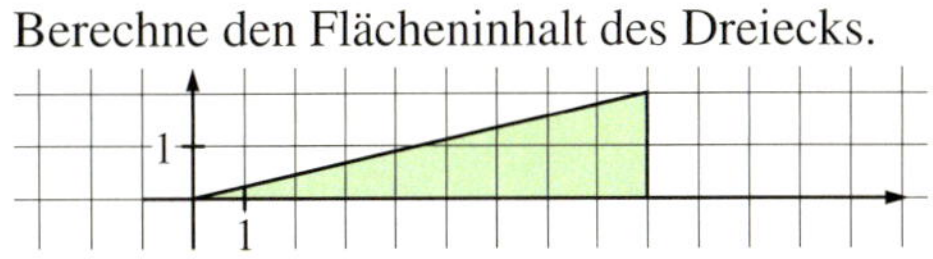

6 Multiplizieren von Dezimalbrüchen

1

a) Wie viel € kosteten 10 *l* Superbenzin (40 *l* Superbenzin) an dem Tag, an dem das Foto gemacht wurde?

b) Frau Merzhäuser tankte ihren Hispaña Diesel voll. Die Zapfsäule zeigte 42,8 *l* an. Wie viel € musste Frau Merzhäuser bezahlen?
Überschlage erst. Versuche dann genau zu rechnen.

2

Eine rechteckige Tischplatte ist 1,5 m lang und 0,8 m breit.

a) Wie viel m² beträgt ihre Fläche?

b) Die Tischplatte kann auf das 1,5fache ihrer Größe ausgezogen werden. Wie groß ist sie dann?

Die Regel zum Multiplizieren von Dezimalbrüchen kann man auch entdecken, indem man die Dezimalbrüche in Brüche verwandelt:
$3{,}4 \cdot 2{,}53 =$
$\frac{34}{10} \cdot \frac{253}{100} = \frac{8602}{1000}$
$= 8{,}602$

Um die Dezimalbrüche 3,4 und 2,53 miteinander zu multiplizieren, kann man sie erst einmal mit 10 bzw. 100 multiplizieren. Damit erhält man natürliche Zahlen. Zum Ausgleich muss dann das Produkt durch 1000 dividiert werden.

$$3{,}4 \cdot 2{,}53 = (34 \cdot 253) : 1000 = 8602 : 1000 = 8{,}602$$

Das Ergebnis hat dann genau so viele Stellen nach dem Komma wie die beiden Faktoren zusammen.

Multiplikation von Dezimalbrüchen:
1. Multipliziere zunächst ohne Berücksichtigung der Kommas.
2. Setze das Komma dann so, dass das Ergebnis ebenso viele Stellen nach dem Komma hat wie beide Faktoren zusammen.

Beispiel 1

a)
```
1 Stelle  2 Stellen
  4,8 · 3,42
  ----------
    144
     192
       96
     1 1
  ----------
    16,416
     3 Stellen
```

b)
```
2 Stellen  2 Stellen
  1,86 · 0,54
  -----------
      930
      744
     1
  -----------
     1,0044
     4 Stellen
```

c)
```
3 Stellen  3 Stellen
  0,031 · 0,072
  -------------
          217
           62
          1
  -------------
      0,002232
      6 Stellen
```

Beachte: Um im Beispiel c) auf die richtige Anzahl von Nachkommastellen zu kommen, müssen Nullen vorangestellt werden.

Gegensinnige Kommaverschiebung:
$0{,}008 \cdot 11\,000$
$= 0{,}008 \cdot 11\,000{,}0$
$= 8 \cdot 11 = 88$

Die Produkte $0{,}25 \cdot 18{,}7$ und $2{,}5 \cdot 1{,}87$ führen zum gleichen Ergebnis, weil die Faktoren die gleiche Ziffernfolge und zusammen gleich viele Nachkommastellen haben.
Das Produkt ändert sich also nicht, wenn man das Komma bei den Faktoren um gleich viele Stellen in entgegengesetztem Sinne verschiebt (**gegensinnige Kommaverschiebung**). Dies ist besonders bei **Überschlagsrechnungen** nützlich.

Beispiel 2
Überschlage. a) $381{,}5 \cdot 0{,}021$ b) $0{,}663 \cdot 145{,}3$
Lösung:
a) $381{,}5 \cdot 0{,}021$
$= 3{,}815 \cdot 2{,}1$
$\approx 4 \cdot 2 = 8$

b) $0{,}663 \cdot 145{,}3$
$= 6{,}63 \cdot 14{,}53$
$\approx 7 \cdot 14 = 98$ (oder $6 \cdot 15 = 90$)

Aufgaben

3
Berechne im Kopf.
a) $0{,}4 \cdot 3$ b) $0{,}8 \cdot 7$ c) $1{,}2 \cdot 5$
d) $0{,}03 \cdot 5$ e) $0{,}007 \cdot 8$ f) $1{,}06 + 5$
g) $7 \cdot 0{,}9$ h) $4 - 0{,}06$ i) $20 \cdot 0{,}075$
k) $0{,}0002 \cdot 17$ l) $0{,}04 \cdot 12$ m) $0{,}4 \cdot 15$

4
Berechne im Kopf.
a) $20\,\% \cdot 5$ b) $0{,}3 \cdot 0{,}4$ c) $\frac{1}{2} \cdot 0{,}6$
d) $0{,}1 \cdot 0{,}2$ e) $0{,}4 \cdot 0{,}1$ f) $0{,}8 \cdot 0{,}9$
g) $0{,}6 \cdot 0{,}6$ h) $0{,}3 \cdot \frac{3}{10}$ i) $0{,}3 \cdot 0{,}9$
k) $0{,}02 \cdot 0{,}7$ l) $0{,}4 \cdot 0{,}008$ m) $0{,}006 \cdot 0{,}05$

5
Berechne geschickt im Kopf.
a) $0{,}03 \cdot 50$ b) $90 \cdot 0{,}05$ c) $0{,}24 \cdot 20$
d) $1{,}7 \cdot 20$ e) $0{,}7 \cdot 80$ f) $0{,}11 \cdot 800$
g) $0{,}06 \cdot 150$ h) $250 \cdot 0{,}4$ i) $12{,}5 \cdot 40$

6

Rinderbraten	1 kg	10,90 €
Schweinebraten mager	1 kg	7,95 €
Kotelett	1 kg	7,50 €
Wiener Würstchen	1 kg	8,20 €
Schinken roh	1 kg	15,90 €
Schinken gekocht	1 kg	13,90 €
Aufschnitt gemischt	1 kg	11,27 €

Wie viel kostet der Einkauf beim Metzger?

7
Rechne geschickt im Kopf.
a) $(30 \cdot 2{,}5) \cdot 4$ b) $0{,}2 \cdot 4{,}3 \cdot 50$
c) $31 \cdot 0{,}24 + 0{,}76 \cdot 31$
d) $(25 - 2{,}5) \cdot 4$ e) $\frac{3}{8} \cdot 0{,}7 \cdot 16$

8
Führe zunächst eine Überschlagsrechnung durch. Rechne dann genau.
a) $82{,}5 \cdot 0{,}29$ b) $39{,}4 \cdot 0{,}91$ c) $832 \cdot 3{,}03$
d) $8{,}73 \cdot 732{,}1$ e) $0{,}045 \cdot 485$ f) $34{,}2 \cdot 0{,}68$
g) $0{,}049 \cdot 65{,}4$ h) $14{,}8 \cdot 19{,}3$ i) $87{,}4 \cdot 0{,}38$

9
a) $218 + 32 \cdot 5{,}4$ b) $2{,}4 \cdot 0{,}2 - 1{,}8$
c) $32{,}5 \cdot 0{,}12 + 980$ d) $200 \cdot 0{,}038 - 4{,}5$
e) $-153 + 820 \cdot 0{,}19$ f) $180{,}47 - 0{,}47 \cdot 5$

10
Berechne und vergleiche. Schreibe deine Beobachtung in Worten auf.
a) $700 \cdot 5{,}83$ b) $370 \cdot 1{,}3$
$70 \cdot 5{,}83$ $37 \cdot 1{,}3$
$7 \cdot 5{,}83$ $3{,}7 \cdot 1{,}3$
$0{,}7 \cdot 5{,}83$ $0{,}37 \cdot 1{,}3$
$0{,}07 \cdot 5{,}83$ $0{,}037 \cdot 1{,}3$

11
Eine Seemeile (sm) entspricht 1,852 km. Bei der Schifffahrt gibt man die Geschwindigkeit in Knoten (kn) an. 1 kn bedeutet, dass eine Seemeile in einer Stunde zurückgelegt wird.
a) Wie viel km legt ein 30 kn (22 kn) schnelles Schiff in der Stunde zurück?
b) Wie lange braucht es für die Strecken Hamburg – New York (3700 sm) bzw. Hamburg – Sydney (11 800 sm)?

12
1 *l* Cola enthält 111,5 g Zucker. Jürgen trinkt am Abend drei Gläser zu 0,25 *l*. Wie viel g beträgt seine Extraportion Zucker?

13
a) (14,72 – 9,22) · (21,73 + 0,27)
b) 14,72 · 9,22 + 21,73 · 0,27
c) 0,139 + 0,34 · 14,3

14
Rechne geschickt.
a) 1,43 · 7 + 1,43 · 23 b) 0,27 · 200 – 2,7 · 12
c) 0,37 · 110 + 0,43 · 110
d) 0,019 85 · 7800 – 198,5 · 0,74
e) 0,002 345 · 63 000 – 234,5 · 0,59

Lösungssalat zu 15:

15
a) $\left(\frac{7}{8} + \frac{1}{16}\right) \cdot 0{,}3$ b) $0{,}8 \cdot \left(\frac{4}{5} + 27{,}5\right) + \frac{1}{8}$
c) $\left(4{,}23 + \frac{3}{8}\right) \cdot \frac{1}{2} \cdot \frac{7}{5}$ d) $\left(0{,}75 + \frac{1}{2}\right) \cdot \frac{4}{5} + \frac{3}{4}$

16
Übertrage ins Heft und ergänze passend.

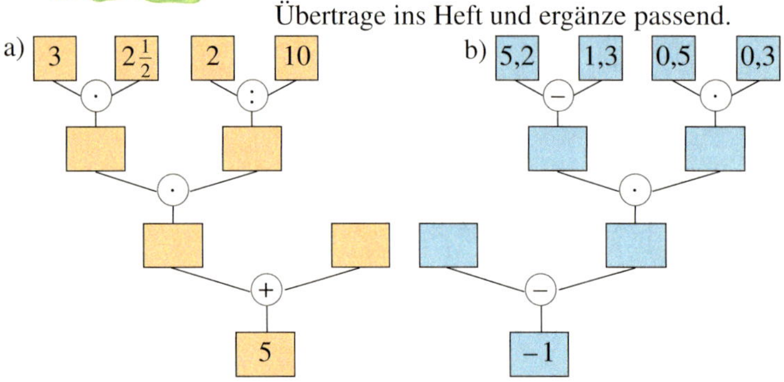

17
Der „Energieverbrauch“ eines Elektrogerätes wird in Kilowattstunden (kWh) gemessen. 2003 kostete 1 kWh etwa 0,154 €.
a) Berechne die Stromkosten.

5 kg Kochwäsche 1,65 kWh

24 h Kühlen 0,31 kWh

1-mal Spülen 1,15 kWh

5 h Fernsehen 0,41 kWh

b) Manche elektrischen Geräte können beim Ausschalten in einen Bereitschaftsbetrieb (standby) geschaltet werden. Welche Geräte sind das bei dir zu Hause? Ermittle für sie den ungefähren Verbrauch im standby-Betrieb.

18
Überschlage zuerst. Berechne.
a) (41,8 + 2,7) · (25,2 – 24,99)
b) (128,1 – 27,9) · (0,21 + 1,79)
c) (81,2 – 65,4) · (237,08 – 36,07)

19
Fasse die Aufgabe in Worte.
a) (115,7 + 84,3) · (115,7 – 84,3)
b) 36,8 · 27,9 – (36,8 + 27,9)
c) 2 · (48,06 – 29,73) + 76,8 · 0,3

20
Frau Garb tankt 58 *l* Super, Herr Burg 49,8 *l* Diesel. Wie viel Euro zeigt jeweils die Tanksäule an? Rechne mit aktuellen Preisen.

21
Das alte Längenmaß Zoll wird mit ″ abgekürzt. Es ist 1″ = 2,54 cm.
a) Wie viel cm beträgt die Bildschirmdiagonale (der Diskettendurchmesser)?

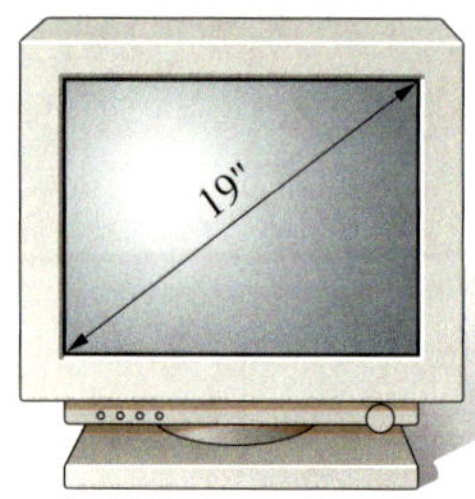

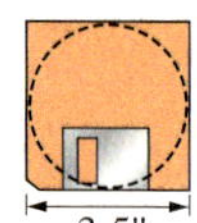

b) Suche weitere Gegenstände, bei denen Abmessungen in Zoll angegeben werden. Schreibe sie auf und rechne jeweils um.

22
Der Aufzug in einem Hochhaus steigt 2,6 m in einer Sekunde.
a) Wie viel m steigt er in einer Minute?
b) Wie lange dauert die Fahrt vom 12ten ins 25ste Stockwerk, wenn die Stockwerkshöhe 4,2 m beträgt?

*23
Zwei rechteckige Grundstücke haben die Maße: 22,5 m × 22,5 m bzw. 13,5 m × 37,5 m.
a) Vergleiche die Flächeninhalte.
b) Alle Angaben sind auf dm gerundet. Zwischen welchen Grenzen wird das Ergebnis liegen, wenn man auf cm genau misst?

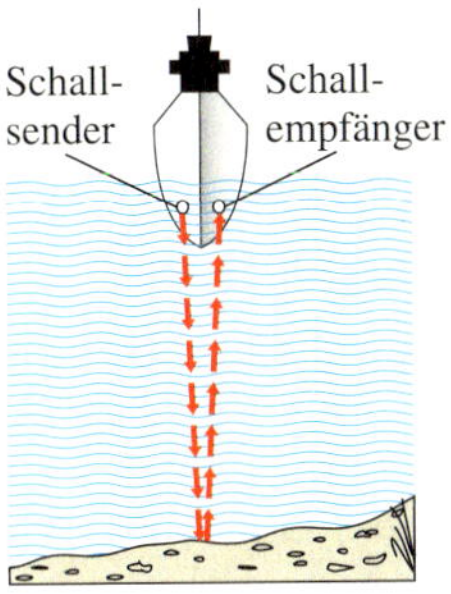

24
Um die Meerestiefe zu bestimmen, verwendet man ein Echolot mit Ultraschall. Im Wasser legt der Schall 1,5 km pro Sekunde zurück.

a) Wie tief ist das Wasser, wenn der Schall nach 5,25 s wieder zurückkommt?
b) Wie lange braucht der Schall an der tiefsten Stelle der Weltmeere?

25
a) Ein Maler erstellt einen Kostenvoranschlag für das Tünchen eines Wohnraums. Er misst die Länge des rechteckigen Zimmers zu 6,80 m, die Breite zu 4,60 m und die Raumhöhe zu 2,45 m und berechnet damit (auf 2 Dezimalstellen gerundet) die zu tünchende Fläche. Fenster- und Türflächen werden dabei nicht abgezogen. Er veranschlagt 3,80 €/m² zuzüglich einer Pauschale von 38,50 € für Abdecken und Abkleben.
Wie hoch ist der Angebotspreis? Um wie viel € erhöht er sich durch die Mehrwertsteuer?
b) Was würde die Firma der Aufgabe a) für das Tünchen deines Zimmers verlangen?

26
Ulrich hat ausgerechnet, dass die gesamte Weltbevölkerung auf dem Bodensee Platz hätte, wenn eine Person 0,2 m² „Stehplatz" benötigt.

a) Schätze ab, ob er Recht haben könnte. Bestimme dazu anhand der Karte einen ungefähren Wert für die Fläche des Bodensees.

Die Luftlinie Singen-Bregenz ist 74 km lang.

b) Überprüfe die Behauptung, indem du einen genaueren Wert für die Fläche ermittelst und damit rechnest.

27
Die Space-Shuttle-Raumfähre hat 2 Minuten nach dem Start eine Höhe von 45 km und eine Geschwindigkeit von 1,34 km in der Sekunde erreicht. Nach weiteren 6,5 Minuten werden die Triebwerke abgeschaltet. Die Geschwindigkeit hat sich auf das Sechsfache gesteigert. Wie viel km legt die Raumfähre dann in 1 h zurück?

28
Sebastian und sein Vater möchten den Vorgarten ihres Hauses einzäunen und Rasen ansäen.
Wie viel m Zaun müssen sie kaufen, wie viel Grassamen brauchen sie etwa?

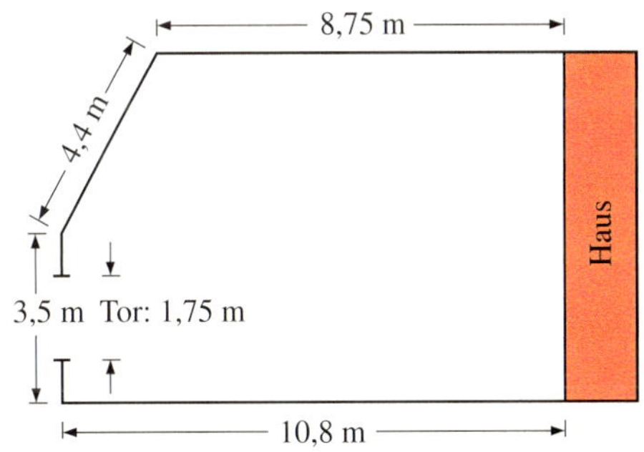

G29
Überschlage und berechne dann.

a) $307 \cdot 132$ b) $726 \cdot (-11)$
c) $-5238 : 97$ d) $206 \cdot 391$
e) $3198 : 82$ f) $27405 : 87$
g) $-73 + 88 - 27 + 12 + 270 - 16 + 730$
h) $37,2 + 8,88 - 5,1239 + 3,3$
i) $14^2 + 4248 : 8 - 7$
k) $777 : 21 + 184 : 8$
l) $14\frac{3}{8} + 5,625 + 131 : 40 + 8\frac{9}{10} - 5\frac{27}{100}$

7 Dividieren eines Dezimalbruchs durch eine natürliche Zahl

1

Vergleiche die beiden Angebote. Was kostet jeweils 1 *l* Mineralwasser?

2

a) Berechne 35 : 8. Gib das Ergebnis in gemischter Bruchschreibweise und als Dezimalbruch an.

b) Ruwen hat gerechnet: 73,2 : 4 = 183. Prüfe seine Rechnung durch einen Überschlag. An welche Stelle gehört das fehlende Komma?

Das Ergebnis ist auch so zu erhalten:
$15:4 = \frac{15}{4} = 3\frac{3}{4} = 3{,}75$

Die schriftliche Division zweier natürlicher Zahlen ist bekannt. Für den Fall, dass ein Rest bleibt, zeigt die nebenstehende Figur, wie das Verfahren mit Hilfe der Dezimalbruchschreibweise fortgesetzt werden kann. Das Anhängen der Null an den Rest 3 bedeutet: Rest 30 Zehntel. Beim Umwandeln des Einerrestes in Zehntel entstehen im Ergebnis ebenfalls Zehntel, also ist im Ergebnis ein Komma zu setzen.

Z	E ,	z	h		E ,	z	h
1	**5**			**:4 =**	**3 ,**	**7**	**5**
−1	2				↑		
	3	0			→ *Jetzt Komma setzen, denn 30 Zehntel werden durch 4 dividiert.*		
−	2	8					
		2	0				
	−	2	0				
			0				

Entsprechend kann man auch einen Dezimalbruch durch eine natürliche Zahl dividieren.
Auch beim Übergang von den Einern zu den Zehnteln muss im Ergebnis das Komma gesetzt werden.

Z	E ,	z	h		E ,	z	h
1	**5 ,**	**7**	**6**	**:4 =**	**3 ,**	**9**	**4**
−1	2				↑		
	3	7			→ *Jetzt Komma setzen!*		
−	3	6					
		1	6				
	−	1	6				
			0				

Division eines Dezimalbruchs durch eine natürliche Zahl:
Gehe vor wie bei der Division natürlicher Zahlen und setze beim Überschreiten des Kommas im Dividenden auch im Ergebnis das Komma.

Beispiel

a)
9,2 : 8 = 1,15
−8 ↑
12 → *Komma setzen!*
−8
40
− 40
0

b)
17 : 4 = 4,25
− 16 ↑
10 → *Komma setzen!*
−8
20
− 20
0

c)
0,24 : 6 = 0,04
− 0
02
−0
24
− 24
0

Aufgaben

Lösungssalat zu 10:

Lösungssalat zu 11:

3
Berechne.

a) 0,9 : 3	b) 0,08 : 4	c) 0,96 : 3
d) 6,99 : 3	e) 25,05 – 5,5	f) 0,25 : 5
g) 8,24 : 4	h) 6,18 · 3	i) 16,32 : 8
k) 0,28 : 7	l) 0,72 : 12	m) 0,105 : 15

4

a) 1,5 : 2	b) 3,8 : 2	c) 7,8 : 6
d) 5,7 : 19	e) 9,6 : 12	f) 13,2 : 11
g) 35,7 : 17	h) 15 % : 4	i) 124,2 : 9
k) 19 : 5	l) 17 : 4	m) 0,77 : 22

5
Achmed vergleicht die Angebote für Hundefutter. Ein 8-kg-Beutel kostet 7,54 €, ein 5-kg-Paket 4,49 €.
Welches Angebot ist günstiger? Begründe.

6
a) Ein Paket Druckerpapier mit 500 Blatt wiegt 2,2 kg. Wie viel wiegt ein Blatt?
b) Bestimme das Gewicht eines Reißnagels. Beschreibe, wie du vorgegangen bist.

7
Schätze zuerst und berechne dann.

a) 4,653 : 11	b) 7,605 : 15
c) 113,3 : 55	d) 0,7505 + 1,805
e) 7,32168 : 24	f) 0,6007 · 18
g) 172,83 : 140	h) 0,1271 : 41

8
a) Berechne $\frac{5}{9}$ von 2,385.
b) Berechne $\frac{11}{13}$ von 4,55.

9
Waldmann ist durch den Zaun geschlüpft.
Wie groß ist ein Zwischenraum?

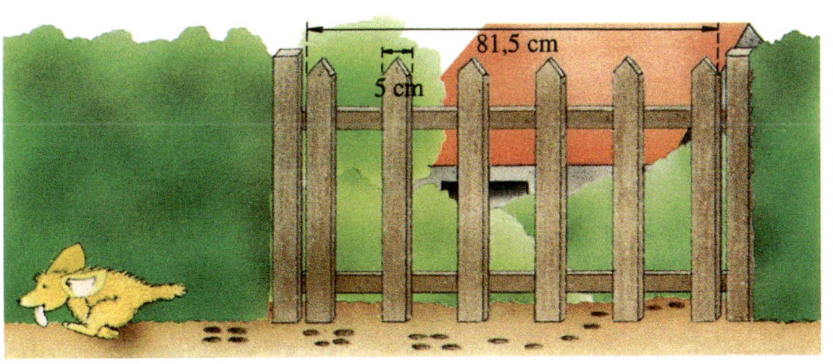

10
a) $1{,}38 : 6 + 6{,}93 : 9$
b) $(0{,}4 + 0{,}26) : 22 + 6{,}79 : 7$
c) $(2{,}04 + 0{,}56) : (195 - 182)$
d) $0{,}435 - (14{,}3 - 9{,}08) : 12$
e) $0{,}3 \cdot 1{,}3 - (5{,}07 - 4{,}26) : 9$
f) $\left(\frac{1}{2} - 0{,}75\right) + (16{,}8 : 12 - 12)$

11
a) $[(4{,}58 - 2{,}36) \cdot 0{,}4] : 8$
b) $(4{,}3 - 2{,}5 \cdot 1{,}2) \cdot \frac{5}{13}$
c) $\left[\left(5{,}2 - 4\frac{1}{4}\right) \cdot 5\frac{1}{8}\right] : 25$
d) $\frac{20{,}352 + 10{,}01 + 132{,}448}{18{,}2 \cdot 4{,}5 - 0{,}9}$

12
a) Dividiere die Summe der Zahlen 6,4 und 27,2 durch 3.
b) Dividiere das Produkt der Zahlen 20,2 und 3,6 durch 30.
c) Dividiere den Quotienten aus 470,4 und 7 durch 24.

13
Dividiere und gib das Ergebnis auf Zehntel gerundet an.

a) 7,5 : 8	b) 6,36 : 24	c) 0,98 : 14
d) 15,2 : 16	e) 28,3 : 8	f) 3,815 : 7
g) 22,5 : 12	h) 16,07 : 15	i) 128,5 : 9

14
Im 19. Jahrhundert wurden in Deutschland 10-Mark- und 20-Mark-Münzen aus Gold geprägt. Dabei hatten 500 g Gold den Wert von 1395 Mark.
a) Wie viel g Gold entsprach 1 Mark? Runde auf Hundertstel g.
b) Wie viel g reines Gold enthielten das 10-Mark- und das 20-Mark-Stück?
c) Berechne den heutigen Materialwert der beiden Goldmünzen.

G15
a) Ordne folgende Brüche mit möglichst wenig Rechenarbeit: $\frac{8}{15}; \frac{17}{35}; \frac{7}{24}; \frac{7}{15}; \frac{7}{22}$
b) Zeichne einen Zahlenstrahl und trage diese Brüche ein.
c) Welcher der Brüche liegt am nächsten bei $\frac{1}{2}\left(-\frac{1}{2}\right)$?

8 Dividieren eines Dezimalbruchs durch einen Dezimalbruch

1

a) Wie viele 2-*l*-Krüge kann man mit einem Saftvorrat von 15 *l* füllen?

b) Wie viele Gläser zu 0,2 *l* können mit dem Inhalt der Flasche gefüllt werden?

2

Berechne die Quotienten und vergleiche:
28 000 : 70 000; 2800 : 7000; 280 : 700; 28 : 70; 2,8 : 7.

Die Regel zum Dividieren von Dezimalbrüchen kann man auch entdecken, indem man die Dezimalbrüche in Brüche verwandelt:

$0{,}486 : 0{,}12 =$

$\frac{486}{1000} : \frac{12}{100} =$

$\frac{486}{1000} \cdot \frac{100}{12} = \frac{486}{10} : 12$

$= 48{,}6 : 12$

Es ist 1200 : 4000 = 0,3; 120 : 400 = 0,3; 12 : 40 = 0,3; 1,2 : 4 = 0,3.
Man erkennt: Der Quotient zweier Zahlen ändert sich nicht, wenn man beide Zahlen mit 10 (100; 1000; …) multipliziert oder durch 10 (100; 1000; …) dividiert.
Der Quotient zweier Zahlen ändert sich daher auch nicht, wenn man bei beiden Zahlen das Komma um gleich viele Stellen in die gleiche Richtung verschiebt **(gleichsinnige Kommaverschiebung)**. So ist z. B.:

$0{,}6 : 0{,}3 = 6 : 3 = 2$ (→ →)

$0{,}486 : 0{,}12 = 48{,}6 : 12 = 4{,}05$ (→ →)

$354{,}9 : 700 = 3{,}549 : 7 = 0{,}507$ (← ←)

Durch gleichsinnige Kommaverschiebung kann man stets erreichen, dass der Divisor kein Komma mehr hat. Danach lässt sich der Quotient berechnen wie bisher.

Division durch einen Dezimalbruch:
Verschiebe das Komma bei beiden Zahlen so weit nach rechts, bis der Divisor eine natürliche Zahl ist und führe dann die Division aus.

$4{,}62 : 0{,}28$
$= 46{,}2 : 2{,}8$
$\approx 45 : 3 = 15$

Auch bei der Division von Dezimalbrüchen ist eine **Überschlagsrechnung** stets nützlich. Häufig ist es zweckmäßig, dabei in zwei Schritten vorzugehen:

1. Verschiebe das Komma so, dass der Divisor nur eine Stelle (≠ 0) vor dem Komma hat.
2. Runde den Divisor auf die Einerstelle. Ersetze den Dividenden so durch eine in der Nähe liegende Zahl, dass du die Division im Kopf rechnen kannst.

Beispiel 1
Berechne 0,364 : 0,08.
Lösung:
0,364 : 0,08 = 36,4 : 8 = 4,55

```
– 32
  44
– 40
  40
– 40
   0
```

Beispiel 2
Berechne 2,03 : 0,014.
Lösung:
2,03 : 0,014 = 2030 : 14 = 145

```
– 14
  63
– 56
  70
– 70
   0
```

Beispiel 3

Überschlage und berechne 0,07344 : 0,432.

Lösung:

Überschlag:

$0{,}07344 : 0{,}432 = 0{,}7344 : 4{,}32$

$\approx 1 : 5$

$= 0{,}2$

$0{,}073\,44 : 0{,}432 = 73{,}44 : 432 = 0{,}17$

-432

3024

-3024

0

Aufgaben

3

Berechne im Kopf.

a) 20 : 0,1 b) 40 : 0,2
c) 5 : 0,2 d) 35 : 0,01
e) 4 : 0,05 f) 9 : 0,003
g) 80 : 0,04 h) 0,1 : 0,001

4

Berechne im Kopf.

a) 9,9 : 3,3 b) 4,4 : 0,22
c) 4,8 · 0,03 d) 0,14 : 0,07
e) 0,25 : 0,5 f) 7,2 – 1,2
g) 1,5 : 0,25 h) 1 : 0,004

5

Berechne.

a) 4,8 : 0,03 4,8 · 0,03 4,8 – 0,03
b) 1,44 – 3,6 1,44 + 3,6 1,44 : 3,6
c) 2,03 · 0,14 2,03 : 0,14 2,03 – 0,14

6

Übertrage in dein Heft und ergänze die fehlenden Zahlen.

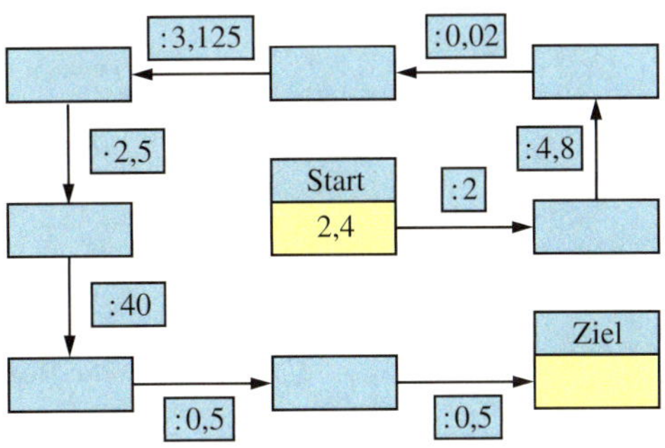

7

Überschlage und rechne.

a) 0,054 : 0,45 b) 71,574 : 1,58
c) 13,224 : 23,2 d) 1816,56 : 84,1
e) 156,96 : 0,24 f) 27,318 : 0,087
g) 0,1 · 1,743 : 0,07 h) (1,81 – 5) · 0,9

Lösungssalat zu 12:

8

Ein Tunnel von 1,159 km Länge soll alle 30,5 m eine Lampe erhalten. Wie viele Lampen braucht man, wenn auch an den Einfahrten Lampen angebracht werden?

9

Der Obstmarkt bietet an:

Deutsche Tafel-Äpfel Kl. 1
2,5-kg-Beutel Boskop 2,99 €
1,5-kg-Beutel Gloster 1,98 €
4,5-kg-Korb Jonagold 4,95 €

Vergleiche die Preise.

10

In einem Gebäude soll der 18,2 m lange und 4,2 m breite Gang mit quadratischen Platten von 0,28 m Seitenlänge belegt werden. Wie viele Platten braucht man, wenn 10 % Verschnitt einzukalkulieren sind?

11

Der Wagen von Frau Gut braucht nach Angabe der Herstellerfirma auf 100 km durchschnittlich 7,5 *l* Benzin. Nach 550 km muss sie 39,6 *l* Benzin nachfüllen.

a) Schätze ab, ob die Angabe der Herstellerfirma zutreffend ist.
b) Welchen durchschnittlichen Verbrauch auf 100 km ermittelt Frau Gut?

12

Berechne.

a) (2,53 + 0,16 – 1,9) : 0,5
b) (12,6 – 1,5 – 0,94) : 0,8
c) (3 : 0,04 – 1 : 2,5) : 2,5
d) (0,015 : 3 + 3 : 0,015) : 0,5

13
Ein Imker hat 80 kg Honig „geerntet". Wie viele Dosen zu je 3,75 kg kann er damit füllen? Wie viel kg Honig bleiben als Rest übrig?

14
Erinnerung: Punkt vor Strich!

Berechne.
a) (5 : 0,04 – 100 : 2,5) : 1,7
b) – 4,62 – 0,62 : (2 – 0,8 : 2)
c) 11,5 : 2,3 + 290 : 5,8
d) (45,9 + 27,3) : 1,2 – 61,2

15
Berechne.

a)	b)	c)
391 : 17	44,08 : 29	943 : 4,1
391 : 1,7	440,8 : 2,9	94,3 : 0,41
39,1 : 1,7	440,8 : 0,29	9,43 : 41
391 : 0,17	0,4408 : 290	0,943 : 0,41
0,391 : 0,17	4,408 : 2,9	9,43 : 0,0041
3,91 : 0,017	4408 : 29	9430 : 4,1

16
Mache eine Überschlagsrechnung; berechne dann und runde jeweils auf die kleinste Zahl der geltenden Ziffern.
a) 6,513 : 2,6 b) 3,95 : 0,32
c) 9,09 : 45 d) 0,1743 : 0,7
e) 0,054 : 0,45 f) 13,224 : 23,2

Lösungssalat zu 17:

17
a) 70 : 0,2 – 78,3 : (51 : 17 – 0,3)
b) 8,5 · (35,35 : 7 + 4,95) – 17,5
c) 24 – 4 : (2,3 – 3,9 : 13) – 22
d) (1,8 + 0,2 · 5 + 1,7) : 0,009

18
Ein Lastkahn hat 1600 t Kohle geladen. Wie viel Güterzüge sind nötig, um die Kohle weiterzutransportieren? Ermittle selbst die erforderlichen Daten.

19
a) Wer ist im Mittel schneller: ein Eissprinter, der 500 m in 34,42 s läuft, oder ein Radfahrer, der in einer Stunde 45 km fährt?
b) Vergleiche mit einem Sprinter, der 100 m in 9,85 s läuft, und einer Eisschnellläuferin, die für 3000 m 3 min 57,7 s braucht.

20
Ein Dachfenster darf mit Flügelrahmen (Breite 6 cm) nicht breiter als 92 cm sein.
a) Das Fenster soll eine Glasfläche von 1 m^2 haben. Wie hoch wird der Fensterflügel?
b) Wie viel m Profilleisten braucht der Hersteller mindestens für den Flügelrahmen?

21
Wie lang ist der Schatten eines 7,2 m hohen Baumes, wenn gleichzeitig eine 2,1 m hohe Gerüststange einen 1,4 m langen Schatten wirft? Schreibe deine Überlegung auf.

22
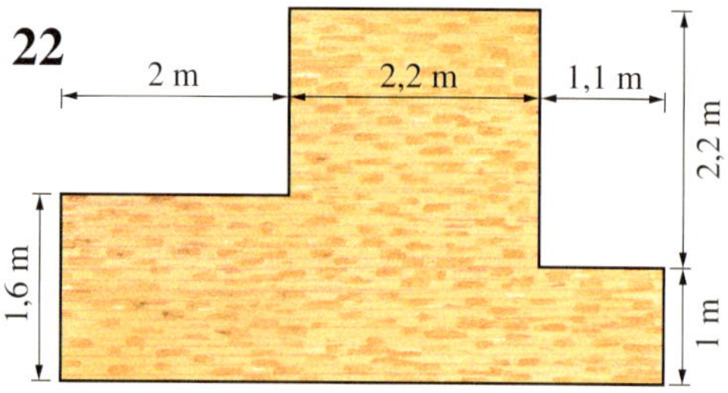

Frau Keller will in ihrem Wohnzimmer Parkett verlegen lassen. 1 m^2 kostet einschließlich Verlegen 45,20 €.
a) Wie viel kostet das Parkett?
b) Wie viel muss sie bezahlen, wenn noch 16 % als Mehrwertsteuer hinzukommen?

23
Funksignale legen in einer Sekunde 300 000 km zurück. Wie lange braucht ein Funksignal von der Erde zum Mond, wie lange von der Erde zur Sonne?

24
a) Dividiere die Summe der Zahlen 2,8 und 3,7 durch die Differenz der Zahlen 65,09 und 64,96.
b) Dividiere die Differenz der Zahlen 52,7 und 27,3 durch ihre Summe.
c) Subtrahiere den Quotienten aus 6 und 15 vom Quotienten aus 14 und 0,25.

25
Schreibe in Wortform.
a) (2,8 + 3,7) : (65,09 – 64,96)
b) (42,8 – 0,8 : 0,16) : 1,5

Lösungssalat zu 26:

Mit dem Distributivgesetz gilt:

$(0{,}3 - 7{,}2) : 3$
$= 0{,}3 : 3 - 7{,}2 : 3$
$= 0{,}1 \quad - 2{,}4 \quad = -2{,}3$

26

Rechne wie im folgenden Beispiel unter Anwendung der gleichsinnigen Kommaverschiebung:

$$\frac{0{,}45 \cdot 2{,}8}{7{,}2 \cdot 0{,}056} = \frac{45 \cdot 28 \cdot 10}{72 \cdot 56} = \frac{5 \cdot 1 \cdot 10}{8 \cdot 2} = \frac{25}{8} = 3{,}125$$

a) $\frac{0{,}6 \cdot 7{,}8}{0{,}52}$ b) $\frac{0{,}36}{0{,}15 \cdot 0{,}8}$

c) $\frac{0{,}7 \cdot 0{,}33}{0{,}084 \cdot 5{,}5}$ d) $\frac{165 \cdot 0{,}78}{0{,}006 \cdot 1430}$

e) $\frac{0{,}084 \cdot 1{,}44}{7{,}2 \cdot 2{,}5 \cdot 0{,}014}$ f) $\frac{0{,}182 \cdot 2{,}25}{0{,}013 \cdot 0{,}18 \cdot 350}$

27

Berechne möglichst geschickt.

a) $\frac{5{,}6 - 0{,}32}{8}$ b) $\frac{4{,}8 + 0{,}24}{12}$ c) $\frac{4{,}5 + 0{,}75}{15}$

d) $\frac{5{,}6 - 21}{7}$ e) $\frac{0{,}036 - 1{,}44}{0{,}12}$ f) $\frac{2{,}87 - 0{,}021}{0{,}7}$

28

Ein Obsthändler bekommt eine Sendung mit 250 kg Äpfeln; sie kostet 164,25 €. Beim Umpacken in 12,5-kg-Steigen stellt er fest, dass etwa 10 % der Äpfel angefault sind. Wie teuer muss der Händler eine Steige mindestens verkaufen, damit er keinen Verlust hat?

29

Übertrage das Rätsel in dein Heft und löse es dann. Beachte, dass Kommas und Minuszeichen ein eigenes Kästchen haben.

1	■	2		3	4
5	6		■	7	
8			9		■
■		■		■	10
11		12		13	■
■	14				

senkrecht:

1. $1{,}6 \cdot \left(\frac{3}{8} + 0{,}25\right) + 2^7$

2. $\left(9\frac{1}{4} - 2\frac{7}{100}\right) \cdot 100$

3. $\left(3\frac{1}{2} : 0{,}5\right) \cdot \left(17 \cdot \frac{17}{51} \cdot 3\right)$

4. $3{,}2 \cdot \left(4{,}75 - 0{,}75 \cdot \frac{4}{3}\right)$

6. $1{,}1 : \left(\frac{7}{9} - \frac{2}{3}\right) + \frac{7}{200}$

9. $5{,}1 \cdot 6{,}2 + 7{,}3 \cdot 8{,}4 - \frac{11}{25}$

12. $\left[\left(0{,}4 \cdot \frac{3}{4}\right) : 2{,}5 - \frac{3}{25} \cdot 0{,}25\right] : 0{,}003$

13. $13\frac{1}{3} \cdot \left(2{,}75 + \frac{1}{3} + 1{,}25 + \frac{1}{6}\right)$

waagerecht:

2. $\left(\frac{1}{2} + 0{,}5\right) \cdot 7{,}1 + 0{,}01$

5. $-11 \cdot \left(1\frac{1}{4} + 1{,}75\right) + 18^2$

7. $15 : \left(0{,}5 + \frac{3}{4}\right)$

8. $\left(1{,}7 + \frac{1}{5}\right) \cdot 5{,}21$

10. $\left(3\frac{1}{2} \cdot 0{,}7 + 4{,}2 : \frac{3}{4}\right) : 1{,}61$

11. $8{,}4 : \left(\frac{1}{4} - 0{,}5\right)$

14. $\left[1 : \left(\frac{1}{6}\right)^2 - 1\right] \cdot \left(3\frac{4}{11} \cdot 11\right) \cdot \left[16{,}25 : \left(0{,}25 + \frac{1}{6}\right)\right]$

*30

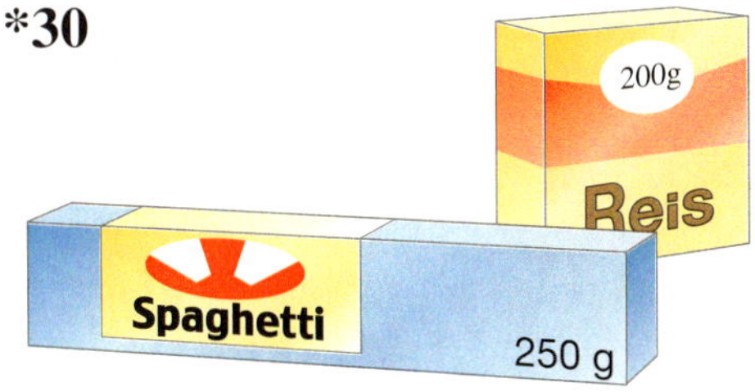

a) Eine Spaghettinudel wiegt etwa 0,8 g. Wie viele Nudeln sind ungefähr in dem Nudelpaket?

b) Bestimme mit einem geeigneten Verfahren näherungsweise das Gewicht eines Reiskorns. Wie viele Körner sind ungefähr in der Packung Reis?

c) Wie viele Reiskörner wiegen genauso viel wie 300 Spaghettinudeln?

31

Das Fußballspiel stammt aus England. Daher sind alle Maße im Fußball in Fuß (englische Maßeinheit) festgelegt.

1 Fuß = 0,305 m.

a) Rechne die hier in m gegebenen Maße in Fuß um. Runde sinnvoll.

b) Wie weit müsste genau gerechnet der 11-m-Punkt von der Torlinie entfernt sein?

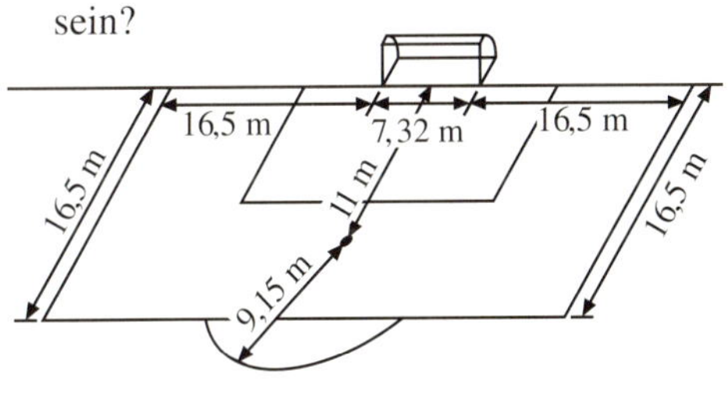

G32

Auf einem Parkplatz stehen 200 PKWs, darunter 12 Sportwagen. 4 der 25 rot lackierten PKWs sind Sportwagen. Wie hoch ist der Anteil der PKW, die weder Sportwagen noch rot lackiert sind?

G33

a) Schreibe als Zehnerpotenz: Sechs Milliarden dreihundert Millionen.

b) Wie lautet die größte (kleinste) vierstellige Zahl mit der Quersumme 15?

c) Wie viele fünfstellige Zahlen kann man mit den Ziffern 4 und 6 bilden?

9 Periodische Dezimalbrüche

Anzahl Umdrehungen: 20 | 21 | 30

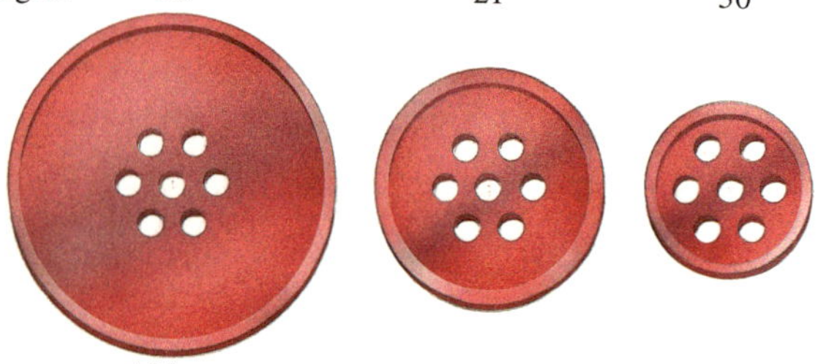

gerollte Strecke: 185 cm | 133 cm | 136 cm

1

Katja hat mit den Rädern aus ihrem Technikbaukasten experimentiert. Wie weit rollen die einzelnen Räder bei einer Umdrehung?

2

a) Schreibe die folgenden Brüche als Dezimalbrüche, indem du dividierst.
$\frac{1}{3}$, $\frac{1}{6}$, $\frac{10}{11}$, $\frac{11}{15}$, $\frac{3}{20}$, $\frac{5}{24}$, $\frac{13}{40}$

b) Bei welchen ergibt sich ein unendlicher Dezimalbruch?

Verwandelt man den Bruch $\frac{15}{22}$ mit dem Divisionsverfahren in einen Dezimalbruch, so ergibt sich:

$15 : 22 = 0{,}6\,81\,81 \,\ldots\ldots = 0{,}06\overline{81}$

```
 0
 150     ← Rest 15
−132
  180    ← Rest 18
 −176
    40   ← Rest 4
   −22
   180   ← Der Rest 18 wiederholt sich!
  −176
     40
      ⋮
```

Der Strich über den Ziffern 8 und 1 bedeutet:
Diese Ziffernfolge wiederholt sich bei Fortsetzung des Divisionsverfahrens ständig.

Dass sich 81 nun fortlaufend wiederholt, ist daran zu erkennen, dass sich der Rest 18 in der Rechnung wiederholt hat, im Folgenden also immer wieder die gleichen Rechenschritte auszuführen sind.

*Dass sich 81 nun fortlaufend wiederholt, ist **nicht** an den sich wiederholenden Ziffern im Ergebnis zu erkennen. Es könnte sich ja auch die Ziffernfolge 81817 stets wiederholen.*

Dividiert man wie oben durch 22, so können nur die Reste 0, …, 21 auftreten. Tritt der Rest 0 auf, so bricht das Verfahren ab. Sonst tritt spätestens nach 21 Schritten ein Rest auf, der schon einmal da war. Von nun an wiederholen sich die Rechenschritte und damit auch die Ziffern hinter dem Komma.

periodos (griech.): Umlauf, Wiederholung

Wandelt man Brüche mit dem Divisionsverfahren in Dezimalbrüche um, so erhält man entweder endliche Dezimalbrüche oder **periodische** (unendliche) Dezimalbrüche.

$\frac{13}{40} = 0{,}325$

$\frac{1}{3} = 0{,}\overline{3}$ (sprich: null-Komma-Periode-drei)

$\frac{29}{110} = 0{,}2\overline{63}$ (sprich: null-Komma-zwei-Periode-sechs-drei)

Erinnerung:
Nur Brüche, deren Nenner nach dem vollständigen Kürzen keine anderen Primfaktoren als 2 und 5 enthalten, ergeben einen endlichen Dezimalbruch.

Treten in einer Rechnung Brüche und Dezimalbrüche nebeneinander auf, wie z. B. bei $5{,}8 - \frac{1}{5}$ oder $1{,}6 \cdot \frac{3}{4}$, so schreibt man alle Zahlen entweder als Brüche oder als Dezimalbrüche, je nachdem, womit einfacher zu rechnen ist. Falls jedoch ein Bruch vorkommt, der sich nicht in einen endlichen Dezimalbruch umwandeln lässt, so rechnen wir mit Brüchen, da die uns bekannten Rechenregeln nur für endliche Dezimalbrüche gelten.

$0,\overline{4}$; $0,\overline{26}$ und $0,\overline{375}$ heißen ***rein periodische*** *Dezimalbrüche. Die Periode beginnt sofort hinter dem Komma.*

$0,7\overline{2}$ und $1,27\overline{45}$ heißen ***gemischt periodische*** *Dezimalbrüche. Zwischen Komma und Periode sind eine oder mehrere Ziffern, die nicht zur Periode gehören.*

Beispiel 1

Schreibe $\frac{725}{198}$ als Dezimalbruch.

Lösung:

$$\begin{array}{r l}
725 : 198 = 3,6\overline{61} & \\
-594 & \\
1310 & \\
-1188 & \\
1220 & \leftarrow \\
-1188 & \\
320 & \\
-198 & \\
122 & \leftarrow
\end{array}$$

Aus dem zweifachen Auftreten der Ziffer 6 ist **nicht** eine Periode $\overline{6}$ ablesbar.

Der Rest 122 wiederholt sich. Die Periode lautet $\overline{61}$.

Beispiel 2

Vergleiche $0,\overline{17}$ und $0,\overline{171}$.

Lösung:

$0,\overline{17} = 0,171\,717\ldots$

$0,\overline{171} = 0,171\,171\ldots$

↑

Hier treten erstmals verschiedene Ziffern auf.

$0,\overline{171} < 0,\overline{17}$.

Beispiel 3

Runde $0,6\overline{37}$ auf Zehntausendstel,

Lösung:

$0,6\overline{37} = 0,637\,3737\ldots$

↑

Auf diese Stelle soll gerundet werden.

$0,6\overline{37} \approx 0,6374$

Beispiel 4

Berechne $\frac{4}{5} - 0,26$.

Lösung:

1. Möglichkeit:

$\frac{4}{5} - 0,26 = 0,8 - 0,26 = 0,54$

2. Möglichkeit:

$\frac{4}{5} - 0,26 = \frac{80}{100} - \frac{26}{100} = \frac{54}{100} = 0,54$

Beispiel 5

Berechne $0,5 + \frac{1}{3}$.

Lösung:

$0,5 + \frac{1}{3} = \frac{1}{2} + \frac{1}{3} = \frac{5}{6}$

Es ist mit Brüchen zu rechnen, da $\frac{1}{3}$ als Dezimalbruch periodisch ist.

Aufgaben

3

Schreibe als Dezimalbruch.

a) $\frac{4}{15}$ b) $\frac{7}{12}$ c) $\frac{1}{24}$

d) $\frac{23}{25}$ e) $\frac{5}{14}$ f) $-\frac{51}{12}$

g) $\frac{11}{12}$ h) $\frac{17}{15}$ i) $\frac{123}{750}$

k) $3\frac{8}{11}$ l) $-8\frac{57}{125}$ m) $1\frac{5}{21}$

4

Runde auf Zehntel (Hundertstel, Tausendstel).

a) $0,\overline{3}$ b) $2,1\overline{4}$ c) $4,\overline{569}$

d) $1,\overline{2}$ e) $3,\overline{29}$ f) $3,\overline{92}$

g) $2,\overline{718}$ h) $0,0\overline{09}$ i) $16,\overline{989}$

k) $0,\overline{901}$ l) $23,45\overline{6}$ m) $99,\overline{995}$

5

Peter, Sven und Oliver berechnen die Dezimalbruchdarstellung von $\frac{17}{22}$. Ihre Ergebnisse lauten:

Welches Ergebnis ist richtig?

6

Welche Zahl ist größer? Schreibe mit >.

a) $3,\overline{82}$ oder $3,\overline{828}$ b) $3,\overline{28}$ oder $3,\overline{282}$

c) $4,\overline{959}$ oder $4,\overline{95}$ d) $5,\overline{17}$ oder $5,1\overline{7}$

e) $3,5\overline{56}$ oder $3,\overline{556}$ f) $7,12\overline{3}$ oder $7,1\overline{23}$

g) $0,0\overline{01}$ oder $0,\overline{001}$ h) $0,35$ oder $0,35\overline{4}$

7

Um wie viel unterscheidet sich

a) $\frac{1}{3}$ von 0,3; b) $\frac{1}{3}$ von 0,33;

c) $\frac{1}{3}$ von 0,333; d) $\frac{1}{3}$ von 0,3334;

e) $\frac{2}{3}$ von 0,666; f) $\frac{2}{3}$ von 0,667?

8

Bestimme je zwei Dezimalzahlen mit der vorgegebenen Differenz, zwischen denen die angegebene Zahl liegt.

a) $0,\overline{4}$ Differenz 0,01

b) $0,5\overline{67}$ Differenz 0,0001

c) $0,\overline{95}$ Differenz 0,001

d) $0,9\overline{95}$ Differenz 0,0001

e) $2,\overline{3456}$ Differenz 0,000 000 01

9
Ordne jeweils nach der Größe.

a) $0{,}945$; $0{,}\overline{945}$; $0{,}9\overline{45}$; $0{,}94\overline{5}$

b) $0{,}108$; $0{,}\overline{108}$; $0{,}1\overline{08}$; $0{,}10\overline{8}$

c) $0{,}866$; $0{,}\overline{866}$; $0{,}\overline{86}$; $0{,}8\overline{6}$

10
Welche Zahl ist größer?

a) $0{,}3$ oder $\frac{1}{3}$ b) $\frac{2}{3}$ oder $0{,}6$

c) $\frac{1}{9}$ oder $0{,}1$ d) $0{,}02$ oder $\frac{1}{90}$

e) $2\frac{3}{7}$ oder $2{,}43$ f) $0{,}84$ oder $\frac{5}{6}$

Lösungssalat zu 11:

11
Berechne. Bei welchen Aufgaben kannst du sowohl mit Brüchen als auch mit Dezimalbrüchen rechnen?

a) $\frac{3}{4}+0{,}2$ b) $0{,}5+\frac{1}{3}$ c) $0{,}8-\frac{5}{6}$

d) $0{,}26-\frac{4}{5}$ e) $\frac{2}{3}-0{,}13$ f) $\frac{5}{9}-0{,}9$

g) $2\frac{3}{4}+0{,}05$ h) $\frac{2}{7}-0{,}02$ i) $-\frac{3}{4}+0{,}8$

12
Welche echten Brüche mit dem Nenner

a) 18 b) 24 c) 60 d) 84

ergeben endliche Dezimalbrüche?

Beispiel:

$3{,}2:\frac{8}{15}=$

$=\frac{32\cdot 15}{10\cdot 8}=\frac{4\cdot 3}{2\cdot 1}$

$=6$

13
Berechne geschickt.

a) $\frac{7}{5}\cdot 0{,}5$ b) $\frac{2}{7}\cdot 0{,}77$ c) $\frac{4}{3}\cdot 1{,}26$

d) $16{,}8\cdot\frac{7}{8}$ e) $27{,}3\cdot\frac{11}{3}$ f) $\frac{18}{7}:4{,}5$

g) $1{,}3:\frac{26}{11}$ k) $0{,}25:\frac{5}{6}$ l) $2{,}5:\frac{5}{9}$

14
Entscheide, ohne zu dividieren, welche Brüche eine endliche Dezimalbruchdarstellung haben.

a) $\frac{7}{20}$ b) $\frac{8}{13}$ c) $\frac{23}{125}$

d) $\frac{34}{800}$ e) $\frac{63}{84}$ f) $\frac{72}{500}$

g) $\frac{777}{4200}$ h) $\frac{429}{4160}$ i) $\frac{195}{231}$

15
Für welche Nenner zwischen 2 und 200 haben die zugehörigen gekürzten Brüche, unabhängig vom Zähler eine endliche Dezimalbruchdarstellung?

16
Gib in Prozent an.

Beispiel: $\frac{2}{7}=0{,}2857..\approx 0{,}286=\frac{28{,}6}{100}=28{,}6\,\%$

a) $\frac{1}{6}$ b) $\frac{2}{3}$ c) $\frac{4}{9}$ d) $\frac{13}{11}$

17
Begründe, ohne zu dividieren, welche der folgenden Aussagen falsch sind:

a) $\frac{7}{24}=0{,}28$ b) $\frac{6}{40}=0{,}145$

c) $\frac{18}{45}=0{,}42$ d) $\frac{33}{960}=0{,}3433\ldots$

18
In der Klasse 6 b mit 32 Schülern muss beim Umlegen eines Geldbetrags meistens gerundet werden.

a) Falls der volle Euro-Betrag ungerade ist, muss stets gerundet werden. Begründe dies.

b) Für einige volle Euro-Beträge zwischen 50 € und 100 € bricht die Division bereits nach der 2. Stelle nach dem Komma ab. Gib diese Beträge an.

19
Der (nicht-gerundete) Notendurchschnitt einer Schulaufgabe beträgt 3,25. Wie viele Schüler können in dieser Klasse sein? (Mehrere Lösungen.)

20
Die Figur zeigt Alexanders Mathematikhausaufgaben.

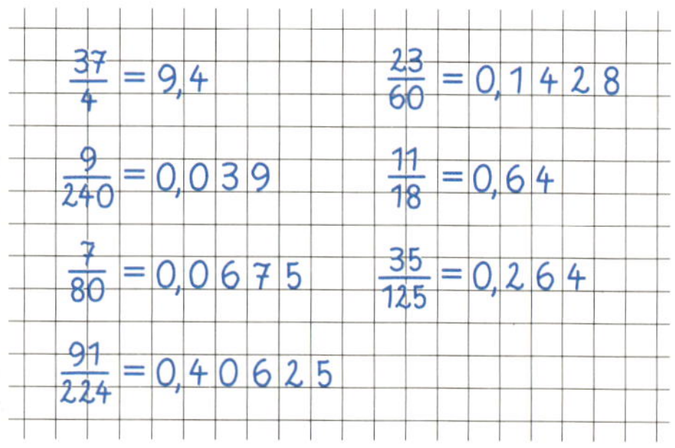

*a) Sein älterer Bruder erkennt bereits an der Anzahl der Nachkommastellen, dass mehrere Ergebnisse falsch sind. Welche sind dies? Begründe genau.

b) Überprüfe durch Dividieren auch die übrigen Ergebnisse.

21

Überschlage zunächst und rechne dann.

a) $\frac{1}{3}\cdot 0{,}6 + 2{,}5\cdot\frac{1}{5}$ b) $\frac{1}{3}\cdot 0{,}5 + 2{,}5\cdot\frac{2}{3}$

c) $4{,}2\cdot\frac{1}{8} + 5{,}1:\frac{5}{6}$ d) $\frac{2}{3}\cdot 15{,}3 - 5{,}2\cdot\frac{1}{6}$

e) $\frac{1}{15}:\left(0{,}4 - \frac{1}{3}\right)$ f) $\left(\frac{5}{8} - 0{,}625\right):\frac{2}{3}$

Lösungssalat zu 22:

22

a) $\frac{1}{8}\cdot 2{,}9 + \frac{2}{3}\cdot(4-0{,}7)$

b) $\frac{7}{15}\cdot\left(5{,}2 - \frac{3}{8}\cdot 7{,}2\right)$

c) $\left(3{,}4:\frac{17}{15} + 3{,}5 - \frac{2}{3}\cdot 5\right)\cdot 0{,}06$

d) $4{,}2\cdot\left(\frac{3}{5}:0{,}3 - 0{,}6:2{,}1\right)$

e) $\left(2\frac{1}{2} - 1\frac{1}{3}\cdot 0{,}3\right):\left(3\frac{1}{2}\cdot 0{,}6 + 0{,}5:\frac{1}{5} - 1{,}6\right)$

23

Die drei Diagramme zeigen die Einwohnerverteilung in einem Landkreis in den Jahren 1980, 1990, 2000. In welchem Jahr war der Anteil der Kreisstädter am größten, wann am kleinsten? (Runde die sich ergebenden Dezimalbrüche sinnvoll.)

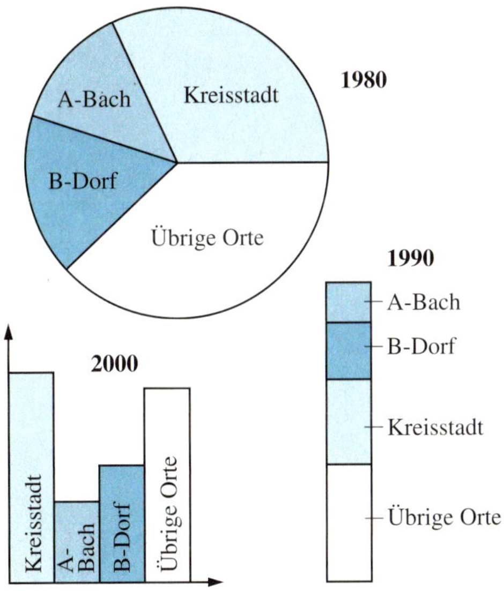

24

Welche der Zahlen 0,3 und $\frac{1}{3}$ passt? Entscheide, ohne zu rechnen. Begründe.

a) $1\frac{4}{5} - \square = 1{,}5$ b) $1{,}8 + \square = 2\frac{2}{15}$

c) $0{,}55 - \square = \frac{13}{60}$ d) $1{,}75\cdot\square = \frac{21}{40}$

e) $\square:0{,}35 = \frac{6}{7}$ f) $\square\cdot\frac{3}{8} = 0{,}125$

25

a) Schreibe $\frac{4}{7}$ als Dezimalbruch, ohne noch etwas zu rechnen.

b) Bestimme $\frac{2}{7}$, $\frac{3}{7}$, $\frac{5}{7}$ und $\frac{6}{7}$ mit möglichst geringem Rechenaufwand.

26

a) Schreibe $\frac{1}{17}$ als Dezimalbruch.

b) Ermittle jetzt die Dezimalschreibweise von $\frac{3}{17}$, $\frac{4}{17}$, $\frac{11}{17}$ und $\frac{16}{17}$, ohne viel zu rechnen. Begründe dein Vorgehen.

c) Schreibe $\frac{1}{13}$ als Dezimalbruch.

d) Warum kannst du zur Berechnung von $\frac{8}{13}$ nicht das Verfahren aus Teilaufgabe b) anwenden?

27

Es gibt Brüche mit dem Zähler 1, deren Summe wieder als Bruch mit dem Zähler 1 geschrieben werden kann, z. B. $\frac{1}{4} + \frac{1}{12} = \frac{1}{3}$. Finde mindestens drei weitere solche Beispiele.

G28

a) Berechne die Oberfläche eines Quaders mit den Kantenlängen a = 10 cm, b = 4 cm und c = 3,5 cm und gib das Ergebnis in dm^2 an.

b) Ein Würfel besitzt eine Oberfläche von 1,5 dm^2. Berechne seine Kantenlänge.

c) Zeichne jeweils ein Schrägbild und ein Netz der beiden Körper.

G29

Zeichne ein Parallelogramm, welches achsensymmetrisch ist.

Lesetext:

Bruchrechnung ägyptisch

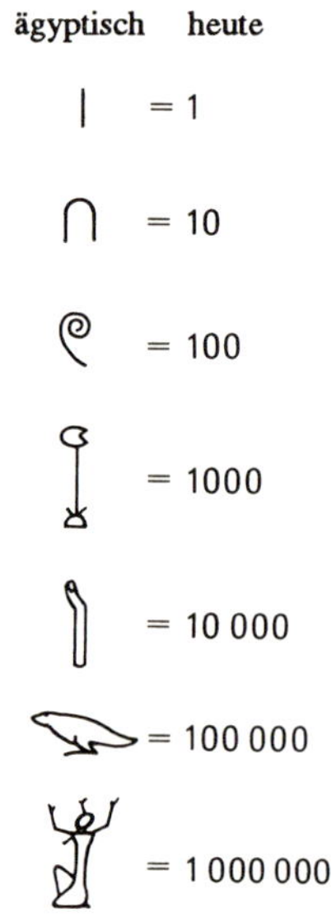

Im letzten Schuljahr konntest du in deinem Mathematikbuch lesen, wie die Ägypter vor 4000 Jahren Zahlen schrieben und wie sie damit rechneten. Du erinnerst dich vielleicht:
Sie hatten Zeichen für die Zahlen 1; 10; 100; 1000; ... 1 000 000, die sie einfach nebeneinander setzten. Addieren und Subtrahieren konnten sie im Kopf. Die Multiplikation und Division führten sie geschickt auf Verdoppeln und Halbieren zurück.

Neben dem Rechnen mit natürlichen Zahlen konnten sie aber auch mit Brüchen umgehen. Dies weiß man von zahlreichen Abrechnungen. So wurde z. B. ausgerechnet, wie viele Brote an einige Arbeiter zu verteilen waren. Jeder erhielt $8\frac{1}{3}$ Laib Brot. Auch kennt man Berechnungen zum Brotbacken und Bierbrauen. Darin wird genau ausgerechnet, wie viel Scheffel Getreide für ein Brot oder einen Krug Bier benötigt wurden.

Die Brüche stellten sich die Ägypter dabei ganz konkret vor: $\frac{1}{3}$ Laib Brot war „der dritte Teil“ des Laibes. Entsprechend benutzten sie: $\frac{1}{4}$; $\frac{1}{5}$; $\frac{1}{6}$; usw., jedoch nicht Brüche wie z. B. $\frac{3}{8}$. Statt dessen schrieben sie $\frac{1}{4} + \frac{1}{8}$.

Die Ägypter verwendeten also nur einfache Bruchteile, d. h. Brüche mit dem Zähler 1, allerdings mit einer Ausnahme: Für $\frac{2}{3}$ hatten sie ein spezielles Zeichen.
Und so schrieben sie ihre Brüche:
Das Zeichen  bedeutete Teil, eine Zahl darunter gab dann den jeweiligen Bruchteil an.

Z. B.  $= \frac{1}{12}$

Besondere Zeichen gab es für $\frac{1}{2}$ () und $\frac{2}{3}$ ().

Beim Rechnen mit Brüchen durften also nur Brüche mit dem Zähler 1 auftreten (außer $\frac{2}{3}$), z. B. $\frac{1}{3} + \frac{1}{6} = \frac{1}{2}$.
Was wurde aber bei z. B. $\frac{1}{3} + \frac{1}{9}$ geschrieben? Diese Brüche ließ man einfach nebeneinander stehen.

Die eigentliche Arbeit begann erst beim Verdoppeln eines Bruches, wie es für das Multiplizieren benötigt wurde.
Wenn der Nenner eine gerade Zahl ist, dann geht es natürlich ganz einfach. So ist $\frac{1}{12} + \frac{1}{12} = \frac{1}{6}$, der Nenner braucht also nur halbiert zu werden.

Bei Brüchen mit ungeradem Nenner ist es aber nicht so einfach. Z. B. ist

$$\frac{1}{9} + \frac{1}{9} = \frac{1}{6} + \frac{1}{18}$$

(rechne nach!), der normale ägyptische Schreiber konnte das aber nicht ausrechnen. Statt dessen benutzte er eine Tabelle, in der die Quotienten 2 : 5; 2 : 7 usw. schon ausgerechnet waren:

$$2 : 5 = \frac{1}{3} + \frac{1}{15}$$
$$2 : 7 = \frac{1}{4} + \frac{1}{28}$$
$$2 : 9 = \frac{1}{6} + \frac{1}{18}$$
$$2 : 11 = \frac{1}{6} + \frac{1}{66}$$
$$2 : 13 = \frac{1}{8} + \frac{1}{52} + \frac{1}{104}$$
$$2 : 15 = \frac{1}{10} + \frac{1}{30}$$

usw. bis $2 : 101 = \frac{1}{101} + \frac{1}{202} + \frac{1}{303} + \frac{1}{606}$.

Henry Alexander Rhind, Archäologe und Antiquitätenhändler, hat den Papyrus dem Britischen Museum in London geschenkt. Es wird daher nach ihm benannt.

Auf dieser Seite werden zwei Aufgaben vorgestellt, die zeigen, wie gut die Ägypter mit den Brüchen rechnen konnten. Sie stammen aus dem Papyrus Rhind, von dem schon im letzten Schuljahr berichtet wurde.

In der Aufgabe 31 des Papyrus Rhind wird mehrmals nacheinander

$1\frac{2}{3}+\frac{1}{2}+\frac{1}{7}$ (Zeile 1)

verdoppelt (lies von rechts nach links):

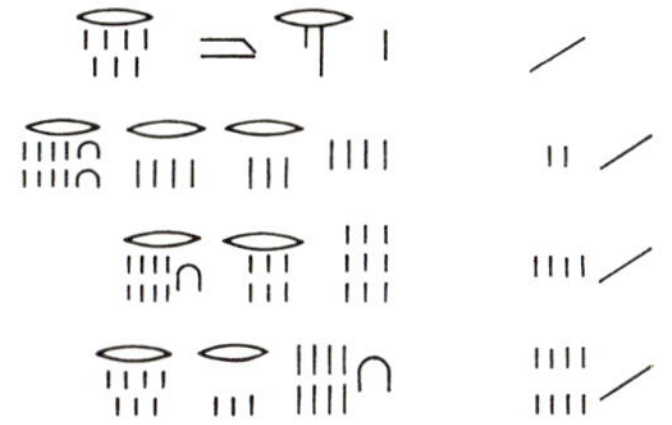

Ägyptischer Schreiber

Das 2fache ergibt

$4\frac{1}{3}+\frac{1}{4}+\frac{1}{28}$ (Zeile 2)

Denn: $2+2\cdot\frac{2}{3}+2\cdot\frac{1}{2}=4\frac{1}{3}$ und das Doppelte von $\frac{1}{7}$ ist nach der Tabelle auf der gegenüberliegenden Seite gerade $\frac{1}{4}+\frac{1}{28}$.

Die nächste Verdoppelung ergibt

$9\frac{1}{6}+\frac{1}{14}$ (Zeile 3,

allerdings mit einem Schreibfehler),

denn $8+\frac{2}{3}+\frac{1}{2}=9\frac{1}{6}$,

nochmals das Doppelte ergibt

$18\frac{1}{3}+\frac{1}{7}$ (Zeile 4).

In der Aufgabe 30 des Papyrus Rhind wird gefragt, wie oft $\frac{2}{3}+\frac{1}{10}$ in 10 geht. Es ist also eine Zahl x mit

$x\cdot\left(\frac{2}{3}+\frac{1}{10}\right)=10$ gesucht.

Zuerst wird das 1fache, das 2fache, das 4fache und das 8fache von $\frac{2}{3}+\frac{1}{10}$ notiert (braun markiert):

1	$\frac{2}{3}+\frac{1}{10}$
2	$1\frac{1}{3}+\frac{1}{5}$
4	$3\frac{1}{15}$
8	$6\frac{1}{10}+\frac{1}{30}$ (Rechne nach!)

Durch Addieren des 1-, 4- und 8fachen erhält man das 13fache von $\frac{2}{3}+\frac{1}{10}$, das ist

$$9+\frac{2}{3}+\frac{1}{10}+\frac{1}{15}+\frac{1}{10}+\frac{1}{30}$$
$$=9+\frac{2}{3}+\frac{1}{5}+\frac{1}{15}+\frac{1}{30}$$
$$=10-\frac{1}{30} \quad (!)$$

$\frac{2}{3}+\frac{1}{10}$ geht also etwas mehr als 13-mal in 10. (Im Papyrus wird allerdings nur die Abweichung $\frac{1}{30}$ angegeben, rot markiert.)

Als nächstes wird ohne Rechnung angegeben, dass der genaue Wert $13\frac{1}{23}$ ist (grün markiert). Es folgt dazu eine Probe, indem $\frac{2}{3}$ und $\frac{1}{10}$ von $13\frac{1}{23}$ berechnet wird (gelb markiert):

1	$13\frac{1}{23}$
$\frac{2}{3}$	$8\frac{2}{3}+\frac{1}{46}+\frac{1}{138}$
$\frac{1}{10}$	$1\frac{1}{5}+\frac{1}{10}+\frac{1}{230}$

Als Summe der beiden letzten Zeilen ergibt sich (ägyptisch gerechnet):

$$9\frac{2}{3}+\frac{1}{5}+\frac{1}{10}+\frac{1}{46}+\frac{1}{138}+\frac{1}{230}$$
$$=9\frac{2}{3}+\frac{1}{5}+\frac{1}{10}+\frac{1}{69}+\frac{1}{69}+\frac{1}{230}$$
$$=9\frac{2}{3}+\frac{1}{5}+\frac{1}{10}+\frac{1}{30}$$
$$=9\frac{2}{3}+\frac{1}{3}=10,$$

wie in der letzten Zeile angegeben.

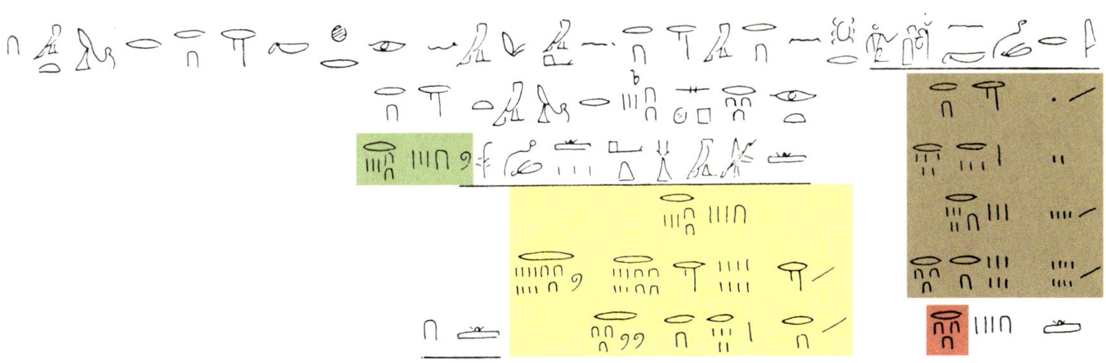

Rückblick

Multiplikation eines Bruches mit einer natürlichen Zahl
Multipliziere den Zähler mit der natürlichen Zahl und behalte den Nenner bei.

$$a \cdot \frac{b}{c} = \frac{a \cdot b}{c}$$

$$9 \cdot \frac{5}{6} = \frac{9 \cdot 5}{6} = \frac{3 \cdot 5}{2} = \frac{15}{2} = 7\frac{1}{2}$$

Division eines Bruches durch eine natürliche Zahl
Multipliziere den Nenner mit der natürlichen Zahl und behalte den Zähler bei.

$$\frac{a}{b} : c = \frac{a}{b \cdot c} \quad (c \neq 0)$$

$$\frac{6}{7} : 3 = \frac{6}{7 \cdot 3} = \frac{2}{7 \cdot 1} = \frac{2}{7}$$

Multiplikation zweier Brüche
Multipliziere Nenner mit Nenner und Zähler mit Zähler.

$$\frac{a}{b} \cdot \frac{c}{d} = \frac{a \cdot c}{b \cdot d}$$

$$\frac{2}{7} \cdot \frac{3}{5} = \frac{2 \cdot 3}{7 \cdot 5} = \frac{6}{35}$$

Vor dem Multiplizieren in Zähler und Nenner ist, soweit möglich, zu kürzen.
Faktoren in gemischter Schreibweise sind vor dem Multiplizieren als Brüche zu schreiben.

$$\frac{5}{12} \cdot \frac{18}{25} = \frac{5 \cdot 18}{12 \cdot 25} = \frac{1 \cdot 3}{2 \cdot 5} = \frac{3}{10}$$

$$1\frac{3}{4} \cdot \frac{2}{7} = \frac{7}{4} \cdot \frac{2}{7} = \frac{7 \cdot 2}{4 \cdot 7} = \frac{1 \cdot 1}{2 \cdot 1} = \frac{1}{2}$$

Division zweier Brüche
Multipliziere den Dividenden mit dem Kehrbuch des Divisors.

$$\frac{a}{b} : \frac{c}{d} = \frac{a}{b} \cdot \frac{d}{c} \quad (b, c, d \neq 0)$$

$$\frac{35}{44} : \frac{10}{11} = \frac{35}{44} \cdot \frac{11}{10} = \frac{35 \cdot 11}{44 \cdot 10} = \frac{7 \cdot 11}{44 \cdot 2} = \frac{7 \cdot 1}{4 \cdot 2} = \frac{7}{8}$$

$$3\frac{2}{3} : 1\frac{7}{15} = \frac{11}{3} : \frac{22}{15} = \frac{11}{3} \cdot \frac{15}{22} = \frac{11 \cdot 15}{3 \cdot 22} = \frac{1 \cdot 5}{1 \cdot 2} = \frac{5}{2}$$

Multiplikation von Dezimalbrüchen
1. Multipliziere zunächst ohne Berücksichtigung der Kommas.
2. Setze das Komma so, dass das Ergebnis ebenso viele Stellen hinter dem Komma hat, wie die beiden Faktoren zusammen.

```
  2,1 · 6,34
  126
+  63
+   84
   11
  13,314
```

```
0,23 · 0,4
       92
    0,092
```

Division von Dezimalbrüchen
Verschiebe das Komma bei beiden Zahlen so weit nach rechts, bis der Divisor eine natürliche Zahl ist, und führe dann die Division aus.
Setze beim Überschreiten des Kommas auch im Ergebnis ein Komma.

```
3,78 : 1,4 = 37,8 : 14 = 2,7
            -28
              98
             -98
               0
```

Das Ergebnis einer Division kann auch ein periodischer Dezimalbruch sein. Das erkennst du, wenn sich beim Divisionsverfahren ein Rest wiederholt.

```
0,41 : 0,11 = 41 : 11 = 3,72 (Periode 72)
               -33
                 80
                -77
                  30
                 -22
                  80
```

$0{,}41 : 0{,}11 = 41 : 11 = 3{,}\overline{72}$

Aufgaben zum Üben und Wiederholen

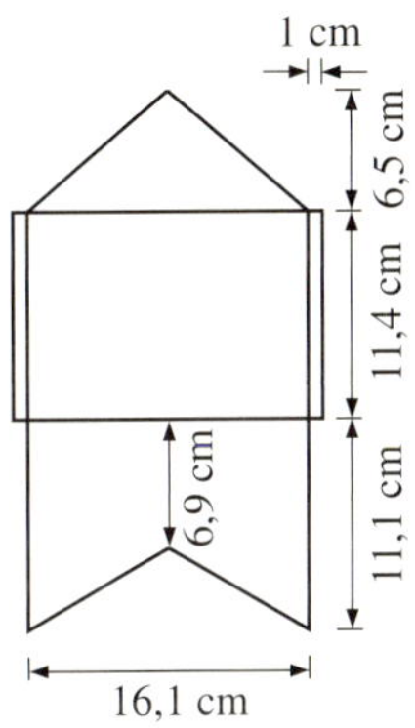

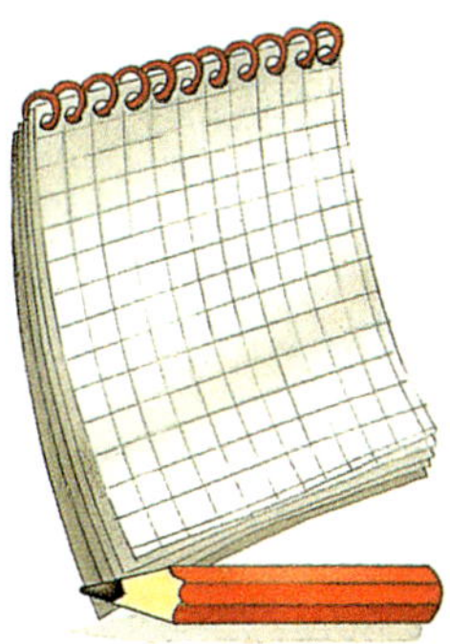

Die Lösungen zu den Aufgaben dieser Seite findest du auf den Seiten 209 und 210.

1
Gliedere, überschlage und berechne.

a) $\left(1\frac{7}{10} + 2\frac{5}{12}\right) \cdot \left(9\frac{1}{2} - \frac{13}{14}\right)$

b) $\left(5\frac{5}{6} : 3\frac{4}{15} - \frac{11}{14}\right) : \left(8\frac{1}{3} + 1\frac{1}{2}\right)$

c) $6\frac{2}{3} \cdot 2\frac{1}{10} - 7\frac{1}{7} : 4\frac{1}{6}$

2
Stelle einen Term auf und berechne.

a) Addiere zum Quotienten aus der Differenz der Zahlen $\frac{3}{10}$ und $\frac{1}{6}$ und der Differenz der Zahlen 2 und $\frac{7}{10}$ die Zahl $\frac{35}{39}$.

b) Subtrahiere von dem vierfachen Produkt der Zahlen $\frac{9}{16}$ und $\frac{3}{8}$ die vierfache Differenz dieser Zahlen.

3
Berechne. Überschlage zuvor:

a) $\left(1\frac{4}{5} : 3 + 3\frac{2}{3} \cdot 2\right) : 5\frac{2}{3} - \frac{1}{3} \cdot 1\frac{1}{5}$

b) $6\frac{1}{6} - 2\frac{1}{2} \cdot \left(1\frac{2}{3} + 4\frac{1}{5} : 10\frac{1}{2}\right)$

4
Lena verschickt eine Karte (15,8 cm x 11 cm) im Briefumschlag. Sie fragt sich, wie viel Papier der Umschlag benötigt. Um wie viel Prozent ist der Flächeninhalt des Umschlags größer als der Flächeninhalt der Karte?

5
Berechne.

a) $\dfrac{\frac{1}{8} : \left(\frac{1}{32} + \frac{3}{4}\right)}{\left(\frac{1}{5} - \frac{2}{25}\right) \cdot \frac{1}{3}}$

b) $\dfrac{3\frac{3}{14} : \left(\frac{5}{6} + \frac{1}{4} \cdot 1\frac{3}{7}\right)}{2\frac{4}{5} - 1\frac{9}{20}}$

6
Überschlage und berechne dann.

a) $(0{,}8 : 0{,}16 - 42{,}8) : 1{,}5$

b) $(3{,}8 + 0{,}2 \cdot 6) : (64{,}5 : 0{,}5 - 0{,}5 \cdot 58)$

c) $-90 + 10 \cdot (3{,}6 : 12 + 8 : 2{,}5)$

7
Schreibe die Wortform auf und berechne.

a) $0{,}5 \cdot \frac{3}{4} + \left(3\frac{1}{2} + 0{,}8\right)$

b) $0{,}8 \cdot 2\frac{3}{4} - 3\frac{2}{5} : 2$

c) $4 \cdot (44{,}3 - 21{,}45) : (164{,}52 : 3{,}6)$

8
Ein 5-Cent-Stück ist 1,36 mm dick, eine 1-Euro-Münze 2,125 mm dick.

a) Wie hoch ist ein Turm aus fünfzig 5-Cent-Stücken?

b) Wie viele 1-Euro-Stücke benötigt man, um damit einen Turm mit der gleichen Höhe wie in a) zu bauen?

9
a) $0{,}552 : 0{,}0012 + 1{,}43 : \frac{13}{17} - 3{,}57 \cdot 5\frac{2}{7}$

b) $(2{,}174 + 0{,}52) \cdot 100 - 218\frac{4}{9} - 0{,}86 \cdot 1\frac{1}{9}$

c) $\dfrac{107{,}92 - 0{,}72}{9{,}3264 : 0{,}87 - 0{,}72} + \dfrac{0{,}4 \cdot (2{,}9 - 0{,}17)}{0{,}117 : 0{,}03}$

10
Rechne geschickt und runde den Quotientenwert auf zwei Nachkommastellen.

a) $\dfrac{0{,}34 \cdot 2{,}5}{0{,}05 \cdot 5{,}1}$

b) $\dfrac{0{,}16 \cdot 1{,}7 \cdot 0{,}018}{2{,}4 \cdot 0{,}68 \cdot 0{,}045}$

c) $\dfrac{77 \cdot 25 \cdot 72}{18 \cdot 175 \cdot 121 \cdot 24}$

d) $\dfrac{280 \cdot 0{,}2 \cdot 12{,}9 \cdot 0{,}00104}{0{,}13 \cdot 11{,}2 \cdot 21{,}5 \cdot 2{,}5}$

11
Anja teilt ihr Pausenbrot mit ihrem Bruder Karl. Dieser gibt ein Drittel seiner Hälfte an Klaus. Welcher Bruchteil von Anjas Pausenbrot bleibt für Karl?

12
Herr Eilig ist auf einer Geschäftsreise von Stuttgart nach München (240 km). Er fährt zunächst zügig auf der Autobahn mit 150 km je Stunde. Kurz vor Ulm, nach etwa $\frac{3}{8}$ der Strecke, kommt er in einen Stau. Zunächst muss er 15 min anhalten. Danach kann er wegen des dichten Verkehrs nur mit einem Schnitt von 60 km je Stunde weiterfahren. Wie viel km hat Herr Eilig im Durchschnitt in 1 Stunde zurückgelegt?

13
Eine quadratische Eisenplatte mit der Kantenlänge 78 cm ist 3 mm dick.

a) Wie viel kg wiegt die Platte, wenn ein 1 cm² großes Stück 2,3 g schwer ist? Runde sinnvoll.

b) Wie viel mehr Gewicht hat eine 3,3 mm dicke Platte aus dem gleichen Material und von der gleichen Größe?

1 Flächeninhalt des Parallelogramms

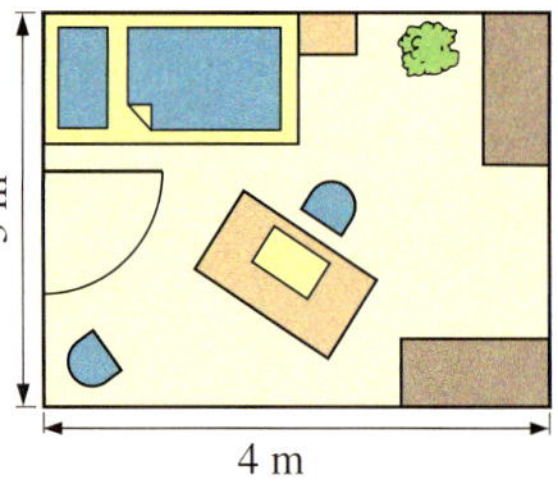

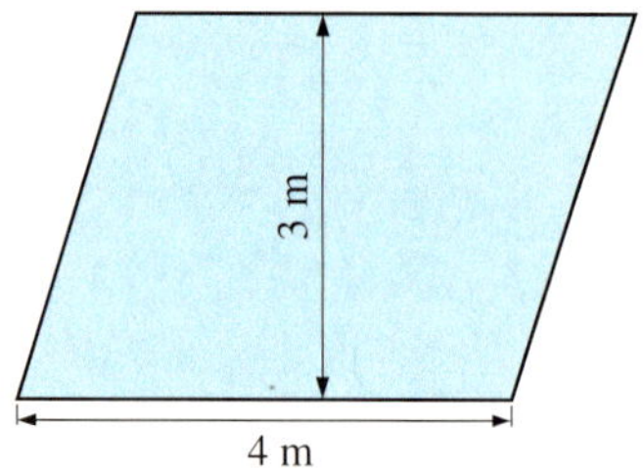

1

Peters Zimmer soll neu mit Teppichboden ausgelegt werden. In einem Geschäft wird ein farblich passender Teppichrest günstig angeboten, weil er schief abgeschnitten wurde. Kann man mit diesem Teppich das Zimmer trotzdem vollständig auslegen? Skizziere in deinem Heft, wie der Teppich verlegt werden könnte.

2

Nehmt euch jeder ein gleich großes rechteckiges Stück Papier (z. B. DIN A6). Zerschneidet es mit einem geraden Schnitt und legt die Teile so aneinander, dass ein Parallelogramm entsteht.
Vergleicht eure Ergebnisse. Welche gemeinsamen Eigenschaften haben die entstandenen Parallelogramme?

Zur Erinnerung:
Vierecke, bei denen gegenüberliegende Seiten parallel sind, heißen Parallelogramme.

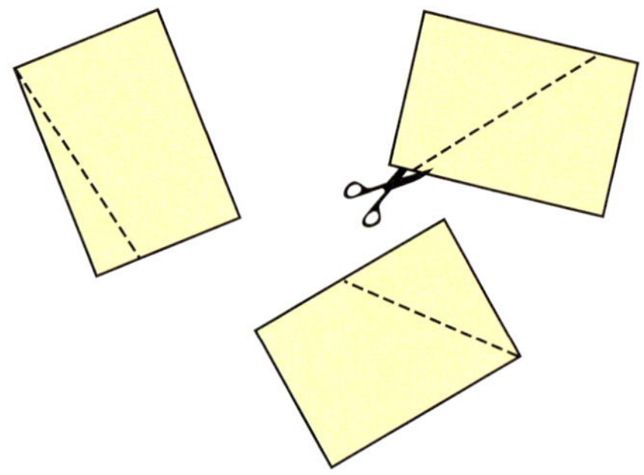

Der Abstand zweier Parallelen ist die Länge der zu ihnen senkrechten Verbindungsstrecke.

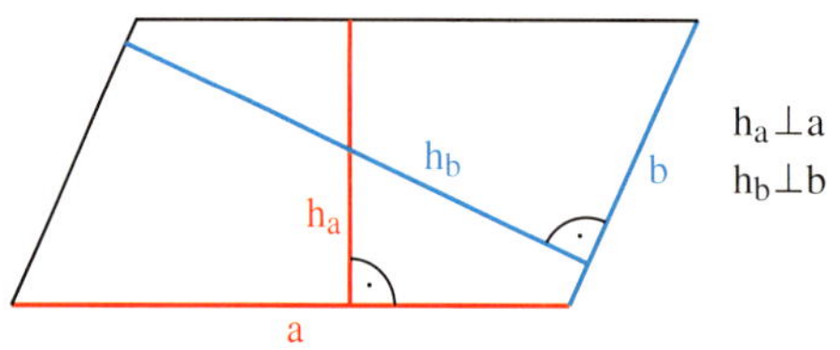

Beim Parallelogramm bezeichnet man den Abstand zweier paralleler Seiten als **Höhe**. In jedem Parallelogramm gibt es also zwei Höhen. Die Höhe, die zur Seite a gehört, bezeichnet man als h_a und die Höhe, die zur Seite b gehört, als h_b.

Ein Parallelogramm lässt sich stets in ein flächengleiches Rechteck verwandeln, das mit ihm in einer Seite und der dazugehörigen Höhe übereinstimmt.

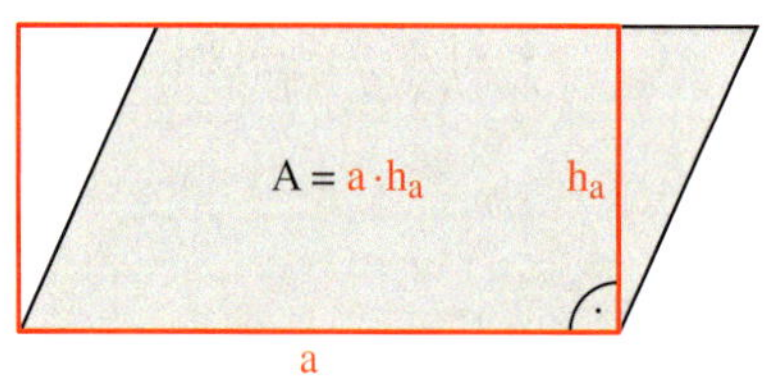

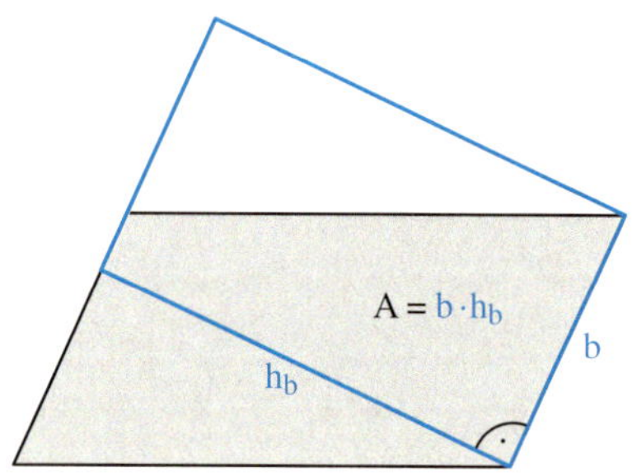

Deshalb lässt sich der **Flächeninhalt eines Parallelogramms** bestimmen, indem man das Produkt aus Seitenlänge und zugehöriger Höhe bildet. Dabei muss man beachten, dass beide Maße in derselben Längeneinheit verwendet werden.

Der **Flächeninhalt A eines Parallelogramms** beträgt: $\mathbf{A = a \cdot h_a = b \cdot h_b}$.

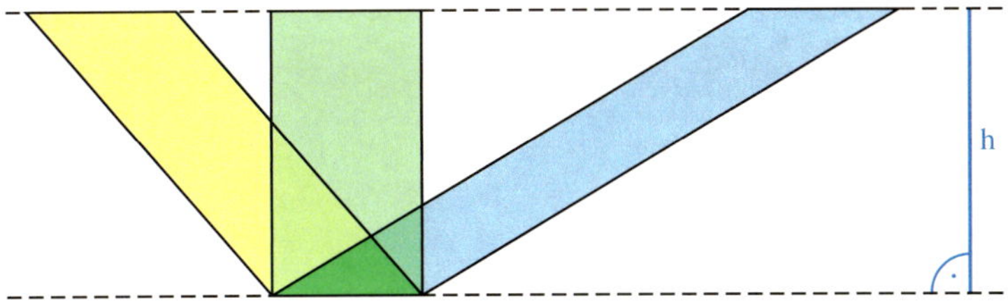

Parallelogramme, die in einer Seite und der zugehörigen Höhe übereinstimmen, haben den gleichen Flächeninhalt.

Rechtecke sind auch Parallelogramme. Jede Seite ist zugleich die zur anliegenden Seite gehörige Höhe.

1 LE = 1 cm bedeutet, dass auf den Achsen die Strecke von 0 bis 1 genau 1 cm lang zu zeichnen ist.

Beispiel 1

Gegeben ist das Parallelogramm ABCD mit A(−3|−3), B(1|−2), C(1|1) und D(−3|0).

a) Zeichne das Parallelogramm in ein Koordinatensystem (1 LE = 1 cm).

b) Bestimme den Flächeninhalt des Parallelogramms ABCD.

Lösung:

Das Parallelogramm wird gezeichnet und die Länge von [BC] und die zugehörige Höhe werden im Koordinatensystem abgelesen.

$b = \overline{BC} = 3\,cm$; $h_b = 4\,cm$;

$A = b \cdot h_b = 3\,cm \cdot 4\,cm = 12\,cm^2$.

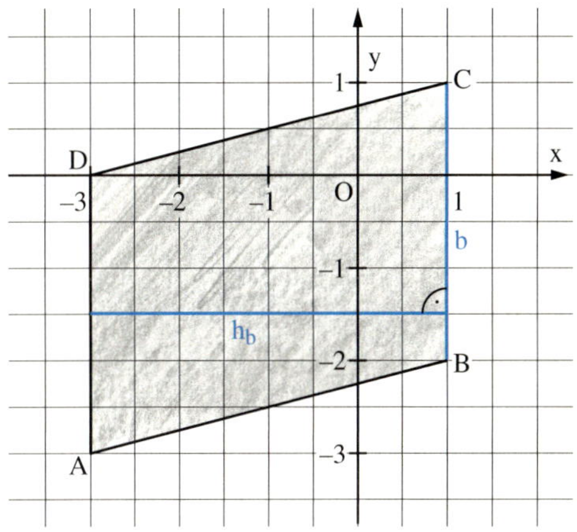

Manchmal werden die Höhen auch außerhalb der Figur gezeichnet:

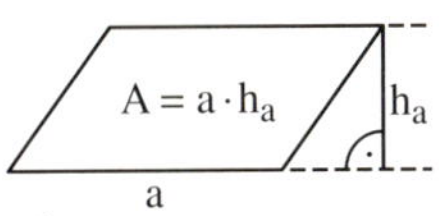

oder

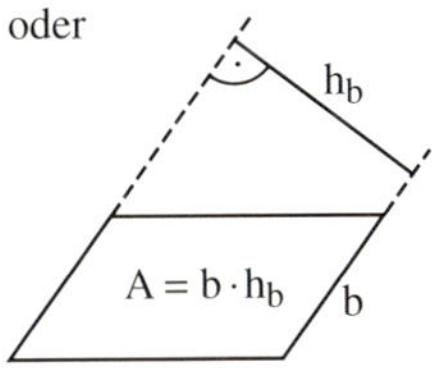

Beispiel 2

Bei dem abgebildeten Parallelogramm ist $a = 4{,}5\,cm$; $b = 2\,cm$ und $h_a = 16\,mm$.

Berechne den Flächeninhalt und daraus die Länge der Höhe h_b.

Lösung:

Für den Flächeninhalt A gilt:

$A = a \cdot h_a = 4{,}5\,cm \cdot 1{,}6\,cm = 7{,}2\,cm^2$.

Da auch $A = b \cdot h_b$ gilt, können wir die Höhe h_b berechnen:

$h_b = A : b = 7{,}2\,cm^2 : 2\,cm = 3{,}6\,cm$.

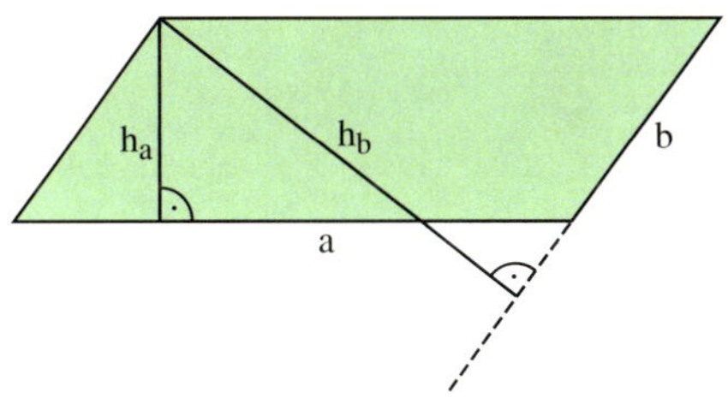

***Strategie:** Betrachten eines Extremfalles.*

Beispiel 3

Ein rechteckiges Lattengestell mit beweglichen Ecken wird ein wenig zur Seite verschoben (vergleiche unten stehende Abbildung).

Verändert sich der Flächeninhalt des eingeschlossenen Vierecks?

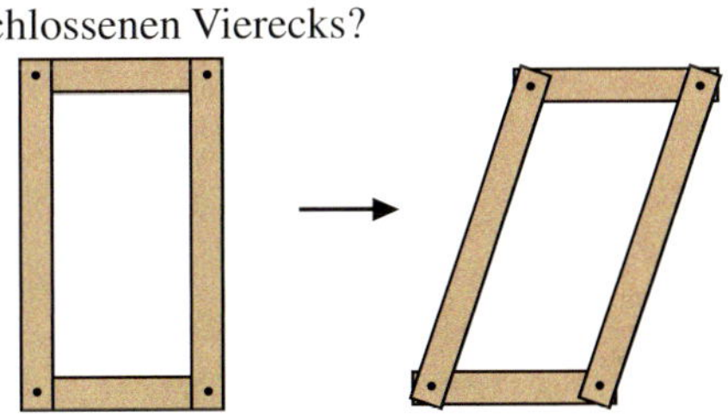

Lösung:

Verschiebt man das Lattengestell nur wenig, sieht man noch nicht deutlich, welche Maße sich verändern. Deshalb ist es eine sinnvolle Strategie, das Gestell so weit wie möglich zu verschieben, um eine extreme Situation zu betrachten:

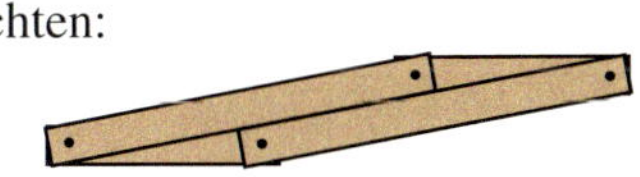

Nun erkennt man deutlich, dass die Höhe und damit der eingeschlossene Flächeninhalt immer kleiner und schließlich null werden. Die Länge der Latten bleibt natürlich gleich.

Aufgaben

3

Zeichne das Parallelogramm ABCD in ein Koordinatensystem (1 LE = 1 cm) und bestimme seinen Flächeninhalt in cm^2.

a) A(−1|−3), B(5|−3), C(2|1), D(−4|1)
b) A(−4|−1), B(1|4), C(1|8), D(−4|3)
c) A(2|0), B(4|4), C(−3|−1), D(−5|−5)

Die Ecken, Seiten und Winkel eines Vielecks werden gegen den Uhrzeigersinn benannt.

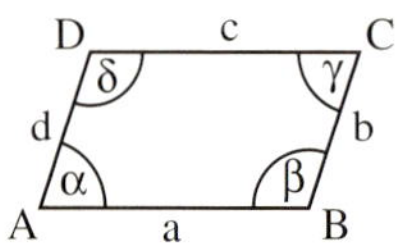

4

Zeichne ein Rechteck, das denselben Flächeninhalt hat wie ein Parallelogramm mit:

a) a = 6 cm; b = 2 cm; $\alpha = 135°$
b) a = 3 cm; b = 6 cm; $\beta = 120°$

5

Zeichne vier verschiedene Parallelogramme mit a = 5 cm und b = 7 cm und berechne ihre Flächeninhalte.

6

Bestimme jeweils für ein Parallelogramm die fehlenden Größen.

	a)	b)	c)	d)	e)
a	4 cm	6,12 m			6 km
b		4,8 m	5,6 dm	4 cm	
h_a	3,5 cm		14 cm		
h_b	2 cm				5 km
A		36,72 m^2	23,52 dm^2	0,124 dm^2	
U	22 cm			18 cm	32 km

Zur Erinnerung:
Der Umfang einer Figur ist die Länge seiner Randlinie.

7

Über eine viel befahrene Straße soll eine Fußgängerbrücke gebaut werden. Das Geländer wird mit einem Drahtgitter verkleidet.

a) Berechne die Flächeninhalte der einzelnen Gitterabschnitte. Wie viel m^2 Drahtgitter müssen insgesamt bestellt werden?
b) Bestimme zeichnerisch (Maßstab 1 : 100), in welcher Breite die parallelogrammförmigen Gitterteile bestellt werden müssen.

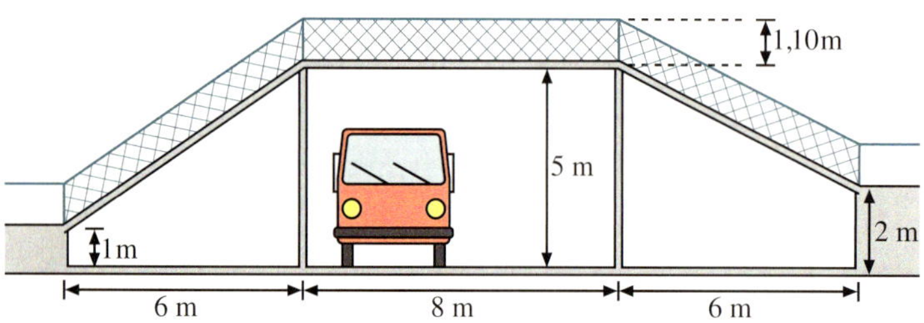

8

Zeichne ein Parallelogramm ABCD mit den angegebenen Maßen. Miss die benötigten Stücke und berechne dann den Flächeninhalt des Parallelogramms. Wie groß sind die restlichen Winkel?

a) a = 5 cm; b = 3 cm; $\alpha = 85°$
b) a = 3,5 cm; b = 4,2 cm; $\beta = 124°$
c) a = 7,2 cm; b = 4,8 cm; $\gamma = 75°$

9

a) Wie muss das Parallelogramm mit den Seitenlängen a = 9,2 cm und b = 4,3 cm aussehen, damit sein Flächeninhalt möglichst groß ist?
Begründe deine Überlegungen.
b) Gegeben ist ein Rechteck ABCD mit a = 9,2 cm und b = 7,5 cm.
Begründe, dass es kein zum Rechteck ABCD flächengleiches Parallelogramm mit den Seitenlängen 8,5 cm und 7,5 cm geben kann.

10

In einem Park teilt sich ein Weg und führt beidseitig um einen Brunnen herum.

a) Zeichne die farbigen Wege und den Brunnen im Maßstab 1 : 100.
b) Unterteile den gesamten Weg in Rechtecke und Parallelogramme und berechne den gesamten Flächeninhalt der Wege.
c) Wie groß ist der Flächeninhalt, der von den Wegen eingeschlossen wird?

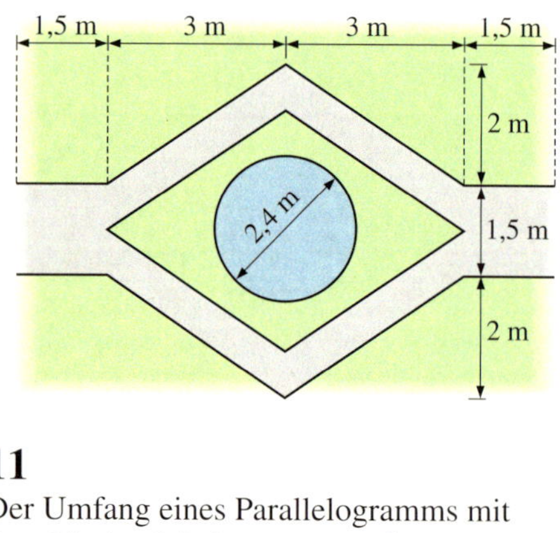

11

Der Umfang eines Parallelogramms mit dem Flächeninhalt A = 63 dm^2 beträgt 4,16 m. Wie lang sind die Seiten des Parallelogramms, wenn eine Höhe 7 dm misst?

*Eine **Raute** ist ein Parallelogramm mit vier gleich langen Seiten.*

12
Ein Parallelogramm hat den Flächeninhalt $A = 30{,}6\,cm^2$. Seine Seite [AB] ist 4,5 cm lang, die Seite [BC] ist 8,5 cm lang. Versuche das Parallelogramm zu zeichnen. Kann man mehrere Lösungen finden? Begründe.

13
Gegeben ist die Raute ABCD mit $A(-4|1)$, $B(-0{,}5|3)$, $C(-4|5)$ und $D(-7{,}5|3)$.

a) Bestimme ihren Flächeninhalt.

b) Wie erkennst du, dass eine Raute eine achsensymmetrische Figur ist?

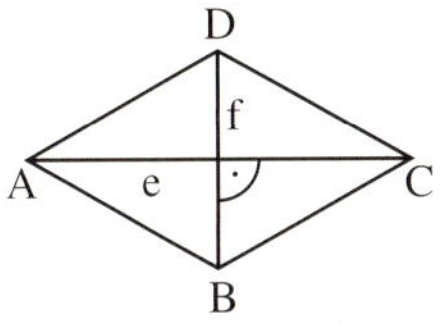

$\overline{AC} = e$, $\overline{BD} = f$

14
a) Zeichne eine Raute mit den Diagonalen $e = 5\,cm$ und $f = 2\,cm$. Miss eine Seite und die zugehörige Höhe und berechne daraus den Flächeninhalt der Raute.

b) Wie kann man den Flächeninhalt auch aus e und f allein berechnen?

c) Warum kann man nicht bei jedem Parallelogramm den Flächeninhalt so berechnen?

15
a) Ein Bücherregal hat sich seitlich verschoben. Wenn man auf ein Regalfach schaut, sieht man eine parallelogrammförmige Fläche. Ist durch die Verschiebung der Flächeninhalt zwischen zwei Regalbrettern gleich geblieben oder hat er sich verändert?

b) Das zwischen den Hallenwänden aufgespannte Badminton-Netz ist auf einer Seite etwas abgerutscht.
Hat sich sein Flächeninhalt verändert?

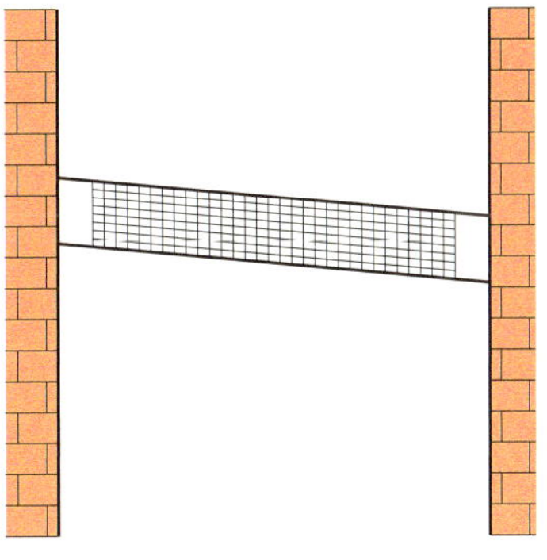

16
Welche der unten abgebildeten Parallelogramme haben denselben Flächeninhalt? Begründe deine Antwort.

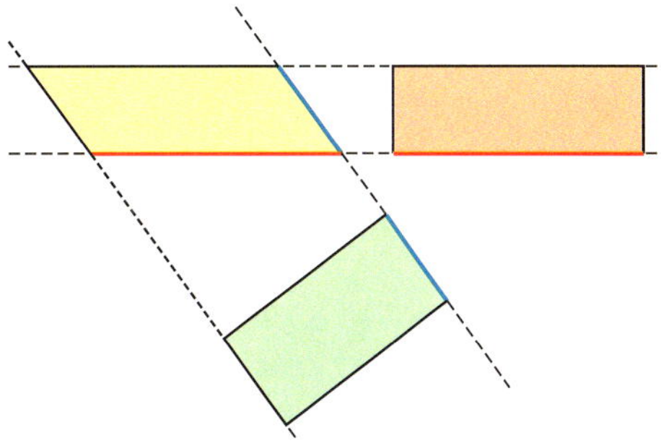

17
a) Zeichne die vier Figuren mit den angegebenen Maßen und schneide die beiden Parallelogramme aus.

b) Welches Parallelogramm lässt sich durch Zerschneiden und Zusammensetzen in welches Rechteck verwandeln?

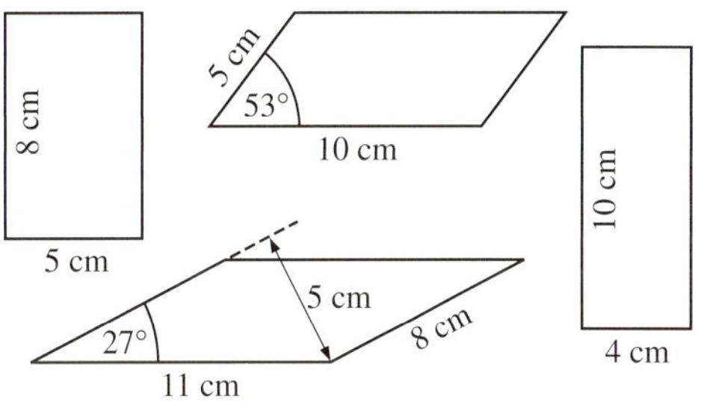

18
Eine Streuobstwiese hat die Form eines Parallelogramms mit den Maßen $a = 75\,m$; $b = 24\,m$ und $\alpha = 112°$.

a) Zeichne die Wiese mit einem geeigneten Maßstab und berechne ihren Flächeninhalt.

b) Der Bauer möchte diese Wiese gegen ein mindestens gleich großes rechteckiges Grundstück eintauschen, bei dem eine Seite 50 m lang ist. Wie lang muss die andere Seite wenigstens sein?

G19
Berechne vorteilhaft.

a) $23 \cdot (-26) - 23 \cdot 74$

b) $-36 \cdot 99$

c) $(-312) : (-3) - 612 : 3$

d) 29 % von 60

2 Flächeninhalt von Dreieck und Trapez

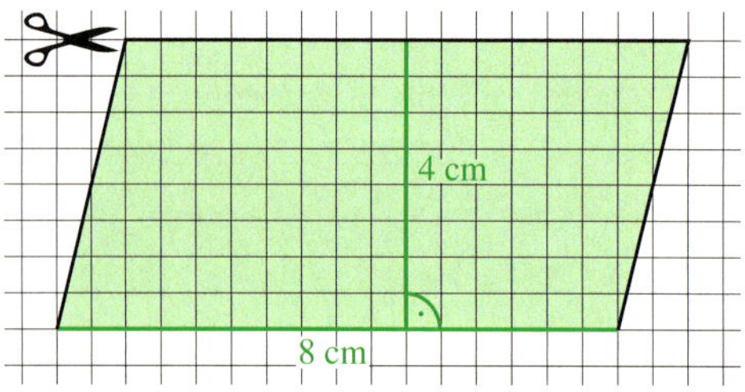

1
Übertrage das Parallelogramm mehrmals auf Papier, schneide es aus und zerschneide es jeweils in zwei deckungsgleiche Figuren. Schneide so, dass nicht in jedem der Fälle Dreiecke entstehen. Welchen Flächeninhalt haben deine Teilfiguren?

Eine ***Diagonale*** *im Viereck verbindet gegenüberliegende Ecken.*

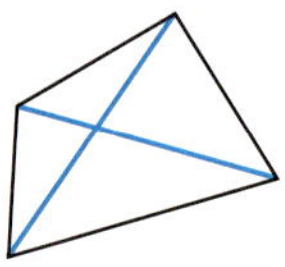

Ein Parallelogramm kann durch eine Diagonale in zwei flächengleiche Dreiecke zerteilt werden. Deshalb kann jedes Dreieck als „halbes Parallelogramm" aufgefasst werden.
Der Flächeninhalt jedes dieser Dreiecke ist somit halb so groß wie der Flächeninhalt des Parallelogramms, also gleich dem halben Produkt aus Seitenlänge und zugehöriger Höhe.

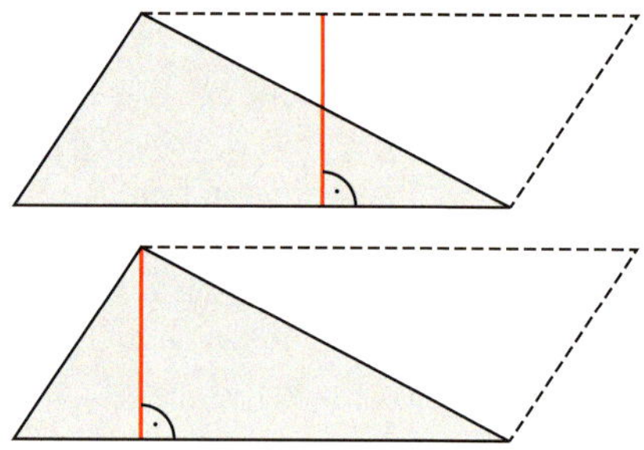

Diese Höhe des Parallelogramms entspricht im abgebildeten Dreieck dem Abstand der oberen Ecke von der unteren Seite.

Als Höhe bezeichnet man üblicherweise sowohl die Strecke als auch ihre Länge.

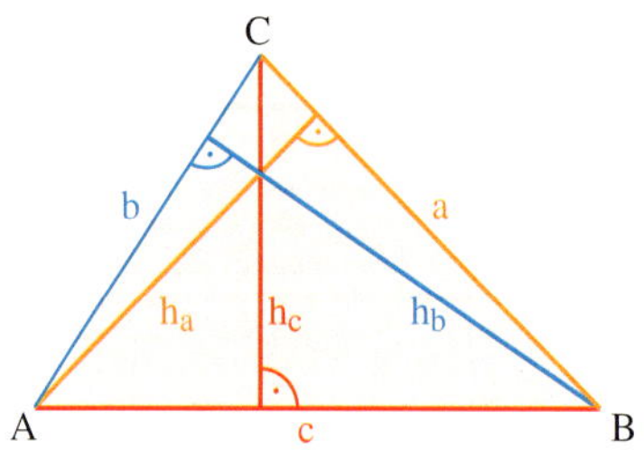

Daher bezeichnen wir beim Dreieck die Länge der senkrechten Verbindungsstrecke zwischen einer Ecke und der gegenüberliegenden Seite als **Höhe des Dreiecks**. Damit kann man im Dreieck drei Höhen angeben. Man bezeichnet sie je nach zugehöriger Seite mit h_a, h_b oder h_c.

Bezeichnungen:

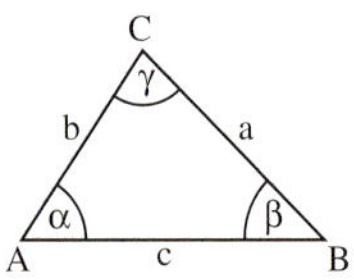

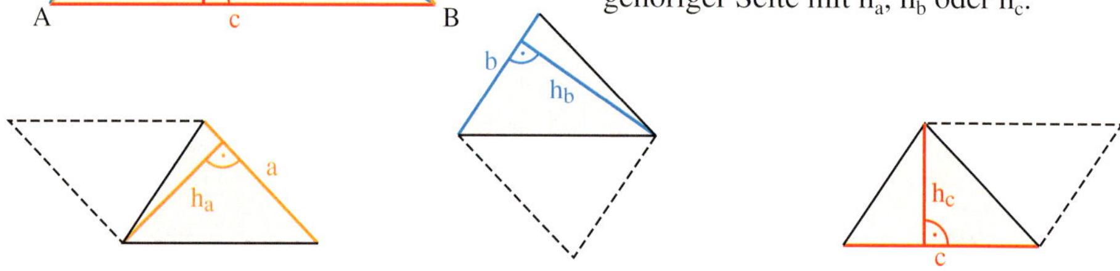

Beachte:
Im Dreieck liegt die Seite a der Ecke A gegenüber.

Der **Flächeninhalt eines Dreiecks** lässt sich also bestimmen, indem man die Hälfte des Produkts aus Seitenlänge und zugehöriger Höhe bildet. Dabei muss man beachten, dass beide Maße in derselben Längeneinheit verwendet werden.

Der **Flächeninhalt A des Dreiecks** beträgt: $\mathbf{A = \frac{1}{2} \cdot a \cdot h_a = \frac{1}{2} \cdot b \cdot h_b = \frac{1}{2} \cdot c \cdot h_c}$.

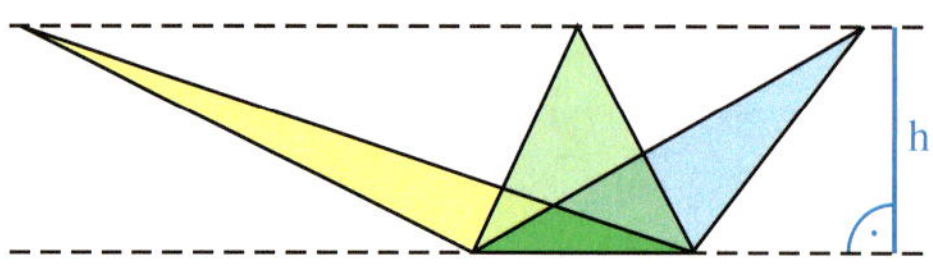

Dreiecke, die in einer Seite und der zugehörigen Höhe übereinstimmen, haben den gleichen Flächeninhalt.

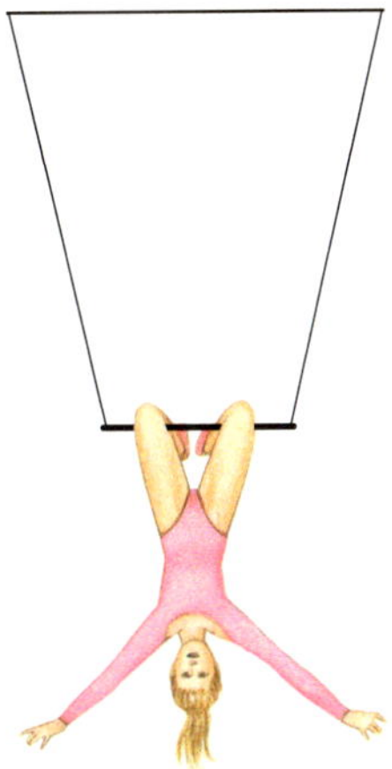

Ein Viereck mit zwei zueinander parallelen Seiten nennt man **Trapez**.
Den Abstand der zueinander parallelen Seiten bezeichnet man als **Höhe** des Trapezes.
Die beiden anderen Seiten bezeichnet man als **Schenkel** des Trapezes.

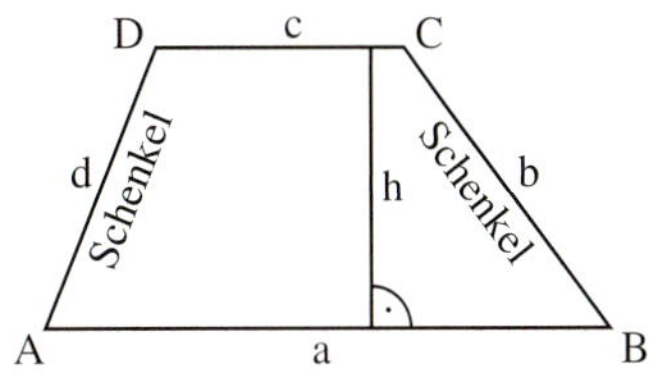

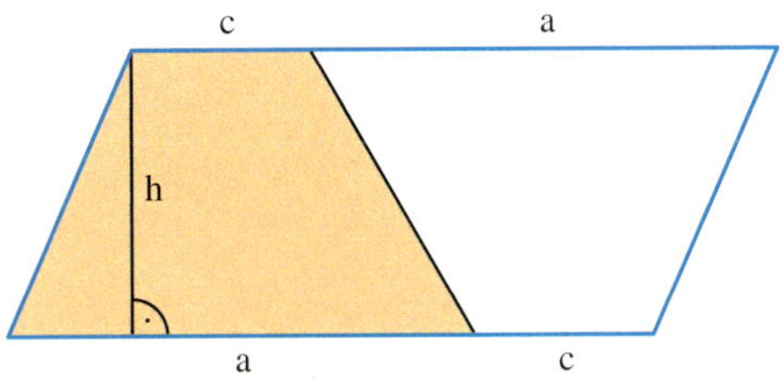

Ein Parallelogramm kann auch in zwei flächengleiche Trapeze zerlegt werden. Deshalb ist der Flächeninhalt des roten Trapezes halb so groß wie der Flächeninhalt des blauen Parallelogramms mit der Seitenlänge a + c und der zugehörigen Höhe h.

Also gilt für den **Flächeninhalt des Trapezes**: $\mathbf{A = \frac{1}{2} \cdot (a + c) \cdot h}$

Beispiel 1

Miss die benötigten Stücke und berechne den Flächeninhalt des Dreiecks ABC auf drei verschiedene Weisen.

Lösung:

1. $A = \frac{1}{2} \cdot a \cdot h_a \approx \frac{1}{2} \cdot 4{,}5\,\text{cm} \cdot 3{,}1\,\text{cm} \approx 7{,}0\,\text{cm}^2$
2. $A = \frac{1}{2} \cdot b \cdot h_b \approx \frac{1}{2} \cdot 3{,}2\,\text{cm} \cdot 4{,}4\,\text{cm} \approx 7{,}0\,\text{cm}^2$
3. $A = \frac{1}{2} \cdot c \cdot h_c \approx \frac{1}{2} \cdot 5\,\text{cm} \cdot 2{,}8\,\text{cm} = 7{,}0\,\text{cm}^2$.

Werden Seitenlänge und Höhe durch Messen bestimmt, dann ist das Ergebnis für den Flächeninhalt nur ein Näherungswert.

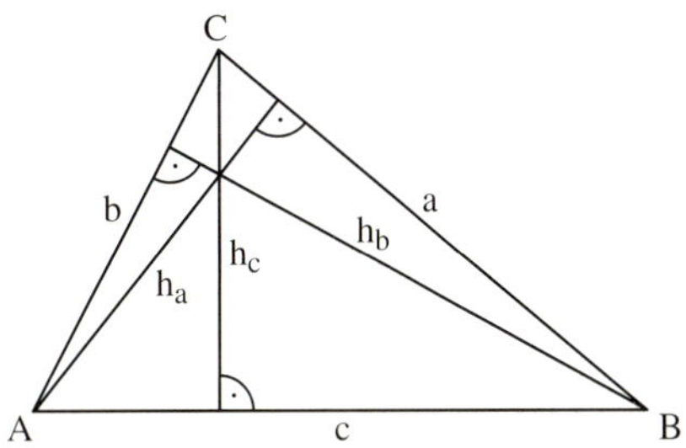

Beispiel 2

Gegeben sind die Punkte P(−3|−0,5), Q(−0,5|1,5), R(−3|3,5), A(1|−1), B(4|−1) und C(4|4).
Berechne die Flächeninhalte der Dreiecke PQR und ABC (1 LE = 1 cm), indem du jeweils die Grundseite und die Höhe geschickt wählst.

Lösung:

Flächeninhalt von Dreieck PQR:
$\overline{PR} = q = 4\,\text{cm}$; $h_q = 2{,}5\,\text{cm}$;
$A = \frac{1}{2} \cdot q \cdot h_q = \frac{1}{2} \cdot 4\,\text{cm} \cdot 2{,}5\,\text{cm} = 5\,\text{cm}^2$.
Flächeninhalt von Dreieck ABC:
Bei diesem rechtwinkligen Dreieck ist die zu c gehörige Höhe die Seite a.
$\overline{AB} = c = 3\,\text{cm}$; $\overline{BC} = a = h_c = 5\,\text{cm}$;
$A = \frac{1}{2} \cdot c \cdot h_c = \frac{1}{2} \cdot 3\,\text{cm} \cdot 5\,\text{cm} = 7{,}5\,\text{cm}^2$.

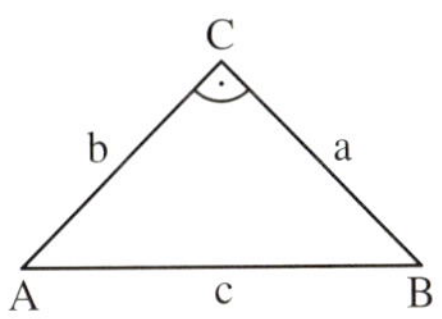

Beachte:
In diesem rechtwinkligen Dreieck ist b die zu a gehörige Höhe und a die zu b gehörige Höhe. Daher gilt für den Flächeninhalt:
$A = \frac{1}{2} \cdot a \cdot b$

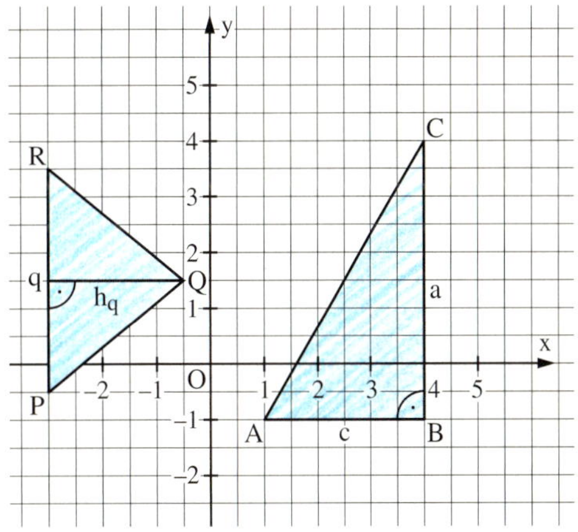

Beispiel 3

Der abgebildete Bauplatz wird auf zwei Seiten durch parallel verlaufende Straßen begrenzt. Berechne seinen Flächeninhalt.

Lösung:

Das Grundstück ist trapezförmig:
$A = \frac{1}{2} \cdot (30\,\text{m} + 22\,\text{m}) \cdot 24\,\text{m} = 624\,\text{m}^2$.

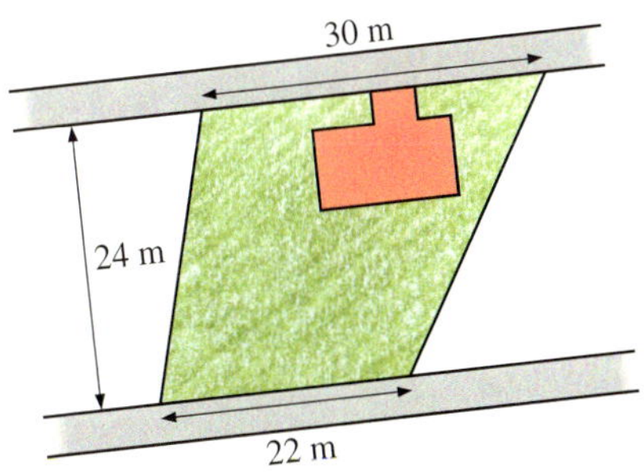

Aufgaben

2

Berechne den Flächeninhalt eines Dreiecks mit:

a) $a = 7{,}2\,cm$; $h_a = 4{,}4\,cm$
b) $b = 23\,cm$; $h_b = 86\,mm$
c) $c = 42{,}5\,cm$; $h_c = 0{,}32\,m$

Beachte:
Beim Dreieck kann eine Höhe auch außerhalb der Figur liegen.

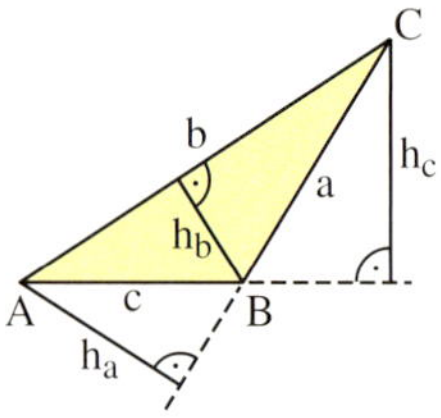

3

Gegeben sind die Punkte A(–3|–7), B(0|–5), C(–3|–2), D(3|1,5), E(7|–3), F(6|1,5), G(–1|–1,5), H(3|–1,5), I(–1|3,5), K(1|–5), L(6|–6) und M(4|–2).
Zeichne die Dreiecke ABC, DEF, GHI und KLM in ein Koordinatensystem (1 LE = 1 cm) und bestimme jeweils ihren Flächeninhalt.

4

Bestimme für das Dreieck ABC jeweils die fehlenden Größen.

	a	b	c	h_a	h_b	h_c	A	U
a)	3 cm	9 cm			2,8 cm			20 cm
b)		15 dm	9 dm	9 dm		12 dm		
c)	12 m			14 m	8,4 m	5,6 m	84 m^2	
d)		4 dm	1 m				1,5 m^2	22 dm

5

a) Wie breit ist ein 1,4 m langes Rechteck, das denselben Flächeninhalt hat wie ein Dreieck mit $a = 4{,}2\,cm$ und $h_a = 0{,}5\,m$?
b) Wie lang sind die Seiten eines Quadrats, das den gleichen Flächeninhalt hat wie ein Dreieck mit $b = 10{,}25\,cm$ und $h_b = 12{,}5\,cm$?

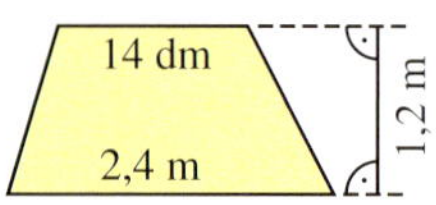

6

Zeichne je drei verschiedene Dreiecke, Parallelogramme und Trapeze mit dem Flächeninhalt $24\,cm^2$.

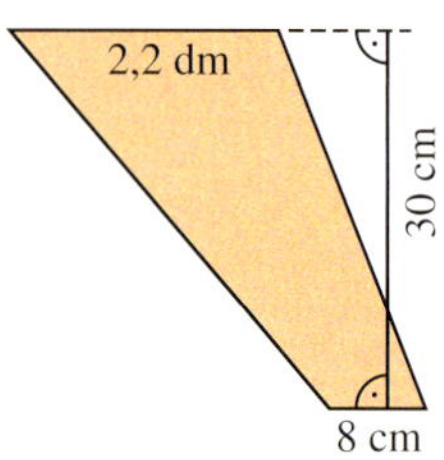

7

Berechne den Flächeninhalt der drei abgebildeten Trapeze.

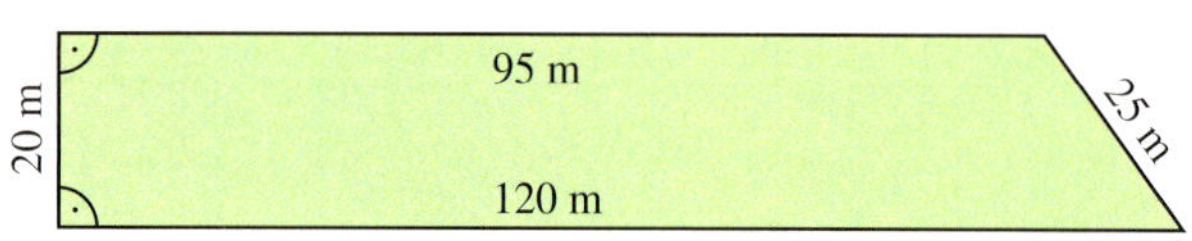

8

Zeichne das Trapez PQRS in ein Koordinatensystem (1 LE = 1 cm) und berechne seinen Flächeninhalt.

a) P(–1|1), Q(4,5|1), R(4|3), S(1|3)
b) P(–3|–1), Q(1|1), R(1|7), S(–3|2)

9

Es sei ABC ein rechtwinkliges Dreieck und M der Mittelpunkt der Seite [AB]. Begründe, dass der Flächeninhalt des Dreiecks ABC doppelt so groß ist wie der des Dreiecks AMC.

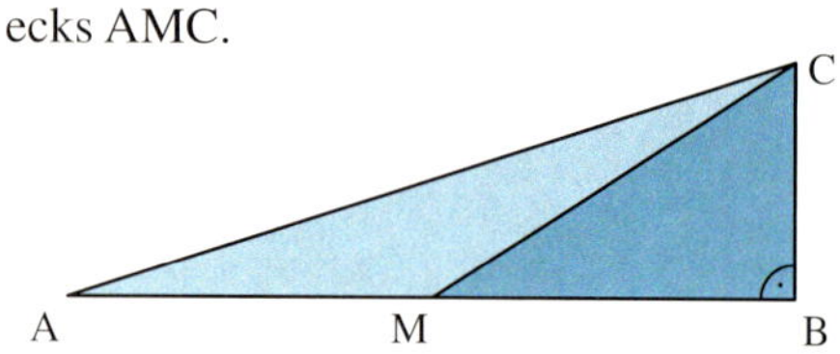

10

Zeichne auf unliniertes Papier vier flächengleiche Dreiecke und ein Dreieck, das einen anderen Flächeninhalt hat. Schneide alle Dreiecke aus und lasse deinen Banknachbarn die flächengleichen heraussuchen.

11 Drachenviereck

Bei Drachenvierecken ist eine Diagonale Symmetrieachse. Berechne den Flächeninhalt der Drachenvierecke.

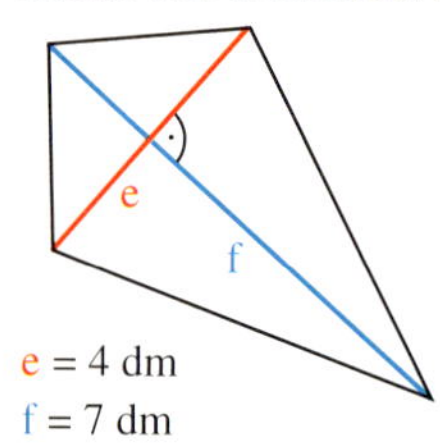

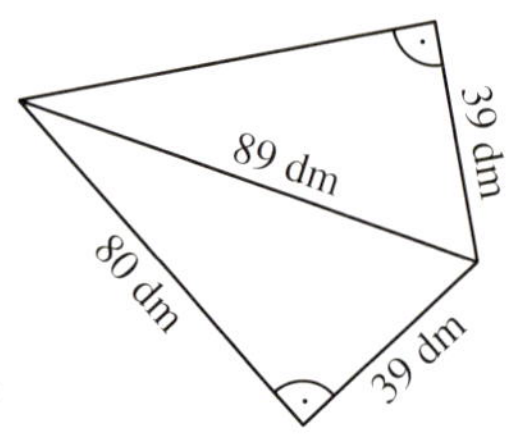

12

Gegeben sind die Punkte A(–2|–3), B(6,5|–3), C(6,5|3,5), D(–2|3,5), E(4,5|3,5) und F(–2|2,5).

a) Zeichne das Rechteck ABCD und das Dreieck BEF in ein Koordinatensystem (1 LE = 1 cm). Berechne den Flächeninhalt des Dreiecks auf zwei verschiedene Arten und erkläre dein Vorgehen.
b) Zeichne ein beliebiges Viereck in ein Koordinatensystem und bestimme seinen Flächeninhalt.

Zur Erinnerung:
$g \parallel h$ bedeutet:
g und h sind zueinander parallel.
$g \perp h$ bedeutet:
g ist senkrecht zu h.

Bezeichnungen:

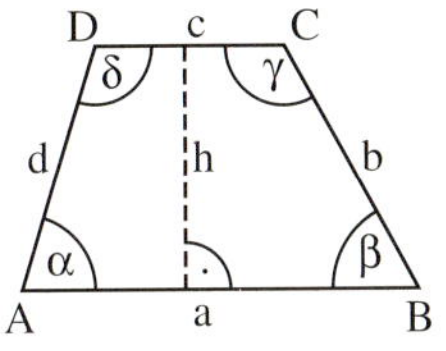

13

Zeichne ein Trapez ABCD mit $[AB] \parallel [CD]$ aus den angegebenen Stücken. Bestimme den Flächeninhalt des Trapezes. Noch nötige Maße entnimm deiner Zeichnung.

a) $a = 6\,cm$; $c = 2\,cm$; $d = 3\,cm$; $\alpha = 60°$
b) $a = 7\,cm$; $\alpha = 110°$; $\beta = 40°$; $h = 3\,cm$
c) $a = 3\,cm$; $b = 2{,}6\,cm$; $\alpha = 155°$; $\beta = 175°$

14

Ein Trapez hat den Flächeninhalt $A = 12\,cm^2$ und die Höhe $h = 1{,}5\,cm$. Die zu a parallele Seite c ist dreimal so lang wie a. Berechne a und c.

15

Ein Dreieck hat die Seite $a = 6\,cm$ und die Höhe $h_a = 3\,cm$.

a) Welches Maß bekommt die Höhe h_a, wenn die Seite a um 4 cm länger wird und der Flächeninhalt gleich bleiben soll?
b) Welches Maß bekommt die Seite a, wenn die Höhe um 1,5 cm kürzer wird, der Flächeninhalt sich aber verdoppeln soll?

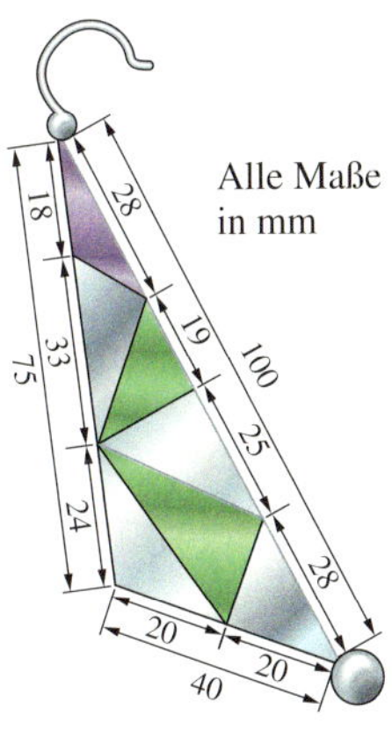

16

Lena bastelt einen Ohrring (siehe nebenstehende Zeichnung) aus verschiedenfarbigen Metallfolien. Sie nimmt eine silberfarbene Grundplatte, die mit Haken und Kugel 24 g wiegt. Darauf klebt sie verschiedenfarbige Dreiecke aus Metallfolie.

a) Zeichne den Ohrring in einem geeigneten Maßstab.
b) $2\,cm^2$ der Metallfolie wiegen 1,5 g. Wie viel wiegt der gesamte Ohrring?

17

a) Übertrage die Figuren in dein Heft und berechne jeweils ihren Flächeninhalt.

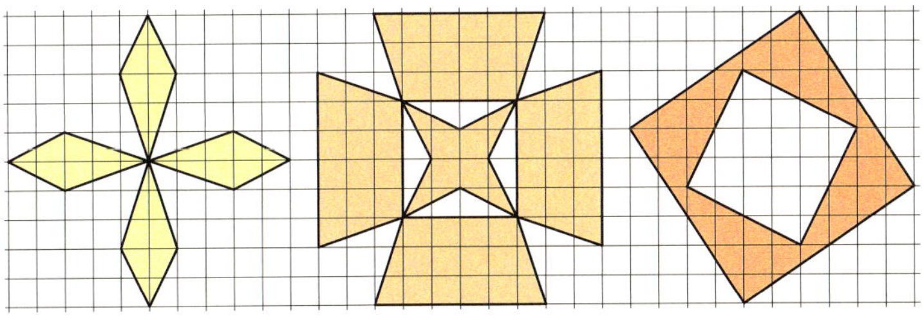

b) Zeichne selbst solche Figuren und berechne ihren Flächeninhalt.

18

Berechne für ein rechtwinkliges Dreieck ABC mit $\gamma = 90°$

a) den Flächeninhalt, wenn $a = 4{,}2\,cm$ und $b = 3{,}5\,cm$,
b) den Umfang, wenn $A = 30\,cm^2$, $a = 12\,cm$ und $c = 13\,cm$,
c) die Höhe h_c, wenn $a = 3{,}8\,cm$, $b = 4{,}5\,cm$ und $c = 5{,}9\,cm$.

19

In einem Dreieck mit dem Flächeninhalt $12\,cm^2$ und dem Umfang 16 cm ist eine Seite 5 cm lang. Eine Höhe, die nicht zu dieser Seite gehört, ist 4 cm lang. Wie lang sind die zwei anderen Seiten?

20

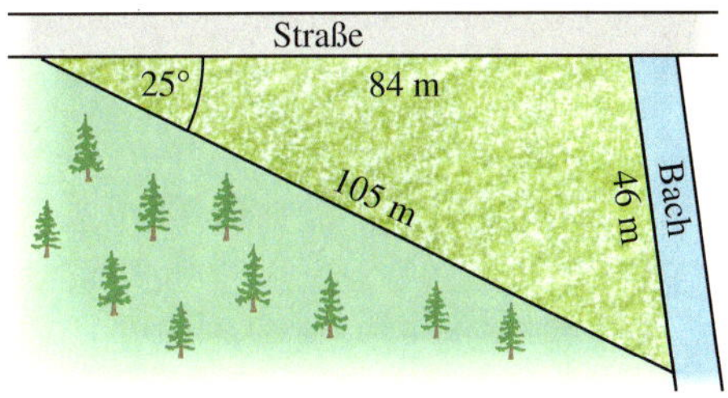

a) Landwirt Bauer hat eine dreieckige Wiese geerbt. Übertrage den Umriss der Wiese im Maßstab 1 : 1000 in dein Heft.
b) Miss die notwendigen Längen und berechne den Flächeninhalt der Wiese.
c) Welcher Bruchteil der Wiesenfläche geht dem Landwirt verloren, wenn er einen 4 m breiten Streifen entlang des Baches nicht mehr nutzt?
d) Suche Gründe, warum dieser Streifen nicht genutzt werden sollte.

21

Wie muss man in einem Dreieck ABC

a) die Seite c verändern, wenn sich die Höhe h_c verdoppelt und der Flächeninhalt gleich bleiben soll,
b) die Höhe h_b verändern, wenn die Seite b sich drittelt und der Flächeninhalt sich verdoppeln soll,
c) die Höhe h_a verändern, wenn die Seite a sich verdreifacht und der Flächeninhalt sich halbieren soll?

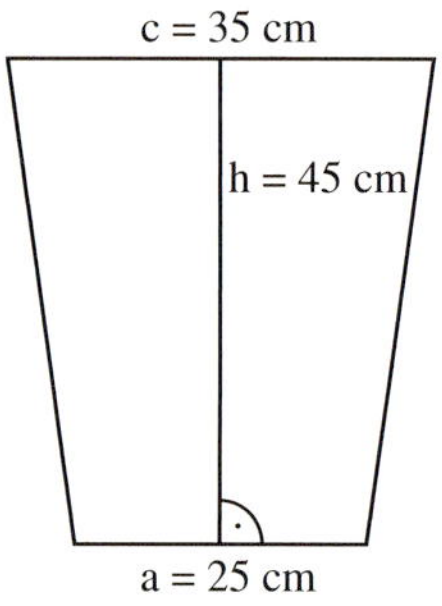

Bei einem gleichschenkligen Trapez sind die Schenkel gleich lang.

22

Matthias will im Baumarkt eine rechteckige Holzplatte kaufen, aus der vier gleichschenklige Trapeze mit gleichem Flächeninhalt ausgeschnitten werden sollen. Die Größe der Trapeze kannst du der nebenstehenden Zeichnung entnehmen.

a) Skizziere verschiedene Möglichkeiten, die Trapeze aus einer rechteckigen Platte auszuschneiden. Wie groß muss die Holzplatte jeweils sein? Gib die günstigste Variante an.

b) Berechne für die günstigste Möglichkeit aus Aufgabe a) den Verschnitt. Die Schnittbreite wird vernachlässigt.

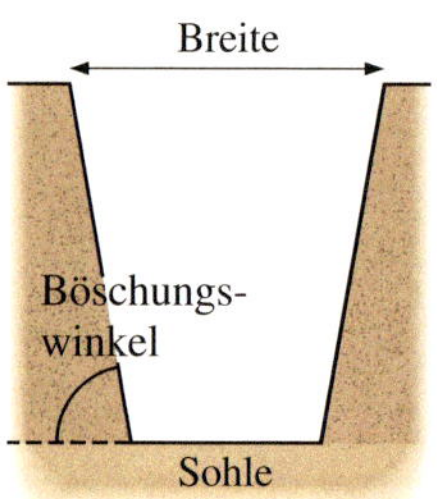

23

Der Querschnitt von Kanälen hat die Form eines gleichschenkligen Trapezes.

a) Zeichne einen Querschnitt im Maßstab 1 : 100 mit den folgenden Werten: Breite 6,0 m; Tiefe 2,4 m; Sohle 2,5 m. Miss den Böschungswinkel.

b) Bestimme die trapezförmige Querschnittsfläche dieses Kanals.

c) Zeichne zwei weitere trapezförmige Grabenprofile mit derselben Querschnittsfläche.

24

a) Berechne für das dargestellte Walmdach den Inhalt der zu deckenden Fläche.

b) Schätze, wie viel Dachziegel der Länge 42 cm und Breite 26 cm für dieses Dach benötigt werden, wenn sie zu $\frac{1}{4}$ überlappen.

c) Auf der gesamten Südseite des Daches sollen rechteckige Solarzellen montiert werden. Sie sind 1,45 m lang und 0,50 m breit. Wie viele haben höchstens Platz? Überlege dir dabei, ob es günstiger ist, alle liegend oder stehend zu montieren.

Ein Walmdach fällt nach allen vier Seiten schräg ab.

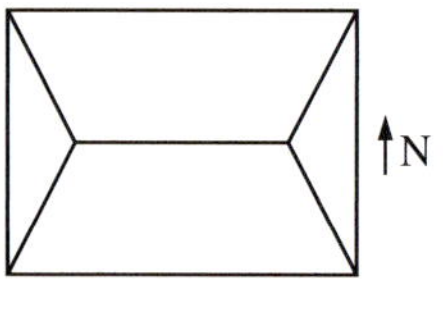

Draufsicht

Schrägbild

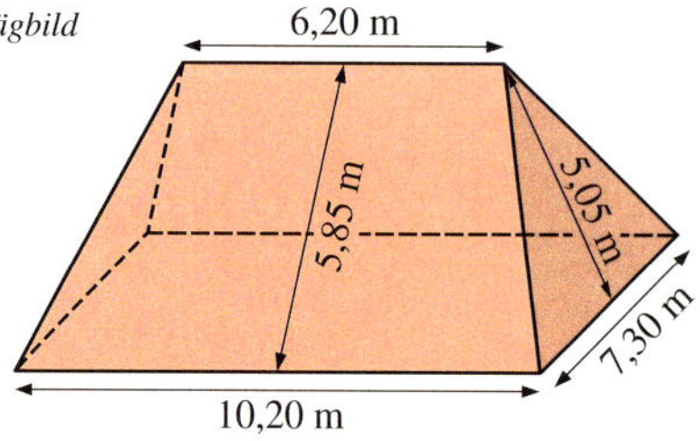

25 Flächeninhalt von Vielecken

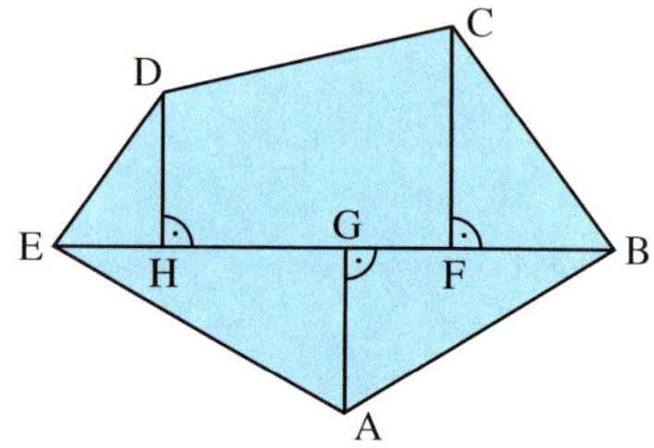

Der Flächeninhalt des Fünfecks ABCDE soll berechnet werden.

a) Dominik zerlegt es so wie in der obigen Zeichnung.
Schreibe auf, welche Strecken er messen muss und beschreibe sein Vorgehen.

b) Tina zerlegt das Fünfeck in drei Dreiecke. Skizziere das Fünfeck und zeichne die Strecken farbig ein, die Tina messen muss (mehrere Möglichkeiten).

c) Thomas zeichnet in das Fünfeck die Strecke [EB] und die Parallele dazu durch den Punkt D ein. Wie will er den Flächeninhalt wohl berechnen?

d) Wie würdest du den Flächeninhalt bestimmen? Begründe deine Entscheidung.

e) Berechne jeweils den Flächeninhalt.
(1) Viereck ABCD mit A(1|0), B(3,5|–4), C(7|0), D(2|2),
(2) Fünfeck PQRST mit P(–1|–2,5), Q(2|–2,5), R(5,5|2), S(4|6), T(–1|5)

*26

Zwischen zwei benachbarten Feldern verläuft die Grenze so, wie im Bild zu sehen ist. Die Grenze soll nun so verändert werden, dass sie geradlinig ist und jedes Feld seinen Flächeninhalt beibehält.
Begründe, wie du vorgehst.

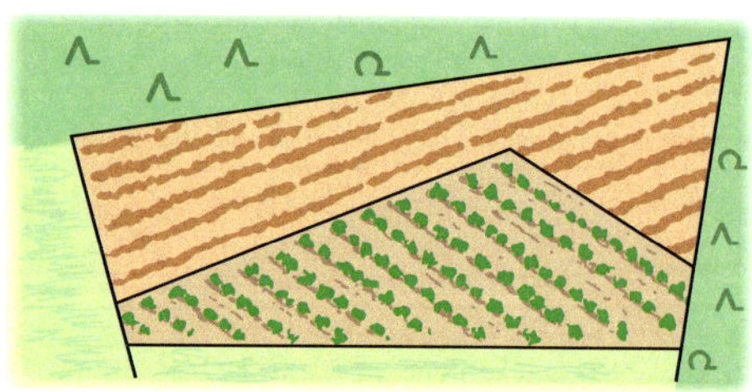

G27

a) $0{,}6\,a + \frac{1}{6}\,ha$ b) $2\frac{3}{5}\,km - 324\,m$

c) $4\frac{1}{2}\,dm \cdot 5{,}2$ d) $72{,}5\,m^2 : 0{,}125\,m^2$

3 Schrägbilder

1

Zeichne das Schrägbild eines Quaders mit Länge 8 cm, Breite 4 cm und Höhe 4 cm. Dieser Quader soll nun in zwei Würfel zerschnitten werden. Zeichne den Schnitt ein.

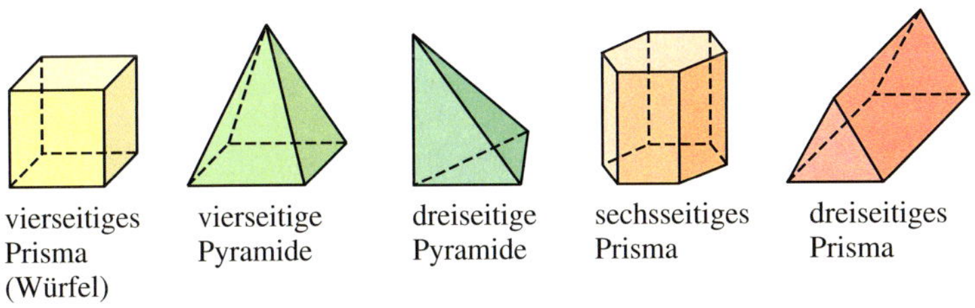

2

Forme aus Knetmasse einen Quader.

a) Schneide aus ihm eine möglichst hohe, vierseitige Pyramide heraus.

b) Schneide ein dreiseitiges Prisma aus dem Quader heraus.

***Strategie:** Zurückführen auf etwas Bekanntes.*

Zur besseren räumlichen Vorstellung eines Körpers zeichnet man von ihm ein **Schrägbild**.

Ist ein Körper nur aus Quadern zusammengesetzt,
so kann man von ihm ein Schrägbild zeichnen, indem man sich vorstellt, wie er aus den einzelnen kleinen Quadern aufgebaut ist.

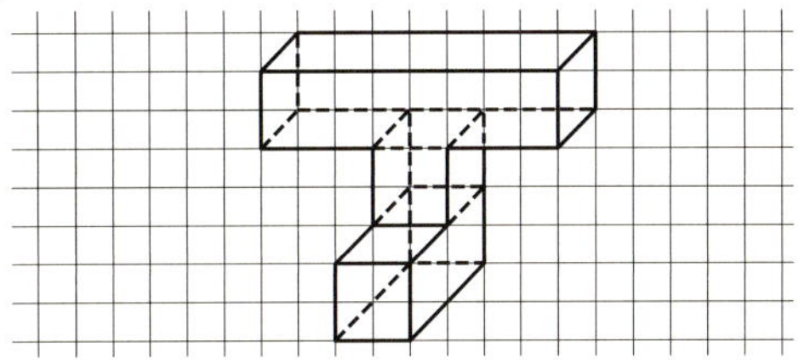

Bei vielen anderen Körpern ist es eine hilfreiche Strategie, zunächst ein Schrägbild eines Quaders zu zeichnen, aus dem sich das Schrägbild des Körpers dann entwickeln lässt.

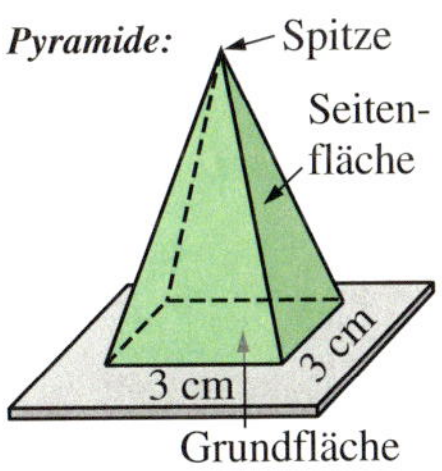

Soll z. B. das **Schrägbild** der links gegebenen 5 cm hohen **Pyramide** mit quadratischer Grundfläche gezeichnet werden, kann man so vorgehen:

1. Zeichne zunächst das Schrägbild eines Quaders, in den die Pyramide einbeschrieben werden kann.
2. Verbinde den Mittelpunkt der Quaderdeckfläche mit den Ecken der Grundfläche.

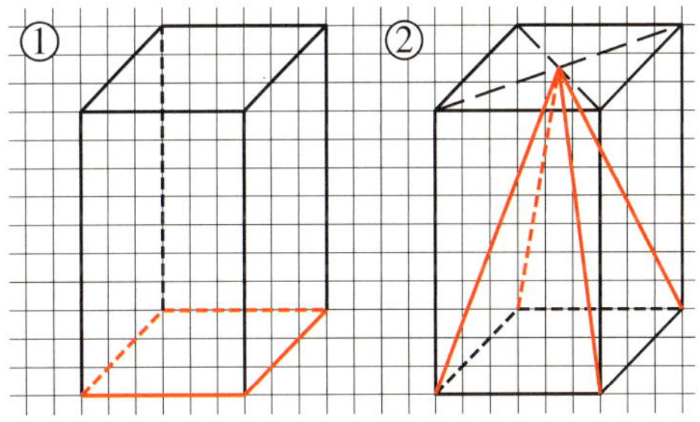

Der räumliche Eindruck wird verstärkt, wenn nicht sichtbare Kanten gestrichelt werden.

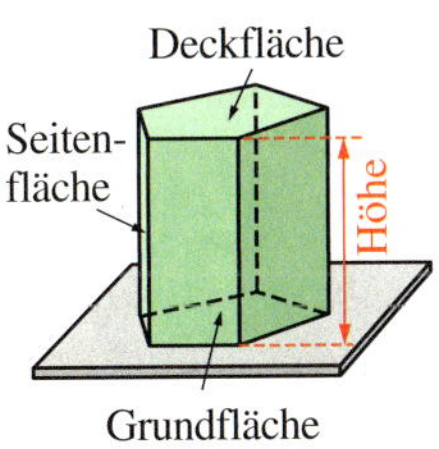

*Ein **Prisma** hat zwei zueinander parallele und deckungsgleiche Vielecke als Grundfläche und Deckfläche.*

Will man z. B. das **Schrägbild** eines **Prismas** zeichnen, so kann das Prisma hierbei auf einer Seitenfläche liegend oder auf der Grundfläche stehend gezeichnet werden. Die beiden Schrägbilder zeigen ein dreiseitiges Prisma einmal liegend und einmal stehend.
Beim liegenden Prisma erscheint die Grund- bzw. Deckfläche unverzerrt, beim stehenden Prisma dagegen verzerrt. Deshalb ist es hilfreich, sich beim stehenden Prisma zunächst auch den Quader mit vorzustellen, aus dem sich das Prisma herausschneiden lässt.

liegend

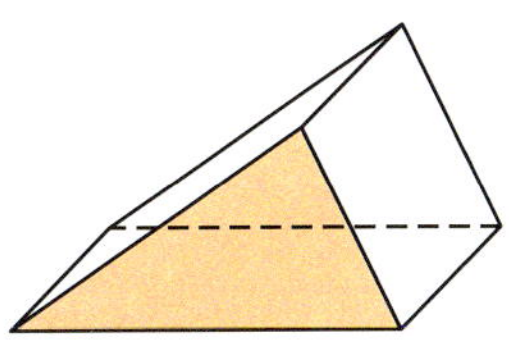

stehend

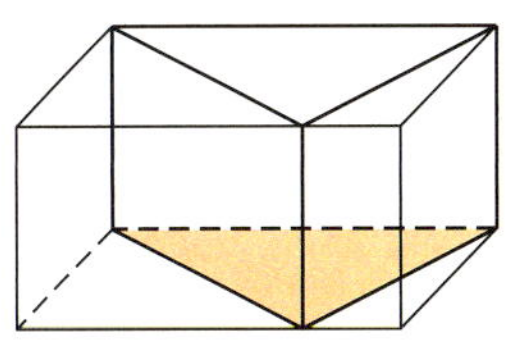

So kann man das Schrägbild eines auf der Grundfläche stehenden 2 cm hohen Prismas mit der angegebenen trapezförmigen Grund- bzw. Deckfläche zeichnen:
Grundfläche:

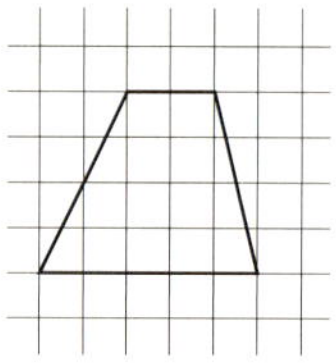

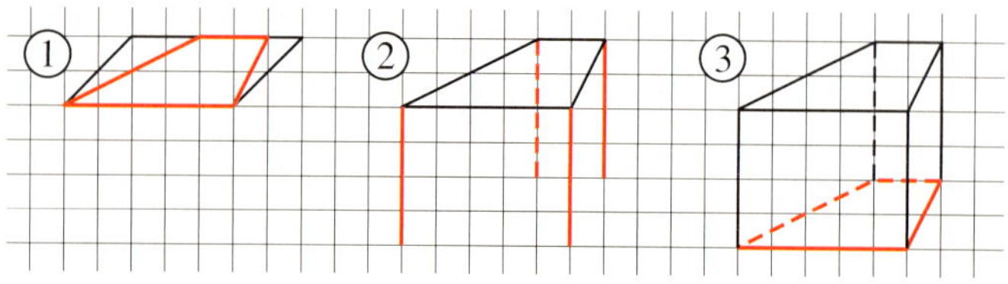

Für das Schrägbild genügt es, die Deckfläche des umschriebenen Quaders zu zeichnen; man braucht nicht den ganzen Quader zu zeichnen.

1. Überlege dir zunächst, wie ein geeigneter Quader aussieht, in den das Prisma einbeschrieben werden kann. Zeichne dann die Deckfläche dieses Quaders im Schrägbild und zeichne in diese die Deckfläche des Prismas ein.
2. Zeichne die Seitenkanten des Prismas in wahrer Länge von den Ecken der Deckfläche nach unten.
3. Verbinde die unteren Enden der Seitenkanten zur Grundfläche.

Zur Erinnerung:
So wird das Schrägbild eines Quaders gezeichnet.
1. Zeichne die Vorderfläche in wahrer Größe.
2. Zeichne die nach hinten verlaufenden Seitenkanten schräg und verkürzt sowie parallel zueinander.
3. Verbinde die Enden der nach hinten laufenden Seitenkanten.

Will man das gleiche Prisma auf einer Seitenfläche liegend zeichnen, so geht man analog wie beim Quader vor und zeichnet die Deck- bzw. Grundfläche als Vorderfläche. Auf diese Weise lassen sich Prismen mit komplizierter Grund- bzw. Deckfläche meist einfacher im Schrägbild zeichnen.

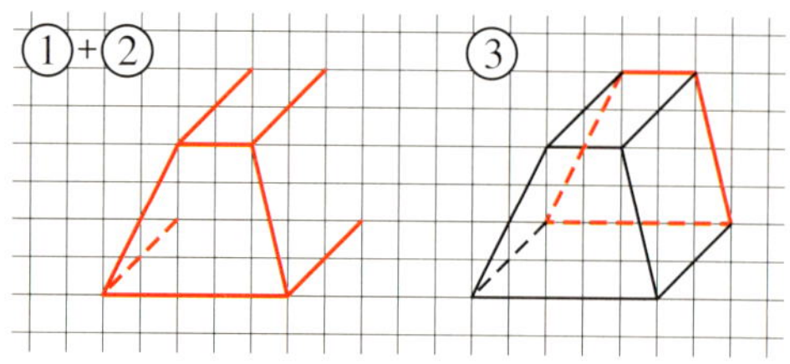

Beachte:
Kanten, die in Wirklichkeit parallel sind, sind auch im Schrägbild parallel zueinander. Kanten, die in Wirklichkeit aufeinander senkrecht stehen, müssen im Schrägbild nicht aufeinander senkrecht stehen.

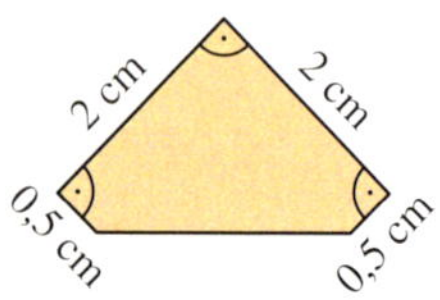

Beispiel 1
Zeichne für ein 1,5 cm hohes Prisma, dessen Grundfläche links skizziert ist, zwei Schrägbilder mit den angegebenen Maßen, einmal auf einer Seitenfläche liegend und einmal auf der Grundfläche stehend.
Lösung:
Es ist geschickt, die Grundfläche so zu drehen, dass sie gut ins Karogitter passt.

liegend:

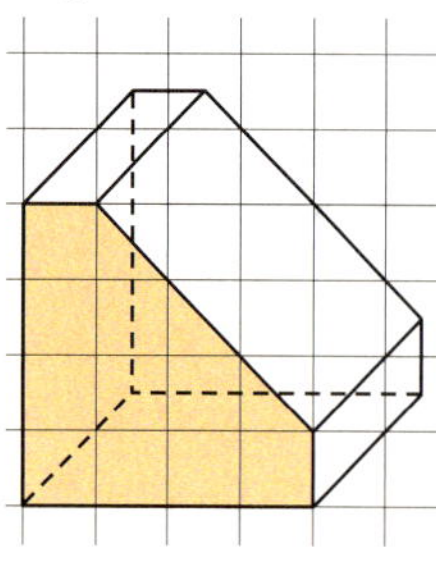

stehend:

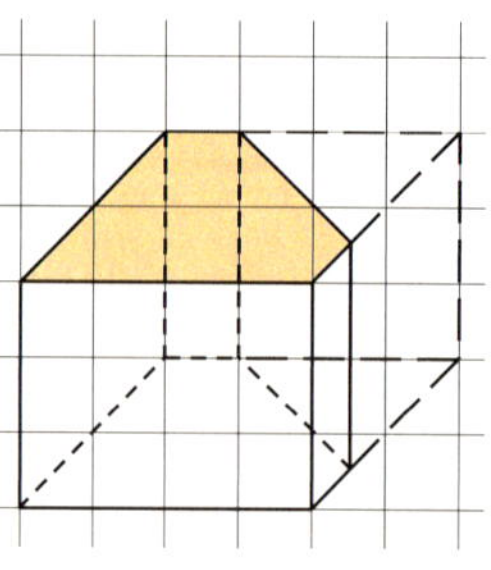

Beispiel 2
Zeichne das Schrägbild einer Pyramide deren Grundseite das Dreieck ABC ist, für das gilt: $a = 3\,\text{cm}$, $b = 4\,\text{cm}$ und $\gamma = 90°$.
Die Pyramidenspitze soll im Abstand 3,5 cm über der Ecke C liegen.
Lösung:

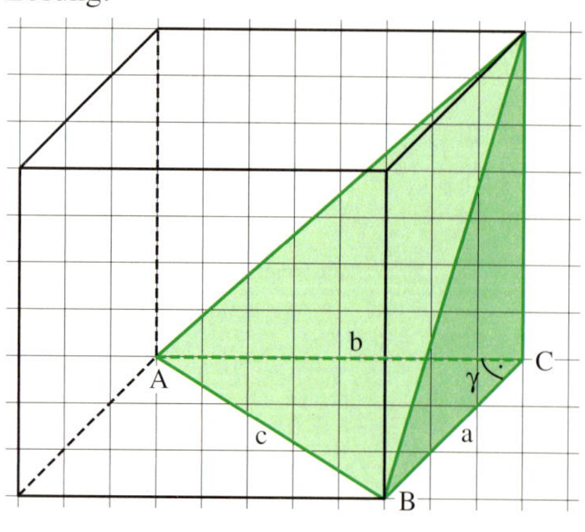

Aufgaben

3
Ein Körper mit der Form einer Treppe, die von der Seite aussieht wie die grüne Fläche, ist dreimal im Schrägbild gezeichnet.
a) Wo siehst du Fehler?
b) Zeichne die Treppe richtig.

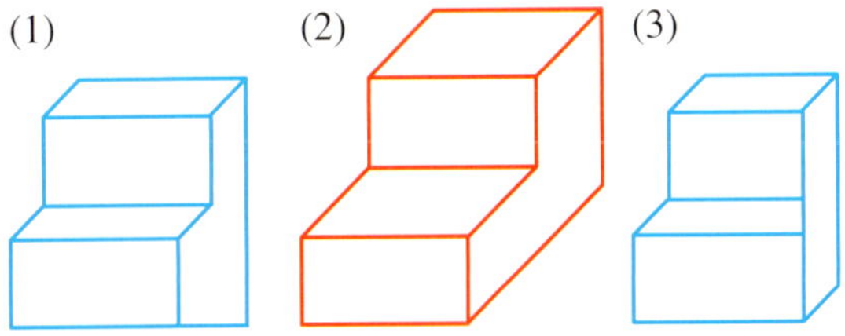

4
Zeichne das dreiseitige Prisma, das auf dem Rand skizziert ist, wenn es
a) auf der Grundfläche steht,
b) auf der grünen Seitenfläche liegt und die Grundfläche nach vorne zeigt,
c) auf der grünen Seitenfläche liegt und eine Rechtecksfläche nach vorne zeigt.
Bezeichne jeweils die Eckpunkte.

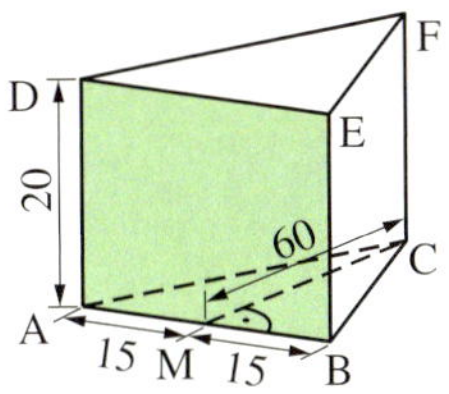

Maße in mm

5
Zeichne ein Schrägbild einer vierseitigen Pyramide mit quadratischer Grundfläche der Kantenlänge 4 cm mit einer Höhe von 2,5 cm,
a) die regelmäßig ist.
b) deren Spitze über einer Ecke der Grundfläche liegt.
c) deren Spitze über dem Mittelpunkt einer Kante der Grundfläche liegt.

Eine Pyramide heißt regelmäßig, wenn alle ihre Seitenflächen deckungsgleiche Dreiecke sind.

6
Die nebenstehenden Bilder zeigen die Giebelansicht und die Draufsicht eines Hauses. Skizziere ein Schrägbild des Hauses so, dass
a) die Südseite unverzerrt erscheint,
b) die Ostseite unverzerrt erscheint.

Giebelansicht

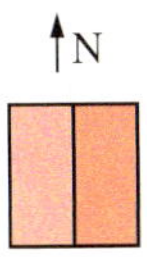

Draufsicht

7
a) Was ist in der nebenstehenden Figur falsch gezeichnet?
b) Verdecke mit einem Blatt Papier einen Teil der Figur so, dass der Rest dann richtig aussieht. Es gibt dazu verschiedene Möglichkeiten. Vervollständige die Zeichnung richtig in deinem Heft.

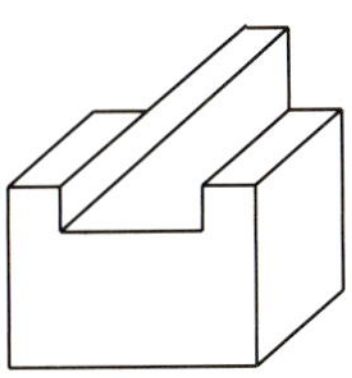

8
Zeichne ein Schrägbild einer Pyramide mit der Höhe 2 cm (4 cm, 6 cm, 8 cm), deren Grundfläche
a) ein Quadrat mit der Seitenlänge 8 cm ist,
b) ein Rechteck mit den Seitenlängen 6 cm und 8 cm (8 cm und 4 cm) ist.

9
Zeichne ein Schrägbild eines auf der angegebenen Grundfläche stehenden Prismas von 6 cm Höhe.

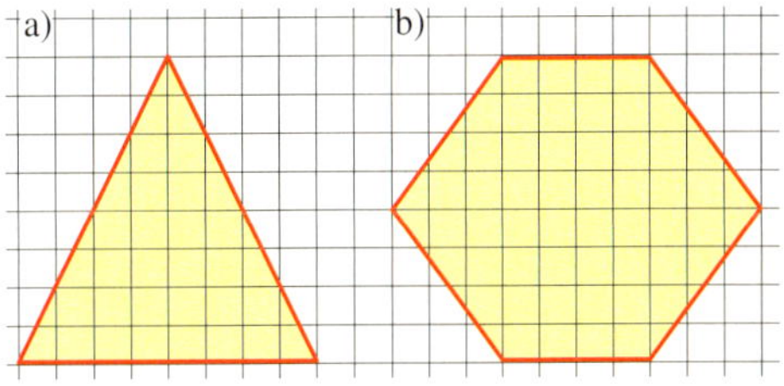

10
Die Buchstaben „L“, „E“ und „X“ sind aus Holz. Das nebenstehende Bild zeigt das „L“ liegend.

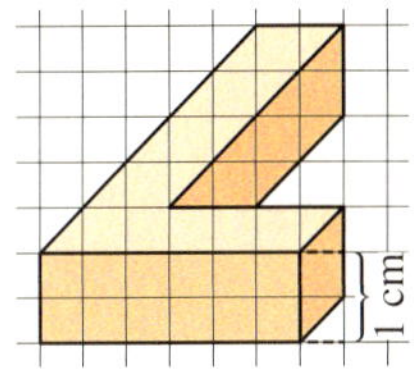

Die Buchstaben „E“ und „X“ haben die angegebenen Maße sowie die Stärke 1 cm.

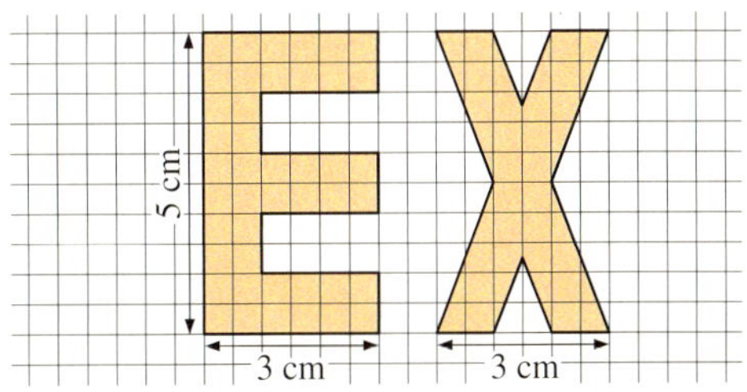

a) Zeichne Schrägbilder der Buchstaben „E“ und „X“, wenn sie aufrecht stehen.
b) Zeichne Schrägbilder der liegenden Buchstaben „E“ und „X“. Finde beim Buchstaben „E“ verschiedene Vorgehensweisen und beschreibe diese jeweils.
c) Skizziere auf die gleiche Art andere Buchstaben, z. B. die deines Namens.

G11
a) $3\frac{1}{2}$ kg von 38,5 kg b) 75 % von 120 €
c) $\frac{2}{3}$ von 72 m d) $2\frac{3}{4}$ h von 6 h

4 Netze und Oberflächeninhalt

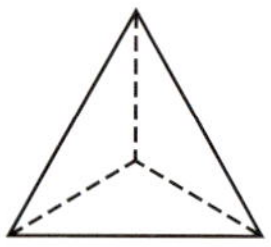

Eine Dreieckspyramide, bei der alle Kanten gleich lang sind, nennt man ***Tetraeder****.*

1
Bastle aus festem Tonpapier ein oben offenes Kästchen, das die nebenstehende Form besitzt. Beschreibe dein Vorgehen.

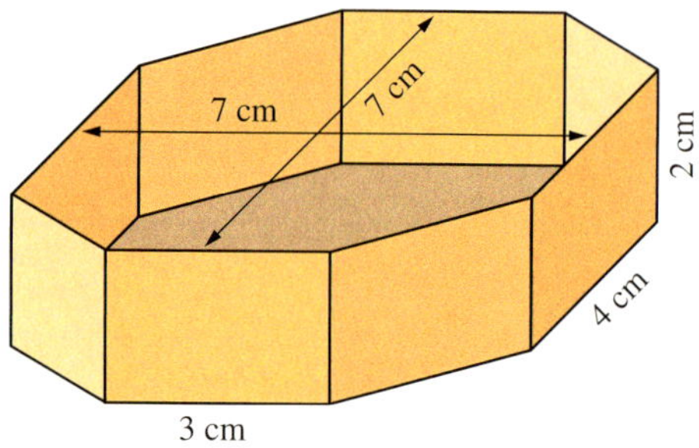

2
Bestimme möglichst exakt den Oberflächeninhalt des links dargestellten Tetraeders, dessen Kanten 6 cm lang sind.

Wird die Oberfläche eines Körpers längs geeigneter Kanten aufgeschnitten und in einer Ebene ausgebreitet, so erhält man ein **Netz** des Körpers.
Dabei können sich für einen (denselben) Körper ganz unterschiedliche Netze ergeben, je nachdem, welche Kanten man wählt, um den Körper aufzuschneiden.

Ein ***Prisma*** *hat nur Rechtecke als Seitenflächen.*

Die beiden Figuren zeigen zwei mögliche Netze eines dreiseitigen Prismas. Strecken, die im Prisma aneinander stoßen, also eine Kante bilden, sind gleichfarbig gezeichnet.

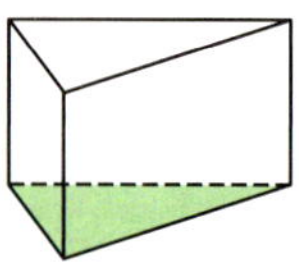

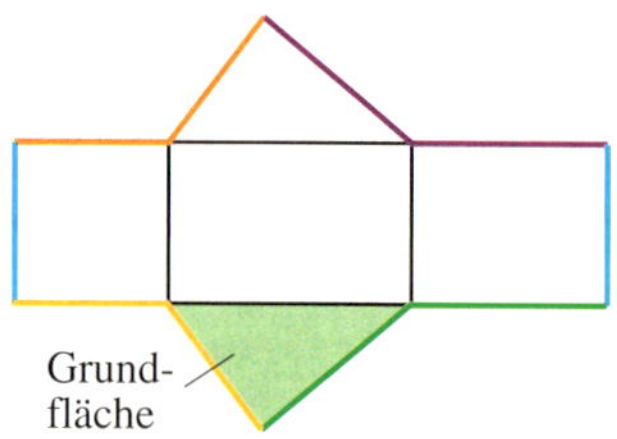

Das Netz eines Körpers gibt dessen **Oberfläche** unverzerrt wieder. Deshalb ist das Netz hilfreich, um den **Oberflächeninhalt O** des Körpers zu bestimmen.

Der Oberflächeninhalt O eines Körpers ist gleich dem Flächeninhalt seines Netzes.

Beispiel 1
Skizziere drei mögliche Netze der links abgebildeten Pyramide und berechne ihren Oberflächeninhalt.
Lösung:

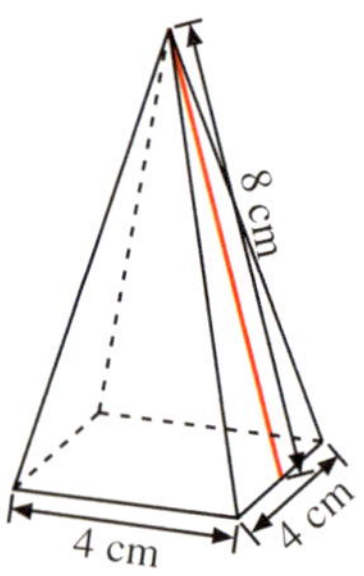

Eine ***Pyramide*** *hat nur Dreiecke als Seitenflächen.*

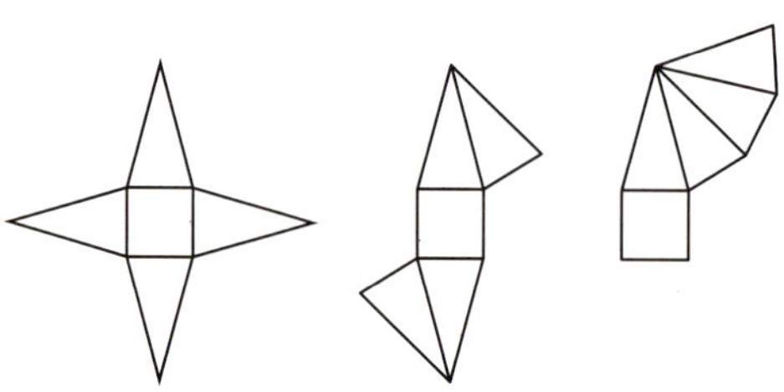

Die Oberfläche besteht aus einem Quadrat mit dem Flächeninhalt
$A_{Quadrat} = 4\,cm \cdot 4\,cm = 16\,cm^2$
und aus vier gleichen Dreiecken mit jeweils dem Flächeninhalt
$A_{Dreieck} = \frac{1}{2} \cdot 4\,cm \cdot 8\,cm = 16\,cm^2$.
Der Oberflächeninhalt beträgt somit:
$O = 16\,cm^2 + 4 \cdot 16\,cm^2 = 80\,cm^2$.

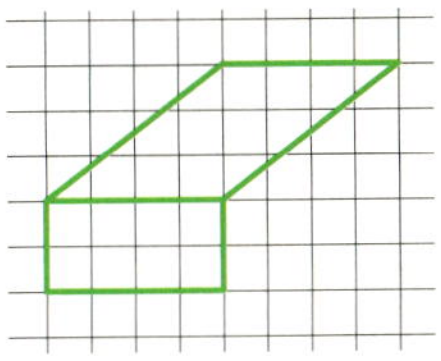

Beispiel 2
Vervollständige die angegebene Figur zum Netz eines Prismas und berechne den Oberflächeninhalt dieses Prismas.
Lösung:
So sieht ein mögliches Netz aus:

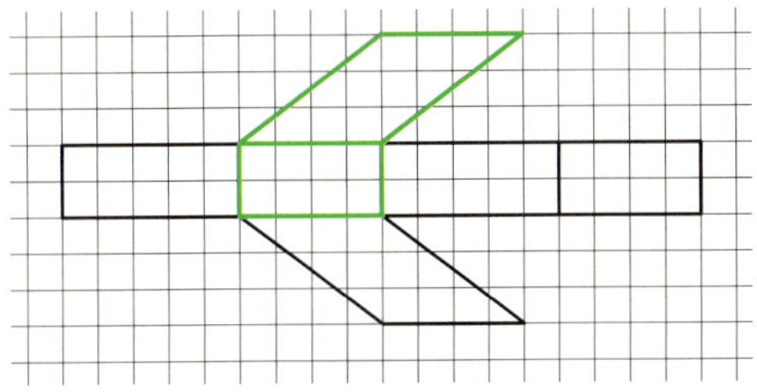

Die Oberfläche setzt sich zusammen aus vier Rechtecken, von denen je zwei gleichen Flächeninhalt besitzen, und aus zwei flächengleichen Parallelogrammen.

$A_{\text{großes Rechteck}} = 2{,}5\,\text{cm} \cdot 1\,\text{cm} = 2{,}5\,\text{cm}^2$
$A_{\text{kleines Rechteck}} = 2\,\text{cm} \cdot 1\,\text{cm} = 2\,\text{cm}^2$
$A_{\text{Parallelogramm}} = 2\,\text{cm} \cdot 1{,}5\,\text{cm} = 3\,\text{cm}^2$

Somit ergibt sich für den gesamten Oberflächeninhalt O:
$O = 2 \cdot 2{,}5\,\text{cm}^2 + 2 \cdot 2\,\text{cm}^2 + 2 \cdot 3\,\text{cm}^2$
$= 5\,\text{cm}^2 + 4\,\text{cm}^2 + 6\,\text{cm}^2 = 15\,\text{cm}^2.$

Aufgaben

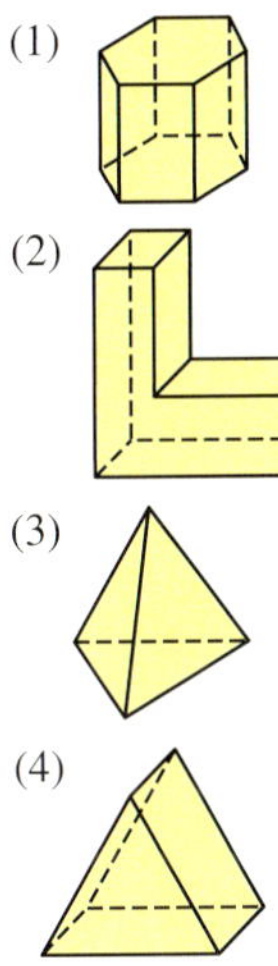

Erinnerung:
Bezeichnungen im Dreieck und Viereck:

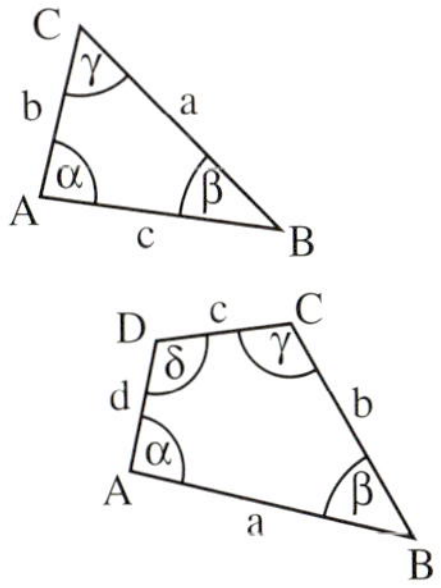

3
In der folgenden Abbildung haben sich bei den Körpernetzen Fehler eingeschlichen.
a) Suche die fehlerhaften Netze und zeichne sie so korrigiert in dein Heft, dass jedes Netz zu einem der Körper gehört.
b) Wie bezeichnet man die Körper jeweils?

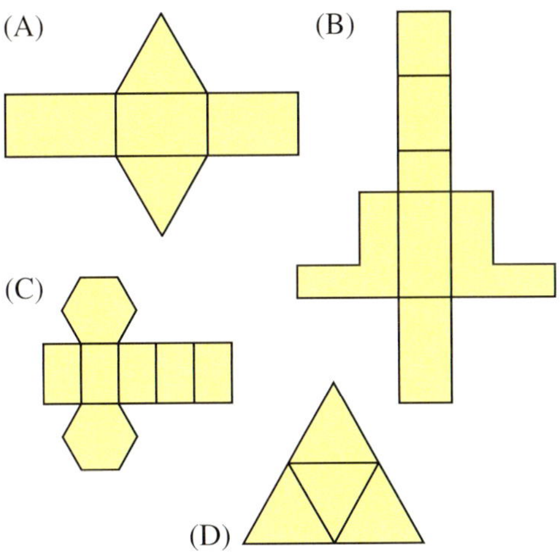

4
Zeichne ein Netz und berechne den Oberflächeninhalt eines Prismas der Höhe 4 cm, wenn die Grundfläche
a) ein Parallelogramm mit $a = 6\,\text{cm}$, $b = 5\,\text{cm}$, $\alpha = 30°$ und $h_a = 2{,}5\,\text{cm}$ ist,
b) ein Dreieck ist mit $b = 4\,\text{cm}$, $c = 3\,\text{cm}$ und $\alpha = 90°$,
c) ein Trapez mit $a \| c$, $a = b = d = 2{,}5\,\text{cm}$, $c = 5{,}5\,\text{cm}$, $\gamma = 53°$ und $h = 2\,\text{cm}$ ist.

5
a) Zeichne möglichst geschickt jeweils ein 8 cm hohes Prisma mit gegebener Grundfläche im Schrägbild.

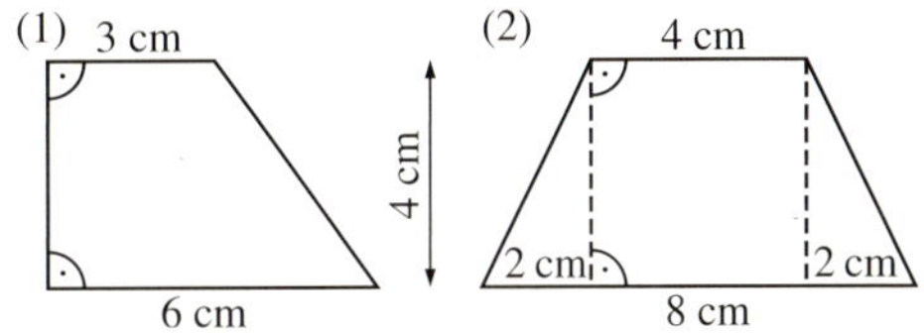

b) Bastle jeweils das Prisma. Überschlage vorher, welchen Papierbedarf du dabei hast.

6
a) Aus wie vielen einzelnen Flächen setzt sich die Oberfläche der Körper zusammen? Skizziere alle ebenen Figuren, die dabei auftreten.

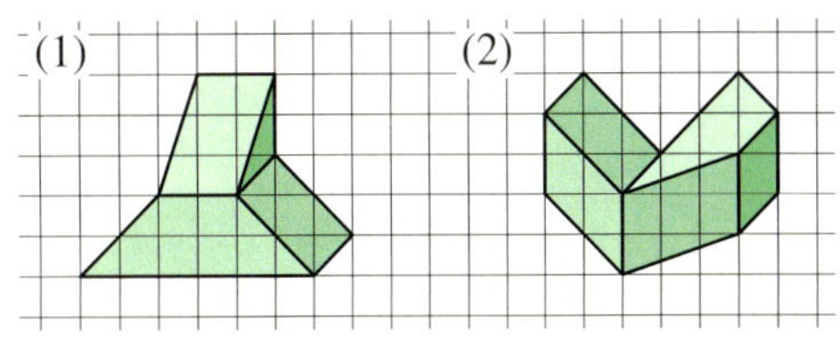

b) Skizziere selbst Körper dieser Art im Schrägbild. Ihre Oberfläche soll sich aus verschiedenen Figuren (Dreieck, Parallelogramm, Trapez, …) zusammensetzen.
c) Lass deinen Nachbarn alle Figuren skizzieren, aus denen sich die Oberfläche deines Körpers zusammensetzt und präsentiert zusammen eure Ergebnisse.

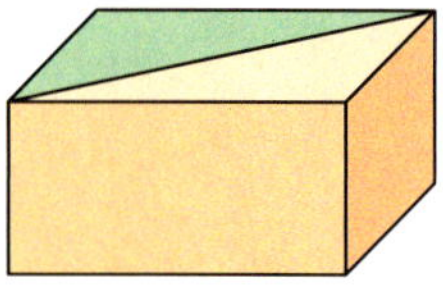

7
Ein 4 cm langer, 3 cm breiter und 2 cm hoher Quader wird wie abgebildet durchgeschnitten, so dass zwei Körper entstehen.
a) Zeichne das Netz eines auf diese Weise entstandenen Körpers.
b) Bestimme den Oberflächeninhalt der beiden entstandenen Körper. Vergleiche mit dem Oberflächeninhalt des Quaders.
c) Es gibt noch viele weitere Möglichkeiten, den Quader mit einem ebenen Schnitt zu teilen. Gib mindestens zwei verschiedene an. Skizziere jeweils ein Schrägbild des Quaders und markiere den Schnitt. Welche Schnittfigur entsteht dabei jeweils? Führe diese Schnitte an einem Quader aus Knetmasse durch. Welche dir bekannten geometrischen Körper können auf diese Weise noch entstehen?

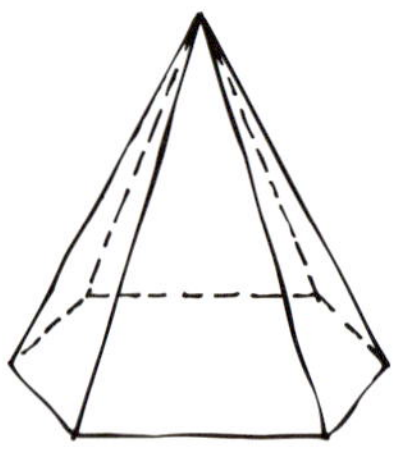

Übe dich im Freihand-skizzieren von Körpern.

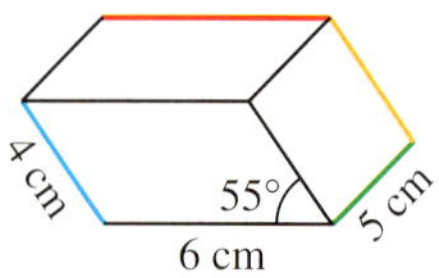

8
Zeichne ein Netz des nebenstehenden Prismas und markiere die farbigen Kanten des Prismas in gleicher Farbe in deinem Netz. Berechne den Oberflächeninhalt des Prismas. Fehlende Maße entnimm deiner Zeichnung.

9
Die unten abgebildeten Figuren sind Grundflächen von 5 cm hohen Prismen. Bestimme jeweils den Oberflächeninhalt der Prismen.

(1)

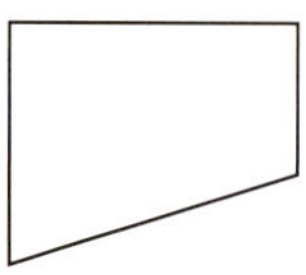

(2)

10
Sammelt verschiedene prismen- oder pyramidenförmige oder ähnliche Verpackungen aus Pappkarton (nicht nur Quader). Untersucht in Gruppenarbeit den Verbrauch an Pappe für die einzelnen Verpackungen. Vergleicht auch jeweils mit der Füllmenge. Diskutiert die Vor- und Nachteile eurer Verpackungen und präsentiert eure Ergebnisse vor der Klasse.

11
Berechne den Oberflächeninhalt des Prismas mit Höhe 7 cm, dessen Grundfläche das Dreieck ABC ist, für das gilt:
$A(-3|2)$, $B(1|-5)$, $\alpha = 30°$ und $\beta = 60°$.
Was verändert sich, wenn $\alpha = 60°$ und $\beta = 30°$ ist?

12
Ein 2 m tiefer Entwässerungskanal hat einen Querschnitt, der die Form eines achsensymmetrischen Trapezes hat. Am Grund ist er 4,5 m, oben 7,5 m breit.
a) Zeichne ein Schrägbild eines 8,0 m langen Kanalstücks im Maßstab 1 : 100.
b) Dieses 8,0 m lange Kanalstück soll mit einer Farbe zum Abdichten bestrichen werden. Die Farbe wird dabei so dick aufgetragen, dass für einen Quadratmeter jeweils 1,2 *l* Farbe verbraucht werden. Wie viele Liter dieser Spezialfarbe werden benötigt?
c) Der Kanal ist bis zu einer Höhe von $\frac{5}{8}$ seiner gesamten Höhe gefüllt. Zeichne den Wasserstand in dein Schrägbild mit ein.

13
Eine Klinik in Fürth hat die Form einer quadratischen Pyramide. Sie ist 37 m hoch und eine Grundflächenseite ist 53 m lang.
a) Skizziere ein Schrägbild der Klinik.
*b) Zeichne ein Netz der Pyramide. Die Höhe der Seitenflächen musst du mit einer zusätzlichen Zeichnung bestimmen.
c) Die Pyramide ist vollkommen verglast. Bestimme, wie viele m^2 Glas in etwa nötig waren. Runde sinnvoll.

G14
Beschrifte die Seiten eines quaderförmigen Gegenstandes mit den Zahlen 1 bis 6. „Würfele“ 200-mal und bestimme die relativen Häufigkeiten der Ergebnisse in Prozent.

Thema:

Flächen im Gitter

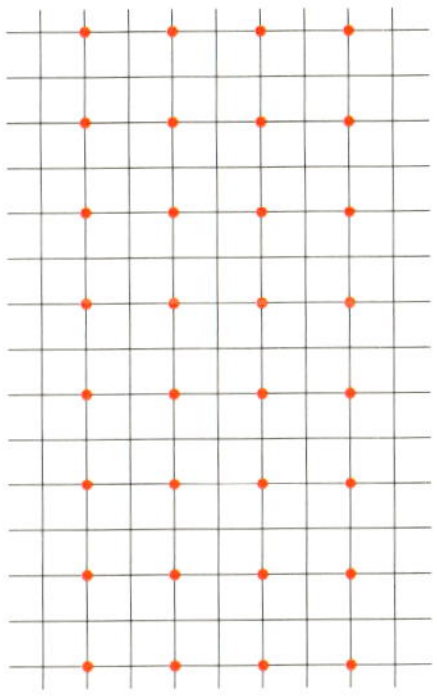

Fig. 1

Liegen die Ecken eines Vielecks auf den Punkten eines Gitters, so kann man mit einer einfachen Formel, die für alle Vielecke gilt, den Flächeninhalt des Vielecks berechnen. Mit Hilfe der Aufgaben dieser Seite kannst du diese Formel herausfinden. Markiere dazu auf einer Heftseite lauter Punkte mit 1 cm Abstand so wie hier auf dem Rand. Diese Punkte bilden dein **Gitter**.

1 a) Bestimme die Flächeninhalte der Vielecke A, B und C in Fig. 2.
b) Zeichne möglichst viele verschiedene Vielecke, deren Ecken auf dem Gitter liegen, mit einem Flächeninhalt von $2\,cm^2$.
c) Zähle jetzt alle Gitterpunkte, die auf dem Rand der Vielecke liegen. Was fällt dir auf?

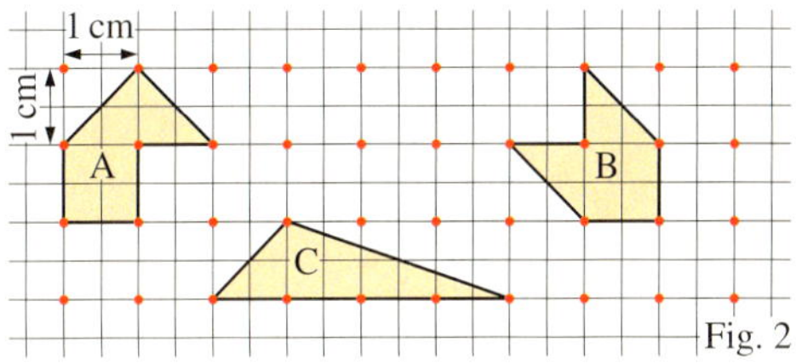

Fig. 2

2 a) Bestimme als nächstes die Flächeninhalte der Vielecke D, E, F in Fig. 3.
b) Zeichne weitere Figuren, die genau einen Gitterpunkt im Inneren haben.
Bestimme dazu jeweils den Flächeninhalt.
c) Zähle auch hier die Punkte auf dem Rand. Was bemerkst du?

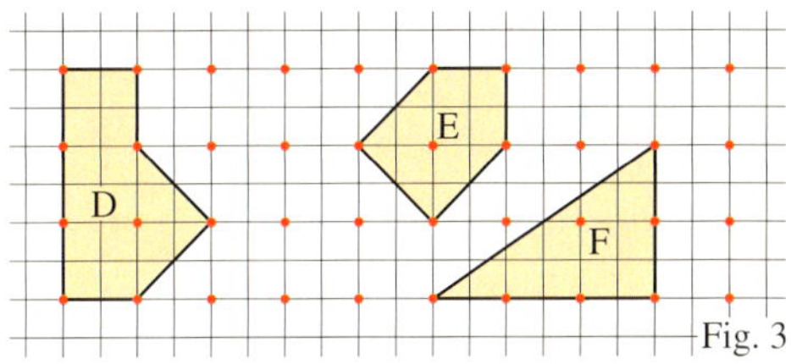

Fig. 3

3

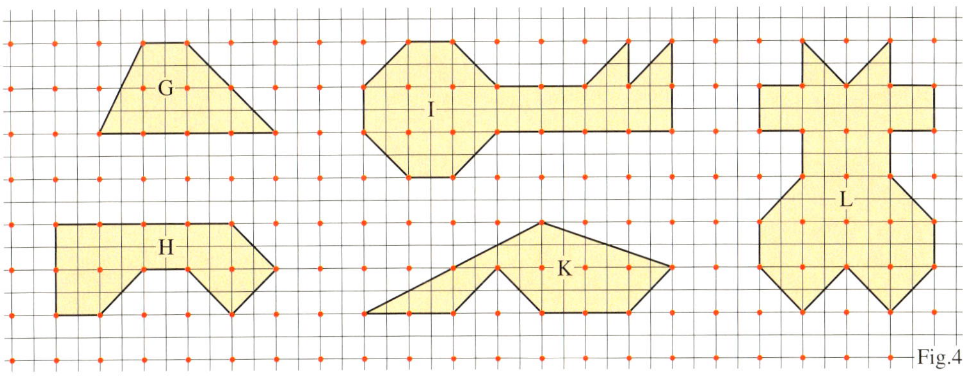

Fig. 4

a) Bestimme die Flächeninhalte der Vielecke G bis L in Fig. 4. Zähle die Punkte auf dem Rand und im Inneren. Lege eine Tabelle an.

Figur	Flächeninhalt	Randpunkte	innere Punkte
G			2

b) Versuche eine Formel aufzustellen, mit der man aus der Anzahl r der Randpunkte und der Anzahl i der inneren Punkte den Flächeninhalt berechnen kann.
c) Prüfe deine Vermutung an weiteren Beispielen.

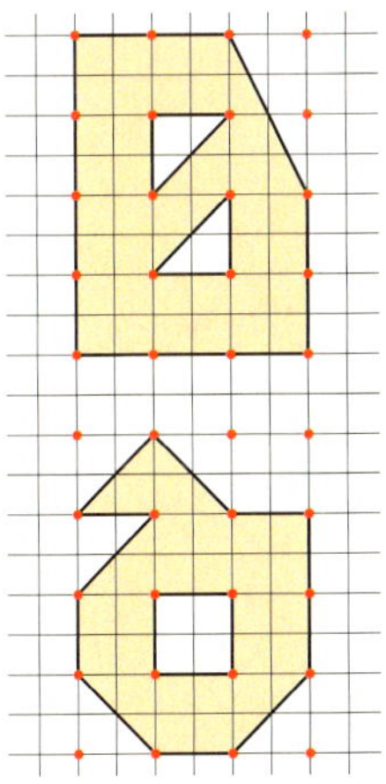

Fig. 5

***4** Die Formel lässt sich auf Vielecke mit Löchern wie in Fig. 5 verallgemeinern. Dabei spielt die Zahl der Löcher eine Rolle. Versuche die Formel herauszufinden.

Rückblick

Flächeninhalt von Parallelogrammen
Beim Parallelogramm bezeichnet man den Abstand zweier paralleler Seiten als **Höhe**. In jedem Parallelogramm gibt es zwei Höhen.

Für den Flächeninhalt des Parallelogramms gilt: $\mathbf{A = a \cdot h_a = b \cdot h_b}$

Parallelogramme, die in einer Seite und der dazugehörigen Höhe übereinstimmen, haben den gleichen Flächeninhalt.

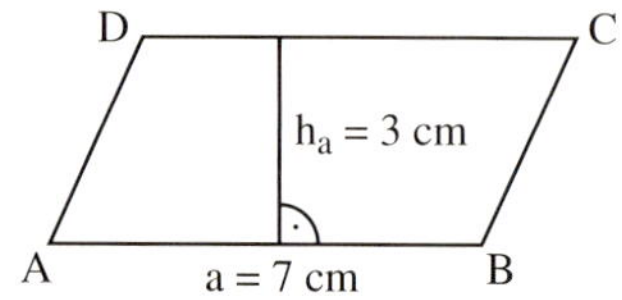

Flächeninhalt:
$A = 7\,cm \cdot 3\,cm = 21\,cm^2$

Flächeninhalt von Dreiecken
Die Länge der senkrechten Verbindungsstrecke zwischen einer Ecke und der gegenüberliegenden Seite bezeichnet man als **Höhe** im Dreieck. In jedem Dreieck gibt es drei Höhen.

Für den Flächeninhalt des Dreiecks gilt:
$\mathbf{A = \frac{1}{2} \cdot a \cdot h_a = \frac{1}{2} \cdot b \cdot h_b = \frac{1}{2} \cdot c \cdot h_c}$.

Dreiecke, die in einer Seite und der zugehörigen Höhe übereinstimmen, haben den gleichen Flächeninhalt.

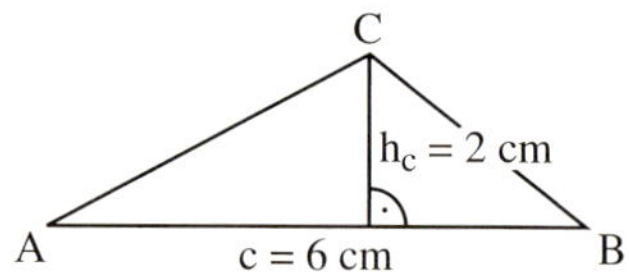

Flächeninhalt:
$A = \frac{1}{2} \cdot 6\,cm \cdot 2\,cm = 6\,cm^2$

Flächeninhalt von Trapezen
Ein Viereck mit zwei zueinander parallelen Seiten nennt man ein Trapez. Den Abstand der zueinander parallelen Seiten bezeichnet man als **Höhe** des Trapezes. Die beiden anderen Seiten bezeichnet man als **Schenkel** des Trapezes.
Für den Flächeninhalt des Trapezes gilt: $\mathbf{A = \frac{1}{2} \cdot (a + c) \cdot h}$

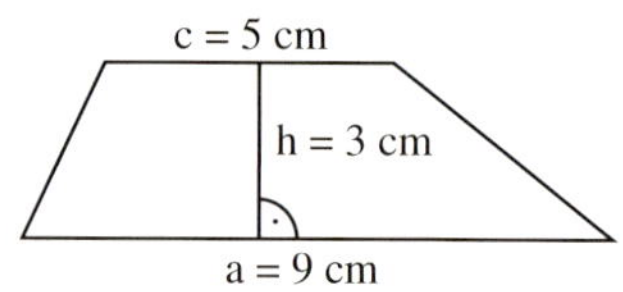

Flächeninhalt:
$A = \frac{1}{2} \cdot (9\,cm + 5\,cm) \cdot 3\,cm = 21\,cm^2$

Schrägbilder
Um sich einen Körper räumlich besser vorstellen zu können, zeichnet man von ihm ein Schrägbild.
Bei vielen Körpern ist es hilfreich, zunächst ein Schrägbild eines Quaders zu zeichnen, aus dem sich das Schrägbild des Körpers dann entwickeln lässt.

Netze
Wird die Oberfläche eines Körpers längs geeigneter Kanten aufgeschnitten und in der Zeichenebene ausgebreitet, so erhält man ein Netz des Körpers.

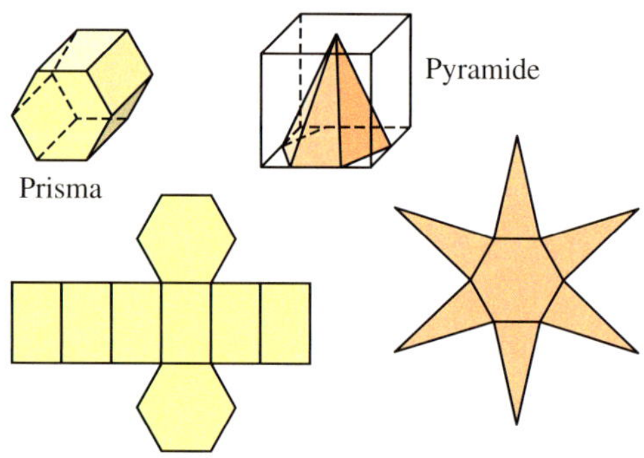

Oberflächeninhalt
Der Oberflächeninhalt O eines Körpers ist gleich dem Flächeninhalt seines Netzes.

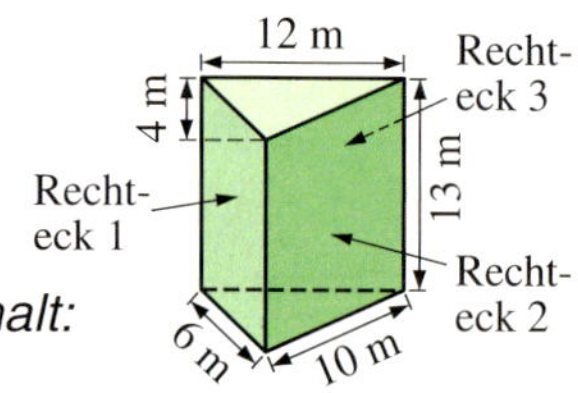

Oberflächeninhalt:
$O = 2 \cdot O_{Dreieck}$
$\quad + O_{Rechteck1} + O_{Rechteck2} + O_{Rechteck3}$
$= 2 \cdot \frac{1}{2} \cdot 12\,m \cdot 4\,m + 6\,m \cdot 13\,m$
$\quad + 10\,m \cdot 13\,m + 12\,m \cdot 13\,m$
$= 412\,m^2$

Aufgaben zum Üben und Wiederholen

1

Berechne die fehlenden Größen.

	Dreieck		Parallelogramm	
	a)	b)	c)	d)
A		3,2 a		0,224 dm^2
a	45 cm		7,2 m	6,4 cm
h_a	12 cm	80 m	21 cm	

2

Ein dreieckiges Feld mit einer Seite a = 21 m und der zugehörigen Höhe h_a = 16,5 m soll in ein flächengleiches rechteckiges Feld mit einer Länge von 35 m eingetauscht werden. Wie breit ist das neue Feld?

3

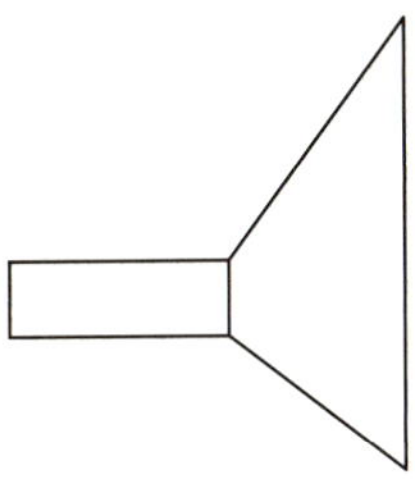

a) Übertrage die links abgebildete Figur in geeignetem Maßstab vergrößert in dein Heft und vervollständige sie zum Netz eines Prismas. Welche Kanten verlaufen im Prisma jeweils parallel zueinander, welche stehen senkrecht aufeinander?
b) Zeichne ein Schrägbild des Prismas.
c) Berechne seinen Oberflächeninhalt.

4

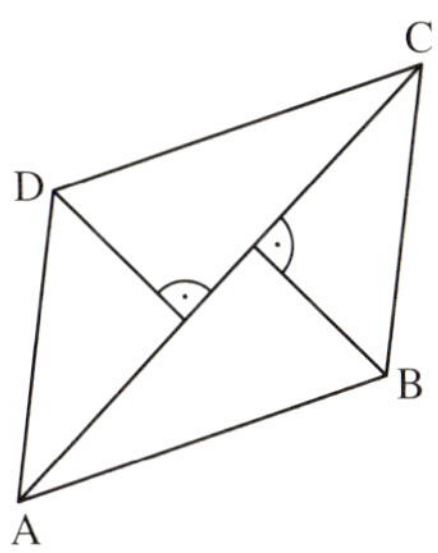

In dem Parallelogramm ABCD ist die Diagonale [AC] 8 cm lang. Die Abstände der Punkte B und D von der Diagonalen betragen jeweils 2,5 cm. Welchen Flächeninhalt hat das Parallelogramm?
Welchen Abstand haben die beiden 4 cm langen Gegenseiten des Parallelogramms?

5

Berechne den Flächeninhalt.

a)

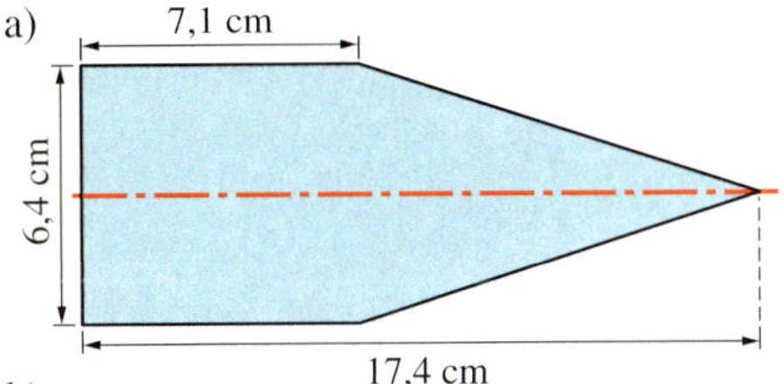

b)

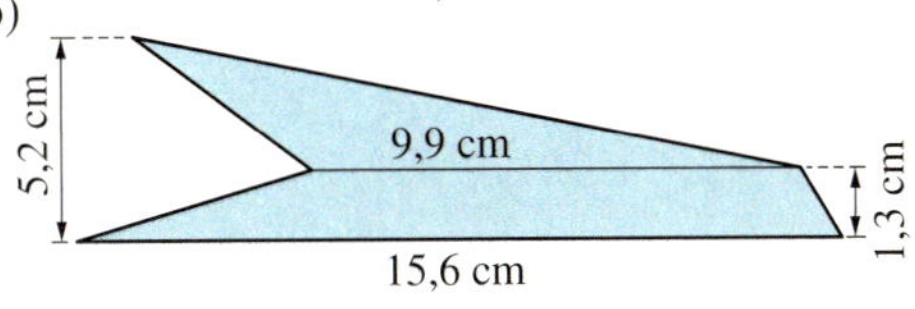

Die Lösungen zu den Aufgaben dieser Seite findest du auf den Seiten 210, 211 und 212.

6

Ein Würfel kann auf unterschiedliche Art so halbiert werden, dass als Teilkörper zwei identische gerade Prismen entstehen.
a) Skizziere freihand das Schrägbild eines Würfels der Kantenlänge 3 cm und zeichne vier solche Schnitte ein.
b) Zeichne jeweils ein Netz und ein auf der Grundfläche stehendes Schrägbild der vier entstehenden Prismen.

7

Zeichne ein Schrägbild und ein Netz und berechne den Oberflächeninhalt eines Prismas der Höhe 3 cm, wenn dessen Grundfläche die angegebene Form hat.

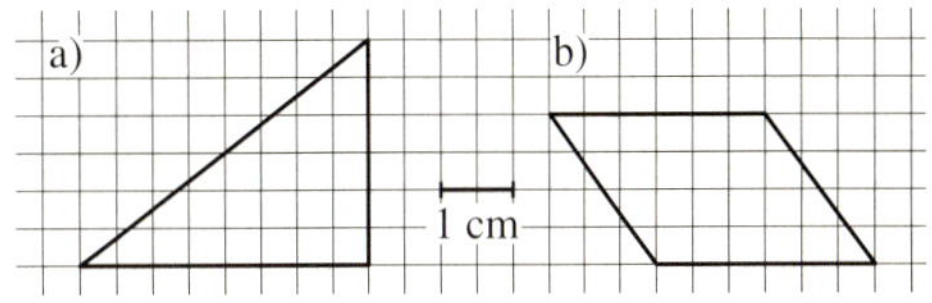

8

Ein Quader und eine Pyramide stimmen in ihrer Grundfläche und Oberfläche überein. Die Grundfläche ist ein Quadrat mit der Seitenlänge 4 cm. Der Quader hat eine Höhe von 3 cm. Zeichne das Netz der Pyramide.

9

Aus Stahlwürfeln werden die angegebenen Werkstücke herausgefeilt.

(1)

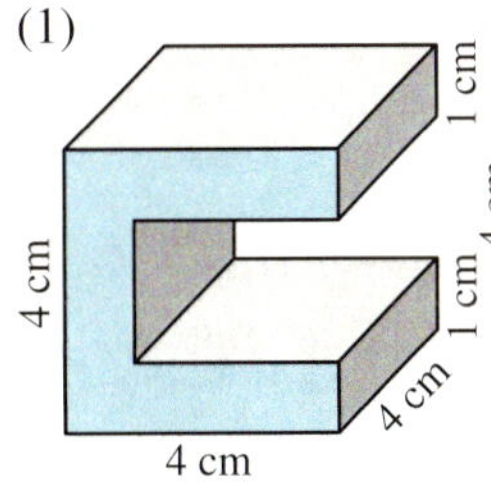

(2)

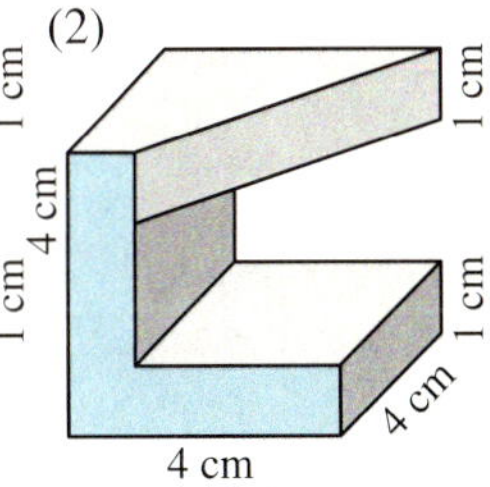

a) Zeichne jeweils ein Netz der Körper.
b) Die Werkstücke werden mit einem Speziallack überzogen. Dabei kostet die Beschichtung von 1 cm^2 der Oberfläche 0,50 €. Berechne für jeden der beiden Körper die Kosten für die Beschichtung.
c) Skizziere jeweils ein Schrägbild der Werkstücke auf der linken Seitenfläche liegend, so dass weiterhin die blaue Fläche nach vorne zeigt.

1 Volumen vergleichen und messen

1
Von den fünf Kisten ist die linke mit Sand gefüllt. Kann man den Sand in jede der anderen Kisten umfüllen? Vergleiche die „Größen“ der fünf Kisten.

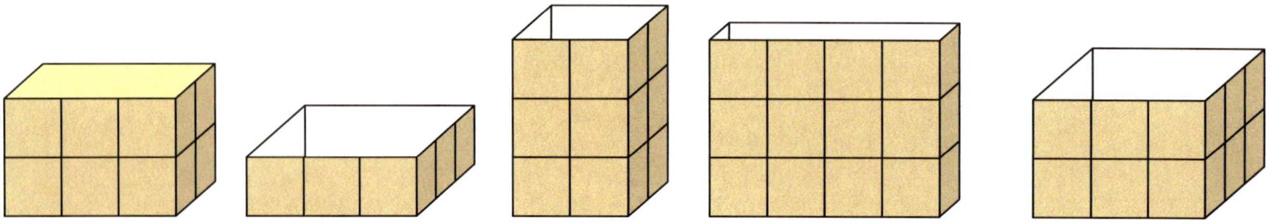

2
Fritz hat die drei Körper in der Abbildung rechts aus Holzwürfeln zusammengebaut. Bei welchem Körper brauchte er am meisten Holzwürfel? Wie viel Holz brauchte er mehr als bei den anderen beiden Körpern?

Können zwei Körper in gleich viele Würfel derselben Sorte zerlegt werden, so sagt man, die beiden Körper haben dasselbe **Volumen** (oder denselben **Rauminhalt**).

Der abgebildete Körper beinhaltet 7 gleichgroße Würfel. Der Körper hat also den Rauminhalt bzw. das Volumen 7 Würfelgrößen. 7 ist die **Maßzahl** des Volumens falls man als **Volumeneinheit** eine Würfelgröße verwendet.

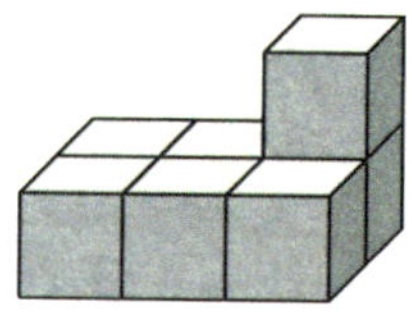

Volumina:
Mehrzahl von Volumen

Zur Volumenmessung können verschiedene Würfel gewählt werden, solange sie untereinander gleich sind. Auch andere, untereinander gleiche Körper können zur Messung von Volumina verwendet werden.

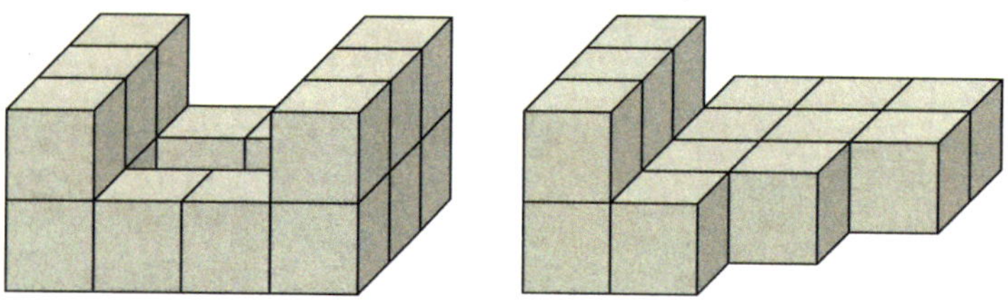

Beispiel 1
Welcher der beiden links abgebildeten Körper hat das größere Volumen?
Lösung:
Der linke Körper hat das Volumen 16 Würfelgrößen, der rechte 15 Würfelgrößen. Der linke Körper hat also das größere Volumen.

Das Volumen eines unregelmäßig geformten Körpers kann nicht durch Abzählen von Würfeln bestimmt werden.
Dies gelingt aber, wenn man ihn in ein geeignetes Gefäß mit Wasser eintaucht.

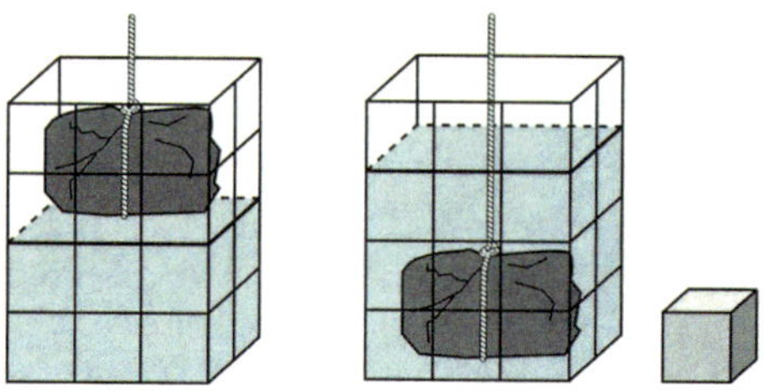

Beispiel 2
Bestimme das Volumen des Steines.
Lösung:
Der in Wasser getauchte Stein nimmt gleichviel Raum ein wie 6 der Würfel. Also hat der Stein ein Volumen von 6 Würfelgrößen.

Aufgaben

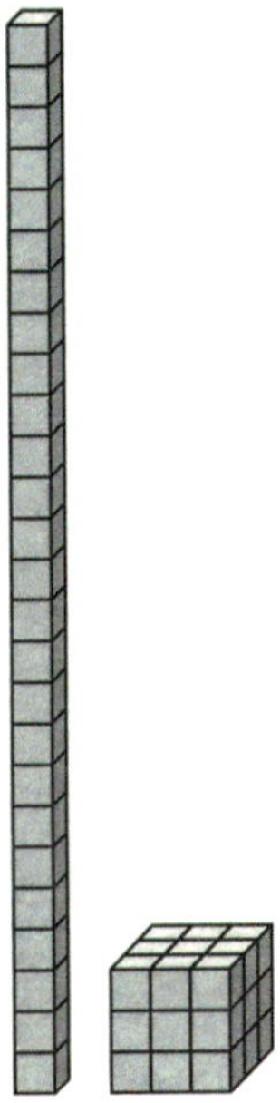

Der linke Körper hat ein kleineres Volumen als der rechte.

3
a) Welcher Körper hat das größte Volumen?

b) Zeichne einen Körper, der das gleiche Volumen besitzt wie der größte Körper.

4
Gib das Volumen in Würfeln an.

5
Peters Spielwürfel haben die Kantenlänge 3 cm. Welche Kisten sind zum Aufräumen geeignet, wenn er keine leeren Zwischenräume haben will? Wie viele Spielwürfel passen jeweils in die Kisten?

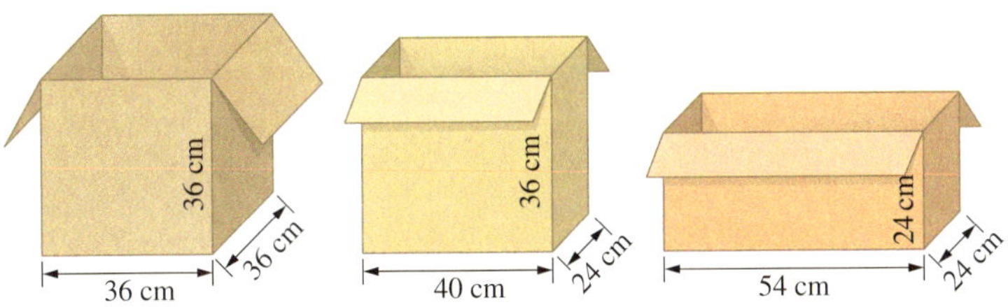

6
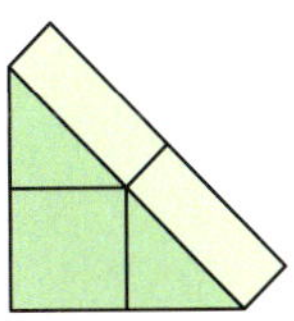

a) Vergleiche die Volumina der Körper. Finde und skizziere weitere Körper mit gleichem Volumen, die man aus den kleinen Würfeln oder Hälften solcher zusammenbauen kann.

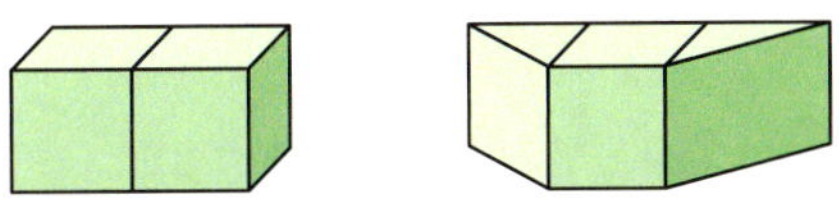

b) Zeichne zu jedem der abgebildeten Körper ein Netz und vergleiche deren Flächeninhalte.

7
a) Welcher der Würfel ist zur Hälfte (weniger als zur Hälfte; mehr als zur Hälfte) mit kleinen Würfeln gefüllt? Welches Volumen besitzen die aus den kleinen Würfeln zusammengesetzten Körper jeweils? Schreibe auf, wie du vorgegangen bist.

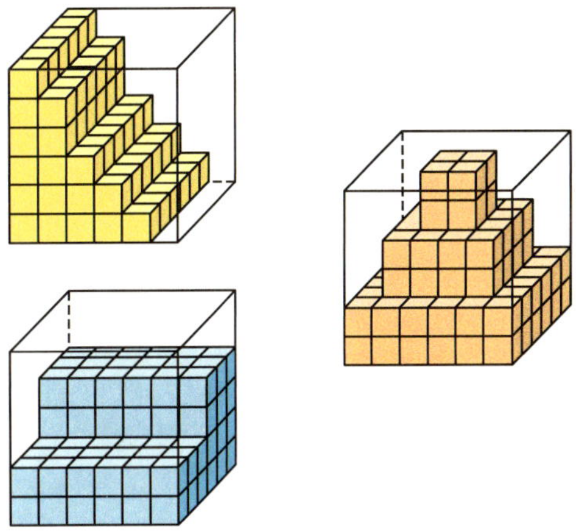

b) Zeichne einen Würfel, der zu $\frac{1}{3}$ $\left(\frac{2}{3};\ \frac{1}{4};\ \frac{3}{4}\right)$ mit kleinen Würfeln gefüllt ist.

8
Bei den angegebenen Körpern bedeuten gleiche Farben gleiche Längen.

a) Erkläre, warum die beiden abgebildeten Körper das gleiche Volumen haben.

b) Die rote Linie ist doppelt so lang wie die blaue. Gib das Volumen in einer geeigneten Volumeneinheit an.

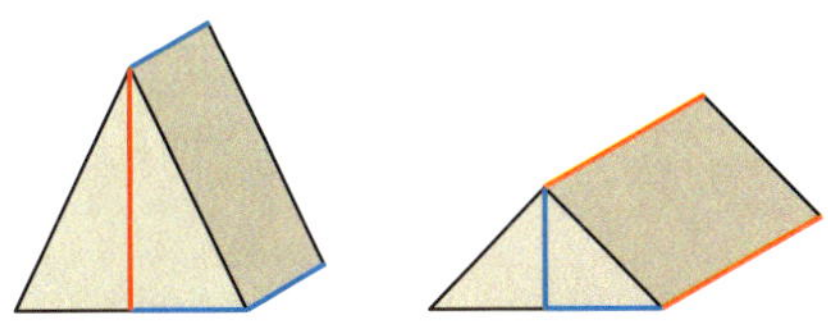

G9
Beschreibe in Worten, wie man beim Lösen der Aufgabe $\frac{2}{9} + \frac{1}{6}$ vorgehen muss.

G10
Wo steckt jeweils der Fehler?

a) $\frac{1}{2} + \frac{1}{3} + \frac{1}{4} = \frac{3}{9} = \frac{1}{3}$

b) $25{,}708 - 2{,}28 = 25{,}48$

c) $\left(\frac{1}{2} - \frac{11}{18}\right) - \frac{2}{18} = \frac{1}{2} - \left(\frac{11}{18} - \frac{2}{18}\right) = \frac{1}{2} - \frac{1}{2} = 0$

2 Volumeneinheiten

1
Baut gemeinsam aus Latten ein Kantenmodell eines Würfels von 1 m Kantenlänge. Kannst du bequem im Inneren des Meterwürfels sitzen? Passen auch mehrere Schüler aus eurer Klasse hinein?
Schätze wie viele solcher „Meterwürfel“ in euer Klassenzimmer passen.

2
Baue aus Pappe eine würfelförmige, oben offene Schachtel mit 1 dm Kantenlänge. Stelle einen Maßkrug daneben und schätze, welches der beiden Gefäße das größere Fassungsvermögen besitzt.
Überprüfe deine Vermutung, indem du die Schachtel randvoll mit Sand füllst und diesen dann in den Maßkrug umschüttest.

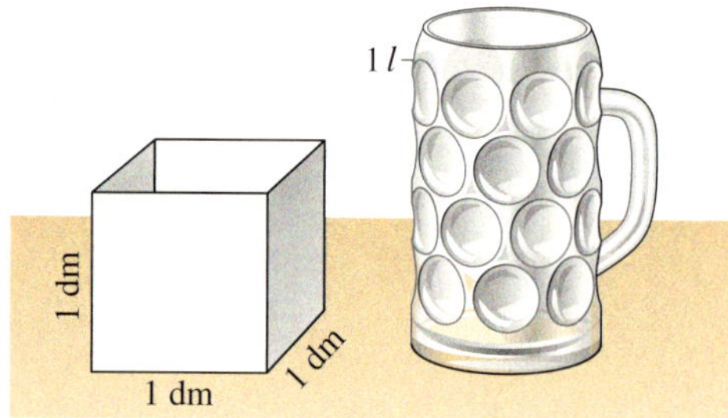

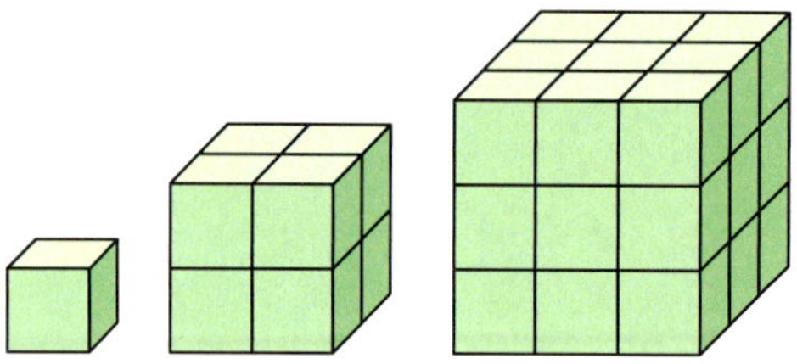

3
Mit lauter gleichen Würfelchen kannst du größere Würfel bauen. Wie viele Würfelchen brauchst du, um einen Würfel zu bauen, dessen Kantenlänge 2-mal (3-mal, 5-mal, 10-mal) so lang ist wie die Kantenlänge eines Würfelchens?

*Würfel mit den Kantenlängen 1 mm, 1 cm, ... nennt man **Einheitswürfel**.*

Um Volumina leichter vergleichen zu können, werden fest vorgegebene **Volumeneinheiten** verwendet. Üblicherweise benutzt man als Maßeinheiten die Volumina von Würfeln, deren Kanten 1 mm, 1 cm, 1 dm oder 1 m lang sind.

***cubus** (lat.): Würfel*

Hat ein Würfel die Kantenlänge	so heißt sein Volumen
1 mm	**1 mm³** (lies: **Kubikmillimeter**, auch Millimeter hoch drei)
1 cm	**1 cm³** (lies: **Kubikzentimeter**, auch Zentimeter hoch drei)
1 dm	**1dm³** (lies: **Kubikdezimeter**, auch Dezimeter hoch drei)
1 m	**1 m³** (lies: **Kubikmeter**, auch Meter hoch drei)

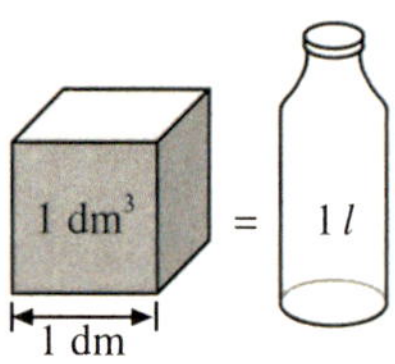

Bei der Angabe von Flüssigkeitsmengen ist statt Kubikdezimeter auch die Volumeneinheit **Liter** gebräuchlich.
Es ist also $1\,dm^3 = 1\,l$ (Liter).

Ein Sandkorn hat etwa das Volumen $1\,mm^3$.
Ein Spielwürfel ist ungefähr $1\,cm^3$ groß.
In eine größere Milchflasche passt 1 *l* bzw. $1\,dm^3$ Milch.
Ein zweitüriger Kleiderschrank hat einen Rauminhalt von etwa $1\,m^3$.

Wir vergleichen das Volumen eines kleinen Würfels mit dem eines großen Würfels zehnfacher Kantenlänge.
An dem Bild erkennen wir, dass in den großen Würfel 1000 der kleinen Würfel hineinpassen.
So passen z. B. 1000 Kubikzentimeterwürfel in einen Kubikdezimeterwürfel.

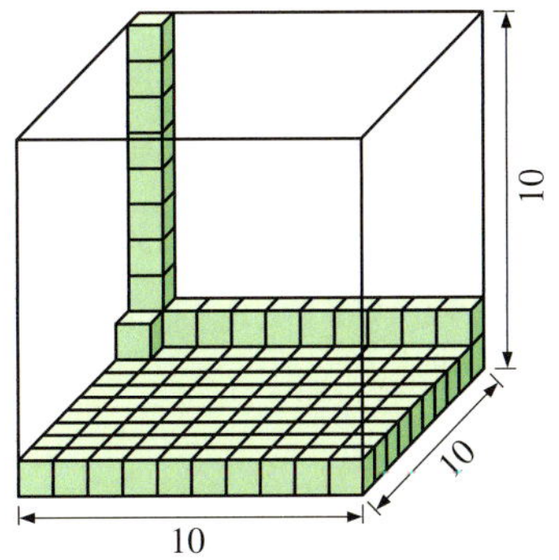

Es gilt also: $1\,dm^3 = 1000\,cm^3$
Entsprechend gilt:

Beachte:
Werden die Kantenlängen eines Würfels verzehnfacht, so vertausendfacht sich sein Volumen:

$1\,cm = 10\,mm$
$1\,cm^2 = 10^2\,mm^2 = 100\,mm^2$
$1\,cm^3 = 10^3\,mm^3 = 1000\,mm^3$

$3\,m = 30\,dm$
$3\,m^2 = 3 \cdot 10^2\,dm^2 = 300\,dm^2$
$3\,m^3 = 3 \cdot 10^3\,dm^3 = 3000\,dm^3$

Umrechnung von Volumeneinheiten:

$\mathbf{1\,m^3} = 1000\,dm^3$
$\mathbf{1\,dm^3} = 1000\,cm^3$
$\mathbf{1\,cm^3} = 1000\,mm^3$

Das **1000fache** einer Volumeneinheit ergibt die nächstgrößere Volumeneinheit.

Beachte: Bei Längen ergibt das 10fache einer Einheit die nächstgrößere Einheit, bei Flächeneinheiten das 100fache. Dagegen ergibt bei Rauminhalten erst das 1000fache einer Einheit die nächstgrößere Einheit.
Für die Dezimalschreibweise bietet die Einheitentabelle eine gute Übersicht:

m^3			dm^3			cm^3			mm^3			
H	Z	E	H	Z	E	H	Z	E	H	Z	E	Schreibweisen
		9	7	5								$9{,}75\,m^3 = 9\,m^3\,750\,dm^3 = 9750\,dm^3$
			2	1	5	0	5	0				$215{,}050\,dm^3 = 215\,dm^3\,50\,cm^3$
					1	0	0	0	4			$1{,}0004\,dm^3 = 1\,dm^3\,400\,mm^3$

hekto *(griech.): hundert*

$1\,l = 1\,dm^3$
$1\,ml = 1\,cm^3$

Häufig werden auch die Volumeneinheiten 1 **hl (Hektoliter)** und 1 **ml (Milliliter)** verwendet. Es ist: $1\,hl = 100\,l$ und $1\,ml = \frac{1}{1000}\,l$, also gilt: $1\,ml = 1\,cm^3$.

a)

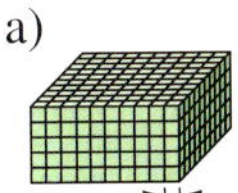

1 mm

b)

1 mm

c)

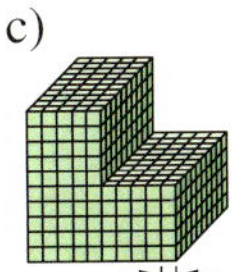

1 mm

Beispiel 1
Gib jeweils das Volumen der links gezeichneten Körper in mm^3 und in cm^3 an.
Lösung:
a) $500\,mm^3 = 0{,}500\,cm^3 = \frac{1}{2}\,cm^3$
b) $250\,mm^3 = 0{,}250\,cm^3 = \frac{1}{4}\,cm^3$
c) $750\,mm^3 = 0{,}750\,cm^3 = \frac{3}{4}\,cm^3$

Beispiel 2
a) Schreibe $2000\,cm^3$ in der Einheit l.
b) Schreibe $0{,}025\,dm^3$ ohne Komma.
c) Verwandle 605 hl in m^3.
Lösung:
a) $2000\,cm^3 = 2\,dm^3 = 2\,l$
b) $0{,}025\,dm^3 = 25\,cm^3 = 25\,ml$
c) $605\,hl = 60\,500\,l = 60\,500\,dm^3 = 60{,}5\,m^3$

Beispiel 3
Berechne.
a) $2{,}05\,m^3 + 800\,dm^3 - 1\frac{1}{2}\,m^3$
b) $204\,m^3 - 4500\,l + 1500\,dm^3$

Lösung:
a) $2{,}05\,m^3 + 800\,dm^3 - 1\frac{1}{2}\,m^3$
$= 2050\,dm^3 + 800\,dm^3 - 1500\,dm^3$
$= 1350\,dm^3 = 1{,}35\,m^3$

Lösung:
b) $204\,m^3 - 4500\,l + 500\,dm^3$
$= 204\,m^3 - 4500\,dm^3 + 0{,}5\,m^3$
$= 204\,m^3 - 4{,}5\,m^3 + 0{,}5\,m^3 = 200\,m^3$

Aufgaben

4
Schätze das Volumen.

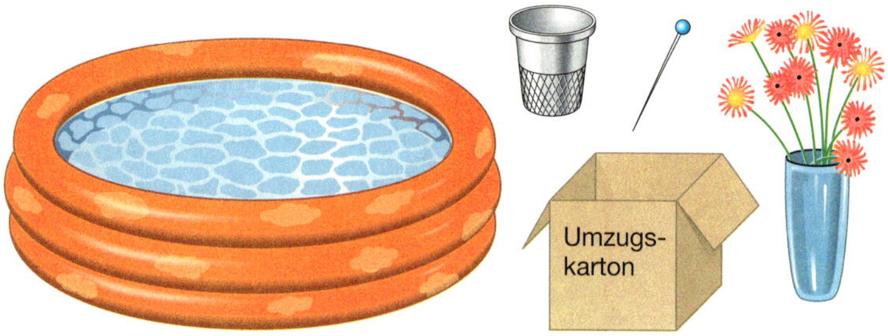

5
a) Die Kanten der Würfel sind 1 cm lang. Bestimme jeweils das Volumen der Körper.

(1)

(2)
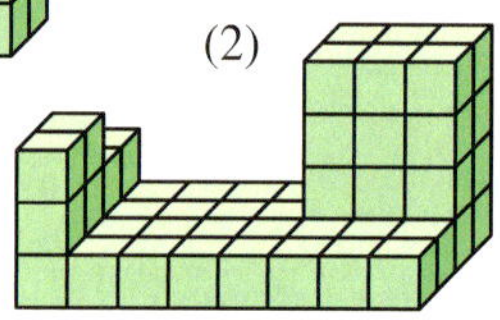

(3)
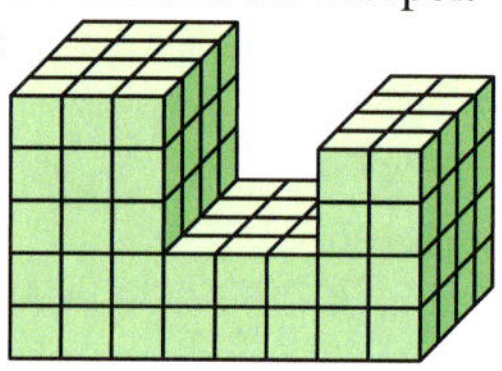

b) Bestimme das Volumen der Körper, wenn die Würfelkanten jeweils 3 cm lang sind.

Was gehört zusammen?

6
a) In welcher Einheit misst man:
das Fassungsvermögen eines Schwimmbeckens, den Umfang der Taille, die Flüssigkeitsmenge in Getränkeflaschen, die Fläche einer Wiese, das Luftvolumen in einem Zimmer, den Inhalt von Eispackungen, die Teppichbodenfläche eines Zimmers, die Länge einer Eisenbahnstrecke oder den Rauminhalt eines Kühlschranks.
b) Erkundige dich, in welcher Einheit man den Gas- und den Wasserverbrauch eines Haushaltes angibt. Suche die Zähler bei euch zu Hause und bestimme euren Verbrauch in 24 h. Kannst du damit auf den Jahresverbrauch schließen? Begründe.

$1\,mm^3 = 0{,}001\,cm^3$
$= 0{,}000\,001\,dm^3$
$= 0{,}000\,000\,001\,m^3$

7
a) Gib in der nächstkleineren Einheit an.
$5\,m^3$; $13\,cm^3$; $50\,dm^3$; $430\,l$; $23\,m^3$; $0{,}2\,dm^3$; $0{,}07\,cm^3$; $20\,m^3$; $400\,dm^3$.
b) Gib in der nächstgrößeren Einheit an.
$3000\,cm^3$; $12\,000\,dm^3$; $230\,mm^3$; $4000\,l$; $53\,000$ ml; $14\,dm^3$.

8
Hier stimmt etwas nicht. Ordne die Volumina richtig zu.

Klassenzimmer	$20\,dm^3$
Arzneimittelfläschchen	$2500\,m^3$
Aktenkoffer	20 ml
Eine Scheibe Brot	$40\,mm^3$
Freischwimmbecken	$100\,cm^3$
Tablette	$240\,m^3$

9
Gib in der nächstkleineren und in der nächstgrößeren Einheit an. Verwende, wenn sinnvoll, Zehnerpotenzen. Lies genau.
a) $65 \cdot 10^4\,cm^3$; $34 \cdot 10^3\,l$; $3 \cdot 10^3\,m^2$; $5 \cdot 10^2\,dm^3$
b) $4000\,dm^3$; $25\,000\,cm^2$; $100\,l$; 7700 m

10
Schreibe in der Einheit $1\,l$.
$5\,dm^3$; $400\,cm^3$; $7{,}5\,m^3$; $16\,cm^3$; $0{,}7\,m^3$.

11
Schreibe ohne Komma.
a) $1{,}5\,m^3$; $2{,}7\,m^2$; $3{,}400\,m^3$; $4{,}09\,m^3$
b) $7{,}05\,m^3$; $8{,}005\,m^3$; $0{,}6$ m; $15{,}8\,cm^2$
c) $0{,}853\,cm^3$; $0{,}9$ ml; $0{,}065$ m; $0{,}05\,l$
d) $2{,}008\,cm^3$; $2{,}09\,dm^2$; $0{,}004\,m^3$; $0{,}015$ hl

12
Gib in der Einheit an, die in der Klammer steht.
a) $45\,m^2$ (dm^2); $2\,m^3$ (hl); $12{,}6\,cm^3$ (mm^3); $5{,}4$ km (m); $6\,m^3\,60\,dm^3$ (m^3); $3{,}5\,m^3$ (l)
b) $520\,cm^3$ (dm^3); $25\,mm^2$ (cm^2); $8\,l$ (hl); $1\,dm^3\,20\,cm^3$ (cm^3); $35\,m^3\,5\,cm^3$ (m^3)

13
a) Gib die Wassermengen mit der Einheit l in Dezimal- und in Bruchschreibweise an.

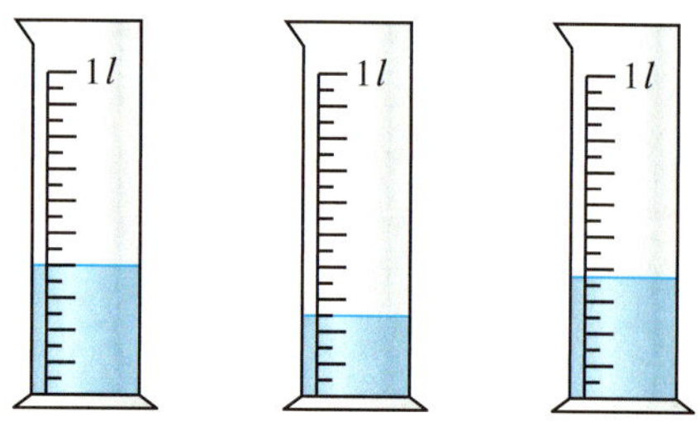

b) Passt das gesamte Wasser zusammengeschüttet in einen Messbecher?

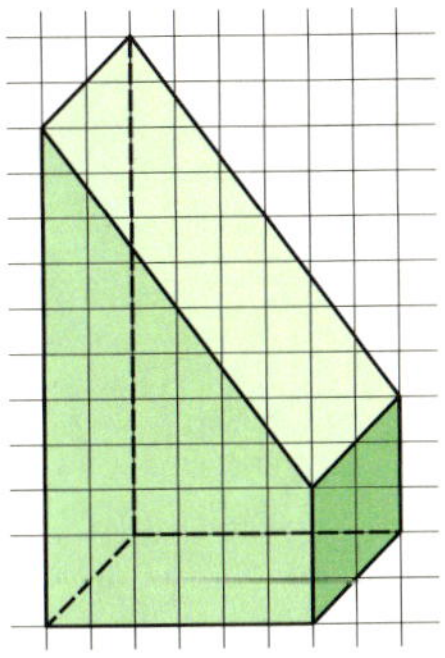

14
a) Bestimme das Volumen des links gezeichneten Prismas.
b) Berechne den Oberflächeninhalt des Prismas.

15
Schreibe in der nächstkleineren Einheit:
$3\frac{1}{2}\,m^3$; $\frac{1}{2}\,dm^2$; $\frac{1}{4}\,m^3$; $2\frac{3}{4}\,l$; $\frac{1}{10}\,m^3$; $\frac{1}{100}\,cm^3$;
$7\frac{1}{5}\,cm$; $5\frac{1}{2}\,hl$; $\frac{2}{5}\,dm^3$; $\frac{3}{8}\,dm^3$; $2\frac{1}{8}\,cm^2$.

$1\,mm^3 = \frac{1}{1000}\,cm^3$
$1\,cm^3 = \frac{1}{1000}\,dm^3$
$1\,dm^3 = \frac{1}{1000}\,m^3$
$1\,ml = \frac{1}{1000}\,l$
aber:
$1\,l = \frac{1}{100}\,hl$

16
Gib als Bruchteil der nächstgrößeren Einheit an:
a) $500\,cm^3$; $250\,cm^3$; $10\,cm^2$; $125\,cm^3$
b) $750\,mm^3$; $500\,l$; $4\,dm^2$; $8\,cm^3$; $625\,cm^3$
c) $300\,ml$; $75\,mm^3$; $90\,l$; $6\,dm$; $125\,l$

17
a) Gib die Flächeninhalte der gefärbten Flächen in mm^2 und cm^2 an.
b) Gib die Volumina der gefärbten Körper in mm^3 und cm^3 an.

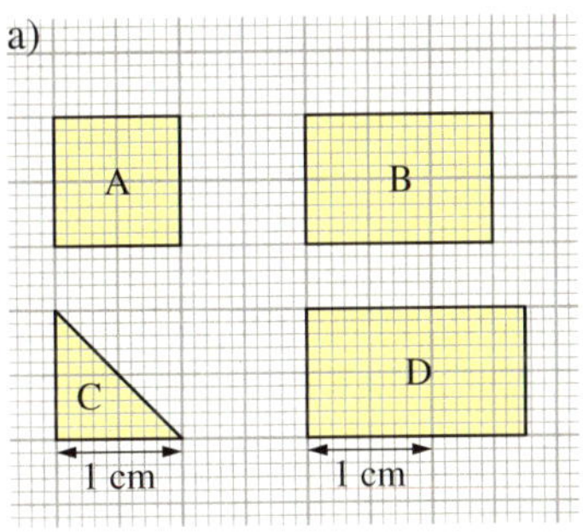

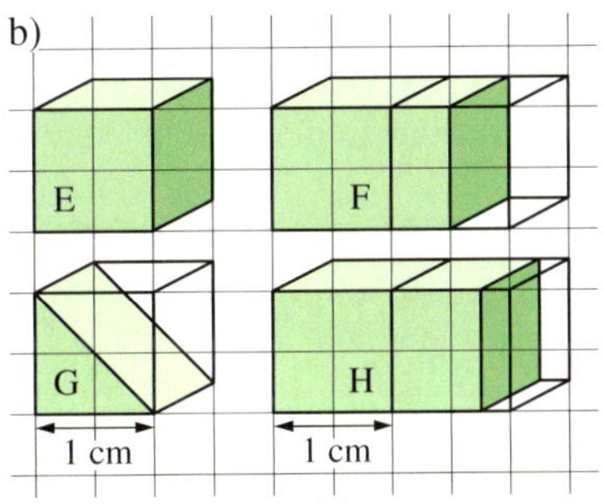

18
Ein Erwachsener soll täglich 2 bis 3 Liter Flüssigkeit zu sich nehmen.
a) Wie viele Gläser zu $0{,}3\,l$ sind das?
b) Suche ein Glas in der Küche. Bestimme sein Fassungsvermögen und überlege dir, wie viele solche Gläser die nötige Flüssigkeitsmenge ergeben.

Lösungssalat zu 19:

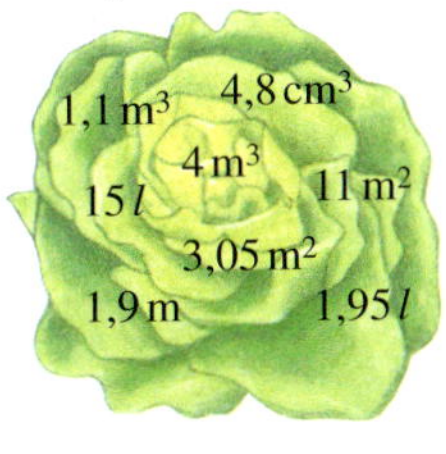

19
Berechne.

a) $600\,dm^3 + 0{,}5\,m^3$	b) $2{,}6\,m^2 + 45\,dm^2$
c) $4{,}05\,cm^3 + 750\,mm^3$	d) $0{,}65\,m + 12{,}5\,dm$
e) $0{,}065\,m^3 - 50\,l$	f) $4{,}05\,m^3 - 50\,l$
g) $2{,}7\,m^2 + 830\,dm^2$	h) $2{,}075\,l - 125\,cm^3$

20
a) Schätze das Fassungsvermögen eines Putzeimers, einer Gießkanne und eines Weinglases und überprüfe deine Schätzung anschließend.
Wie viele Weinglasfüllungen gehen in eine Gießkanne? Wie viele Gießkannenfüllungen gehen in einen Putzeimer?
b) Finde weitere Behältnisse, wie z. B. eine Kaffeekanne, eine Salatschüssel, ein Schnapsglas, einen leeren Jogurtbecher usw. und ermittle ihr Volumen.

21
Du hast einen würfelförmigen Behälter mit der Kantenlänge 1 m. Es werden 10 Eimer mit jeweils 10 Litern Wasser eingefüllt. Wie hoch steht das Wasser in dem Behälter?

22
Berechne.

a) $6 \cdot 500\,cm^3$	b) $1{,}2\,m^3 + 400\,l$
c) $250\,dm^3 : 50\,l$	d) $2{,}5\,m : 5$
e) $0{,}05\,dm^2 \cdot 8$	f) $0{,}006\,m^3 : 3$
g) $1\,dm^3 - 860\,ml$	h) $1\,dm^3 - 860\,ml$
i) $0{,}5\,m^2 : 0{,}25\,m^2$	k) $4 \cdot 0{,}5\,m^3$
l) $4\,dm^3\ 200\,cm^3 : 4$	m) $0{,}08\,m : 20$
n) $\frac{1}{4}\,cm^2 + 75\,mm^2$	o) $1\frac{1}{2}\,m^3 : 0{,}5\,m^3$

23
a) Schätze das Volumen deines Feder- oder Schlampermäppchens, deiner Büchertasche und eines DIN-A4-Heftes ab.
b) Versuche durch Eintauchen in Wasser das Volumen der folgenden Gegenstände so genau wie möglich zu bestimmen: Kieselstein, Schere, Bleistift, Radiergummi, Büroklammer, Gummibärchen, Ei, deine Hand, 2-€-Münze usw.

24
Fritz vergleicht im Supermarkt zwei zylindrische Erbsendosen. Die eine hat einen Durchmesser von 7 cm und ist 10 cm hoch, die andere hat einen Durchmesser von 8 cm und ist auch 8 cm hoch. Auf beiden steht jedoch: Nettoinhalt 400 g. Schätze das Fassungsvermögen beider Dosen ab. Überlege dazu, wie viele Zentimeterwürfel jeweils ungefähr auf den Boden der Dosen passen.

25
a) Ein Wasserhahn ist defekt. In 2 Minuten tropfen $7\,cm^3$ aus dem Hahn.
Schätze zunächst und berechne anschließend, wann ein $0{,}3\,l$ Glas gefüllt ist.
b) Welche Kosten verursacht dieser tropfende Wasserhahn in einem Jahr?
c) Bestimme bei dir zu Hause das Volumen eines Wassertropfens.

26
a) $2\frac{4}{5}\,m^3 - \frac{1}{2}\,m^3$ b) $\frac{4}{5}\,hl + 20\,m^3$
c) $\frac{3}{5}\,ml + 0{,}125\,dm^3$ d) $4\frac{1}{2}\,cm^3 - 2\frac{1}{5}\,cm^3$
e) $1\frac{5}{8}\,cm^3 + \frac{3}{5}\,cm^3$ f) $7{,}2\,l - 1\frac{3}{4}\,dm^3$
g) $5 \cdot \left(2\frac{1}{3}\,m^3 + 1\frac{4}{5}\,m^3\right)$ h) $1\frac{3}{7}\,m^3 \cdot 0{,}8 - 2\frac{6}{7}\,l$

19 g Gold 19 g Kork

27
$1\,cm^3$ Wasser wiegt 1 g, $1\,cm^3$ Kork wiegt 200 mg und $1\,cm^3$ Gold wiegt 19 g.
a) Wie viel wiegt jeweils $1\,dm^3$?
b) Wie viele Kubikzentimeter Kork wiegen so viel wie $1\,cm^3$ Gold?
c) Könntest du mit jemanden zusammen einen Meterwürfel aus Kork tragen?
d) Wie viele Liter Wasser wiegen so viel wie $1\,dm^3$ Gold? Vergleiche mit einem Putzeimer voll Wasser.

28
Übertrage das folgende Kreuzzahlenrätsel in dein Heft und löse es anschließend.

Senkrecht:
a) $2\frac{1}{4}\,hl$ in l
b) $1{,}34\,l - \frac{1}{8}\,l$ in ml
c) $2{,}45\,m^3 + \frac{1}{5}\,l$ in cm^3
d) $5\frac{2}{5}\,m^3$ in l
e) $\frac{1}{5}\,m^3 : 5\,dm^3$
g) $4 \cdot \frac{1}{50}\,m^3$ in l
i) $\frac{3}{40}\,hl$ in ml
k) $0{,}8 \cdot \frac{1}{4}\,hl$ in l
l) $12{,}4\,l : 40$ in cm^3
n) $455\,mm^3 + 1{,}2\,cm^3$ in mm^3
o) $\frac{1}{2}\,l + 10\,cm^3$ in ml
p) $(15{,}2\,l - 950\,cm^3) \cdot 12$ in l
q) $16\frac{2}{3} \cdot 12\frac{3}{10}\,dm^3$ in l
r) $3\,m^3 - 1\,hl$ in hl

Waagerecht:
a) $24\frac{1}{8}\,ml$ in mm^3
e) $9\,l : \frac{1}{5}$ in l
f) $18\frac{4}{5}\,hl + 22{,}6\,m^3$ in dm^3
h) $5\frac{2}{5}\,hl + 31{,}5\,l$ in ml
l) $(78\,hl - 3\,m^3) : 0{,}16$ in m^3
m) $0{,}06\,m^3$ in l
r) $0{,}8\,l : 400\,cm^3$
s) $0{,}7\,l + \frac{3}{8}\,dm^3$ in ml
t) $1{,}2\,m^3 - 2\frac{1}{2}\,hl$ in l
u) $\left(3\frac{1}{2}\,cm^3 + 2\frac{3}{5}\,ml\right) \cdot \frac{1}{4}$ in mm^3

29
Katharina und Sebastian sollen einen Kasten Saft kaufen. Ihre Mutter sagte ihnen, dass sie das günstigste Angebot nehmen sollen.

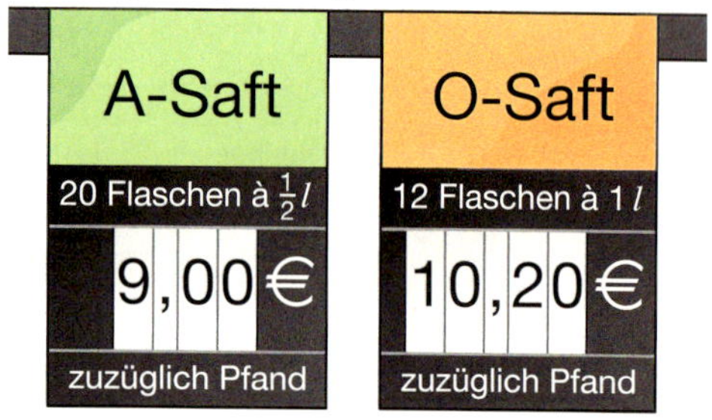

Welches Angebot werden sie wählen?

30
Eine Familie verbraucht im Jahr $252\,m^3$ Wasser, wobei $1\,m^3$ Wasser 1,64 € kostet.
a) Wie hoch ist die Nachzahlung bei der Jahresendabrechnung, wenn alle zwei Monate bereits eine Abschlagszahlung von 65,00 € geleistet wurde, aber noch eine jährliche Grundgebühr von 47,33 € zusätzlich gezahlt werden muss?
b) Das Geld wird per Lastschriftverfahren von ihrem Konto abgebucht. Wie lautet der neue Kontostand, wenn sie vorher gerade noch 50,57 € auf dem Konto hatten?

31
Die Flüssigkeit in einem Behälter wird in drei kleinere, verschieden große Gefäße verteilt: $\frac{5}{6}$ werden in das erste, $\frac{2}{3}$ des Restes in das zweite Gefäß gegossen. Die übrig bleibenden $30\,cm^3$ werden in das dritte Gefäß gefüllt.
Wie viele cm^3 enthielt der Behälter?

G32
Berechne jeweils Flächeninhalt und Umfang der folgenden Flächen (Maße in cm)

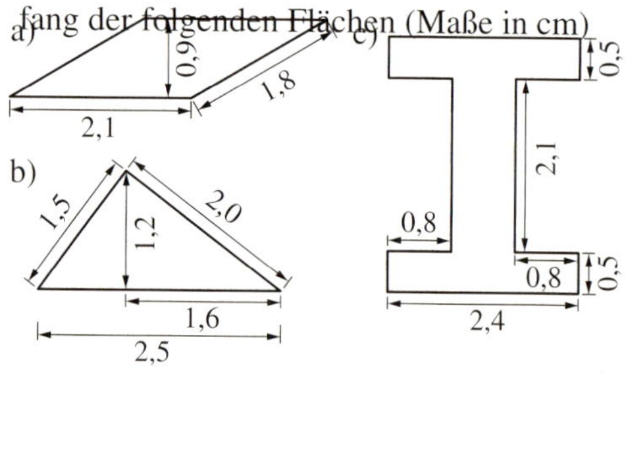

3 Volumen des Quaders

Warum gibt es keine Würfelzuckerpackungen mit 53 (oder 97 oder 139) Zuckerstücken?

1
Wie viele Zuckerstücke sind in der abgebildeten Packung?

2
Bastelt aus festem Papier Würfel von 1 dm Kantenlänge. Setzt aus solchen Dezimeterwürfeln einen großen Quader zusammen. Welche Außenmaße hat euer großer Quader? Wie viele Dezimeterwürfel habt ihr dafür benötigt?
Wie kannst du aus den Kantenlängen eures Quaders die Anzahl der Dezimeterwürfel ermitteln?

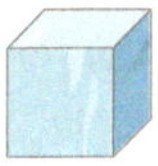

Will man das Volumen eines Quaders bestimmen, so muss man herausfinden, wie viele Einheitswürfel hineinpassen. Je nach Größe des Körpers wählt man einen Würfel mit passender Kantenlänge (z. B. 1 mm, 1 cm, ...).
Ist z. B. ein Quader 5 cm lang, 4 cm breit und 3 cm hoch, so wählen wir Würfel der Kantenlänge 1 cm und füllen den Quader folgendermaßen damit auf:
Auf den Boden des Quaders passen der Länge nach in eine Reihe 5 Würfel und von diesen Reihen füllen 4 den gesamten Boden. Somit passen 4 Reihen mit je 5 Würfeln, also $4 \cdot 5$ Würfel, in die untere Schicht. Da der Quader mit drei solchen Schichten aufgefüllt werden kann, enthält er somit $3 \cdot (4 \cdot 5)$ Zentimeterwürfel.
Das Volumen des Quaders beträgt also $(3 \cdot 4 \cdot 5)\,\text{cm}^3 = 60\,\text{cm}^3$.

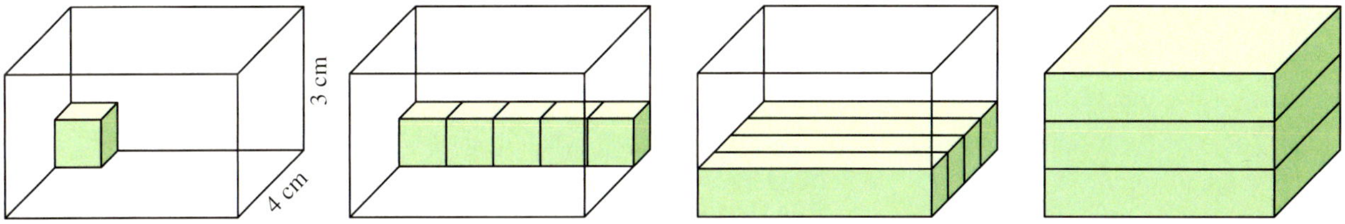

Wir erhalten das **Volumen des Quaders**, wenn wir seine Länge, Breite und Höhe **in der gleichen Längeneinheit** angeben, die Maßzahlen multiplizieren und mit der zugehörigen Volumeneinheit versehen.
Statt $(3 \cdot 4 \cdot 5)\,\text{cm}^3 = 60\,\text{cm}^3$ schreibt man jedoch meistens $3\,\text{cm} \cdot 4\,\text{cm} \cdot 5\,\text{cm} = 60\,\text{cm}^3$.

Für den Quader gilt: „Volumen gleich Länge mal Breite mal Höhe".

Das Volumen V eines Quaders mit den Kantenlängen a, b und c beträgt:

$$\mathbf{V = a \cdot b \cdot c}$$

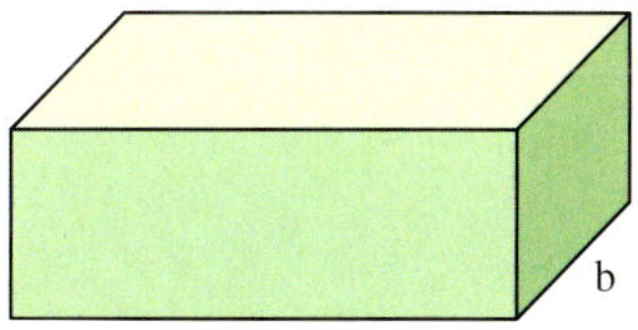

Würfel

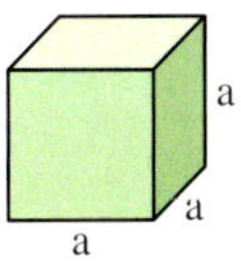

Für das Volumen eines Würfels mit der Kantenlänge a gilt dann: $\mathbf{V = a \cdot a \cdot a = a^3}$.

Beispiel 1

a) Ein Holzbalken ist 4 m lang, 1,5 dm breit und 12,5 cm hoch.
Welches Volumen hat der Balken?
Lösung:
$V = 4\,m \cdot 0{,}15\,m \cdot 0{,}125\,m$
$= (4 \cdot 0{,}15 \cdot 0{,}125)\,m^3$
$= 0{,}075\,m^3 = 75\,dm^3$

$m \cdot m \cdot m = m^3$

b) Ein würfelförmiger Wasserbehälter hat eine Kantenlänge von $\frac{1}{2}$ m. Wie viel Liter Flüssigkeit fasst der Behälter?
Lösung:
$V = \frac{1}{2}\,m \cdot \frac{1}{2}\,m \cdot \frac{1}{2}\,m = \frac{1}{8}\,m^3$
$= 0{,}125\,m^3 = 125\,dm^3 = 125\,l$

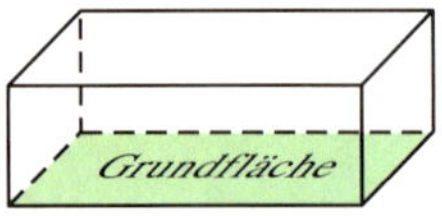

„Volumen gleich Grundfläche G mal Höhe h"

$h = V : G$
$G = V : h$

Beachte: Da durch das Produkt „Länge mal Breite" nichts anderes berechnet wird, als der Inhalt der Grundfläche des Quaders, kann zur Berechnung des Quadervolumens auch der Grundflächeninhalt mit der Höhe multipliziert werden. Da der Quader auf jeder Seitenfläche stehen kann, kann jede Seitenfläche als Grundfläche gewählt werden.
Sind umgekehrt das Volumen und die Grundfläche des Quaders gegeben, so kann die Höhe berechnet werden, indem man das Volumen durch den Inhalt der Grundfläche dividiert.
Sind das Volumen und die Höhe des Quaders gegeben, so wird der Flächeninhalt der Grundfläche berechnet, indem man das Volumen durch die Höhe dividiert.

Beispiel 2

Für eine Beach-Volleyball-Meisterschaft soll für zwei Volleyball-Felder ein rechteckiger Platz mit einem Flächeninhalt von $400\,m^2$ gleichmäßig mit Sand bedeckt werden. Die Sandschicht muss 60 cm hoch sein. $1\,dm^3$ des Sandes wiegt 1,6 kg.
Wie viele m^3 Sand müssen angefahren werden und wie viel wiegt diese Menge Sand?

Lösung:
Die Sandschicht hat etwa die Form eines Quaders, wobei der Flächeninhalt der Grundfläche $400\,m^2$ beträgt. Somit ergibt sich ein Sandvolumen von $V = 400\,m^2 \cdot 0{,}60\,m = 240\,m^3$.
Da $240\,m^3 = 240\,000\,dm^3$, wiegt die gesamte Sandmenge $240\,000 \cdot 1{,}6\,kg = 384\,000\,kg$
$= 384\,t$.

$m^2 \cdot m = m^3$

Beispiel 3

Ein Quader mit dem Volumen $V = 84\,dm^3$ ist 0,4 m breit und 35 cm hoch.
Berechne die Länge des Quaders.
Lösung:
Alle Größen werden in dieselbe Längeneinheit bzw. die entsprechende Volumeneinheit umgewandelt: $V = 84\,dm^3$; $b = 4\,dm$ und $h = 3{,}5\,dm$.

Beachte:
Die Einheiten müssen zueinander passen!

1. Möglichkeit:
Inhalt der Seitenfläche:
$4\,dm \cdot 3{,}5\,dm = 14\,dm^2$
In eine 1 dm dicke seitliche Schicht des Quaders passen somit 14 Dezimeterwürfel.
Um die Länge des Quaders zu ermitteln, muss nun die Anzahl der Schichten bestimmt werden, die den Quader füllen.
Anzahl der Schichten:
$84\,dm^3 : 14\,dm^3 = 6$
Somit beträgt die Länge des Quaders 6 dm.

2. Möglichkeit:
Um die Länge des Quaders zu erhalten, wird sein Volumen durch den Inhalt der Seitenfläche, d. h. durch das Produkt aus Breite und Höhe dividiert: $l = 84\,dm^3 : (4\,dm \cdot 3{,}5\,dm)$
$= 84\,dm^3 : 14\,dm^2 = 6\,dm$
Statt durch das Produkt aus Breite und Höhe zu dividieren, kann auch nacheinander durch seine Breite und seine Höhe dividiert werden: $l = (84\,dm^3 : 4\,dm) : 3{,}5\,dm$
$= 21\,dm^2 : 3{,}5\,dm = 6\,dm$

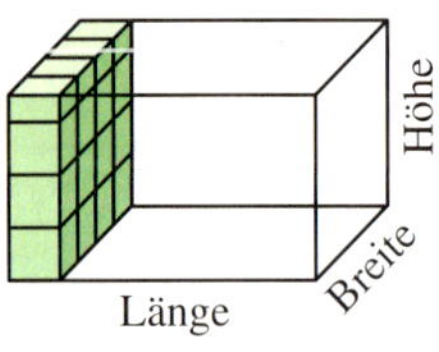

$dm^3 : dm^2 = dm$
und
$dm^3 : dm = dm^2$

Aufgaben

3
Berechne das Volumen der Quader mit den angegebenen Kantenlängen und gib jeweils einen Gegenstand oder ein Gefäß o. ä. mit vergleichbaren Maßen an.

a) 5 m; 3,4 m; 2,5 m b) 60 cm; $\frac{1}{2}$ m; 2,1 m

c) 2,5 m; 40 cm; 28 mm

d) 1,42 dm; $12\frac{1}{2}$ cm; 10 mm

e) 0,6 dm; $3\frac{1}{2}$ cm; 8 mm

4
Berechne das Volumen V eines Würfels mit der Kantenlänge:

a) 1,80 m b) 0,4 dm c) $3\frac{1}{2}$ cm

5
Berechne die Volumina.

a)

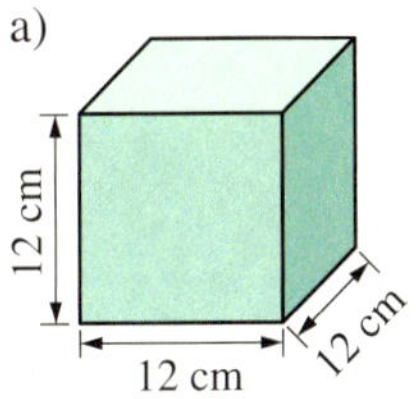

b)

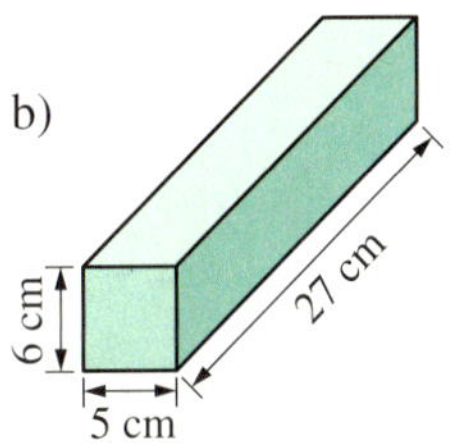

c)

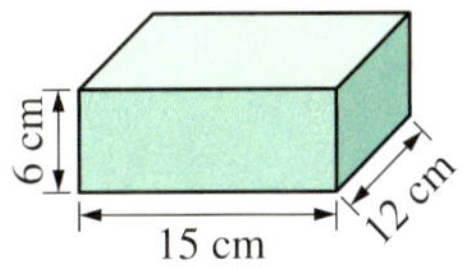

d)

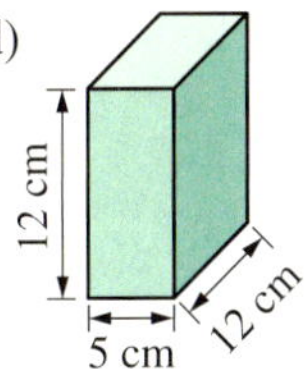

6
Berechne für einen Quader mit den Kantenlängen a, b, c, dem Volumen V und dem Oberflächeninhalt O die fehlenden Angaben.

	a)	b)	c)	d)	e)
a	3,5 dm	$2\frac{2}{3}$ m	$\frac{5}{9}$ dm		4,5 m
b	3,4 dm		4 cm	$1\frac{1}{4}$ m	22,4 dm
c		2,25 m		4 m	
V	59,5 dm³	45 m³	$\frac{2}{3}$ dm³	3,75 m³	25,2 m³
O					

Lösungssalat zu 6:

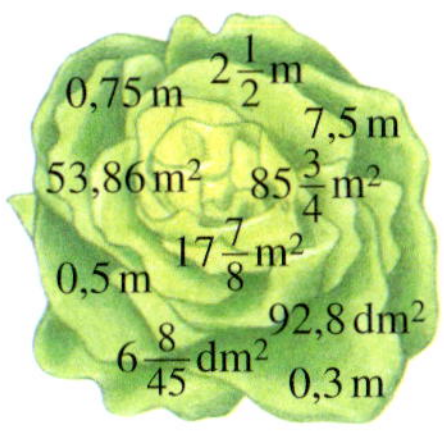

7
Ein Würfel hat das Volumen V = 1 hl. Wie viele ganze Dezimeter (Zentimeter) beträgt die Kantenlänge eines Würfels, der gerade noch in diesen Würfel hineinpasst?

8
Berechne das Volumen eines Würfels mit der Kantenlänge 1 cm (2 cm; 4 cm; 8 cm).

a) Was fällt dir auf? Beschreibe, welchen Zusammenhang du erkannt hast.

b) Zeichne ein Schrägbild der Würfel, bei dem sie alle ineinander geschachtelt sind.

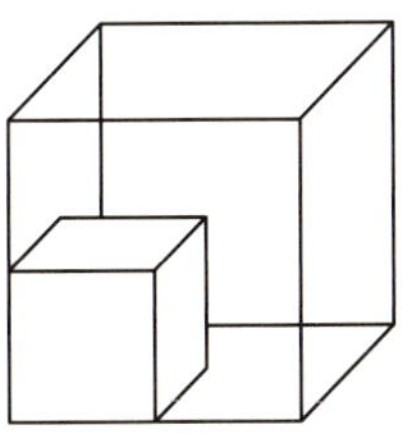

9
Suche quaderförmige Gegenstände wie z. B. einen Schuhkarton und bestimme ihre Volumina.

10
Ein Quader ist 8 cm lang, 45 mm breit und $5\frac{1}{2}$ cm hoch.

a) Zeichne sein Netz und Schrägbild.

b) Berechne sein Volumen.

c) Berechne seinen Oberflächeninhalt.

d) Welche Länge ergeben die Kantenlängen des Quaders zusammen?

e) Ermittle zeichnerisch, wie lang ein Stab höchstens sein darf, dass er gerade noch in den Quader passt.

11
Skizziere einen Quader, der 8 cm lang, 6 cm breit und 5 cm hoch ist. Für seinen Rauminhalt gilt: $V = 8\,\text{cm} \cdot 6\,\text{cm} \cdot 5\,\text{cm} = 240\,\text{cm}^3$.
Das Produkt kann in verschiedener Weise berechnet werden:

$$V = (8\,\text{cm} \cdot 6\,\text{cm}) \cdot 5\,\text{cm} = 8\,\text{cm} \cdot (6\,\text{cm} \cdot 5\,\text{cm}) = (8\,\text{cm} \cdot 5\,\text{cm}) \cdot 6\,\text{cm}.$$

Was bedeutet jeweils das Produkt in der Klammer?

12
Wie ändert sich das Volumen eines Quaders, wenn man

a) eine Kantenlänge verdoppelt, die anderen nicht verändert,

b) zwei Kantenlängen verdoppelt, die dritte nicht verändert,

c) alle drei Kantenlängen verdoppelt,

d) zwei Kantenlängen verdoppelt, die dritte halbiert?

Skizziere jeweils passende Schrägbilder.

13
Für einen Quader mit dem Volumen V ist A der Flächeninhalt einer Seitenfläche und h die zugehörige Höhe.
Berechne die fehlenden Angaben.

	a)	b)	c)	d)	e)
V		8 dm³		27 dm³	0,525 m³
A	3,6 m²	20 dm²	$6\frac{1}{2}$ m²		2,1 m²
h	25 cm		$\frac{1}{4}$ m	0,15 m	

Eine Angabe wie 60 cm x 90 cm x 125 cm bedeutet, dass die Kantenlängen des Quaders 60 cm, 90 cm und 125 cm betragen.

14
Ein rechteckiger Bauplatz ist $7\frac{1}{2}$ a groß. Es werden gleichmäßig 300 m³ Mutterboden abgetragen.
Wie dick war die abgetragene Schicht?

15
Ein Quader hat die Abmessungen 10 cm × 4 cm × 2 cm.

a) Wie viel wiegt er, wenn er aus folgenden Materialien besteht und 1 cm³ die angegebene Masse hat?
1) Aluminium: 2,7 g 2) Eisen: 7,86 g
3) Marmor: 2,5 g 4) Eichenholz: 0,9 g
5) Styropor: 0,035 g 6) Gold: 19,3 g

b) Welches Volumen nimmt 1 t der oben genannten Materialien ungefähr ein?

Zwei Körper mit gleichem Volumen, aber aus verschiedenem Material, haben i. a. unterschiedliche Masse. Z. B.
– 1 cm³ Glas wiegt 2,6 g;
– 1 cm³ Stahl wiegt 7,9 g;
– 1 l Wasser wiegt 1 kg.

16
Eine Überseekiste hat die äußeren Maße 60 cm × 90 cm × 125 cm und besteht aus $2\frac{1}{2}$ cm dickem Fichtenholz.

a) Berechne das Fassungsvermögen der Kiste in Liter. Runde sinnvoll.

b) Wie viel kg wiegt die leere Kiste, wenn 1 dm³ Fichtenholz $\frac{1}{2}$ kg wiegt?

17
a) Bestimme das Volumen dieses Buches.

b) Vergleicht eure Ergebnisse in der ganzen Klasse. Woher kommen die Unterschiede?

c) Wie müsste das Ergebnis also sinnvoll gerundet angegeben werden?

d) Ermittle möglichst exakt das Volumen von einem Blatt Papier dieses Buches.

Genauigkeit von Messwerten und von Rechenergebnissen

Die Schüler der Klasse 6c sollen das Volumen ihres Klassenzimmers bestimmen.
Ingo, Marion und Hannah messen Länge, Breite und Höhe des Klassenzimmers. Ingo gibt die Länge mit 9 m an, Marion die Breite mit 5,6 m und Hannah die Höhe mit 3,20 m. Sie berechnen somit das Klassenzimmervolumen zu

$V = 9\,\text{m} \cdot 5{,}6\,\text{m} \cdot 3{,}20\,\text{m} = 161{,}280\,\text{m}^3 = 161\,280\,\text{dm}^3$.

Die drei bestimmen das Volumen also auf dm³ genau, d. h. sie geben an, dass das Volumen mindestens 161 279,5 dm³, aber weniger als 161 280,5 dm³ beträgt. Ist das sinnvoll?
Betrachten wir zunächst die Angabe ihrer Messwerte:
Ingo hat nicht sehr genau gemessen, da er die Länge nur auf m genau angibt. Seine Angabe bedeutet, dass die Länge mindestens 8,5 m und weniger als 9,5 m beträgt.
Marions Angabe der Breite mit 5,6 m ist schon genauer. Sie besagt, dass die Breite mindestens 5,55 m, aber weniger als 5,65 m beträgt. Sie hat also auf dm genau gemessen.
Hannah letztlich hat die Höhe sehr genau angegeben, denn ihre Angabe auf cm genau bedeutet, dass die Höhe bei mindestens 3,195 m, aber bei weniger als 3,205 m liegt.
In welchem Bereich liegt dann also das Rechenergebnis für das Klassenzimmervolumen?
Das Volumen beträgt mindestens $V = 8{,}5\,\text{m} \cdot 5{,}55\,\text{m} \cdot 3{,}195\,\text{m} = 150{,}724\,125\,\text{m}^3$,
aber weniger als $V = 9{,}5\,\text{m} \cdot 5{,}65\,\text{m} \cdot 3{,}205\,\text{m} = 172{,}028\,375\,\text{m}^3$.
Es ergibt sich ein Unterschied von etwa 20 m³, also ist das obige Rechenergebnis von 161,280 m³ unsinnig genau. Gibt man das Rechenergebnis auf Zehner (d. h. auf 2 geltende Ziffern) gerundet, also mit 160 m³ an, bedeutet dies, dass das Volumen im Bereich zwischen 155 m³ und 165 m³ liegt. Rundet man jedoch auf eine geltende Ziffer und gibt das Ergebnis mit 200 m³ an, so bedeutet dies, dass das Volumen zwischen 150 m³ und 250 m³ liegen könnte.
Mit Blick auf den berechneten Bereich, in dem das Volumen liegen kann, d. h. auf den Unterschied von 20 m³, erscheint die Angabe von 160 m³ sinnvoll.

Merke:
Achte bei der Angabe von Messwerten auf sinnvolle Genauigkeit.
Runde Rechenergebnisse so, dass sie etwa die Genauigkeit wiedergeben, die man bei kritischer Betrachtung der Angaben tatsächlich erwarten kann.

Zur Erinnerung:
Zahlen, die durch Messung gefunden werden, sind als gerundete Zahlen zu verstehen.

Man sagt:
9 m ist eine Angabe auf m genau oder die Angabe besitzt eine geltende Ziffer. 5,6 m ist eine Angabe auf dm genau oder die Angabe besitzt zwei geltende Ziffern. 3,20 m dagegen ist eine Angabe auf cm genau oder eine Angabe mit drei geltenden Ziffern.

Wie viele Quader unterschiedlicher Maße kannst du aus 20 (24) Würfeln zusammensetzen?

18
a) Bestimmt das Volumen eures Klassenzimmers. Rundet sinnvoll.
b) Wie viel m^3 Luftraum stehen jedem Schüler zur Verfügung?

19
Eine Siedlung soll verkabelt werden. Dazu müssen Gräben mit der Gesamtlänge 1,5 km, der Breite 35 cm und der Tiefe 0,75 m ausgehoben werden. Wie viel m^3 Erde werden ausgehoben? Bestimme, in welchem Bereich das Ergebnis bei diesen Angaben tatsächlich liegen kann. Runde es entsprechend sinnvoll.

20
Eine rechteckige Marmorplatte ist 1,4 m lang, 80 cm breit und wiegt 60,5 kg.
Wie dick ist sie, wenn 1 cm^3 Marmor eine Masse von 2,7 g hat? Runde sinnvoll.

21
In einem großen Walzwerk soll ein quaderförmiger Stahlblock der Größe $1{,}60\,m \times 1{,}25\,m \times 60\,cm$ zu einer Stahlplatte von 7,50 m Länge und 3,20 m Breite ausgewalzt werden. Wie dick wird die Stahlplatte?

22
Die drei Panzerknacker haben Onkel Dagoberts Tresor aufgebrochen und 1250 Goldbarren gefunden. Schnell beginnen sie, ihre Beute in die drei Koffer zu packen.
a) Wie viele Barren passen in einen Koffer?
b) Können sie ihre vollgefüllten Koffer schleppen, wenn jeder maximal 50 kg tragen kann? 1 cm^3 Gold wiegt 19,3 g und jeder leere Koffer 750 g.
c) Wie viele Goldbarren kann jeder in einem Koffer transportieren?

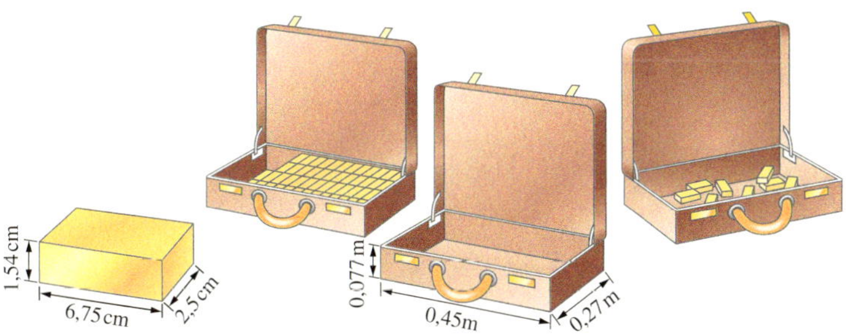

23
Bestimme die Kantenlänge und
a) den Oberflächeninhalt des Würfels mit dem Volumen $V = 0{,}027\,m^3$ $\left(V = \frac{1}{8}\,dm^3\right)$.
b) das Volumen des Würfels mit dem Oberflächeninhalt $O = 1{,}5\,dm^2$ $\left(O = 37\frac{1}{2}\,cm^2\right)$.

24
$\frac{2}{3}$ einer quadratischen Säule ragen aus dem Boden. Das Volumen dieses Teils der Säule beträgt 8,91 m^3. 5,5 m der Säule stecken im Boden. Berechne die Maße der Säule.

25
Manchmal wird im Wetterbericht die gefallene Regenmenge in mm oder cm angegeben. Im Rundfunk wurde gemeldet:
„Heute Nacht fielen 2,5 cm Regen."
a) Was versteht man darunter?
b) Wie viel *l* Wasser sind auf 1 m^2 Boden gefallen? Vergleiche mit dem Inhalt eines Wassereimers.
c) Wie viel Wasser fiel auf ein 0,1 ha großes Grundstück, wie viel auf einen 1,5 km^2 großen See?
In welchem Bereich kann das Ergebnis bei diesen Angaben jeweils liegen?
d) Um wie viel cm ist der Wasserspiegel des Sees dabei gestiegen?

26
Eine quaderförmige Holzkiste mit Deckel soll ein Volumen von 64 *l* haben.
a) Welche Abmessungen kann sie haben, wenn die Kantenlängen ganze Dezimeter sein sollen. Lege eine Tabelle an. Berechne für vier Möglichkeiten die Oberflächeninhalte.
b) Finde auch einen Quader, für den der Holzbedarf minimal ist.

27
Eine quaderförmige Wanne mit einem 50 cm breiten Quadrat als Grundfläche ist mit Wasser gefüllt. Lässt man einen Tropfen Öl darauf fallen, so bildet sich auf der gesamten Wasseroberfläche eine dünne Ölschicht. Wie dick ist diese Schicht, wenn 160 Öltropfen einen Messbecher mit 5 cm^3 füllen?

28

Eine Straße von 8 km Länge und 6,50 m Breite erhält eine neue Schotterdecke und darüber eine Bitumenschicht.

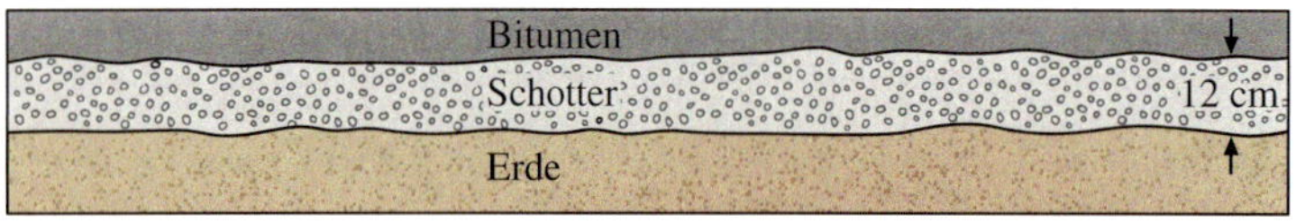

a) Wie viel m^3 Schotter braucht man etwa? Überschlage zunächst.
b) Eine Tonne Bitumen reicht für $100\,m^2$ Straßendecke.
Wie viel Tonnen braucht man für die Bitumenschicht der gesamten Straße?
c) Was muss man noch wissen, um die durchschnittliche Dicke der Bitumenschicht ermitteln zu können?

Ein überraschender Lesetext zum Volumen von Milchtüten befindet sich auf S. 151.

29

Finde heraus, wie hoch die Milch in einer handelsüblichen quaderförmigen 1-*l*-Milchtüte steht. Beschreibe dein Vorgehen, wenn die Milchtüte dabei nicht beschädigt werden soll.

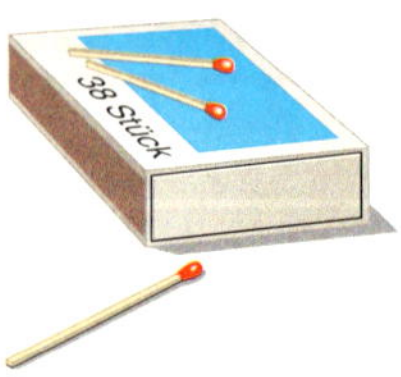

30

Ein Streichholz ist 4 cm lang, 2 mm breit und 2 mm hoch.
a) In einer Schachtel mit den Kantenlängen 5 cm, 3 cm und 1 cm befinden sich 38 Stück. Wie viel Luft ist in der Schachtel? Etwa welcher Anteil des Schachtelvolumens besteht also nur aus Luft?
b) Wie viele Streichhölzer kann man aus $1\,m^3$ Holz herstellen, wenn man den Abfall nicht berücksichtigt? Wie viele sind es, wenn man für den Abfall 25 % der Gesamtmenge rechnen muss?

31

a) Ein Quader mit dem Volumen $54\,cm^3$ ist ebenso lang wie breit und doppelt so hoch wie breit. Wie lang sind seine Kanten?
b) Ein Quader ist 5-mal so hoch wie breit und ebenso breit wie lang. Wie lang sind die Kanten, wenn sie zusammen insgesamt eine Länge von 140 cm ergeben? Welches Volumen hat er?

32

Ein quaderförmiges Schwimmbecken ist 25 m lang, 12,5 m breit und 2 m tief.
a) Wie viel Wasser ist nötig, um das Becken bis 20 cm unter den oberen Rand zu füllen? Wie viele Liter sind das?
b) $1\,m^3$ Wasser kostet 1,10 €. Wie teuer ist die Füllung?
c) Wegen einer Reparatur muss so viel Wasser aus dem Becken abgelassen werden, bis die Wasserhöhe nur $\frac{2}{3}$ der ursprünglichen Wasserhöhe beträgt. Wie viel Wasser wurde abgelassen?

33

Bei der Schleuse Erlangen am Rhein-Main-Donau-Kanal kann durch einen Zu- bzw. Ablauf der Wasserspiegel um 18,30 m angehoben oder gesenkt werden. Pro Minute kann das Wasser dabei um 1,7 m gehoben oder gesenkt werden.

a) Beschreibe in deinen Worten die Funktionsweise einer Schleuse.
b) Wie viel m^3 Wasser werden bei einem Schleusengang zu- oder abgelassen? Wie viel m^3 können dabei pro Sekunde zugefüllt oder abgelassen werden?
c) Wie lang braucht ein 45 m langes Schiff ungefähr, um die Schleuse zu passieren?
d) Es sind bereits $2800\,m^3$ zugefüllt worden. Um wie viel Meter ist der Wasserspiegel dadurch angehoben worden?

G34

Gliedere und berechne.
a) $-12 - [512:(32 - 24) + 35]$
b) $(37 \cdot 21 + 53 \cdot 42):(7 \cdot 319 - 98 \cdot 33)$
c) $\dfrac{7 \cdot 0{,}6 + \frac{2}{9} \cdot 3{,}6}{3\frac{1}{6} \cdot 0{,}27 - 1{,}24 \cdot \frac{1}{8}}$

4 Volumen verschiedener Körper

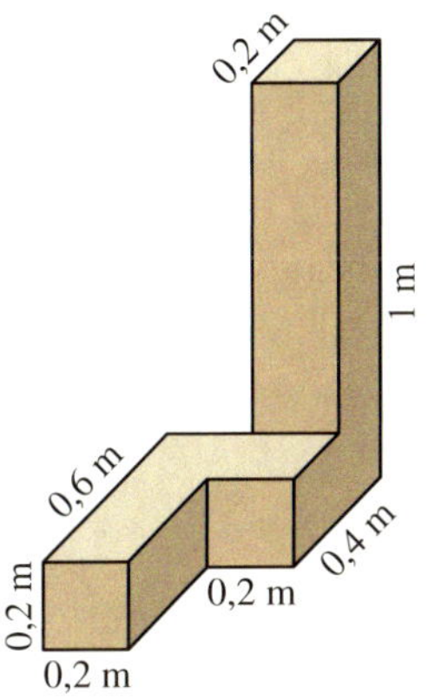

1
Bestimme das Volumen des links abgebildeten Körpers.

2
Der Buchstabe rechts hat die Form eines Prismas.
a) Überlege dir, wie dieses große „V" zerlegt bzw. neu zusammengesetzt werden kann, so dass ein oder mehrere Quader entstehen. Zeichne dazu die Vorderfläche des Buchstabens maßstabsgerecht auf ein Blatt Papier und schneide sie aus.
b) Bestimme das Volumen des Körpers. Entnimm dazu die fehlenden Maße deiner Zeichnung.

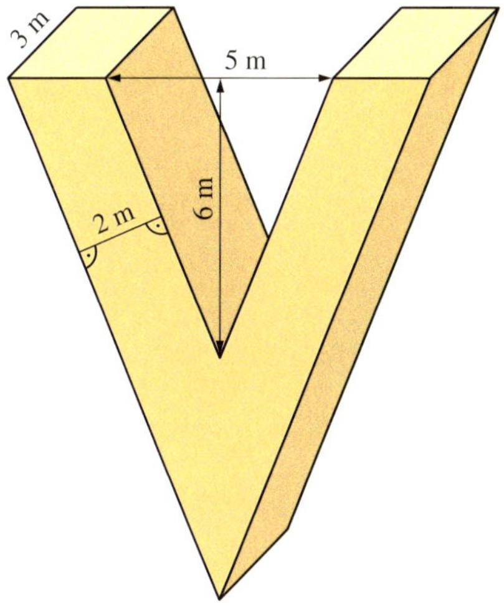

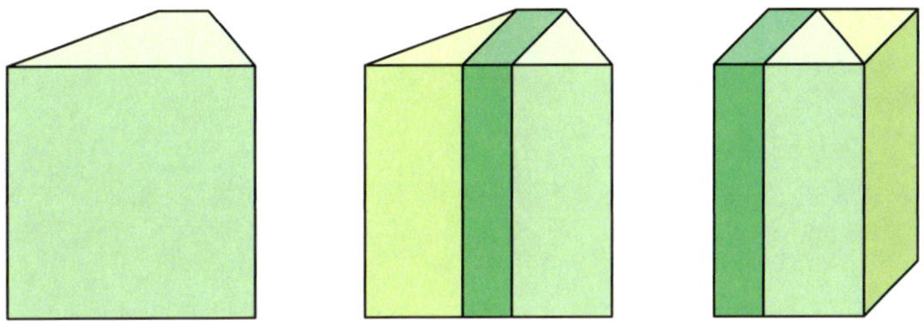

Bis jetzt können wir das Volumen von Quadern berechnen. Viele andere Körper lassen sich jedoch so zerlegen und eventuell neu zusammensetzen, dass ein oder mehrere Quader entstehen. Auf diese Weise lässt sich schließlich auch das Volumen des ursprünglichen Körpers bestimmen.

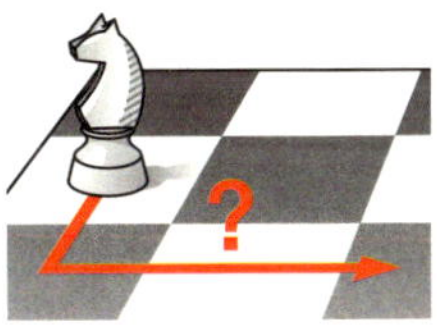

Strategie: *Zurückführen auf etwas Bekanntes*

Das Volumen eines Körpers lässt sich rechnerisch bestimmen, indem
– der Körper in Quader zerlegt wird;
– der Körper geeignet zerlegt und neu zu einem Quader zusammengesetzt wird;
– der Körper durch Hinzufügen von Quadern zu einem Quader ergänzt wird.

Für Körper, deren Volumen sich nicht auf eine dieser Weisen bestimmen lässt, können wir es unter Verwendung von Quadern näherungsweise bestimmen (vgl. Beispiel 3 auf S. 140).

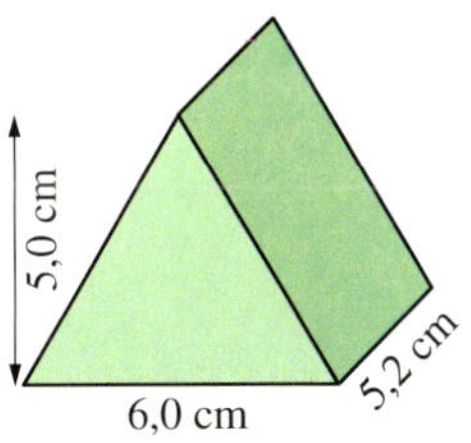

Beispiel 1
Bestimme das Volumen des links abgebildeten Prismas.
Lösung:
Zerlegt man das dreiseitige Prisma durch einen senkrechten Schnitt durch die Spitze und setzt es anschließend neu zusammen, so entsteht ein Quader mit den Maßen:
$a = 3{,}0\,cm$; $b = 5{,}2\,cm$ und $c = 5{,}0\,cm$.
Der ursprüngliche Körper hat dann das gleiche Volumen wie der Quader, nämlich:
$V = 3{,}0\,cm \cdot 5{,}2\,cm \cdot 5{,}0\,cm = 78\,cm^3$.

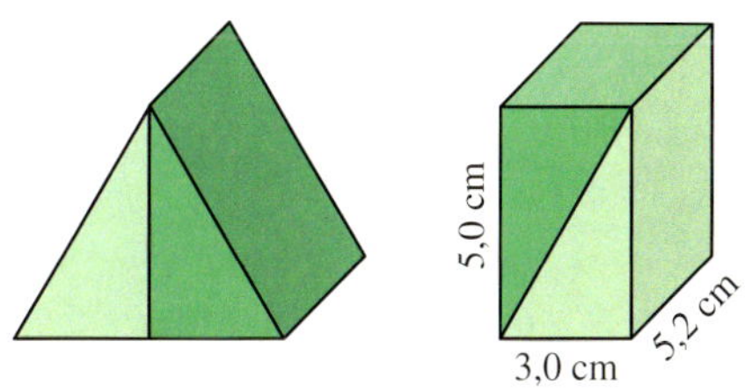

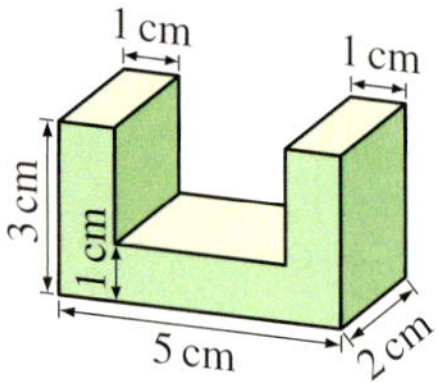

Beispiel 2
Welchen Raum nimmt der links abgebildete Körper ein?
Lösung:
1. Möglichkeit:
Der Körper lässt sich in drei kleine jeweils gleich große Quader zerlegen.

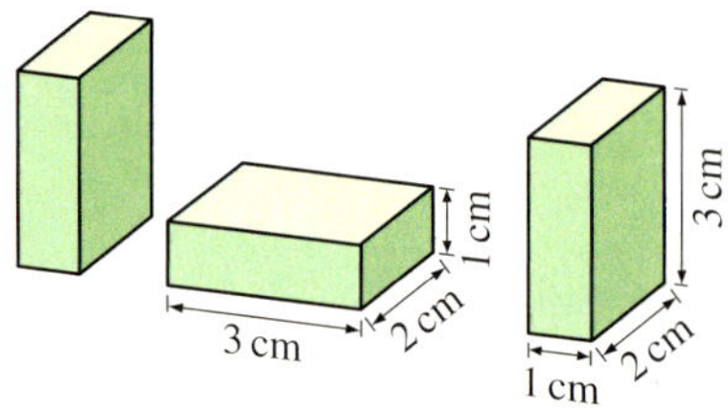

1. Schritt: Volumen eines kleinen Quaders:
$V_{\text{kleiner Quader}} = 3\,\text{cm} \cdot 2\,\text{cm} \cdot 1\,\text{cm} = 6\,\text{cm}^3$
2. Schritt: Volumen des gesamten Körpers:
$V = 3 \cdot V_{\text{kleiner Quader}} = 3 \cdot 6\,\text{cm}^3 = 18\,\text{cm}^3$

2. Möglichkeit:
Der Körper lässt sich durch einen kleinen Quader zu einem großen Quader ergänzen.

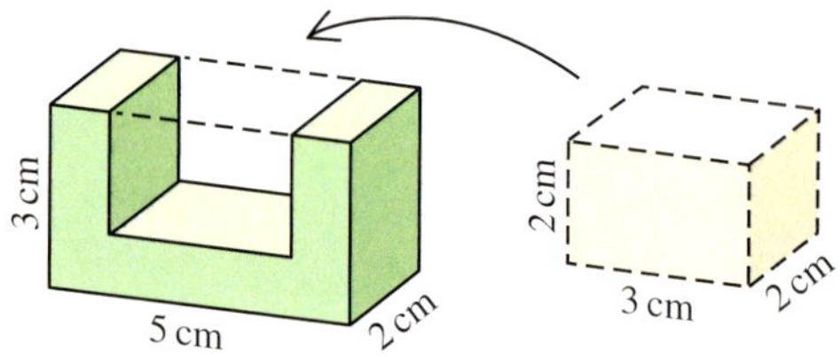

1. Schritt: Volumen des großen Quaders:
$V_{\text{großer Quader}} = 5\,\text{cm} \cdot 2\,\text{cm} \cdot 3\,\text{cm} = 30\,\text{cm}^3$
2. Schritt: Volumen des kleinen Quaders, der ergänzt werden muss:
$V_{\text{kleiner Quader}} = 3\,\text{cm} \cdot 2\,\text{cm} \cdot 2\,\text{cm} = 12\,\text{cm}^3$
3. Schritt: Volumen des Restkörpers:
$V = V_{\text{großer Quader}} - V_{\text{kleiner Quader}}$
$= 30\,\text{cm}^3 - 12\,\text{cm}^3 = 18\,\text{cm}^3$

Beispiel 3
Claudia will sich einen neuen Rucksack für die Schule kaufen. Leider ist der Rucksack, der ihr gefallen würde, nicht ausgezeichnet. Um seine Größe abzuschätzen, legt sie ihr DIN A4-Mathe-Schulheft daneben.
Wie teuer ist der Rucksack?

Rucksäcke:		
15 *l*	25 *l*	40 *l*
39,99	49,99	69,99

Lösung:
Der Rucksack hat zwar nicht die Form eines Quaders, man kann ihn jedoch mit Hilfe des DIN A4-Heftes, welches etwa die Maße 20 cm × 30 cm hat, gut durch einen Quader der Länge 30 cm, der Breite 20 cm und der Höhe 40 cm abschätzen.
Der Rucksack hat also annähernd das Volumen $V = 3\,\text{dm} \cdot 2\,\text{dm} \cdot 4\,\text{dm} = 24\,\text{dm}^3 = 24\,l \approx 25\,l$.
Er kostet somit 49,99 €.

Aufgaben

3
a) Bestimme das Volumen der Körper.
b) Wie viel wiegt jeder der Körper, wenn sie aus Stein hergestellt werden und 1 cm³ dieses Steins 2,5 g wiegt?

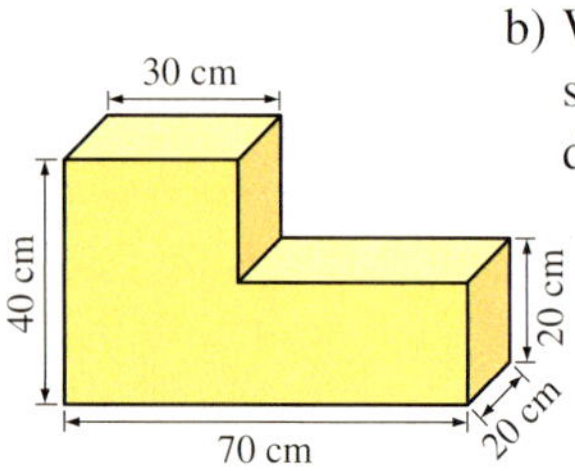

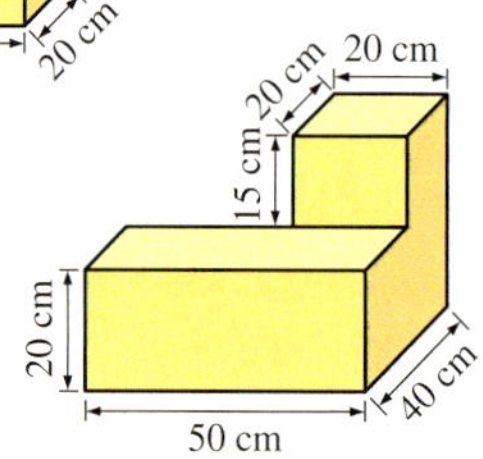

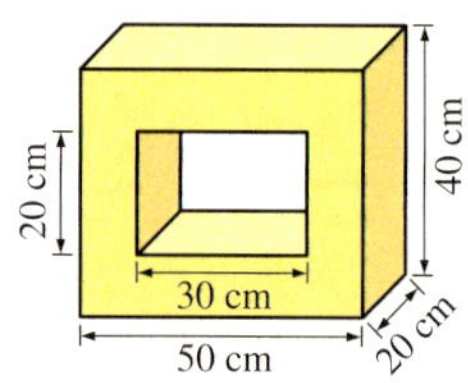

4
Für eine grobe Kalkulation der Baukosten muss ein Architekt den umbauten Raum eines Einfamilienhauses bestimmen. Für das Mauerwerk zieht er 3 % des Gesamtvolumens ab.

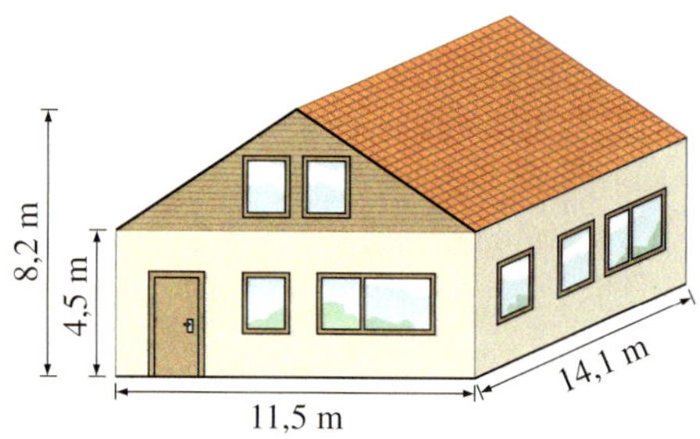

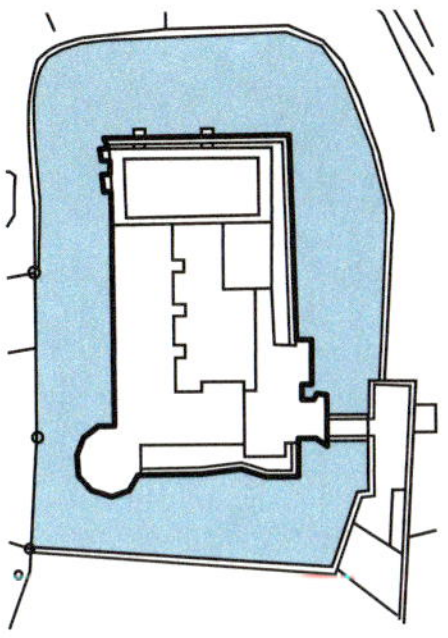

Maßstab: 1 : 2000

5

Das Wasserschloss Kunreuth in der Fränkischen Schweiz hat den links gezeichneten fast rechteckigen Grundriss. Es ist von einem Wassergraben umgeben, der heute nur noch etwa 1,5 m tief ist.

a) Wie viel m^3 Wasser befinden sich etwa in dem Graben? Nähere den Grundriss durch Rechtecke an.

b) Wie vielen Badewannenfüllungen von etwa 300 *l* entspricht das?

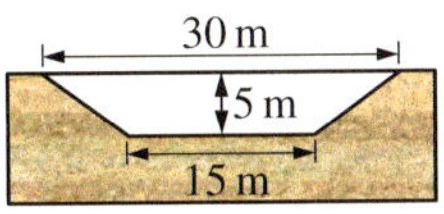

6

Für den Bau einer Straße muss auf einer Länge von 1,05 km der nebenstehende Erdgraben ausgehoben werden. Wie viel m^3 Erde müssen abtransportiert werden?

7

Schätze grob das Volumen eines Tischtennisballs ab und überprüfe dein Ergebnis anschließend experimentell.

8

a) Eines der Netze gehört nicht zu einem Prisma. Welches? Begründe.

b) Wie bezeichnet man den in a) gesuchten Körper? Bestimme den Oberflächeninhalt.

c) Berechne die Volumina und die Oberflächeninhalte der Prismen.

d) Skizziere Schrägbilder aller Körper.

e) Entwirf selbst Netze und lass von deinem Banknachbarn herausfinden, welche davon Prismen oder Pyramiden sind.

Lösungssalat zu 8 c:

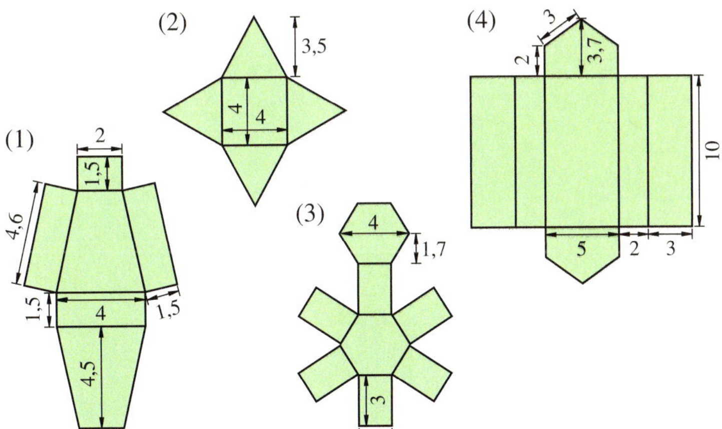

Maße in cm

9

Die Grundfläche eines 8 cm hohen Glasprismas ist ein rechtwinkliges Dreieck, bei dem die den rechten Winkel einschließenden Seiten 3,2 cm und 2,4 cm lang sind.

a) Berechne das Volumen des Prismas.

b) Welchen Oberflächeninhalt hat das Prisma? Zeichne dafür ein Netz. Entnimm fehlende Maße einer Zeichnung.

c) Wie viel wiegt das Prisma? (1 cm^3 Glas wiegt 2,6 g.)

10

a) Bestimme in etwa das Luftvolumen in dem Gewächshaus. Gehe davon aus, dass der Radfahrer ein durchschnittlich großer Erwachsener ist.

b) Schätze ab, wie viel m^2 Glasfläche ins Gewächshaus eingebaut wurde.

11

Ein Schwimmbecken hat einen Nichtschwimmerbereich, einen Übergangsbereich und einen Schwimmerbereich.

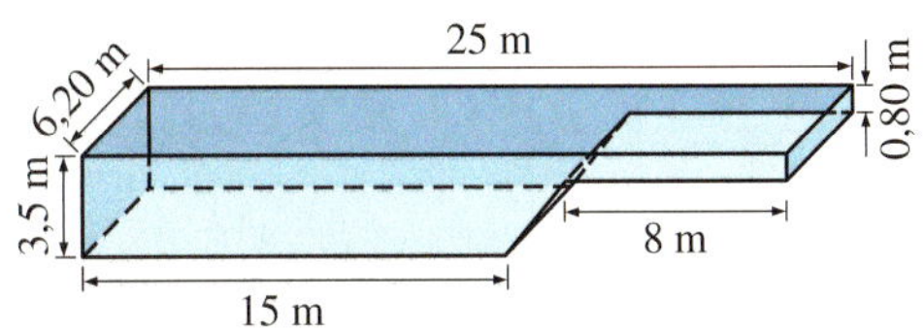

a) Wie viel m^3 Wasser fasst das Becken, wenn es randvoll gefüllt ist? Überschlage zunächst.

b) Das Wasser soll überall 20 cm unter dem Rand stehen. Wie viel m^3 Wasser müssen eingelassen werden?

12

Welches Volumen hat der Innenraum eines PKWs, welches der Innenraum eines Reisebusses? Beschreibe, wie du das Volumen abgeschätzt hast.

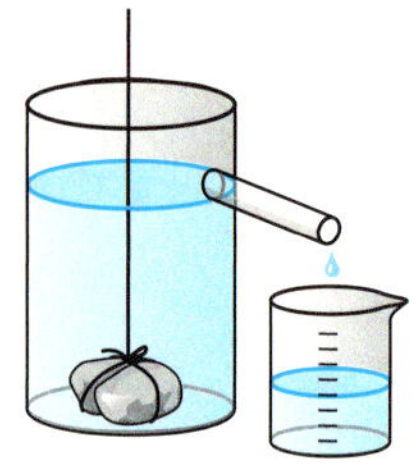

Überlaufgefäß

13

a) Schätze und überprüfe anschließend durch das Überlaufen von Flüssigkeit das Volumen verschiedener Gegenstände, wie z. B. eines Schraubenziehers, einer Schraube, eines Nagels, einer Zange usw.

b) Wie kannst du das Volumen eines Menschen, z. B. deiner Mutter oder deines Vaters, abschätzen? Beschreibe wie du vorgehst.

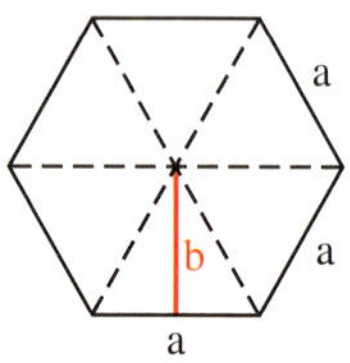

14

Ein Prisma hat als Grundfläche ein regelmäßiges Sechseck. Berechne das Volumen und den Oberflächeninhalt des Prismas mit der Höhe 5,2 cm, der Grundkante $a = 3{,}0\,\text{cm}$ und $b = 2{,}6\,\text{cm}$.

Um Maueröffnungen zu überbrücken, werden Stürze eingezogen.

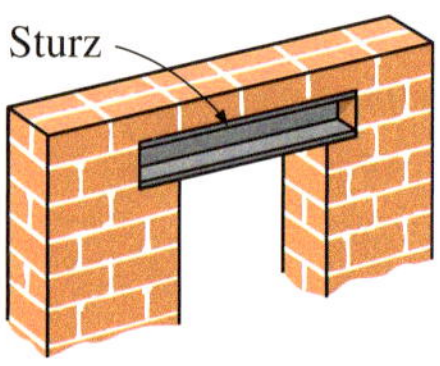

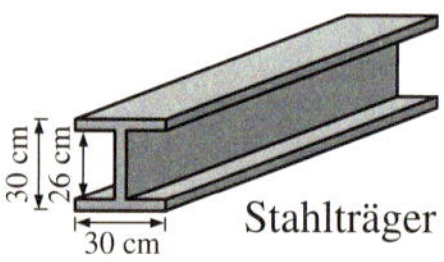

15

Für größere Stürze reichen beim Bau wegen der Statik Betonträger nicht mehr aus. Es werden dann Stahlträger mit der angegebenen Form verwendet. Wie schwer ist ein Stahlträger für eine Maueröffnung der Breite 2,50 m, wenn die Auflage auf jeder Seite der Maueröffnung 30 cm beträgt und $1\,\text{cm}^3$ Stahl 7,7 g wiegt?

16

Zum Schutz vor Sturmfluten baut man an der Nordseeküste Deiche, die das Überfluten des dahinterliegenden Landes verhindern sollen. Die Abbildung zeigt die Deichbauweise früher und heute im Querschnitt.

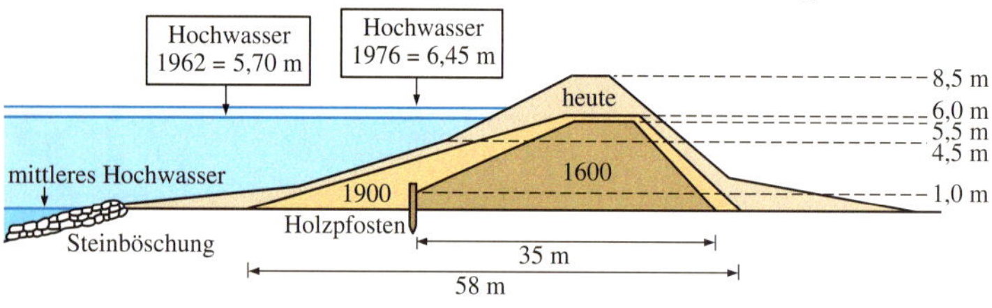

a) Die heutige Form der Deiche hat sich erst auf Grund Jahrhunderte langer Erfahrung herausgebildet. Nenne die Veränderungen in der Deichbauweise und überlege dir die möglichen Gründe dafür.

b) Etwa wie viel m^3 Erde benötigte man um 1600 und um 1900 zum Bau eines neuen Deichabschnitts von 30 m Länge?

c) Wie viel m^3 Erde bräuchte man heute?

17

Berechne das Volumen und den Oberflächeninhalt der folgenden Werkstücke (Maße in cm).

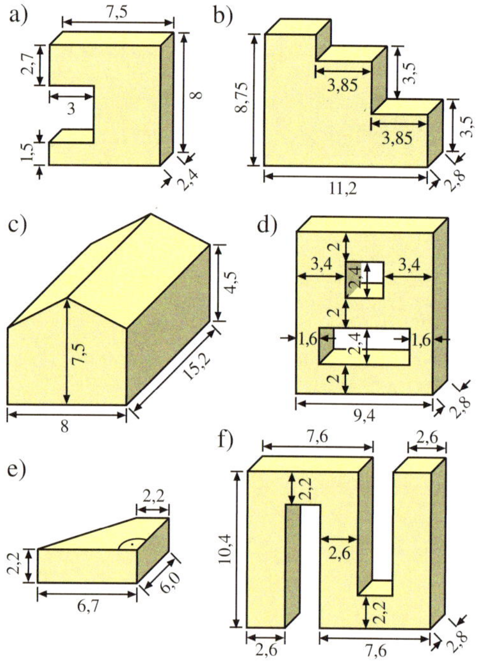

18

In einem Einfamilienhaus sollen nachträglich zwei große Dachgauben eingebaut werden.

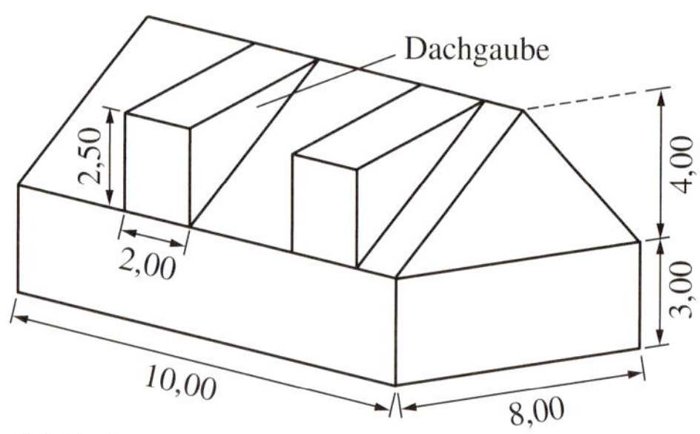

Maße in m

*a) Berechne das Raumvolumen das dadurch zusätzlich geschaffen wird.

b) Berechne, um wie viel Prozent dadurch der umbaute Raum zunimmt.

c) $1\,\text{m}^3$ umbauter Raum bei einem Anwesen dieser Art und in dieser Lage sind etwa 600 € wert.

Um wie viel Euro steigt durch den Umbau der Wert des Hauses.

19

Die Abbildungen zeigen das Obersulzbachtal – ein Trogtal – beim Großvenediger heute und zur Eiszeit im Maßstab 1 : 10 000. Durch das Eis des Gletschers wurde das Tal in seiner heutigen Breite ausgehöhlt. Bestimme auf einer Länge von 500 m ungefähr das Volumen des heutigen Tals, das zur Eiszeit vollständig mit Eis gefüllt war.

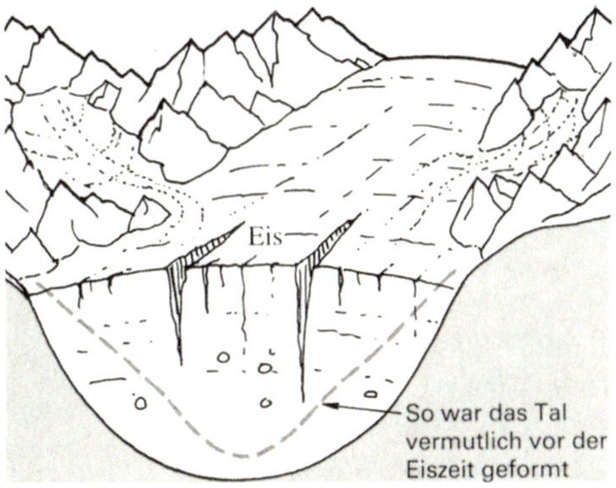

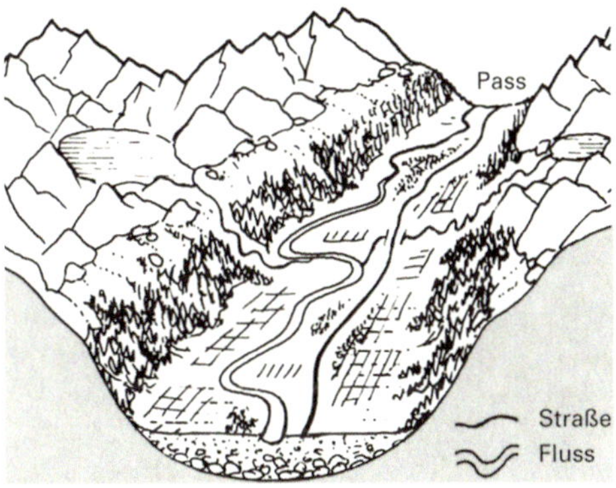

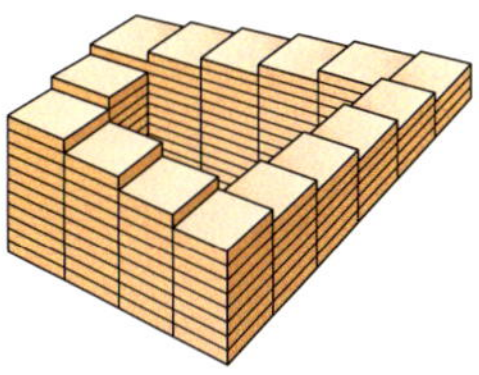

Diese Steintreppe besteht aus lauter Quadern. Dabei sei jede Stufe 2 dm hoch und habe als Deckfläche ein Meterquadrat. Kannst du das Volumen bestimmen?

20

Basalt ist ein Ergussgestein (Vulkanitgestein) und tritt, wenn es unterirdisch erkaltet ist, in Säulenform auf. Basalt wiegt ca. 3 t pro m³. Zeichne die Grundfläche mit den angegebenen Maßen und bestimme näherungsweise ihren Flächeninhalt. Wie schwer ist eine Basaltsäule mit dieser Grundfläche und einer Länge von 50 cm ungefähr?

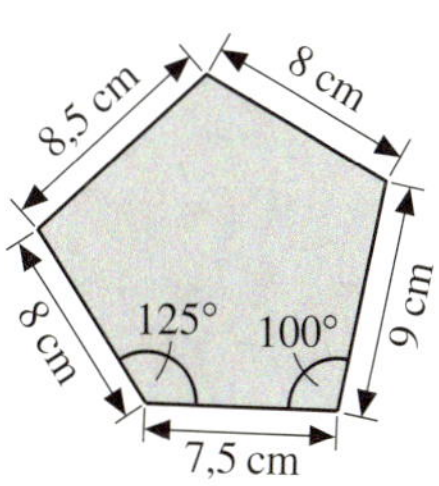

Das Foto zeigt Giant's Causeway in Nordirland

21

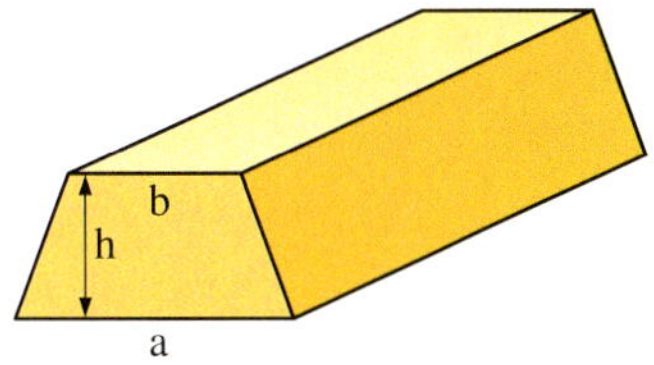

a) Der abgebildete Goldbarren hat die Abmessungen
$a = 7{,}6\,\text{cm}$, $b = 5{,}3\,\text{cm}$ und $h = 5{,}1\,\text{cm}$.
Wie lang ist der Barren etwa, wenn er 12,5 kg wiegt und 19,3 g Gold ein Volumen von 1 cm³ einnehmen? Rechne mit sinnvoll gerundeten Werten.

b) Er wird zu rechteckigen Folien mit einer Breite von 1 m ausgewalzt. Die Folien sollen eine Stärke von $\frac{1}{100}$ mm haben.
Wie lang wären alle Folien zusammen?

c) Letztlich werden die Folien zu Blattgold der Stärke $\frac{1}{7000}$ mm geschlagen.
Welchen Flächeninhalt haben dann alle Blätter zusammen?

d) Das Blattgold wird in Heften mit 25 Blatt von 80 mm × 80 mm verkauft.
Wie viele solcher Heftchen erhält man ungefähr aus dem 12,5-kg-Barren?

22

a) Schätze den Inhalt der Oberfläche des Königssees ab. Nähere dazu die Oberfläche des Sees durch ein Rechteck an.

b) Schätze nun das Wasservolumen des Sees ab. Gehe hierbei auf der gesamten Länge des Sees von einem Dreiecksprofil aus mit der größten Tiefe von etwa 190 m.

c) Recherchiere den wahren Wert für das Wasservolumen und vergleiche.

näherungsweises Profil:

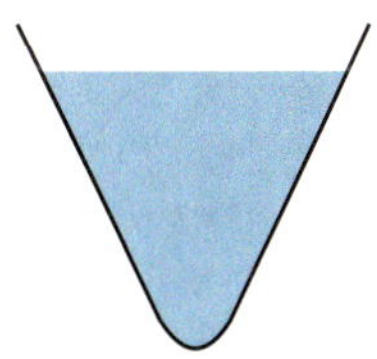

größte Tiefe: 190 m

1 : 200 000

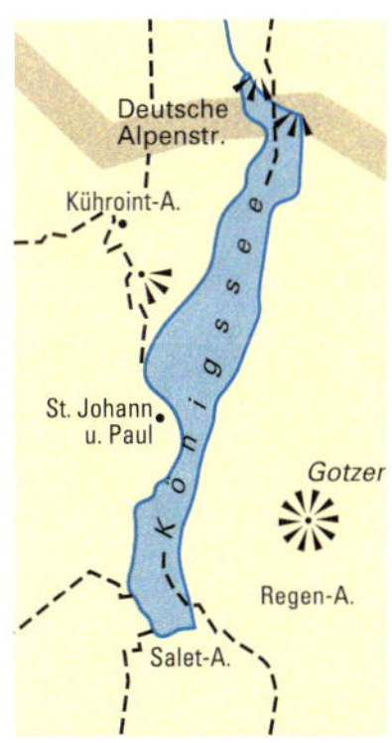

Thema:

Der SOMA-Würfel und andere Probleme

In den (3 × 3 × 3)-Würfeln in Fig. 1 fehlen Teilkörper.

Fig. 1

1 Ordne den Restwürfeln aus Fig. 1 die Körper 1 bis 7 (Fig. 2) so zu, dass wieder ein vollständiger Würfel entsteht.

Fig. 2

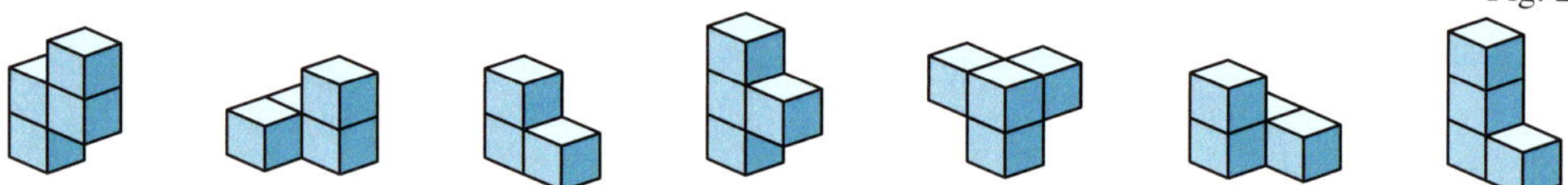

1 2 3 4 5 6 7

2 Zeichne von den Körpern 4 und 6 (Fig. 2) je ein Schrägbild in der Lage, wie er in den zugehörigen Restwürfel (Fig. 1) „hineingehört“.

Die Körper aus Fig. 2 sind genau die sieben Körper, die aus höchstens vier kleinen Würfeln bestehen und unregelmäßig (d. h. keine Quader) sind. Dies fiel auch dem dänischen Schriftsteller Piet Hein auf, von dem man sich folgende Anekdote erzählt:

Der Physiker Werner Heisenberg hielt eine Vorlesung über Quantenphysik. Unter den Hörern war auch der dänische Mathematiker und Schriftsteller Piet Hein. Heisenberg erläuterte, wie sich in der Quantenmechanik die Vorstellungen über den Raum verändern, und im Laufe der Erklärung demonstrierte er an der Tafel die Einteilung des Raumes in elementare Würfel. Das brachte Herrn Hein auf eine interessante geometrische Aufgabe. Was wäre, wenn man versuchte, aus jeweils nicht mehr als vier gleichen Würfeln alle möglichen Körper von unregelmäßiger Form zusammenzusetzen? Kann man all diese Körper wieder zu einem Würfel vereinen? Hein malte auf einer Ecke Papier Kombinationen von Würfeln und zu Hause experimentierte er mit Spielzeugwürfeln weiter.

Man erkennt sofort, dass die sieben Körper (Fig. 2) – auch als SOMA-Teile bezeichnet – aus genau 27 kleinen Würfeln aufgebaut sind. Und in der Tat, man kann wieder einen Würfel zusammensetzen. Piet Hein löste dieses Problem, der SOMA-Würfel war entstanden. Eine mögliche Lösung findet man in Fig. 3, wobei die Lage der Körper 1 bis 7 (Fig. 2) im Würfel dadurch deutlich wird, dass jeder kleine Würfel die Nummer seines Körpers erhält und der Würfel in drei Schichten zerlegt wird.

1. Schicht:

6	5	5
6	2	5
4	4	4

2. Schicht:

6	6	5
1	2	2
1	4	2

3. Schicht:

1	7	7
1	3	7
3	3	7

Fig. 3

3 Stelle die sieben SOMA-Teile her, indem du Spielwürfel mithilfe von doppelseitigem Klebeband gemäß Fig. 2 miteinander verbindest. Baue dann den SOMA-Würfel wie in Fig. 3 zusammen.

4 Suche nach weiteren Möglichkeiten, den Würfel zusammenzubauen. Dokumentiere dein Ergebnis wie in Fig. 3 auf Seite 148.

Wenn man einige Lösungen gefunden hat, stellt sich sehr schnell die Frage nach der Anzahl der verschiedenen Lösungen. Dieses Problem war längere Zeit offen. Man weiß heute, dass es genau 11 520 Möglichkeiten gibt, aus den sieben Teilen einen Würfel aufzubauen. Eine ganze Reihe dieser Möglichkeiten lassen sich durch Drehungen und Spiegelungen ineinander überführen. Wenn man solche Varianten ausschließen will, lässt sich zeigen, dass es genau 240 verschiedene Lösungen dieses Problems gibt.
Natürlich kann man die SOMA-Teile dazu nutzen, um auch andere Körper aufzubauen. Dabei müssen nicht immer alle Teile verwendet werden. Beispielsweise lässt sich aus genau vier Teilen das Prisma aus Fig. 1 herstellen.

Fig. 1

5 Baue das Prisma aus Fig. 1 aus vier Teilen zusammen. Dokumentiere das Ergebnis wie in Fig. 3 auf Seite 148.

6 Stelle ein Prisma aus genau zwei (drei) SOMA-Teilen zusammen. Zeichne ein Schrägbild des entstandenen Prismas.

Die in Fig. 2 abgebildeten Körper kann man aus allen sieben Teilen zusammensetzen. Dabei wird das Vorstellungsvermögen besonders geschult, wenn man die Körper nur „in Gedanken“ zusammenbaut. Ein Schichtenschema wie in Fig. 3 auf Seite 148 kann dabei eine Hilfe sein.

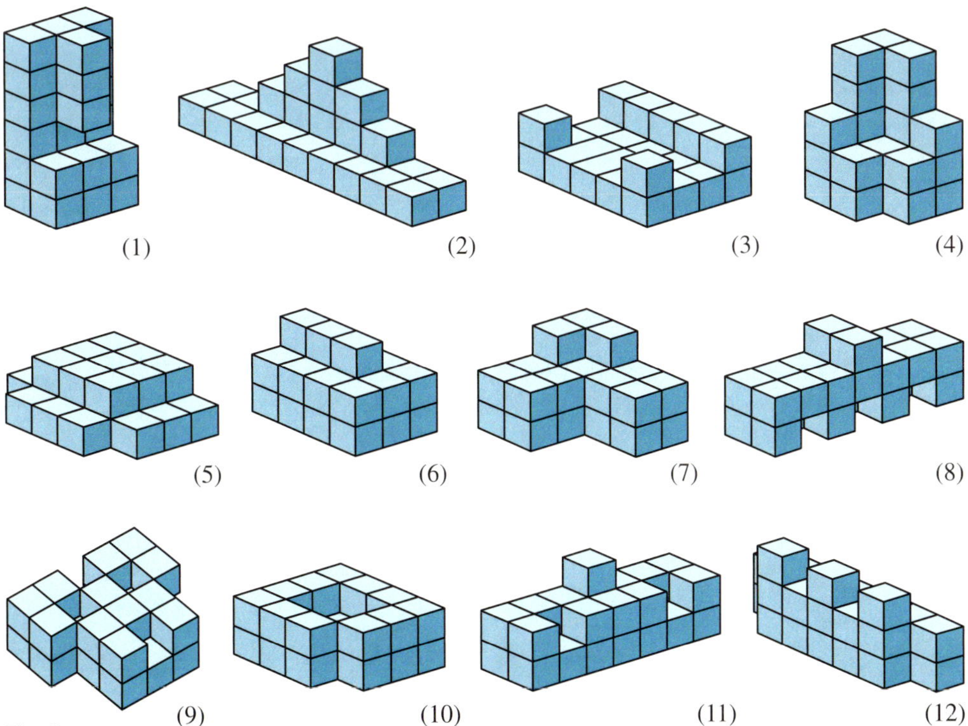

Fig. 2

Projekt:

Ein Kubikmeterwürfel entsteht

Damit ihr eine Vorstellung von den Größenverhältnissen zwischen Kubikmeter und Kubikdezimeter bekommt, könnt ihr selbst einen Kubikmeterwürfel, der aus Kubikdezimeterwürfeln zusammengesetzt ist, bauen. Das kann eine spannende Sache mit einem tollen Ergebnis sein. Ein solches Bauwerk lässt sich gut in einem interessanten und herausfordernden Projekt verwirklichen. Denkt allein daran, wie viele Dezimeterwürfel ihr dafür braucht. Bevor ihr jedoch ans Werk geht, müsst ihr im Vorfeld einige Punkte ganz genau planen.

Wer soll an dem Projekt beteiligt sein?
Wenn ihr das Projekt mit eurer Klasse alleine durchführen wollt, muss jeder Schüler eurer Klasse einige Kubikdezimeterwürfel basteln. Wie viele wohl? Vielleicht solltet ihr euer Projekt doch mit anderen Klassen zusammen durchführen – mit allen 6. Klassen oder auch noch mit den 5. Klassen?

Wie soll das Projekt finanziert werden?
Kalkuliert die Kosten, die auf euch zukommen, vorher genau durch und sucht nach finanzieller Unterstützung für euer Projekt.

Aus welchem Material wollt ihr die Dezimeterwürfel basteln?
Hier bietet sich wohl Papier an, aber ihr müsst entscheiden, wie fest es sein soll und welche Farbe es haben soll. Soll der große Würfel letztlich einfarbig oder kunterbunt werden? Erkundigt euch, wo ihr günstig Papier beschaffen könnt. Denkt daran, wie viel ihr davon benötigt. Wenn ihr ein wenig mogelt, reicht sogar ein DIN-A4-Papier für jeden Dezimeterwürfel.

Wie wollt ihr beim Basteln der kleinen Würfel vorgehen?
Überlegt euch, ob ihr fürs Basteln ein perfektes Netz vorgeben wollt oder ob ihr jedem Schüler das Basteln seiner Würfel ganz allein überlassen wollt.

Wie wollt ihr den Kubikmeterwürfel letztlich zusammensetzen?
Wenn ihr den Würfel beispielsweise aufhängen wollt, muss er wirklich stabil werden. Dafür ist es günstig zunächst ein Gerüst zu bauen, in das die kleinen Würfel dann hineingeordnet werden. Denkt daran, dass die Würfel auch seitlich gehalten werden müssen. Überlegt euch, wie fest besonders die Grundfläche, auf der schließlich alle Kubikdezimeterwürfel lasten, werden muss. Hierfür könnt ihr die Gesamtmasse des großen Würfels berechnen.

Wann und wo soll der Kubikmeterwürfel zusammengebaut werden?
Es ist sicher toll, wenn viele Schüler zusehen können, wie euer Kubikmeterwürfel entsteht. Vielleicht schafft ihr es in einer Pause.

Wo wollt ihr euer Werk ausstellen?
Findet ihr einen Platz, wo es alle Schüler bewundern können?

Viel Spaß beim Bau eures Würfels!

Lesetext:

V = a · b · c kann falsch sein!

Wird hier gemogelt **?**

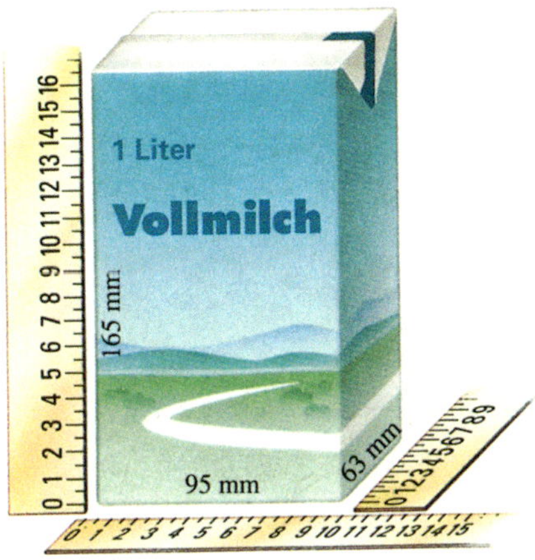

Wie viel Milch ist in dieser handelsüblichen Milchtüte?
Du wirst sagen: Natürlich 1 *l*, wie es auf der Packung steht.
Aber prüfen wir einmal nach. Wir messen an einer Milchtüte mit einem Lineal Länge, Breite und Höhe und berechnen ihren Rauminhalt.
Dabei erhalten wir folgende Werte: Länge 95 mm, Breite 63 mm und Höhe 165 mm.
Da die Verpackung quaderförmig ist, erhält man das Volumen zu
$95 \cdot 63 \cdot 165\,\text{mm}^3 = 987\,\text{cm}^3\ 525\,\text{mm}^3$.
Das ist weniger als 1 *l*.

In der Tat: Wenn du einmal die Packung vorsichtig aufmachst und nachschaust, wie hoch die Milch in der Tüte steht, wirst du staunen. Die Milch steht nämlich etwa 1 cm unter dem Rand. Also darf man für die Höhe nur den Wert 155 mm nehmen, und die Milchmenge beträgt nur noch

$$V = 95 \cdot 63 \cdot 155\,\text{mm}^3 = 927\,\text{cm}^3\ 675\,\text{mm}^3,$$

also mehr als $72\,\text{cm}^3$ weniger als 1 *l*.
Falls ihr zu Hause jeden Tag eine Tüte Milch braucht, ergibt das in der Woche einen Verlust von etwa 0,5 *l*.

Die Beamten der Gewerbeaufsichtsämter passen auf, dass die Milch richtig abgefüllt wird.

Was stimmt hier nicht? Haben wir falsch gemessen oder falsch gerechnet? Oder hat das Milchwerk gemogelt?
Wir schütten den Inhalt einer Milchtüte in einen Messbecher. Er wird bis zur Marke 1 *l* gefüllt. Also war 1 *l* Milch in der Tüte, und das Milchwerk hat sich nicht geirrt.
Damit muss an unseren Überlegungen, die auf ein kleineres Volumen geführt haben, etwas falsch sein.

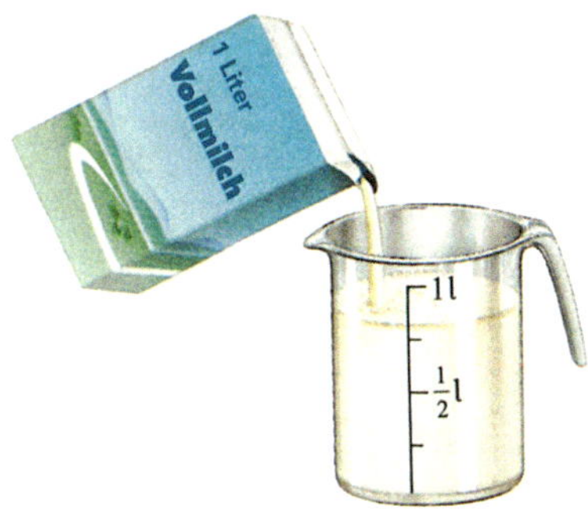

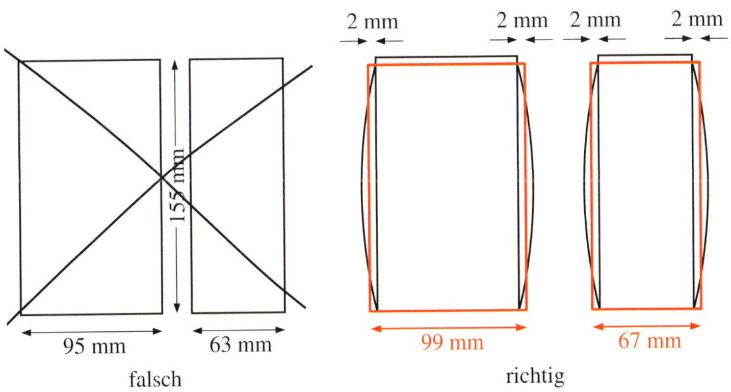

Hier ist die Lösung: Wenn wir seitlich an die Milchtüte ein Lineal halten, sehen wir, dass die Seitenflächen bauchig gewölbt sind. Die Milchtüte hat also gar nicht die Form eines Quaders, und wir können ihr Volumen nicht nach der Formel $V = a \cdot b \cdot c$ berechnen. Können die Wölbungen der Seitenflächen das Volumen so stark verändern? Ein Zahlenbeispiel zeigt es uns: Die Milch in der Tüte hat etwa das Volumen des gedachten roten Quaders:

$$V = 99 \cdot 67 \cdot 153\,\text{mm}^3$$
$$= 1014\,\text{cm}^3\ 849\,\text{mm}^3.$$

Rückblick

Volumen

Das Volumen gibt an, welchen Raum ein Körper einnimmt.
$V = 5\,cm^3$ bedeutet: Der Körper hat das fünffache Volumen eines Zentimeterwürfels.

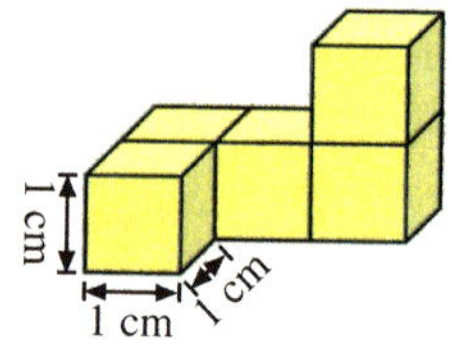

$V = 5\,cm^3$

Volumeneinheiten

Zur Volumenmessung verwenden wir Würfel mit den Kantenlängen
1 mm, 1 cm, 1 dm oder 1 m.
Sie haben die Volumina $1\,mm^3$, $1\,cm^3$, $1\,dm^3$ und $1\,m^3$.

Für Umrechnungen gilt:
$1\,m^3 = 1000\,dm^3$
$1\,dm^3 = 1000\,cm^3$
$1\,cm^3 = 1000\,mm^3$

$20\,000\,mm^3 = 20\,cm^3 = 0{,}020\,dm^3$

$215\,dm^3\ 50\,cm^3 = 215{,}050\,dm^3 = 215\,050\,cm^3 = 0{,}215\,050\,m^3$

Flüssigkeitsmengen werden oft in den Einheiten m*l*, *l* und h*l* gemessen.
Es gilt: $1\,l = 1\,dm^3$
$1\,hl = 100\,l$ und $1\,ml = \frac{1}{1000}\,l = 1\,cm^3$

$50\,hl = 5000\,l = 5000\,dm^3 = 5\,m^3$

$7200\,cm^3 = 7200\,ml = 7{,}2\,l$

Volumen des Quaders

Für Quader gilt:
$V = a \cdot b \cdot c$

Für Würfel gilt:
$V = a \cdot a \cdot a = a^3$

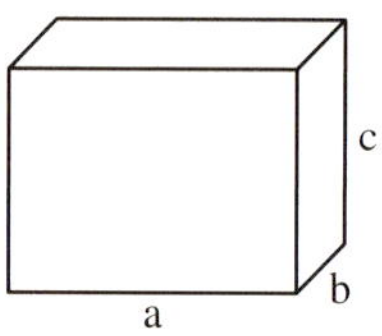

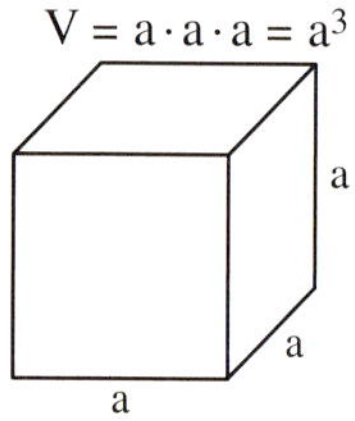

Volumen des Quaders gleich Länge mal Breite mal Höhe.
Man muss zunächst die Länge, die Breite und die Höhe des Quaders in der gleichen Einheit angeben.

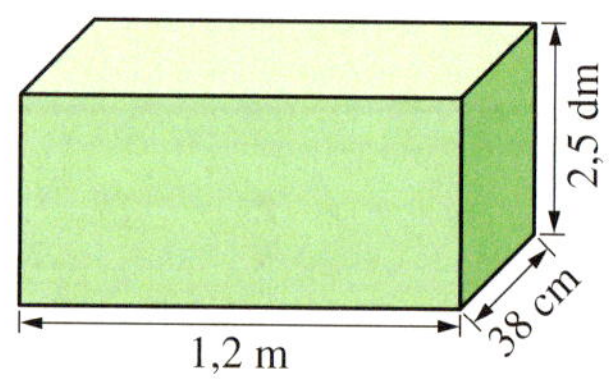

Volumen
$V = 1{,}2\,m \cdot 38\,cm \cdot 2{,}5\,dm$
$= 1{,}2\,m \cdot 0{,}38\,m \cdot 0{,}25\,m$
$= (1{,}2 \cdot 0{,}38 \cdot 0{,}25)\,m^3$
$= 0{,}114\,m^3 = 114\,dm^3$

Volumen verschiedener Körper

Das Volumen eines Körpers lässt sich rechnerisch bestimmen, indem das Volumen dieses Körpers auf das Volumen eines Quaders zurückgeführt wird. Z. B. indem
- der Körper in Quader zerlegt wird;
- der Körper geeignet zerlegt und neu zu einem Quader zusammengesetzt wird;
- der Körper durch Hinzufügen von Quadern zu einem Quader ergänzt wird.

Für Körper, deren Volumen sich nicht auf eine dieser Weisen bestimmen lässt, können wir es unter Verwendung von Quadern näherungsweise bestimmen.

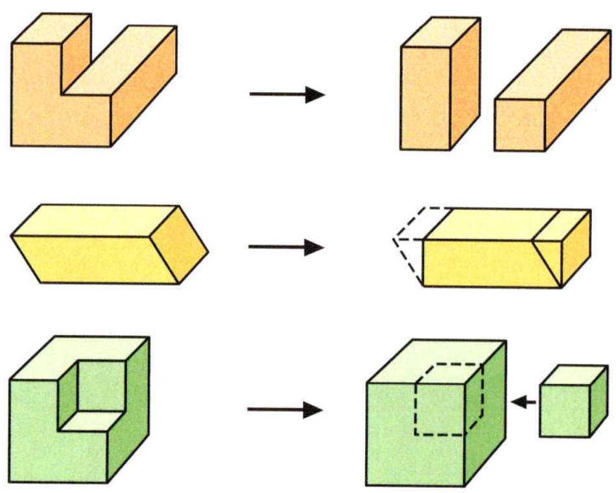

Aufgaben zum Üben und Wiederholen

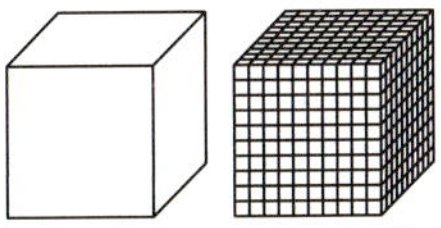

$1\,cm^3 = 1000\,mm^3$
$1\,l = 1\,dm^3$

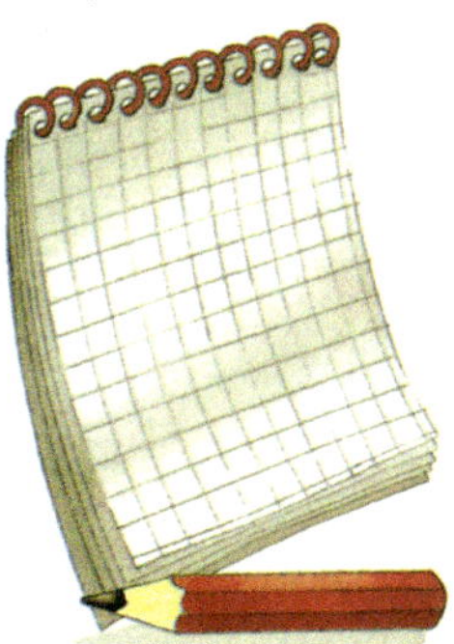

Häufig wird die folgende Angabe von Quadermaßen verwendet:
Länge × Breite × Höhe

Die Lösungen zu den Aufgaben dieser Seite findest du auf den Seiten 212 und 213.

1
Erfinde passende Textaufgaben und löse sie anschließend. Gib das Ergebnis in der größten vorkommenden Einheit an.

a) $\left(\frac{3}{4} \cdot 0{,}8\,m^3\right) : 15$ b) $\left(1{,}3\,ha \cdot \frac{1}{2}\,m\right) : 16\,m^3$

c) $8\,dm \cdot 36\,cm \cdot (5\,dm - 3\,cm)$

d) $375\,000\,l : \left(25\,m \cdot 6\frac{1}{4}\,m\right)$

e) $1{,}9\,hl - \left(120 \cdot 0{,}75\,l + 75 \cdot \frac{1}{2}\,l + 60 \cdot 1\,l\right)$

2
Das Sammelbecken einer Kläranlage ist 25 m lang, 20 m breit und 6,10 m tief. Da es schon bis zu $\frac{1}{2}$ m unter den oberen Rand gefüllt ist, wird $\frac{1}{4}$ der vorhandenen Flüssigkeit in ein anderes Becken umgefüllt.

a) Wie viele Tage dauert das, wenn man in einer Minute 200 *l* umfüllen kann?

b) Wie hoch steht das Wasser nach dem Umfüllen in dem Becken?

3
Aus einem Holzwürfel mit der Kantenlänge 6 cm werden von allen Seiten quadratische „Löcher" mit der Seitenlänge 3 cm herausgearbeitet.

a) Berechne das Volumen des „durchlöcherten" Würfel. Gib verschiedene Lösungswege an.

b) Berechne auch den Oberflächeninhalt dieses Körpers.

4
Ursel hat die Wahl zwischen drei Aquarien mit verschiedenen Innenmaßen:

50 cm × 30 cm × 30 cm
60 cm × 30 cm × 35 cm
60 cm × 40 cm × 35 cm

a) Wie viel *l* fasst jedes Aquarium, wenn es bis 4 cm unter den Rand gefüllt wird?

b) Ursel besitzt 12 Fische, die jeweils mindestens 5 *l* Wasser benötigen. Wie hoch steht das Wasser in den Aquarien, wenn sie gerade ausreichend Wasser einfüllt?

c) Die Aquarien bestehen aus 5 mm starken Glas. Überschlage die Masse der leeren und der bis zum Rand gefüllten Aquarien, wenn $1\,cm^3$ Glas 2,6 g und 1 *l* Wasser 1 kg wiegt. Beschreibe, wie du bei einer exakten Berechnung vorgehen würdest.

5
a) Ein Quader mit quadratischer Grundfläche hat ein Volumen von $28{,}8\,dm^3$ und die Seitenlänge der Grundfläche beträgt 2,4 dm. Berechne die Höhe des Quaders und seinen Oberflächeninhalt.

b) Ein Quader mit der Länge 7,5 cm, der Breite 5 cm und einem Volumen von $112{,}5\,cm^3$ hat die gleiche Oberfläche wie ein Würfel. Bestimme das Volumen des Würfels.

c) Ein Quader ist doppelt so lang wie breit. Seine Höhe ist 5 m und sein Volumen beträgt $14{,}4\,m^3$.
Wie lang und wie breit ist der Quader?

6
a) Die Figuren zeigen die Grundfläche von Betonsteinen mit der Höhe 8 cm. Berechne das Volumen der Betonsteine.

b) $1\,dm^3$ Betonstein wiegt ungefähr 2,6 kg. Wie viel wiegt jeweils ein Stein?

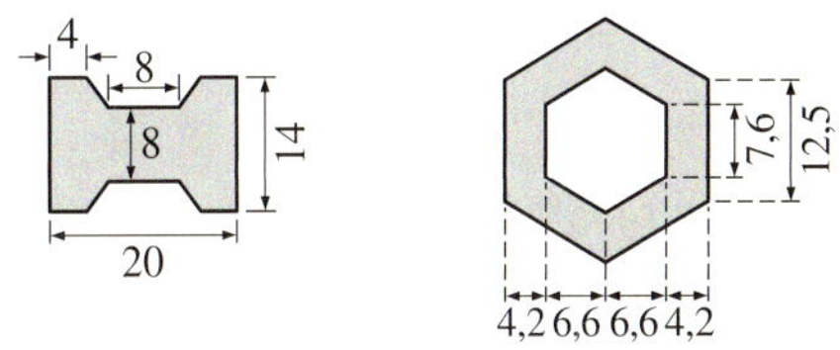

7
Holger soll beim Gärtner sieben Blumentröge und Erde, um diese zu bepflanzen, kaufen.

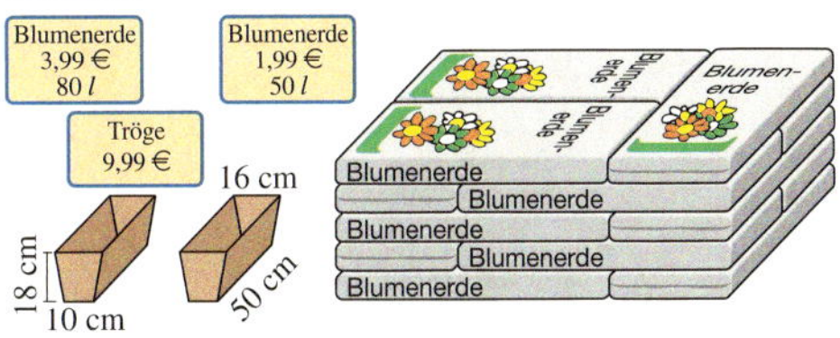

a) Wie viel Erde benötigt er etwa, wenn er die Tröge bis 3 cm unter den Rand mit Erde füllen möchte? Zeichne hierzu die Grundfläche der Tröge in geeignetem Maßstab ab.

b) Leider sind die noch vorhandenen Säcke mit Blumenerde nicht beschriftet. Handelt es sich um die 50-*l*-Säcke im Angebot oder um die 80-*l*-Säcke zum regulären Preis? Schätze ab.

c) Wie viel muss er insgesamt ausgeben?

1 Die Menge der rationalen Zahlen

1

Beginne mit der Startzahl 1 und gehe von links oben nach rechts unten bis zum Ziel. Gibt es einen Weg durch das Labyrinth, auf dem alle Zwischenergebnisse natürliche Zahlen sind?

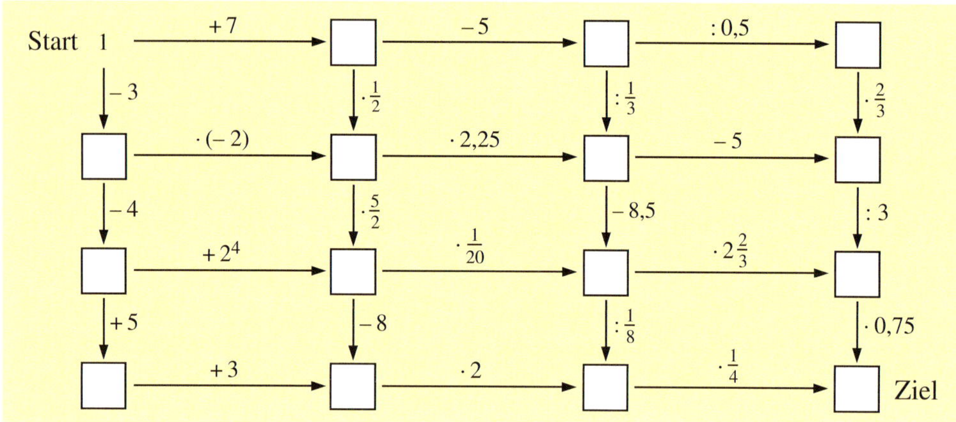

$2-3 \notin \mathbb{N}$
$2:(-3) \notin \mathbb{Z}$

In der Menge $\mathbb{N}$ der natürlichen Zahlen und der Menge $\mathbb{Z}$ der ganzen Zahlen gibt es Einschränkungen für die Subtraktion bzw. Division. Die Einschränkung bei der Subtraktion natürlicher Zahlen wird mit der Einführung ganzer Zahlen behoben. Die Einschränkung bei der Division ganzer Zahlen wird mit der Einführung rationaler Zahlen behoben.

$\mathbb{N}$	$\mathbb{Z}$	$\mathbb{Q}$
Die Subtraktion ist nur ausführbar, wenn gilt: Minuend > Subtrahend.	Die Subtraktion ist stets ausführbar.	Die Subtraktion ist stets ausführbar.
Die Division ist nur ausführbar, wenn der Dividend ein Vielfaches des Divisors ist.	Die Division ist nur ausführbar, wenn der Dividend ein ganzzahliges Vielfaches des Divisors ist. Der Divisor darf nicht null sein.	Die Division ist stets ausführbar, wobei der Divisor nicht 0 sein darf.

Die Division durch null ist auch in $\mathbb{Q}$ nicht erlaubt.

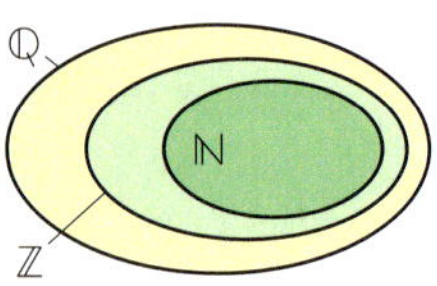

$\mathbb{N}$: Menge der natürlichen Zahlen (dazu gehören z. B.: 1; 2; 3; …)
$\mathbb{Z}$: Menge der ganzen Zahlen (dazu gehören z. B.: …; −3; −2; −1; 0; +1; +2; …)
$\mathbb{Q}$: Menge der rationalen Zahlen (dazu gehören z. B.: −3; $-2\frac{1}{2}$; −0,5; 0; $\frac{1}{2}$; 1,5; 4)

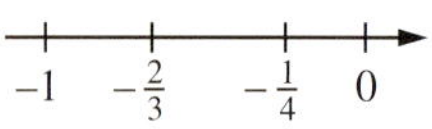

$-\frac{2}{3} < -\frac{1}{4}$

Zur Erinnerung: *<; >*
Die Spitze zeigt immer auf die kleinere Zahl.

Für die Anordnung der rationalen Zahlen gilt ebenso wie bei den ganzen Zahlen: Von zwei rationalen Zahlen a und b ist diejenige größer, die auf der Zahlengeraden weiter rechts liegt.

Beachte: Jede negative Zahl ist kleiner als null und kleiner als jede positive Zahl.

Rationale Zahlen haben unterschiedliche Darstellungsformen, z. B.: $\frac{1}{4} = 0{,}25 = 25\,\%$ oder $-\frac{1}{3} = -0{,}\overline{3}$. Beim Größenvergleich rationaler Zahlen und beim Rechnen mit diesen Zahlen kann die geschickt gewählte Darstellungsform das Vorgehen erleichtern (siehe Beispiel 3).

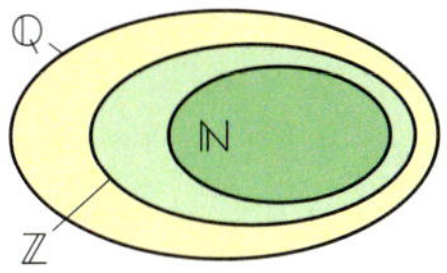

Zur Erinnerung:
Der Abstand einer Zahl a von der Zahl 0 heißt Betrag von a.
$|-2| = |2| = 2$

Sind zwei Zahlen negativ, so hat die kleinere den größeren Betrag.

Beispiel 1

Zu welcher Zahlenmenge gehören die folgenden Zahlen: -2; $\frac{1}{3}$; 25 %; $\frac{8}{2}$; $-3{,}2$; $-\frac{6}{2}$?

Lösung:

$-2 \in \mathbb{Z}$; $\frac{1}{3} \in \mathbb{Q}$; $25\,\% \in \mathbb{Q}$; $\frac{8}{2} \in \mathbb{N}$; $-3{,}2 \in \mathbb{Q}$; $-\frac{6}{2} \in \mathbb{Z}$.

Beispiel 2

Welche der beiden Zahlen ist jeweils die kleinere:

a) $+\frac{151}{256}$ oder $-\frac{97}{178}$ b) $-\frac{7}{12}$ oder $-\frac{5}{9}$ c) 0,7 oder $\frac{2}{3}$?

Lösung:

a) $-\frac{97}{178} < +\frac{151}{256}$, da jede negative Zahl kleiner ist als eine positive Zahl.

b) Zunächst werden die Beträge der beiden Brüche verglichen.
Es ist $\frac{7}{12} = \frac{21}{36}$ und $\frac{5}{9} = \frac{20}{36}$, also gilt:
$\frac{20}{36} < \frac{21}{36}$ und somit $\frac{5}{9} < \frac{7}{12}$.
Für die Gegenzahlen folgt somit:
$-\frac{7}{12} < -\frac{5}{9}$.
Eine Skizze kann zur Veranschaulichung hilfreich sein:

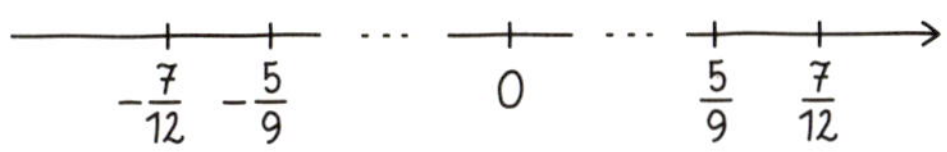

c) 1. Möglichkeit
(Vergleich von Brüchen):
0,7 wird als Bruch $\frac{7}{10}$ dargestellt und dann ein gemeinsamer Nenner der beiden Brüche $\frac{7}{10}$ und $\frac{2}{3}$ gesucht:
$\frac{7}{10} = \frac{21}{30}$ und $\frac{2}{3} = \frac{20}{30}$.
Da $\frac{20}{30} < \frac{21}{30}$ folgt: $\frac{2}{3} < 0{,}7$.
2. Möglichkeit
(Vergleich von Dezimalbrüchen):
Der Bruch $\frac{2}{3}$ wird in einen Dezimalbruch umgewandelt: $\frac{2}{3} = 0{,}6\ldots$.
Für den Vergleich der beiden rationalen Zahlen kann die Dezimalbruchwandlung nach der ersten Stelle abgebrochen werden, da bereits jetzt offensichtlich ist, dass 0,6 … kleiner als 0,7 ist.
Also folgt: $\frac{2}{3} < 0{,}7$

Beispiel 3

Berechne jeweils möglichst geschickt:

a) $0{,}734 + \frac{1}{2}$ b) $\frac{7}{16} + \frac{1}{4}$ c) $0{,}5 + \frac{1}{3}$

Lösung:

a) Dezimalbrüche verwenden, da $\frac{1}{2}$ leicht in einen Dezimalbruch verwandelt wird.
$0{,}734 + 0{,}5 = 1{,}234$

b) Bruchdarstellung verwenden, da gemeinsame Nenner sofort ersichtlich sind.
$\frac{7}{16} + \frac{1}{4} = \frac{7}{16} + \frac{4}{16} = \frac{11}{16}$

c) Bruchdarstellung nötig, da $\frac{1}{3}$ nicht in endlichen Dezimalbruch umwandelbar ist.
$0{,}5 + \frac{1}{3} = \frac{3}{6} + \frac{2}{6} = \frac{5}{6}$

Aufgaben

2

Ordne die folgenden Zahlen nach ihrer Größe; beginne mit der kleinsten Zahl.

a) -23; 5; $-8\frac{1}{2}$; -32; 0; $-\frac{15}{2}$

b) $-\frac{4}{9}$; $-\frac{5}{11}$; $-\frac{1}{2}$

c) $-\frac{1}{2}$; $-\frac{3}{7}$; $-\frac{7}{3}$; -1

d) $-\frac{2}{3}$; $+\frac{5}{6}$; $-\frac{7}{12}$; $-0{,}5$; $-0{,}7$; $-\frac{3}{4}$; $+0{,}6$

e) $-\frac{1}{2}$; -2; $\left(-\frac{1}{2}\right)^2$; $(-2)^2$; $\frac{1}{2}$; 2

f) $0{,}\overline{3}$; $\frac{3}{10}$; $-0{,}\overline{33}$; 30 %; -33 %

3

Berechne möglichst geschickt.

a) $0{,}36 - \frac{1}{4}$ b) $\frac{2}{3} + 0{,}75$ c) $\frac{1}{4} + \frac{5}{6}$

d) $31\,\% - \frac{3}{4}$ e) $0{,}75 \cdot \frac{4}{5}$ f) $1{,}75 \cdot \frac{3}{7} - 0{,}7$

g) $0{,}8 : \frac{2}{3}$ h) $60\,\% \cdot 4{,}3$ i) $0{,}8 - 0{,}5 \cdot \frac{1}{3}$

4

Welche der folgenden Zahlen sind natürliche Zahlen, welche ganze Zahlen und welche sind rationale Zahlen?

$-1{,}4$; $\frac{8}{4}$; -3; 4; $-\frac{1}{3}$; 0; $-\frac{2}{1}$; 7,0; 25 %

5

Trage die Zahlen in eine Zahlengerade ein. Wähle eine passende Einheit.

a) -3; $+5$; $-2{,}3$; $-1\frac{1}{2}$; $+2{,}5$

b) $0{,}8$; $-\frac{5}{2}$; $-0{,}7$; $\frac{7}{4}$; $-4\frac{2}{5}$; $\frac{1}{3}$

6

Notiere jeweils erst die nächstkleinere ganze Zahl, dann die nächstgrößere ganze Zahl.

a) $-8{,}4$ b) $-\frac{23}{4}$ c) $-100{,}2$

d) 17 % e) $-\frac{1}{3}$ f) $-1009{,}5$

7

Gib mit dem Kleinerzeichen an, welche Zahl kleiner ist.

a) $-\frac{9}{13}$; $\frac{11}{17}$ b) $-\frac{5}{18}$; $-\frac{7}{24}$

c) $-\frac{7}{12}$; $-0{,}5625$ d) $-3\frac{7}{8}$; $-3{,}8$

8

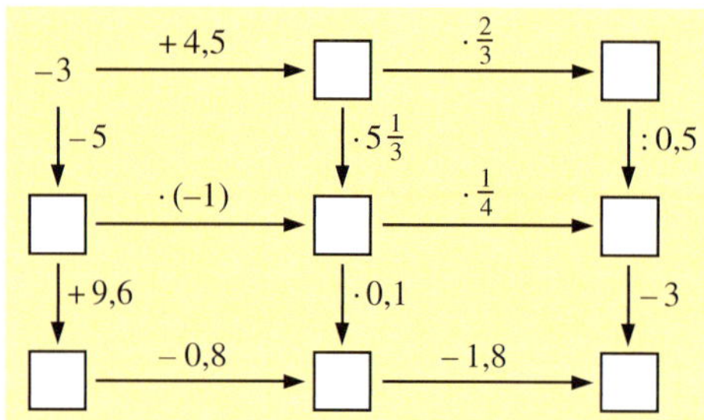

a) Suche einen Weg durch das Labyrinth auf dem alle Zwischenergebnisse ganze Zahlen sind.

b) Erstelle zu der unten abgebildeten Figur ein Labyrinth für eine von dir selbst gewählte Startzahl, die aus der Menge der ganzen Zahlen ist. Die Zielzahl soll eine ganze Zahl sein. An den Pfeilen sollen keine natürlichen Zahlen stehen.

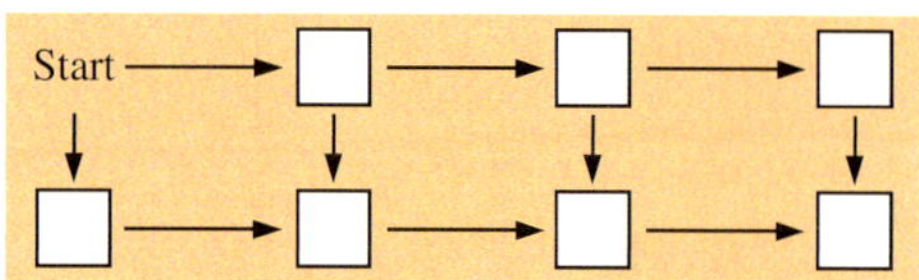

9

Gib 3 verschiedene Zahlen an, die zwischen $-\frac{2}{3}$ und $-0{,}5$ liegen.

10

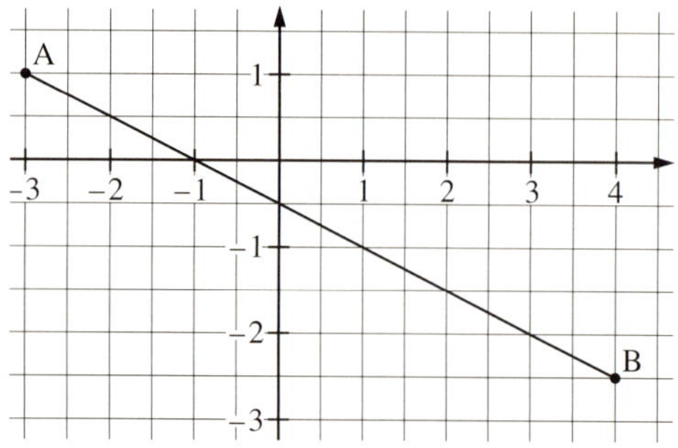

a) Welche Koordinaten hat der Mittelpunkt P der Strecke [AB]?

b) Wie kann man die Koordinaten von P mithilfe der Koordinaten von A und B ermitteln?

c) Beschreibe mit Worten, wie sich die Koordinaten eines Punktes ändern, der auf der Strecke [AB] von A nach B wandert.

11

a) In welchen Fällen ist eine rationale Zahl größer als ihre Gegenzahl, in welchen Fällen ist sie kleiner als ihre Gegenzahl?

b) Gibt es eine Zahl, die gleich ihrer Gegenzahl ist?

G12

Gegeben sind die Punkte $A(1|3)$, $B(-4|-1)$ und $C(0|-3)$.

a) Bestimme Umfang und Flächeninhalt des Dreiecks ABC möglichst genau.

b) Zeichne einen Kreis mit dem Ursprung O mit Radius $\overline{OA}$. Liegen die Punkte B und C innerhalb oder außerhalb des Kreises?

c) Spiegele das Dreieck ABC an der y-Achse. Vergleiche die Koordinaten der Eckpunkte des entstandenen Dreiecks mit denen des Ausgangsdreiecks.

d) Spiegele das Dreieck ABC an der x-Achse. Vergleiche die Koordinaten der Eckpunkte des entstandenen Dreiecks mit denen des Ausgangsdreiecks.

G13

Schätze, aber rechne nicht.

a) $3\frac{21}{29} + \frac{39}{82}\cdot\frac{267}{401}$ b) $56:68\cdot\left(2\frac{3}{7}\right)^2\cdot\frac{28}{51}$

c) $\left(8\frac{1}{2} - 1\frac{5}{8} - 3\frac{11}{12}\right)\cdot\left(6 - 3\frac{3}{5}\right)$

2 Rechnen mit rationalen Zahlen

1
Die höchste je in Deutschland gemessene Temperatur betrug 40,2 °C. Die Rekordtemperatur wurde am 27. Juli 1983 in der Oberpfalz und am 13. August 2003 in Karlsruhe gemessen. Die tiefste Temperatur, die bisher in Deutschland gemessen wurde, lag bei –37,8 °C und wurde am 12. Februar 1929 im Landkreis Pfaffenhofen gemessen.

a) Wie groß ist der Temperaturunterschied?

b) Die Tiefsttemperatur wurde nachts um 2.30 Uhr gemessen. Am Mittag des gleichen Tages um 12.00 Uhr betrug die Temperatur –20 °C. Bestimme die durchschnittliche Erhöhung der Temperatur pro Stunde.

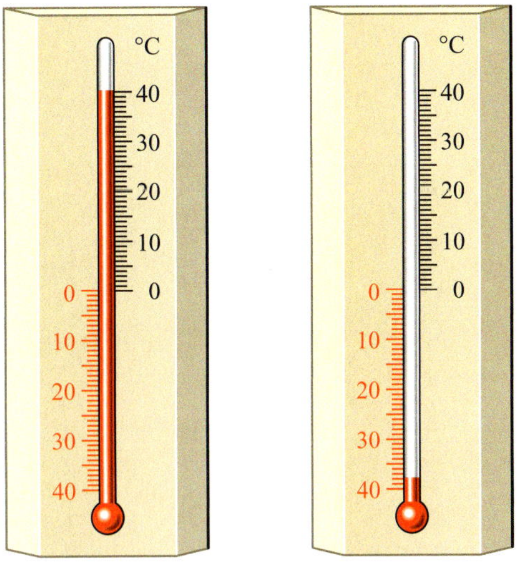

Bisher hatten wir das Rechnen mit Bruchzahlen im Wesentlichen auf positive Bruchzahlen beschränkt. Diese Einschränkung kann jedoch aufgehoben werden, da für das Rechnen mit rationalen Zahlen die gleichen Rechenregeln gelten, wie für das Rechnen mit ganzen Zahlen.

Für das **Addieren** zweier rationaler Zahlen gilt:

Gleiche Vorzeichen:
1. Addiere die Beträge.
2. Gib der Summe das gemeinsame Vorzeichen der Summanden.

Verschiedene Vorzeichen:
1. Subtrahiere den kleineren Betrag vom größeren Betrag.
2. Gib der Differenz das Vorzeichen des Summanden mit dem größeren Betrag.

Beispiel 1
Berechne a) $(-0{,}45) + (-1{,}9)$

b) $(+0{,}45) + (-1{,}9)$

Lösung:

a) Gleiche Vorzeichen
1. Schritt: $0{,}45 + 1{,}9 = 2{,}35$
2. Schritt: Gemeinsames Vorzeichen „–“
Ergebnis: $(-0{,}45) + (-1{,}9) = -2{,}35$

b) Ungleiche Vorzeichen
$1{,}9 - 0{,}45 = 1{,}45$
$-1{,}9$ hat den größeren Betrag, also „–“
$(+0{,}45) + (-1{,}9) = -1{,}45$

Für das **Subtrahieren** rationaler Zahlen gilt:
Subtrahieren einer rationalen Zahl bedeutet dasselbe wie **Addieren ihrer Gegenzahl**.

Beispiel 2
Berechne: a) $(-0{,}45) - (+1{,}9)$ b) $0{,}45 - (-1{,}9)$

Lösung:

a) $(-0{,}45) - (+1{,}9) = (-0{,}45) + (-1{,}9) = -2{,}35$

b) $0{,}45 - (-1{,}9) = 0{,}45 + (+1{,}9) = 2{,}35$

$+ \cdot + = +$
$- \cdot - = +$
$+ \cdot - = -$
$- \cdot + = -$

Für das **Multiplizieren** zweier rationaler Zahlen gilt:
1. Multipliziere die Beträge.
2. Bei **gleichen** Vorzeichen gib dem Produkt das Vorzeichen +, bei **verschiedenen** Vorzeichen gib dem Produkt das Vorzeichen –.

Ferner gilt für alle rationalen Zahlen a: $a \cdot 0 = 0 \cdot a = 0$

Beispiel 3

Berechne. a) $\left(-\frac{5}{6}\right) \cdot \left(-\frac{3}{5}\right)$ b) $\left(-\frac{2}{3}\right) \cdot 0{,}25$

Lösung:

a)
1. Schritt: Produkt der Beträge
$\frac{5}{6} \cdot \frac{3}{5} = \frac{1}{2}$
2. Schritt: Gleiche Vorzeichen
Ergebnis: $\left(-\frac{5}{6}\right) \cdot \left(-\frac{3}{5}\right) = +\frac{1}{2}$

b)
Produkt der Beträge
$\frac{2}{3} \cdot 0{,}25 = \frac{2}{3} \cdot \frac{1}{4} = \frac{1}{6}$
Ungleiche Vorzeichen
$\left(-\frac{2}{3}\right) \cdot 0{,}25 = -\frac{1}{6}$

$+ : + = +$
$- : - = +$
$+ : - = -$
$- : + = -$

Für das **Dividieren** zweier rationaler Zahlen ($\neq 0$) gilt:
1. Dividiere die Beträge.
2. Bei **gleichen** Vorzeichen gib dem Quotienten das Vorzeichen +, bei **verschiedenen** Vorzeichen gib dem Quotienten das Vorzeichen –.

Bei positiven Zahlen ist $(+3):(+4) = \frac{+3}{+4} = +\frac{3}{4}$.

Da der Wert des Quotienten $(-3):(+4)$ negativ ist, gilt: $(-3):(+4) = \frac{-3}{+4} = -\frac{3}{4}$.

Entsprechend kann man schreiben: $(+5):(-2) = \frac{+5}{-2} = -\frac{5}{2}$ und $(-7):(-8) = \frac{-7}{-8} = +\frac{7}{8}$.

Zur Erinnerung:
Zum Bruch $\frac{a}{b}$ ist $\frac{b}{a}$ der Kehrbruch

Die Division durch einen Bruch erfolgt durch die Multiplikation mit seinem Kehrbruch. Da jede rationale Zahl als Bruch dargestellt werden kann, lässt sich jede Division auch als Multiplikation schreiben, indem man den Dividenden mit dem Kehrbruch des Divisors multipliziert.

Statt des Begriffs Kehrbruch wird auch der Begriff der Kehrzahl verwendet. Er macht deutlich, dass beispielsweise auch von der Zahl 1,2 eine Kehrzahl, nämlich $\frac{1}{1{,}2} = \frac{1}{\frac{6}{5}} = \frac{5}{6}$, gebildet werden kann.

Für das Rechnen mit der Null gilt wie bei den ganzen Zahlen:
$0 : a = 0$ für alle von 0 verschiedenen rationalen Zahlen a.
$a : 0$ kann nicht berechnet werden.

Beispiel 4

Berechne a) $\left(-\frac{5}{6}\right) : \left(-\frac{3}{5}\right)$ b) $\left(-\frac{2}{3}\right) : 0{,}25$

Lösung:

a)
1. Schritt: Quotient der Beträge
$\frac{5}{6} : \frac{3}{5} = \frac{5}{6} \cdot \frac{5}{3} = \frac{25}{18}$
2. Schritt: Gleiche Vorzeichen
Ergebnis: $\left(-\frac{5}{6}\right) : \left(-\frac{3}{5}\right) = +\frac{25}{18}$

b)
Quotient der Beträge
$\frac{2}{3} : 0{,}25 = \frac{2}{3} \cdot \frac{1}{0{,}25} = \frac{2}{3} \cdot \frac{1}{\frac{1}{4}} = \frac{2}{3} \cdot \frac{4}{1} = \frac{8}{3}$
Ungleiche Vorzeichen
$\left(-\frac{2}{3}\right) : 0{,}25 = -\frac{8}{3}$

Aufgaben

Zur Erinnerung:
$(-3)^2 = (-3)\cdot(-3) = +9$,
aber
$-3^2 = -(3\cdot 3) = -9$

Lösungssalat zu 4 g–p:

Bei einem multiplikativen magischen Quadrat sind die Produkte der Zeilen bzw. Spalten gleich:

–1	2	3
3	1	–2
2	–3	1

magische Zahl: –6

2

Berechne im Kopf. Überlege jeweils zuerst, ob das Ergebnis positiv oder negativ ist.

a) $(+5) - (+7)$ b) $(-5)\cdot(-6)$
c) $(+4) - (-12)$ d) $(-27):(+9)$
e) $(+0{,}5) + (-3)$ f) $(-20)\cdot(+0{,}2)$
g) $(+1{,}5):(-10)$ h) $(-1{,}8) + (-0{,}7)$
i) $0{,}02 - 0{,}2$ j) $-0{,}3:0{,}1$
k) $-0{,}25 + 0{,}3$ l) $(-2)^3$
m) $14 - 140$ n) $-2{,}1 + \frac{1}{2}$
o) $-\frac{3}{4}\cdot\frac{1}{3}$ p) $\frac{3}{2}:\left(-\frac{2}{3}\right)$

3

a) Welche Zahl muss man zu $(-1{,}08)$ addieren, um 0 zu erhalten?
b) Welche Zahl muss man von $(-1{,}08)$ subtrahieren, um 0 zu erhalten?
c) Mit welcher Zahl muss man $-2\frac{1}{4}$ multiplizieren, um +1 zu erhalten?
d) Durch welche Zahl muss man $-2\frac{1}{4}$ dividieren, um +1 zu erhalten?
e) Welche Zahl muss man durch $-\frac{5}{8}$ dividieren, um –1 zu erhalten?
f) Durch welche Zahl muss man $-\frac{5}{8}$ dividieren, um –1 zu erhalten?

4

Berechne.

a) $(-19{,}3) + (-7{,}1)$ b) $-17{,}7 - 43{,}6$
c) $4{,}8:(-1{,}6)$ d) $(-1{,}8)\cdot(-0{,}6)$
e) $47{,}11 - 68{,}09$ f) $(-0{,}03)^2$
g) $9{,}6 - (-9{,}6)$ h) $-0{,}9^2$
i) $\left(+\frac{3}{4}\right) + \left(-\frac{4}{5}\right)$ j) $-\frac{5}{6}:(-5)$
k) $-2\frac{1}{2}\cdot 0{,}8$ l) $7\frac{1}{3} - 8\frac{1}{5}$
m) $-4{,}9:1\frac{2}{5}$ n) $-8\frac{1}{10} + 9{,}04$
o) $-1{,}09\cdot(-0{,}1)$ p) $-5\frac{2}{3} + 5{,}8$

5

Versuche die folgenden multiplikativen magischen Quadrate zu vervollständigen. Entscheide jeweils zuerst, ob die magische Zahl positiv oder negativ ist.

a)

0,1		
0,2	$\frac{1}{10}$	–100
	$\frac{1}{5}$	

b)

$\frac{1}{2}$	–1	
–1,5		$-\frac{3}{3}$
	$-\frac{3}{2}$	50 %

6

Familie Merz hat 2378,20 € auf dem Konto. Die Fahrkarten für die Urlaubsreise kosten 768,30 €, für Unterkunft und Verpflegung muss sie 1480 € bezahlen. Unterwegs hebt Frau Merz zweimal je 450 € vom Konto ab. Wie hoch ist ihr Guthaben jetzt bei der Bank?

7

Berechne im Kopf.

a) $-1{,}4 - 0{,}08$ b) $(-0{,}3)^2$
c) $-3{,}2 + 2{,}3$ d) $300\cdot(-0{,}01)$
e) $-\frac{1}{3} + \frac{1}{6}$ f) $0{,}5\cdot\left(-\frac{1}{2}\right)$
g) $0{,}5:\left(-\frac{1}{2}\right)$ h) $-\frac{5}{6} + \left(-\frac{1}{4}\right)$
i) $-\frac{1}{3} + 1{,}5$ j) $-1{,}1 + \frac{1}{100}$
k) $-4{,}2\cdot 0\cdot\left(-\frac{3}{7}\right)$ l) $(-0{,}1)^2\cdot\frac{1}{4}$

8

Kürze soweit wie möglich.

a) $\frac{6}{-9}$ b) $\frac{-16}{60}$ c) $\frac{-45}{-81}$ d) $\frac{-108}{153}$
e) $\frac{25}{-90}$ f) $\frac{-91}{140}$ g) $\frac{-600}{-625}$ h) $\frac{39}{-52}$

9

An einem Märztag beträgt die Mittagstemperatur
in Timbuktu (Afrika) 29,5 °C,
in Tobolsk (Sibirien) –18 °C.
Nachts sinkt die Temperatur in Timbuktu auf 14 °C, in Tobolsk auf –26,5 °C.

a) Berechne für beide Orte den Temperaturunterschied zwischen Tag und Nacht.
b) Wie groß ist der Unterschied der Mittagstemperaturen (Nachttemperaturen)?

10

Wo liegt jeweils der Fehler?

a) $-0{,}5 + 0{,}3 = -0{,}8$ b) $(-0{,}2)^2 = -\frac{4}{100}$
c) $\frac{-1}{4} + \frac{2}{3} = \frac{1}{12}$ d) $-\left(\frac{1}{2}\right)^2 = 0{,}25$
e) $(-1):(0{,}01) = -10$ f) $1{,}8:(-0{,}6) = -0{,}3$

Zur Erinnerung:
$-(-3) = +3$

11

Berechne.

a) $78{,}23 + (-116{,}3)$
b) $2\frac{1}{2}:(-0{,}3)$
c) $-\frac{17}{49}+\frac{8}{21}-\frac{8}{21}$
d) $0:(-0{,}2)^4$
e) $1+\left(-\frac{1}{4}-\frac{5}{6}\right)$
f) $-1\frac{7}{12}:0{,}7\cdot 0{,}7$
g) $-\frac{1}{6}-\left(\frac{1}{2}-\frac{1}{3}\right)$
h) $(-0{,}2):(-0{,}025)$
i) $-\left(\frac{5}{12}-\frac{3}{4}\right)+\frac{2}{3}$
j) $0{,}5-\left(1\frac{1}{4}-2\frac{1}{3}\right)$
k) $\left(\frac{-9}{28}+\frac{7}{66}\right)\cdot 0$
l) $-1+\left(0{,}6-\frac{3}{4}\right)$

Zur Erinnerung:
4 hat als Gegenzahl -4
4 hat als Kehrzahl $\frac{1}{4}$
-4 hat als Kehrzahl $-\frac{1}{4}$

12

Vereinfache die Doppelbrüche.

a) $\dfrac{\frac{-3}{8}}{\frac{1}{-2}}$
b) $\dfrac{-\frac{5}{9}}{\frac{10}{-9}}$
c) $\dfrac{-15}{\frac{3}{-4}}$
d) $\dfrac{\frac{-8}{21}}{\frac{-72}{49}}$
e) $\dfrac{\frac{-3}{-8}}{-6}$
f) $\dfrac{-1\frac{1}{15}}{-1\frac{3}{5}}$

13

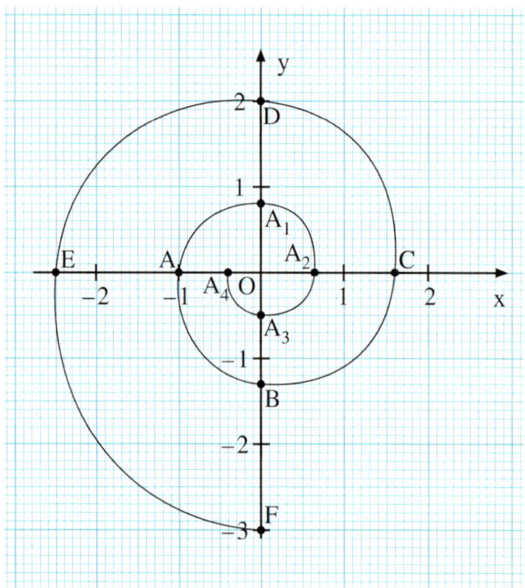

Die „Schnecke" beginnt bei $A(-1\,|\,0)$ und windet sich um den Ursprung O. Der Punkt B hat von O den Abstand $\frac{5}{4}$, C hat von O den Abstand $\frac{5}{4}\cdot\frac{5}{4}$, D den Abstand $\frac{5}{4}\cdot\frac{5}{4}\cdot\frac{5}{4}$ usw.

a) Bestimme die Koordinaten der Punkte B, C, D, E, F, G und H.
b) Die Schnecke wird nach innen fortgesetzt. Sie schneidet dann die y-Achse in A_1, die x-Achse in A_2 usw. Berechne die Koordinaten von A_1, A_2, A_3 und A_4.

14

Welche der folgenden Behauptungen sind richtig, welche falsch? (Begründe deine Aussagen.)

a) Die Summe aus einer rationalen Zahl und ihrer Gegenzahl ist immer 0.
b) Die Differenz aus einer rationalen Zahl und ihrer Gegenzahl ist immer positiv.
c) Das Produkt aus einer rationalen Zahl und ihrer Kehrzahl ist immer 1.
d) Der Quotient aus einer rationalen Zahl und ihrer Kehrzahl ist immer (-1).
e) Das Produkt aus einer rationalen Zahl und ihrer Gegenzahl ist immer 1.
f) Der Quotient aus einer rationalen Zahl und ihrer Gegenzahl ist immer (-1).
g) Wenn man von einer Zahl das Produkt aus ihrer Gegenzahl und ihrer Kehrzahl bildet, so ist dieses stets (-1).

Lösungssalat zu 15:

15

Berechne.

a) $-2\frac{3}{4}-3{,}1$
b) $(-18):\left(-\frac{3}{4}\right)$
c) $\frac{3}{4}\cdot\left(-\frac{5}{9}\right)$
d) $(-19{,}9)+(+25{,}8)$
e) $\left(-2\frac{2}{3}\right)-(+1{,}4)$
f) $-0{,}4\cdot\frac{5}{3}$
g) $-0{,}1\cdot\left[\left(-3\frac{3}{5}\right):18\right]$
h) $(-1):0{,}875$
i) $\left(-\frac{1}{2}:2\frac{1}{4}\right):(-2)$
j) $-\left(1\frac{2}{3}\right)^2\cdot 0{,}2$
k) $\left(-3\frac{7}{9}\cdot 0\right):\left(-\frac{17}{47}\right)$
l) $\left(\frac{-4}{15}\cdot\frac{5}{8}\right):\frac{1}{-6}$

G16

a) Lies aus dem Diagramm möglichst genau die Höhen der Berge ab.

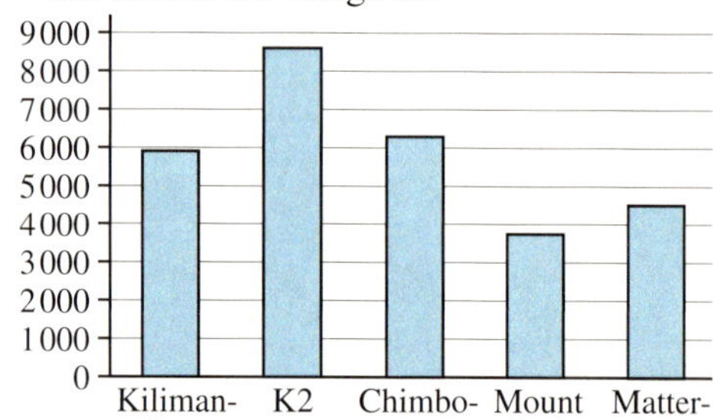

b) Zeichne ein Säulendiagramm, in dem die Höhen der folgenden Berge dargestellt werden. Runde sinnvoll.
Aconcagua 6959 m; Mount Kenia 5199 m; Mount Rainier 4392 m; Mt. McKinley 6198 m; Großglockner 3797 m

3 Verbinden der Grundrechenarten, Rechenvorteile

1
An der Tafel haben Anton, Bärbel und Christian gerechnet. Was meinst du dazu?

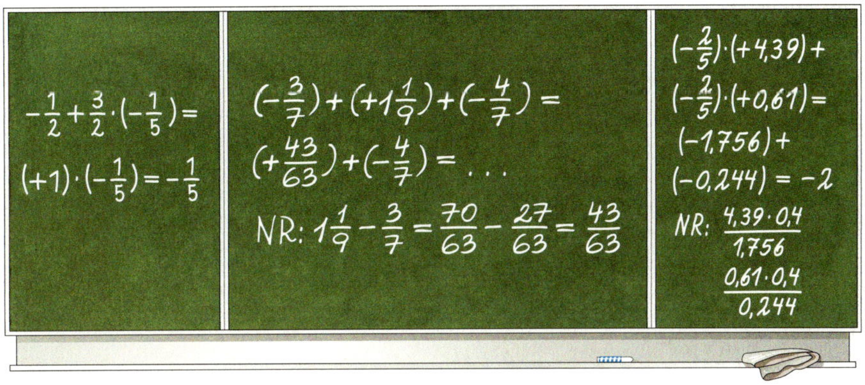

Klammern legen beim Rechnen mit rationalen Zahlen die Reihenfolge der Rechenschritte fest. Bei ineinander geschachtelten Klammern rechnet man die innerste Klammer zuerst aus: $\left[\left(\frac{1}{3}-\frac{2}{3}\right)\cdot\frac{1}{2}-\frac{3}{2}\right]:5=\left[\left(-\frac{1}{3}\right)\cdot\frac{1}{2}-\frac{3}{2}\right]:5=\left[-\frac{1}{6}-\frac{3}{2}\right]:5=\left[-\frac{5}{3}\right]:5=-\frac{1}{3}$

Kommen in einem Term Punkt- und Strichrechnungen vor, so gilt auch beim Rechnen mit rationalen Zahlen die Vereinbarung „**Punkt vor Strich**": $\frac{2}{3}-\frac{1}{3}\cdot\left(-\frac{1}{2}\right)=\frac{2}{3}+\frac{1}{6}=\frac{5}{6}$.

Die unten aufgeführten Rechengesetze bringen in vielen Fällen Vorteile beim Berechnen von Termwerten, z. B.: $\left(-\frac{3}{7}\right)\cdot(+1{,}19)\cdot\left(+\frac{7}{3}\right)=\left(-\frac{3}{7}\right)\cdot\left(+\frac{7}{3}\right)\cdot(+1{,}19)=(-1)\cdot(+1{,}19)=-1{,}19$.

Alle bisher bekannten Rechengesetze, die bei den ganzen Zahlen gelten, behalten ihre Gültigkeit bei den rationalen Zahlen.

Kommutativgesetze der Addition und Multiplikation	**Assoziativgesetze der Addition und Multiplikation**
Für alle rationalen Zahlen a, b gilt:	Für alle rationalen Zahlen a, b, c gilt:
$a+b=b+a$	$a+(b+c)=(a+b)+c$
$a\cdot b=b\cdot a$	$a\cdot(b\cdot c)=(a\cdot b)\cdot c$

Beachte:
Beim Vertauschen von Gliedern in einer Summe muss man die **Vorzeichen mitnehmen**.
z. B.: $-\frac{4}{7}+0{,}25-\frac{3}{7}+1{,}75=-\frac{4}{7}-\frac{3}{7}+0{,}25+1{,}75=-1+2=1$

Der Faktor wird auf die beiden Summanden „verteilt".

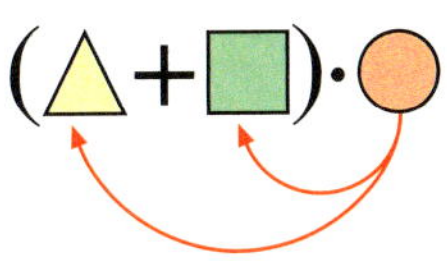

Das Distributivgesetz verbindet Punkt- und Strichrechnungen.

Distributivgesetz
Für alle rationalen Zahlen a, b, c gilt: $(a+b)\cdot c=a\cdot c+b\cdot c$
Für alle rationalen Zahlen a, b, c ($c \neq 0$) gilt: $(a+b):c=a:c+b:c$

Beispiel 1

Berechne. $-\frac{4}{5} - 0{,}6 : \frac{3}{2}$

Lösung:

$-\frac{4}{5} - 0{,}6 : \frac{3}{2} = -\frac{4}{5} - \frac{3}{5} \cdot \frac{2}{3}$

$= -\frac{4}{5} - \frac{2}{5} = -\frac{6}{5} = -1\frac{1}{5}$

Beispiel 2

Berechne. $-\frac{2}{3} \cdot 0{,}75 - \frac{3}{14} : \frac{2}{7} + \frac{1}{4}$

Lösung:

$-\frac{2}{3} \cdot 0{,}75 - \frac{3}{14} : \frac{2}{7} + \frac{1}{4}$

$= -\frac{2}{3} \cdot \frac{3}{4} - \frac{3}{14} \cdot \frac{7}{2} + \frac{1}{4} = -\frac{1}{2} - \frac{3}{4} + \frac{1}{4} = -1$

Beispiel 3

Berechne. $\left[0{,}8 - \frac{1}{8} \cdot (-2)^2\right] \cdot \frac{1}{3} - 1$

Lösung:

$\left[0{,}8 - \frac{1}{8} \cdot (-2)^2\right] \cdot \frac{1}{3} - 1 = \left(0{,}8 - \frac{1}{2}\right) \cdot \frac{1}{3} - 1$

$= 0{,}3 \cdot \frac{1}{3} - 1 = -0{,}9$

Beispiel 4

Berechne. $-1\frac{4}{9} + 1\frac{1}{5} - \frac{5}{9}$

Lösung:

(Rechenvorteil durch Kommutativgesetz)

$-1\frac{4}{9} + 1\frac{1}{5} - \frac{5}{9} = -1\frac{4}{9} - \frac{5}{9} + 1\frac{1}{5}$

$= -2 + 1\frac{1}{5} = -\frac{4}{5}$

Beispiel 5

Berechne. $(-14) \cdot \left(\frac{3}{14} - \frac{1}{21}\right)$

Lösung:

(Rechenvorteil durch Ausmultiplizieren)

$(-14) \cdot \left(\frac{3}{14} - \frac{1}{21}\right) = (-14) \cdot \frac{3}{14} - (-14) \cdot \frac{1}{21}$

$= -3 + \frac{2}{3} = -2\frac{1}{3}$

Beispiel 6

Berechne. $(-0{,}3) \cdot \frac{2}{3} - \frac{2}{3} \cdot 0{,}7$

Lösung:

(Rechenvorteil durch Ausklammern)

$(-0{,}3) \cdot \frac{2}{3} - 0{,}7 \cdot \frac{2}{3} = (-0{,}3 - 0{,}7) \cdot \frac{2}{3}$

$= (-1) \cdot \frac{2}{3} = -\frac{2}{3}$

Aufgaben

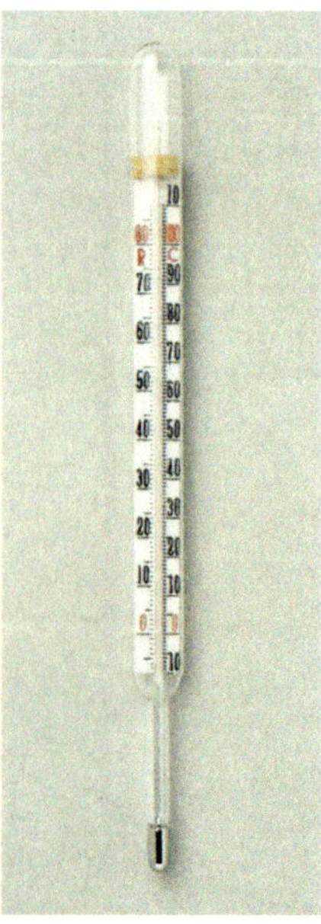

2

Berechne.

a) $2 - \frac{1}{3} \cdot 5$ b) $1\frac{1}{2} + \frac{3}{5} \cdot 2\frac{1}{2}$

c) $\frac{3}{4} \cdot \left(-\frac{2}{3}\right) - 1\frac{1}{2} \cdot \frac{1}{3}$ d) $3 \cdot \left(\frac{1}{2} - \frac{4}{3} \cdot \frac{3}{2}\right)$

e) $-4 : \left(1 - \frac{3}{4} : 6\right)$ f) $\left(\frac{1}{2} - \frac{2}{5}\right)^2 \cdot 10$

3

Auf alten Thermometern findet man neben einer Skala in °C (Grad Celsius) noch eine Skala in °R (Grad Réaumur).
1 °R entspricht $\frac{5}{4}$ °C.
Wie viel °C entsprechen
20 °R (36 °R; −24 °R; −32 °R)?

4

Berechne.

a) $-0{,}4 \cdot \left(3 : 0{,}5 - 2 : \frac{1}{3}\right)$

b) $\frac{5}{6} : \left[0{,}5 - 3 \cdot \left(-\frac{2}{5}\right)\right]$

c) $\left[(-4) : 5 - \frac{1}{2}\right] : \left(1 - 1\frac{1}{10}\right)$

d) $1 - [0{,}75 - 0{,}4 : (-2^3)] \cdot (-5)$

e) $\left(\frac{1}{6} - \frac{3}{9}\right) : 0{,}25 + \frac{2}{3}$

5

a) Ein Produkt hat drei Faktoren. Wann ist es positiv, wann ist es negativ?
b) Ein Produkt hat vier Faktoren. Wann ist es positiv, wann ist es negativ?
c) Kannst du eine allgemeine Regel für mehr als vier Faktoren angeben?

6

Jedes Quadrat enthält die Summe aus den Zahlen in den darunter liegenden Quadraten. Welche Zahlen fehlen?

a)

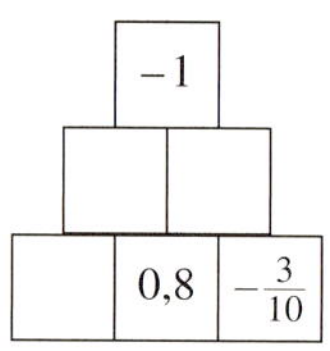

b)

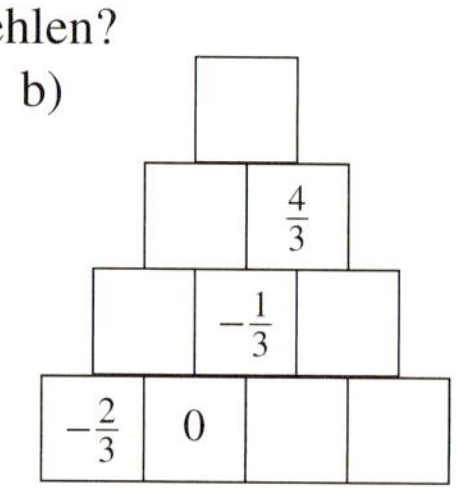

7

a) Dividiere die Summe aus $\frac{1}{3}$ und $-1\frac{1}{2}$ durch das Produkt dieser Zahlen.
b) Subtrahiere das Produkt aus $-3\frac{1}{4}$ und 0,8 von der halben Summe dieser Zahlen.

Lösungssalat zu 8:

8

Gib jeweils die Art des Terms an und berechne seinen Wert möglichst geschickt.

a) $-14 + 3 \cdot (-8)$ b) $(-5) \cdot 7 - 9 \cdot (-4)$
c) $-\frac{4}{7} + \frac{3}{8} - \frac{3}{7}$ d) $13 \cdot (-12) + 11 \cdot 13$
e) $\left(-\frac{2}{9}\right) \cdot 0{,}875 \cdot \frac{9}{2}$ f) $\left[\left(-\frac{1}{2}\right) \cdot 3\right]^2 - 2\frac{1}{2}$
g) $\frac{4}{7} \cdot \left(-\frac{3}{5}\right) - \frac{2}{5} \cdot \frac{4}{7}$ h) $40\,\% - \frac{1}{2} \cdot 0{,}4$

9

Welche Zahlen wurden an der Tafel ausgewischt?

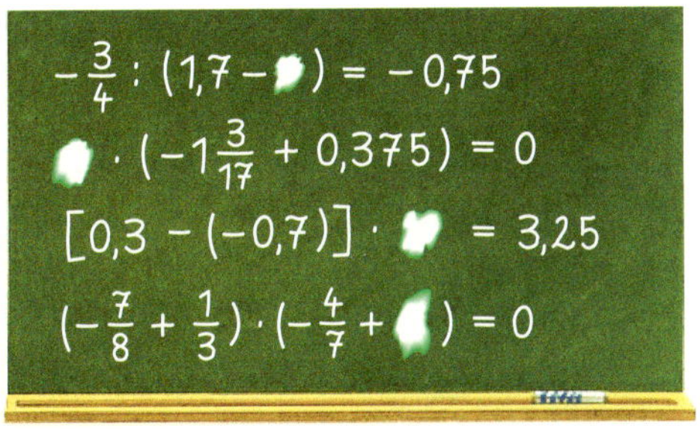

Ein Gliederungsbaum kann auf zwei Arten dargestellt werden:
1. Möglichkeit (europäische Variante):

2. Möglichkeit (australische Variante)

10

In Syrjanka (Sibirien) betragen die mittleren Monatstemperaturen von Januar bis Dezember:

−49,0 °C; −45,1 °C; −29,7 °C; −13,2 °C; +1,9 °C; +12,6 °C; +15,4 °C; +10,8 °C; +2,4 °C; −14,2 °C; −36,9 °C; −47,0 °C.

a) Berechne die mittlere Jahrestemperatur in Syrjanka.
b) Ermittle die mittleren Monatstemperaturen und die mittlere Jahrestemperatur an deinem Wohnort.

11

Gliedere den Term und berechne den Wert.
Beispiel: $-0{,}2 + \frac{1}{3} \cdot (-2)$
Der Term ist eine Summe. Der 1. Summand ist −0,2, der 2. Summand ist ein Produkt, dessen 1. Faktor $\frac{1}{3}$ und dessen 2. Faktor −2 ist. Beachte auch den Gliederungsbaum.

a) $-15 - 36 \cdot \left(-\frac{4}{9}\right)$ b) $-\frac{1}{2} + \left(-\frac{3}{4}\right) : 6$
c) $\left(-\frac{3}{4}\right) \cdot 2^3 - \frac{1}{2}$ d) $0{,}2 - 1{,}4 : \left(-\frac{1}{2}\right)$
e) $\left(1{,}5 - 2\frac{1}{4}\right) : (-3)$ f) $-24 \cdot \frac{1}{8} - 4$
g) $2{,}5 : \left(-1\frac{1}{4}\right) - \frac{2}{3} \cdot \frac{1}{8}$ h) $\left(1 - \frac{1}{2} : 3\right) : (-0{,}5^2)$
i) $\frac{1}{4} : \frac{1}{-2} + 0{,}5 - 0{,}4 \cdot 1\frac{1}{4}$

Lösungssalat zu 11:

12

a) Addiere die Hälfte von $1\frac{1}{3}$ zu drei Viertel und subtrahiere $\frac{5}{9}$.
b) Multipliziere das Produkt aus $\frac{3}{4}$ und $-\frac{4}{5}$ mit der Summe von $1\frac{1}{2}$ und $-2\frac{1}{3}$.
c) Dividiere $\frac{5}{6}$ von $-\frac{1}{2}$ durch $\frac{2}{3}$ von $-\frac{5}{8}$.

13

Gegeben sind die Zahlen $\frac{1}{4}$; −1,6; $-\frac{5}{3}$ und $\frac{2}{5}$.

a) Ordne die Zahlen nach ihrer Größe.
b) Addiere die beiden kleinsten Zahlen und dividiere ihre Summe durch das Produkt der beiden größten Zahlen.

14

a) Setze in $\frac{\square}{\bigcirc}$ für □ und ○ je eine der gegebenen Zahlen ein, so dass der Wert des Bruches möglichst klein (groß) wird.
b) Setze in den Term $\frac{\square}{\bigcirc} - \frac{\triangle}{\diamond}$ für □, ○, △ und ◇ je eine der gegebenen Zahlen ein, so dass der Wert des Termes möglichst klein (groß) wird.

15

□ · ○ + ◇

Setze die Zahlen $-\frac{1}{2}$; 3 und −0,4 ein.

a) Der Wert des Terms soll möglichst klein sein.
b) Der Wert des Terms soll möglichst groß sein.
c) Der Wert des Terms soll möglichst nahe bei null liegen.

16

◇ : □ − ○

Setze die Zahlen −0,2; $\frac{1}{3}$ und $\frac{3}{4}$ ein.

a) Der Wert des Terms soll möglichst klein sein.
b) Der Wert des Terms soll möglichst groß sein.
c) Der Wert des Terms soll möglichst nahe bei null liegen.

17

Eine Zahlenfolge beginnt mit den Zahlen $\left(\frac{1}{2}\right)^1, \left(\frac{1}{2}\right)^2, \left(\frac{1}{2}\right)^3, \left(\frac{1}{2}\right)^4, \ldots$. Diese Zahlenfolge kann beliebig weit fortgesetzt werden.

a) Welcher Bruch ist die zehnte Zahl der Folge?

b) Berechne die Summe der ersten 3 (4; 5) Zahlen der Folge.

c) Bestimme die Summe der ersten 10 Zahlen der Folge.

18

□ · ○ − △ : ◇

Setze die Zahlen 0; $-\frac{1}{2}$; 1,2 und –2 ein.

a) Der Wert des Terms soll möglichst klein sein.

b) Der Wert des Terms soll möglichst groß sein.

19

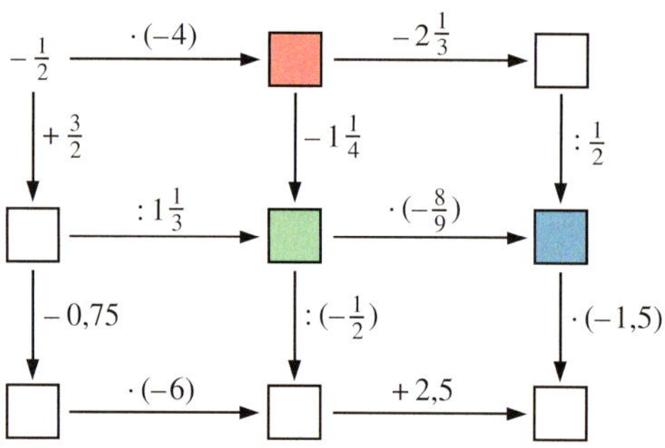

a) Auf wie vielen verschiedenen Wegen kann man von links oben nach rechts unten kommen, wenn man die Richtungen beachtet?

b) Berechne die Zahl für das Kästchen rechts unten auf mindestens 3 (4; 5) verschiedenen Wegen.

c) Wähle 3 (4; 5) verschiedene Wege aus. Schreibe jeweils die zu einem Weg zugehörige Rechnung als Term auf. Um welche Art von Term handelt es sich jeweils?

d) Denke dir die Figur in ein Koordinatensystem eingetragen, wobei der Ursprung im grünen Feld liegt. Das blaue Feld liegt auf der x-Achse und hat die Koordinaten (1|0). Das rote Feld liegt auf der y-Achse und hat die Koordinaten (0|1). Gib die Koordinaten der restlichen Felder an.

20

a) $\left(-\frac{2}{5}\right):\frac{1}{5}-\left(-\frac{1}{2}\right)\cdot 2$

b) $-\frac{5}{6}\cdot\frac{7}{3}+\frac{5}{3}$

c) $\left(-\frac{1}{2}\right)^2:\frac{1}{6}-\frac{1}{3}\cdot(-0{,}5)$

d) $-2-\frac{1}{4}:\left[\left(-\frac{4}{5}\right)-\frac{1}{5}\cdot(-1{,}5)\right]$

e) $(-3)\cdot\left(-\frac{1}{2}\right)^2+4\frac{1}{2}:(-3)+2{,}3$

f) $\left(-\frac{4}{5}\right):(-8)+\frac{1}{3}-0{,}5\cdot\left(-\frac{3}{5}\right)$

g) $\left(0{,}8-2{,}8\cdot\frac{3}{4}\right):\left[\left(-\frac{1}{2}\right)\cdot(1-3{,}6)\right]$

21

Bilde aus den 10 Ziffern 0, 1, 2, …, 9 zwei 5-stellige Zahlen, wobei alle Ziffern „verbraucht“ werden (z. B. 20 846 und 71 395).

a) Wähle die beiden Zahlen so, dass ihre Summe möglichst klein wird.

b) Wähle die beiden Zahlen so, dass ihre Differenz möglichst klein wird.

c) Wähle die beiden Zahlen so, dass ihre Differenz möglichst nahe bei Null liegt.

22

Erstelle aus dem Gliederungsbaum jeweils einen Term und berechne seinen Wert.

a)

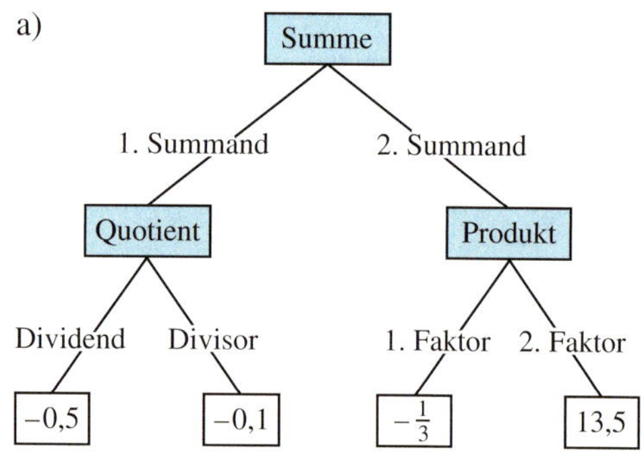

b)

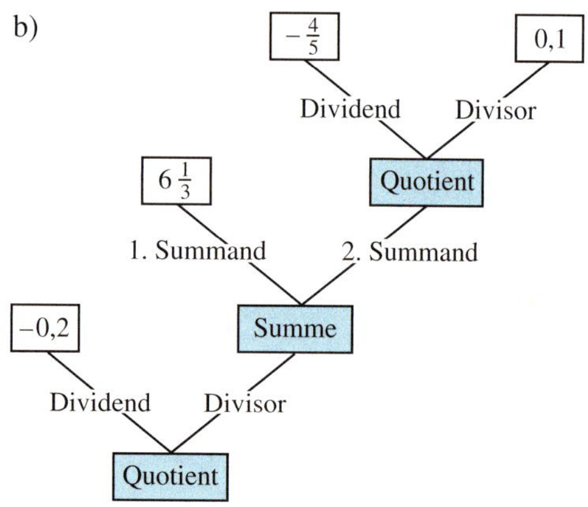

23
Wo könnte jeweils der Fehler in der Rechnung liegen? Wie lautet jeweils das richtige Ergebnis?

a) $\frac{2}{3} - \frac{1}{3} \cdot 0{,}5 = \frac{1}{6}$

b) $\left(-\frac{1}{2}\right) \cdot (-0{,}4) - 0{,}6 \cdot 2 = -0{,}8$

c) $(-0{,}75) \cdot 2 - \left(-\frac{2}{3}\right) : \left(-1\frac{1}{3}\right) = -1$

24
a) Stelle den zugehörigen Term auf und berechne seinen Wert.

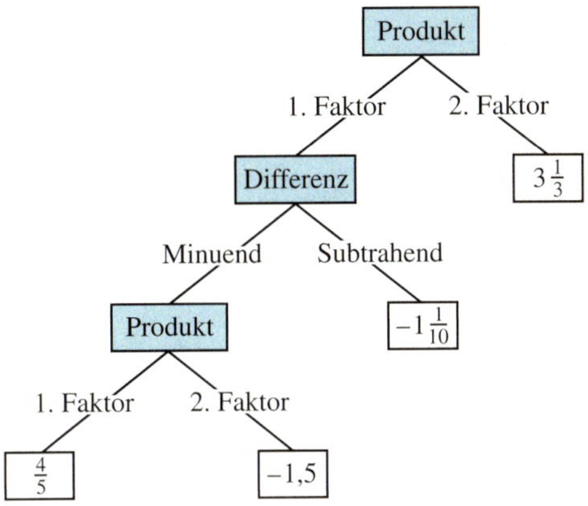

b) Ersetze den vorkommenden Subtrahenden durch eine andere Zahl, so dass der Wert des Terms 0 wird.

c) Stelle selbst einen Gliederungsbaum auf, suche den zugehörigen Term und berechne seinen Wert.

25
a) Setze im folgenden Term eine Klammer. Der Wert des Terms soll dadurch möglichst klein (möglichst groß) werden:
$(-2) \cdot \frac{1}{3} + \frac{1}{2} : \left(-\frac{1}{3}\right)$

b) Bilde aus den Kärtchen einen Term mit möglichst kleinem (möglichst großem) Wert.

26
a) $\left[\left(\frac{3}{4} - 0{,}5\right) : \frac{1}{2} - \frac{1}{2} \cdot 0{,}8\right] : \left[\frac{2}{3} - \frac{4}{5} \cdot \left(\frac{5}{3} - \frac{7}{8}\right)\right]$

b) $\left[\left(\frac{10}{3} \cdot \frac{3}{5} - \frac{1}{4}\right) : (-7)\right] : \left[\left(\frac{5}{12} + \frac{5}{6}\right) : \left(\frac{7}{2} - \frac{3}{8}\right)\right]$

c) $\left[3^3 \cdot \left(-\frac{8}{27}\right) - 2 + \frac{9}{8} \cdot \left(2\frac{2}{3} - 16\right)\right] : 2{,}5 - \frac{1}{2}$

d) $\frac{5}{8} : \left(-1\frac{1}{4} + 1\frac{7}{8} \cdot 2\frac{2}{3}\right) \cdot 2 + 1\frac{1}{3} \cdot (-1{,}25)$

27
a) $7 \cdot \left(-\frac{3}{4}\right) \cdot \left[4 + \frac{4}{3} : \left(-0{,}75 + \frac{1}{6}\right)\right]$

b) $\left[2 + \frac{3}{2} \cdot \left(-\frac{1}{5}\right) + 9 \cdot \left(-\frac{1}{10}\right)\right] : \left(-1\frac{1}{7}\right)$

28
a) Um wie viel ist das Produkt aus $-1\frac{2}{3}$ und $5\frac{1}{2}$ größer als das 3fache von $-3\frac{1}{4}$?

b) Welche Zahl muss man zur Summe von $\frac{3}{4}$ und $-1\frac{4}{5}$ addieren, um drei Viertel von $-0{,}8$ zu erhalten?

29
a) Bestimme eine Zahl, die zwischen $-\frac{1}{2}$ und $-\frac{1}{3}$ liegt.

b) Wähle zwei Zahlen, die auf der Zahlengerade sehr nahe beieinander liegen. Bestimme dann eine Zahl, die zwischen deinen vorgegebenen Zahlen liegt.

c) Bestimme 10 Zahlen, die zwischen $\frac{1}{4}$ und $\frac{1}{3}$ liegen.

d) Wie viele Zahlen liegen zwischen $\frac{1}{4}$ und $\frac{1}{3}$? Begründe deine Antwort.

30
a) Welche rationalen Zahlen stimmen mit ihrer Kehrzahl überein?

b) Welche rationalen Zahlen stimmen mit ihrer Gegenzahl überein?

G31
Berechne.

a) $\frac{3}{8}$ von 4,8 kg

b) $\frac{4}{9}$ von 486 €

c) 50 % von 3 h

d) $\frac{3}{7}$ von 42 m

G32
Übertrage die Figuren in dein Heft und bestimme jeweils den Drehwinkel, bei dem die Figuren erstmals zur Deckung kommen.

a)

b)

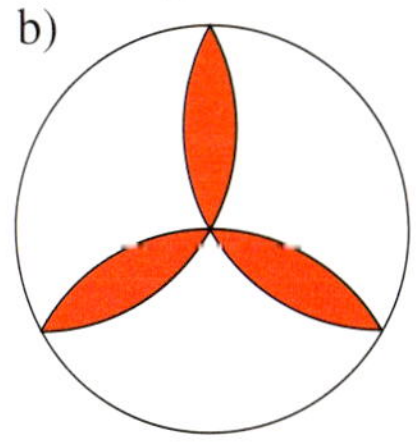

Welche Figur kann man so färben, dass der Drehwinkel 90° (120°, 180°, 240°, 45°) beträgt?

Thema:

Zeichnen bei rationalen Zahlen?

Wir können nun mit rationalen Zahlen rechnen – doch gibt es bei ihnen auch Probleme, die sich gut mit einer Tabelle oder Zeichnung lösen lassen.

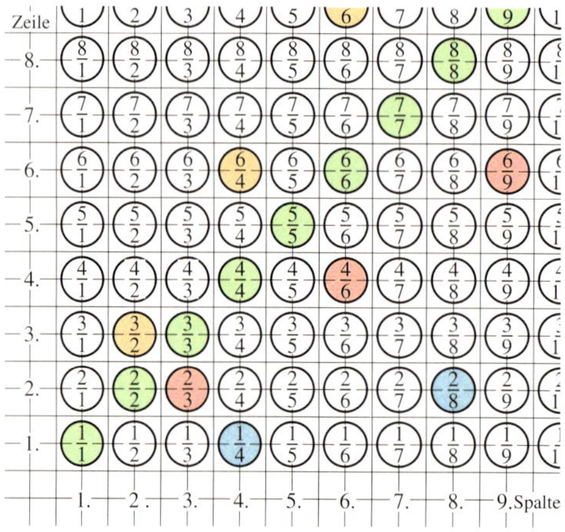

1

Erstelle eine **Bruchtabelle**, so wie sie nebenstehend abgebildet ist.
In die unterste Zeile deiner Bruchtabelle trage die Brüche $\frac{1}{1}$, $\frac{1}{2}$, $\frac{1}{3}$, … (also die Brüche mit dem Zähler 1) der Reihe nach ein.
In die Zeile darüber kommen die Brüche mit dem Zähler 2 usw.

a) In welcher Zeile und welcher Spalte stehen dann die Brüche $\frac{2}{3}$, $\frac{2}{5}$, $\frac{5}{2}$, $\frac{6}{2}$, $\frac{7}{9}$, $\frac{23}{66}$?

b) Gibt es einen Bruch, den du nicht in eine solche Tabelle eintragen kannst? Begründe deine Antwort.

2

a) In der Tabelle sind einige Brüche gefärbt worden. Was fällt dir hierbei auf?

b) Verbinde in deiner Bruchtabelle die Kreismittelpunkte der Brüche $\frac{1}{2}$, $\frac{2}{4}$, $\frac{3}{6}$, $\frac{4}{8}$ und $\frac{5}{10}$ mit dem Lineal zu einer Geraden.

c) Zeichne in deine Bruchtabelle Geraden zu den Bruchzahlen $\frac{1}{4}$, $\frac{1}{3}$, $\frac{2}{3}$, 1, $\frac{3}{2}$ und 2.

d) Wenn du genau gezeichnet hast, schneiden sich die in c) gezeichneten Geraden in einem Punkt. Wie würdest du diesen Punkt nennen?

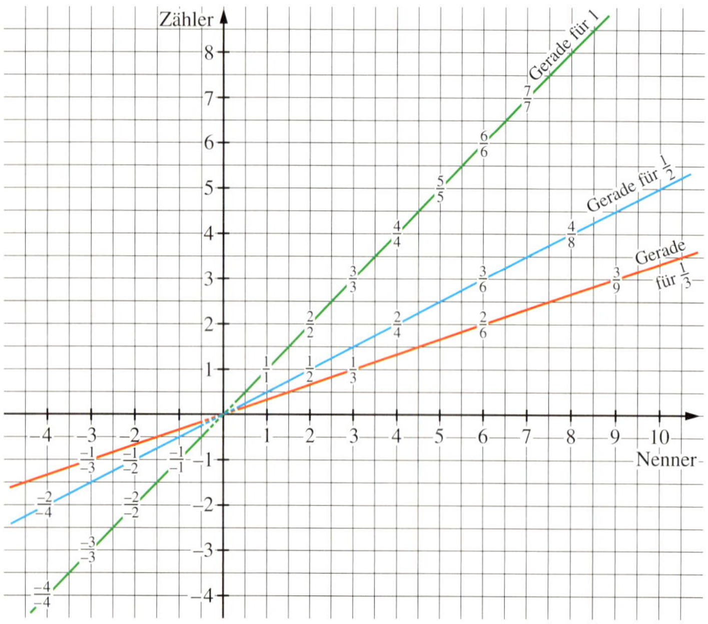

3

Man kann zu Brüchen gehörige Geraden auch direkt in ein Koordinatensystem eintragen. An der x-Achse ist dann der Nenner, an der y-Achse der Zähler des Bruches verzeichnet.

a) Übertrage das nebenstehende Koordinatensystem in dein Heft und trage zusätzlich Geraden zu vier weiteren Zahlen, z. B. $\frac{2}{3}$, $\frac{1}{5}$, 3 und $-\frac{1}{2}$, ein.

b) Spiegele deine Zeichnung an der x-Achse. Welche Zahlen gehören zu den Geraden, die du erhältst?

c) Spiegele zwei Geraden (z. B. die zu $\frac{1}{3}$ und $\frac{2}{3}$) an der Geraden, die durch $(0|0)$ und $(1|1)$ verläuft.
Welche Geraden erhältst du?

d) Wie kann man an den zugehörigen Geraden erkennen, dass eine Bruchzahl größer (kleiner) ist als die andere?

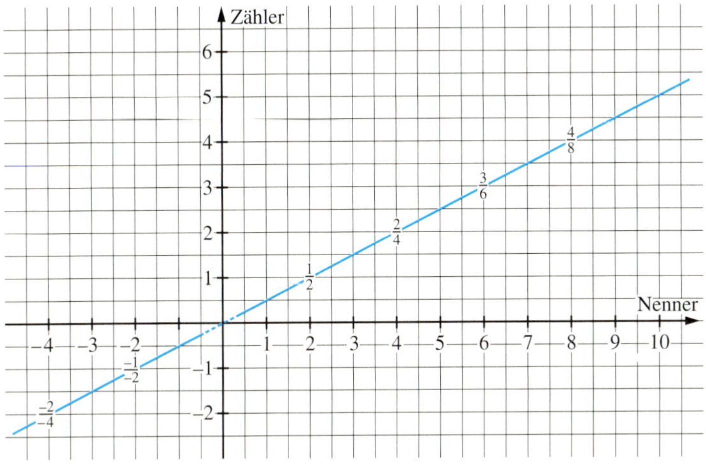

4

Wir betrachten die Darstellung von Bruchzahlen und zugehöriger Geraden in Aufgabe 3. Aus $\frac{2}{4}$ erhält man durch Kürzen $\frac{1}{2}$ und daraus $\frac{3}{6}$ oder $\frac{5}{10}$ durch Erweitern.

a) Was bedeutet Erweitern bzw. Kürzen eines Bruches für seine Darstellung im Koordinatensystem?

b) Woran kann man im Koordinatensystem erkennen, dass man $\frac{2}{4}$ nicht direkt auf $\frac{3}{6}$ oder $\frac{5}{10}$ erweitern kann, sondern zuerst mit 2 kürzen muss?

c) Warum sind die Geraden im Koordinatensystem nicht durch den Koordinatenursprung $(0|0)$ durchgezogen?

Unter einer „einfachen“ Zahl wollen wir hier einen Bruch verstehen, der einen möglichst kleinen Nenner hat.

Auf dem Zahlenstrahl liegen zwischen zwei rationalen Zahlen stets weitere rationale Zahlen. Solche Zahlen kann man auf verschiedene Arten bestimmen.
Doch wie erhält man eine möglichst einfache Zahl zwischen zwei rationalen Zahlen?

5

Anja behauptet:
Zwischen $\frac{1}{3}$ und $\frac{2}{5}$ liegt $\frac{1+2}{3+5} = \frac{3}{8}$.
Begründe Anjas Behauptung und berechne wie sie eine Bruchzahl zwischen

a) $\frac{1}{4}$ und $\frac{2}{3}$; b) $\frac{3}{7}$ und $\frac{5}{9}$;

c) $\frac{3}{5}$ und $\frac{9}{5}$; d) $\frac{5}{14}$ und $\frac{1}{2}$.

6

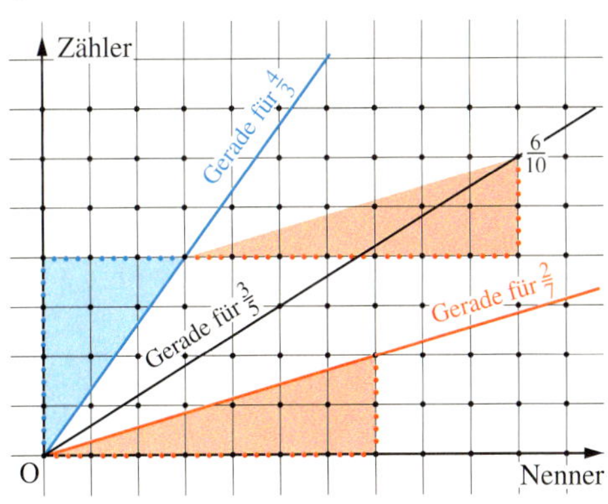

Hier hat Anja für die Zahlen $\frac{4}{3}$ und $\frac{2}{7}$ eine Begründung aufgezeichnet, warum sie durch ihr Verfahren von Aufgabe 5 eine Zahl zwischen den beiden gegebenen Bruchzahlen erhält. Zeichne ebenso für

a) $\frac{2}{3}$ und $\frac{4}{5}$; b) $\frac{7}{3}$ und $\frac{9}{5}$.

7

Bei der Suche nach einer Zahl zwischen zwei gegebenen rationalen Zahlen berechnet Bodo die Zahl, die genau in der Mitte liegt.
Bei $\frac{1}{2}$ und $\frac{3}{4}$ erhält er $\frac{5}{8}$.
Welche Zahl erhält Bodo bei

a) $\frac{1}{4}$ und $\frac{2}{3}$; b) $\frac{7}{6}$ und $\frac{11}{6}$;

c) $\frac{5}{14}$ und $\frac{1}{2}$; d) $\frac{5}{12}$ und $\frac{3}{8}$?

Wo liegen diese Zahlen in der Bruchtabelle und wo liegen die zugehörigen Geraden (vgl. die Abbildung Aufgabe 3) im Koordinatensystem?

8

Cora findet eine möglichst einfache Zahl zwischen $\frac{1}{4}$ und $\frac{2}{3}$ so:
Sie sucht einen im Koordinatensystem dargestellten Bruch, der möglichst nahe bei $(0|0)$ und zwischen den Geraden zu $\frac{1}{4}$ und $\frac{2}{3}$ liegt.
Sie erhält hier $\frac{1}{2}$, während sich bei Anja $\frac{3}{7}$ und bei Bodo $\frac{11}{24}$ ergeben hat, wobei Cora nicht einmal rechnen musste.
Bestimme wie Cora eine möglichst einfache Zahl zwischen

a) $\frac{8}{7}$ und $\frac{7}{4}$; b) $\frac{4}{5}$ und $\frac{7}{8}$;

c) $\frac{3}{8}$ und $\frac{1}{4}$; d) $\frac{5}{2}$ und $\frac{9}{4}$.

Rückblick

Zahlenmengen

$\mathbb{N}$: Menge der natürlichen Zahlen (z. B.: 1; 2; 3; ...)

$\mathbb{Z}$: Menge der ganzen Zahlen (z. B.: ...; −2; −1; 0; +1; +2; ...)

$\mathbb{Q}$: Menge der rationalen Zahlen (z. B.: −3; $-2\frac{1}{2}$; −0,5; 0; $\frac{1}{2}$; 1,5)

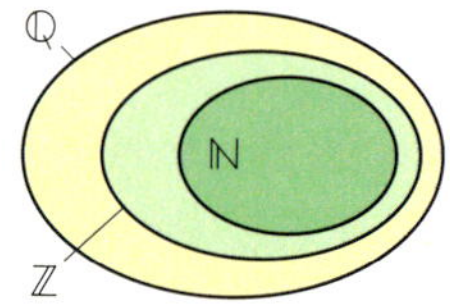

Anordnung

Von zwei rationalen Zahlen a und b ist diejenige größer, die auf der Zahlengeraden weiter rechts liegt.

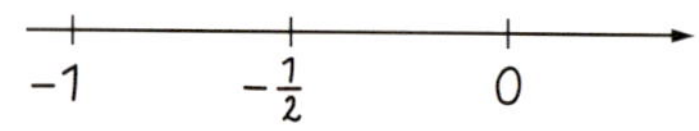

$-1 < -\frac{1}{2}$ $\quad -\frac{1}{2} < 0$

Addition und Subtraktion

Addieren zweier rationaler Zahlen:

Gleiche Vorzeichen:	Verschiedene Vorzeichen:
1. Addiere die Beträge.	1. Subtrahiere den kleineren Betrag vom größeren Betrag.
2. Gib der Summe das gemeinsame Vorzeichen.	2. Gib der Differenz das Vorzeichen des Summanden mit dem größeren Betrag.

$(+1{,}2) + (+0{,}4) = +1{,}6$
$(-1{,}2) + (-0{,}4) = -1{,}6$
$(-1{,}2) + (+0{,}4) = -0{,}8$
$(+1{,}2) + (-0{,}4) = +0{,}8$

Subtrahieren einer Zahl bedeutet dasselbe wie Addieren ihrer **Gegenzahl**.

$(-1{,}2) - (-0{,}4) = (-1{,}2) + (+0{,}4)$
$= -0{,}8$

Multiplikation und Division

Multiplizieren zweier rationaler Zahlen:
1. Multipliziere die Beträge.
2. Bei gleichen Vorzeichen gib dem Produkt das Vorzeichen +, bei verschiedenen Vorzeichen gib dem Produkt das Vorzeichen −.

Für alle rationalen Zahlen a gilt: $a \cdot 0 = 0 \cdot a = 0$
$a \cdot 1 = 1 \cdot a = a$

$(+0{,}5) \cdot (+0{,}7) = +0{,}35 = 0{,}35$
$(-0{,}5) \cdot (-0{,}7) = +0{,}35 = 0{,}35$
$(-0{,}5) \cdot (+0{,}7) = -0{,}35$
$(+0{,}5) \cdot (-0{,}7) = -0{,}35$

Dividieren durch eine Zahl bedeutet dasselbe wie Multiplizieren mit ihrer **Kehrzahl**.

Für alle rationalen Zahlen $a \neq 0$ gilt: $0 : a = 0$

Durch null kann man nicht dividieren.

$\frac{3}{8} : \left(-\frac{3}{4}\right) = \frac{3}{8} \cdot \left(-\frac{4}{3}\right) = -\frac{1}{2}$

$0 : (-1{,}5) = 0$

~~1,5 : 0~~

Verbindung der Grundrechenarten

Klammern legen die Reihenfolge der Rechenschritte fest.

Kommen in einem Ausdruck sowohl Punkt- als auch Strichrechnungen vor, so gilt „Punkt vor Strich".

$\left[1 + \left(-\frac{1}{2}\right) \cdot \frac{1}{3}\right] : \left(-\frac{3}{4}\right)$
$= \left[1 + \left(-\frac{1}{6}\right)\right] \cdot \left(-\frac{4}{3}\right) = \frac{5}{6} \cdot \left(-\frac{4}{3}\right) = -\frac{10}{9}$

Rechengesetze

Für alle rationalen Zahlen a, b und c gilt:

Kommutativgesetze:	$a + b = b + a$	$a \cdot b = b \cdot a$
Assoziativgesetze:	$a + (b + c) = (a + b) + c$	$a \cdot (b \cdot c) = (a \cdot b) \cdot c$
Distributivgesetz:	$(a + b) \cdot c = a \cdot c + b \cdot c$	

$\left(-\frac{2}{9}\right) \cdot 1\frac{1}{4} \cdot \frac{9}{2} = \left[\left(-\frac{2}{9}\right) \cdot \frac{9}{2}\right] \cdot 1\frac{1}{4} = -1\frac{1}{4}$

$\frac{7}{3} \cdot \left(\frac{3}{7} - \frac{1}{3}\right) = \frac{7}{3} \cdot \frac{3}{7} - \frac{7}{3} \cdot \frac{1}{3} = 1 - \frac{7}{9} = \frac{2}{9}$

Mit Rechengesetzen lassen sich Rechenvorteile nutzen.

Aufgaben zum Üben und Wiederholen

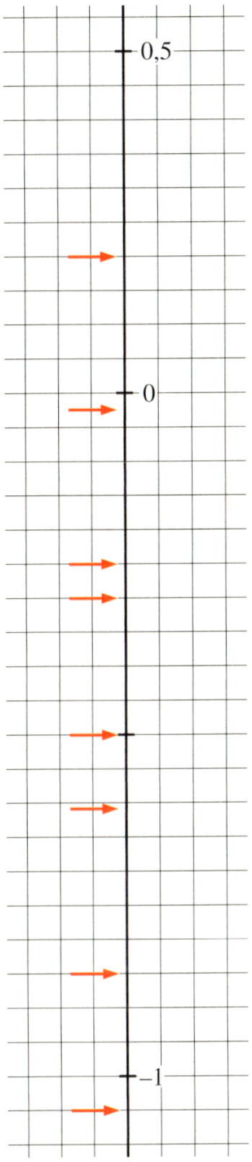

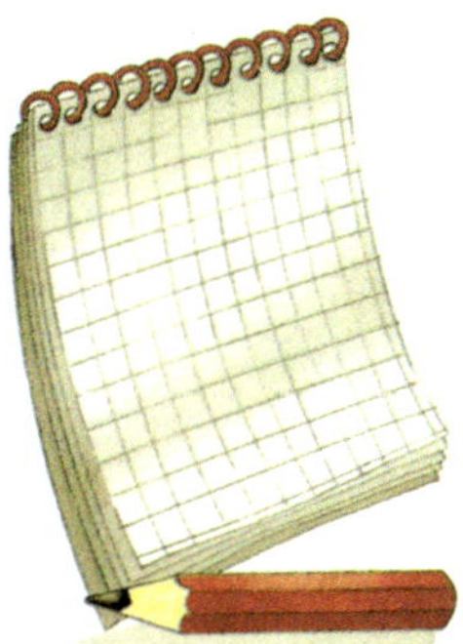

Die Lösungen zu den Aufgaben dieser Seite findest du auf Seite 213.

1

a) Welche Zahlen werden in der Figur durch Pfeile markiert?

b) Wie lange müsste der Ausschnitt dieser Zahlengerade sein, wenn Zahlen von −25 bis +5 eingetragen werden sollen?

c) Welche Zahlen könntest du noch eintragen, wenn der Ausschnitt der Zahlengerade vom Boden bis zur Decke eures Klassenzimmers (vom Keller bis zur Dachspitze) reicht?

2

Berechne.

a) $2\frac{2}{5} : \frac{3}{10} - \frac{2}{10}$

b) $\left(\frac{7}{-3} + \frac{-3}{-7}\right) + \left(\frac{7}{3} - \frac{-3}{-7}\right)$

c) $0{,}4 - (-0{,}2)^2 : (-0{,}1)$

d) $\left(1 - \frac{7}{3}\right) \cdot \frac{3}{4} - \frac{1}{2} : \left(-\frac{2}{3}\right)$

e) $\left[\left(-\frac{3}{7}\right) \cdot \left(-4\frac{2}{3}\right)\right] : \left[\frac{1}{2} - 0{,}25\right]$

f) $2 + \frac{3}{2} \cdot \left(-\frac{1}{5}\right) + 9 \cdot \left(-\frac{1}{10}\right)$

3

Erstelle die folgenden Terme. Jedoch darf in keinem der Terme eine ganze Zahl vorkommen.

a) Ein Produkt, das aus drei Faktoren besteht und dessen Wert −0,5 ist.

b) Eine Summe mit dem Wert −1.
Der erste Summand ist ein Quotient, der zweite Summand ist ein Produkt.

c) Eine Differenz mit dem Wert 0,75.
Der Minuend ist eine Summe, der Subtrahend ein Produkt.

d) Ein Quotient mit dem Wert 1.
Der Divisor ist eine Summe, der Dividend eine Differenz.

4

Setze bei den nachfolgenden Termen jeweils eine Klammer. Der Wert des Terms soll dadurch möglichst groß (möglichst klein) werden.

a) $\left(-\frac{1}{2}\right)^2 - \left(-\frac{1}{4}\right) \cdot 2 - \frac{4}{5}$

b) $\frac{1}{2} + \frac{3}{4} : \left(-\frac{1}{2}\right) \cdot \frac{1}{3}$

c) Kannst du jeweils noch größere (noch kleinere) Werte erreichen, wenn du mehr als eine Klammer setzen darfst?

5

a) $\frac{1}{9} \cdot \left(-\frac{3}{2}\right)^2 - 2{,}25 \cdot \left(-\frac{2}{3}\right)$

b) $-1\frac{1}{3} - \frac{2}{3} \cdot \left[-2{,}5 - 2 \cdot \left(-\frac{1}{2}\right)^2\right]$

c) $(-0{,}5)^2 \cdot \left(-\frac{2}{3}\right) - 4\frac{2}{3} : \left(-3\frac{1}{2}\right)$

d) $\left[(-1{,}5)^2 + \frac{3}{4} : (-0{,}5)\right] \cdot \left(-\frac{4}{9}\right)$

e) $\frac{1}{2} + \frac{3}{2} \cdot \left[-0{,}1 + 0{,}25 \cdot \left(-\frac{1}{5} - 0{,}2\right)\right]$

f) $\left(-\frac{3}{2}\right)^2 : (-1{,}5) + 0{,}5 : \left(-\frac{1}{9}\right)$

g) $\left[\left(-\frac{1}{10}\right) : (-0{,}1)^2 + (-0{,}75) \cdot \frac{8}{3}\right] \cdot \frac{2}{3} - 1$

6

a) Gib möglichst genau die Koordinaten von 4 verschiedenen Punkten an, die auf dem Einheitskreis (Kreis mit Radius 1) liegen. Die Punkte sollen jedoch in unterschiedlichen Quadranten liegen.

b) Jeder dieser vier Punkte hat eine x-Koordinate und eine y-Koordinate.
Berechne für jeden Punkt die zugehörige Summe $x^2 + y^2$.

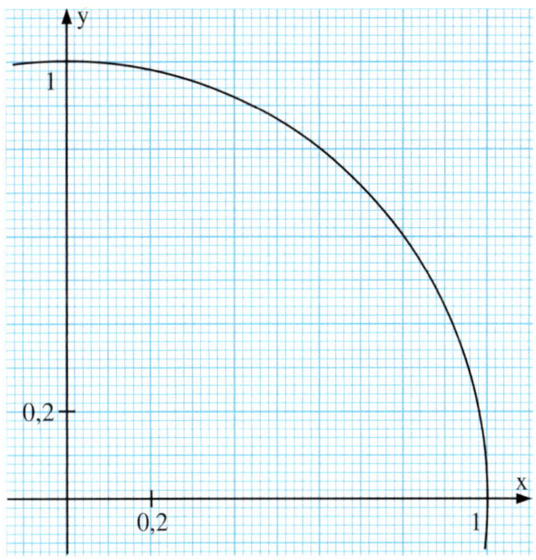

7

Bilde aus diesen drei Zahlen jeweils einen Term, dessen Wert

a) möglichst klein ist,

b) möglichst groß ist,

c) möglichst nahe bei null liegt.

1 Prozentangaben

1

An einer Schule wurde eine Umfrage durchgeführt, in der die Schülerinnen und Schüler nach ihrem Lieblingsfach befragt wurden. Das Ergebnis wurde in einem Kreisdiagramm dargestellt.

a) Welches ist das beliebteste Fach? Welcher Anteil der Schülerinnen und Schüler hat es angegeben?

b) Wie viel Prozent der Befragten haben eines der sonstigen Fächer genannt?

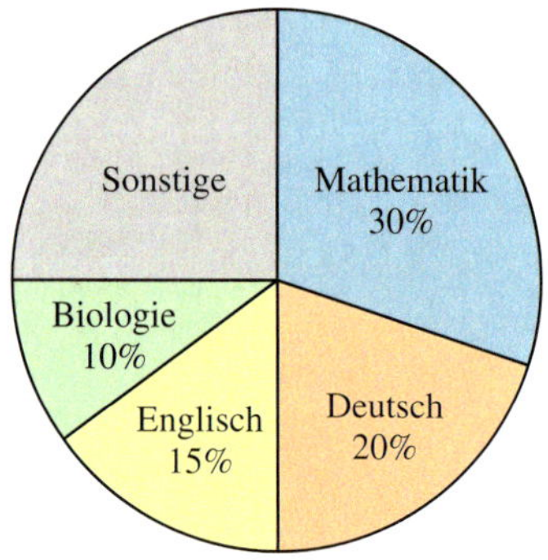

2

Die Welt-Getreideproduktion setzt sich zusammen aus: $\frac{27}{100}$ Reis, $\frac{1}{4}$ Mais, $\frac{29}{100}$ Weizen, $\frac{1}{10}$ Gerste, $\frac{1}{50}$ Hafer, $\frac{1}{50}$ Roggen, $\frac{1}{20}$ Hirse, Buchweizen und Dinkel. Vergleiche die Anteile.

Italienisch: per cento „von Hundert“

Prozent ist eine abkürzende Bezeichnung für Hundertstel.

$60\,\% = \frac{60}{100} = 0{,}60 = 0{,}6$

$3\,\% = \frac{3}{100} = 0{,}03$

Prozentzahlen werden häufig zum anschaulichen Vergleich von Anteilen verwendet.

Um Brüche in Prozentzahlen umzuwandeln gibt es zwei Möglichkeiten:

– Wenn es einfach möglich ist, wird der Bruch auf Hundertstel erweitert oder gekürzt.
  $\frac{14}{40} = \frac{7}{20} = \frac{35}{100} = 35\,\%$
– Ansonsten wird die Division durchgeführt und der entstandene Dezimalbruch wird in eine Prozentzahl umgewandelt. Gegebenenfalls wird geeignet gerundet.
  $\frac{3}{37} = 3:37 = 0{,}08108\ldots \approx 8{,}1\,\%$

Sehr kleine Anteile (kleiner als 1 %) werden häufig auch in Promille angegeben.
Promille (‰) ist eine abkürzende Bezeichnung für Tausendstel.

$1\,‰ = \frac{1}{1000} = 0{,}001 = 0{,}1\,\%$

$8\,‰ = \frac{8}{1000} = 0{,}008 = 0{,}8\,\%$

Häufig vorkommende Prozentzahlen:

$\frac{1}{100} = 0{,}01 = 1\,\%$
$\frac{5}{100} = 0{,}05 = 5\,\%$
$\frac{1}{10} = 0{,}1 = 10\,\%$
$\frac{1}{5} = 0{,}2 = 20\,\%$
$\frac{1}{4} = 0{,}25 = 25\,\%$
$\frac{1}{2} = 0{,}5 = 50\,\%$
$\frac{3}{4} = 0{,}75 = 75\,\%$
$1 = 1 = 100\,\%$

Beispiel 1

Wandle die folgenden Brüche in Prozent um und vergleiche sie.

$\frac{7}{20};\ \frac{2}{5};\ \frac{3}{7}$

Lösung:

$\frac{7}{20} = \frac{35}{100} = 35\,\%$ $\qquad \frac{2}{5} = \frac{40}{100} = 40\,\%$

$\frac{3}{7} = 0{,}4285\ldots \approx 0{,}429 = 42{,}9\,\%$

$35\,\% < 40\,\% < 42{,}9\,\%,\ \frac{7}{20} < \frac{2}{5} < \frac{3}{7}$

Beispiel 2

Wandle jeweils passend in Prozent oder in Promille um.

a) $\frac{7}{5}$ $\qquad$ b) $\frac{1}{300}$ $\qquad$ c) 0,2463

Lösung:

a) $\frac{7}{5} = \frac{140}{100} = 140\,\%$

b) $\frac{1}{300} = 0{,}00333\ldots \approx 0{,}0033 = 3{,}3\,‰$

c) $0{,}2463 = 24{,}63\,\%$

Aufgaben

Längsschnitt durch ein Getreidekorn

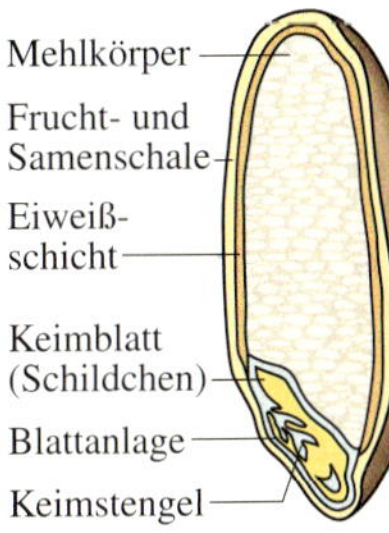

Ca. 70 % der Ballaststoffen, Mineralstoffen, Vitamin B1, B2 und Eisen befinden sich in der Kornschale. Der Gehalt dieser Stoffe ist daher größer, je weniger das Getreide gemahlen wurde.

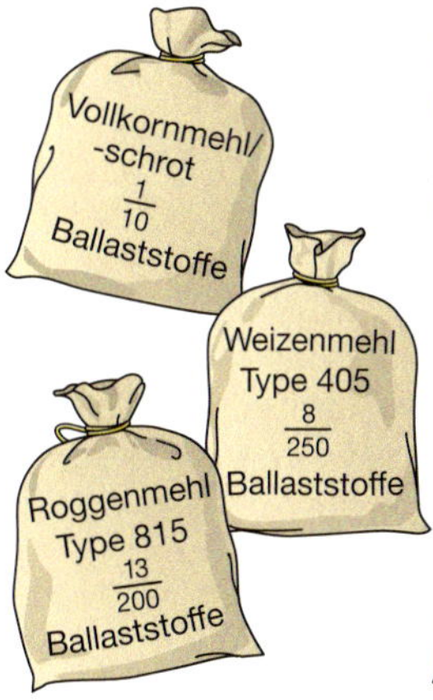

3

Wandle die Brüche und Dezimalzahlen in Prozent um und ordne sie der Größe nach.

a) $\frac{4}{5}$; 0,76; $\frac{3}{4}$ b) $\frac{2}{10}$; $\frac{7}{40}$; 0,183

c) 0,3; $\frac{1}{3}$; $\frac{2}{7}$ d) $\frac{11}{200}$; 0,045; $\frac{3}{38}$

4

Brot enthält einen sehr hohen Anteil an Ballaststoffen. Auf die verschiedenen Brotsorten entfallen verschiedene Anteile.

Brot	Anteil an Ballaststoffen
a) Toastbrot	$\frac{19}{500}$
b) Weizenknäckebrot	$\frac{3}{25}$
c) Roggenknäckebrot	$\frac{140}{1000}$
d) Weizenbrot	$\frac{1}{25}$
e) Mehrkornbrot	$\frac{2}{25}$
f) Roggenbrot	$\frac{15}{250}$
g) Roggenmischbrot	$\frac{3}{50}$
h) Roggenschrotbrot	$\frac{20}{250}$
i) Roggenvollkornbrot	$\frac{90}{1000}$

Vergleiche den Ballaststoffgehalt, indem du die Anteile in Prozent umrechnest.

5

Brot besteht hauptsächlich aus Mehl. Dieses wird durch Mahlen von Getreide hergestellt. Dabei sinkt der Gehalt an Ballaststoffen.

Anteile an Ballaststoffen in Mehl

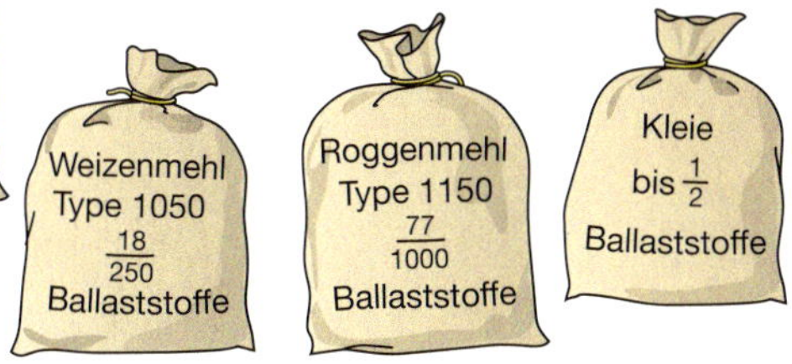

Welches Mehl hat den größten Ballaststoffgehalt? Berechne in Prozent.

6

Wie viel Prozent/Promille sind das:

a) die Hälfte b) ein Zehntel

c) jeder Vierte d) drei von Tausend

e) sieben Achtel f) die Hälfte der Hälfte

7

Die Mohnsemmeln der Bäckerei Müller enthalten $\frac{7}{100}$ Eiweiß und $\frac{29}{50}$ Kohlenhydrate. Gib die Anteile in Prozent an. Ist damit die Zusammensetzung der Semmeln vollständig beschrieben? Begründe.

8

Zeichne in dein Heft einen 10 cm langen und 2 cm hohen Streifen. Färbe 52 % des Streifens blau, 23 % rot und 19 % grün. Wie viel Prozent bleiben ungefärbt?

9

Ordne den farbigen Kreisflächen die entsprechenden Prozentsätze zu. Bei richtiger Zuordnung ergibt sich ein Lösungswort.

%	50	100	30	25	12,5	$33\frac{1}{3}$	75	10
	M	A	M	D	G	I	A	R

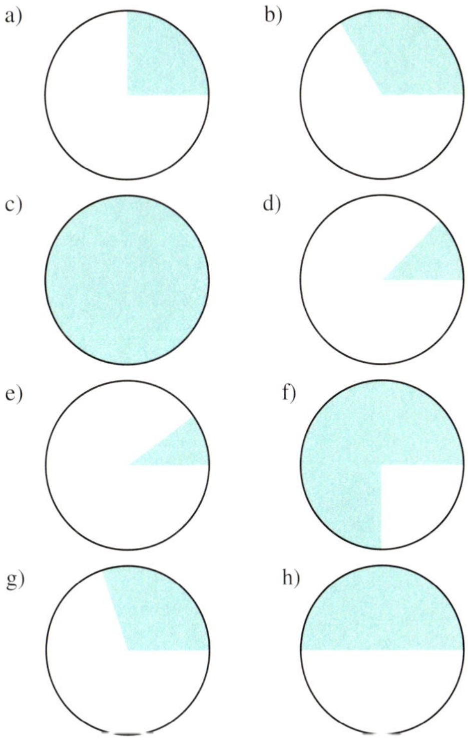

10

Wandle die Angaben in Promille um und ordne sie der Größe nach.

a) $\frac{2}{500}$ 0,0038 $\frac{1}{240}$ 0,41 %

b) 0,0009 $\frac{1}{900}$ 0,1 %

11
Wie viel Prozent der abgebildeten Gummibärchen sind rot (grün; gelb; weiß)?

12
Das Kreisdiagramm zeigt die Zusammensetzung eines Schokoladen-Pulvers.

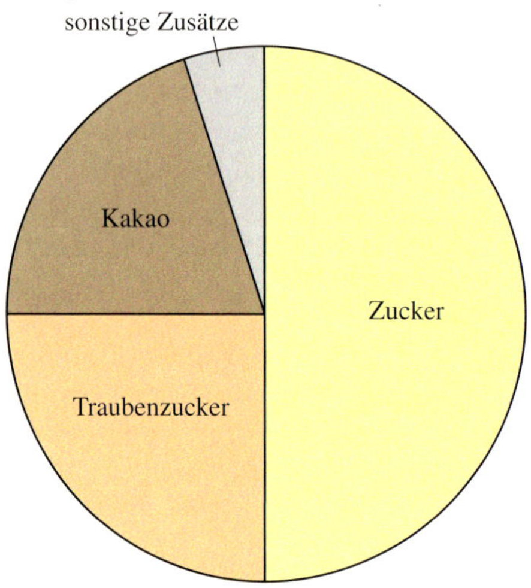

Bestimme die Anteile in Prozent.

13
Vom Start bei 30 % darf Roboter Robby entlang der Linien jeweils zur nächsten Zahl laufen – aber jeweils nur dann, wenn diese größer ist als die Ausgangszahl. Dies macht er so lange, bis er bei einer Zahl am rechten Rand angelangt ist.
Es gibt nur einen Weg, der vom Ausgangspunkt durchgehend bis zum rechten Rand führt.
Die Buchstaben verraten dir ein Lösungswort.

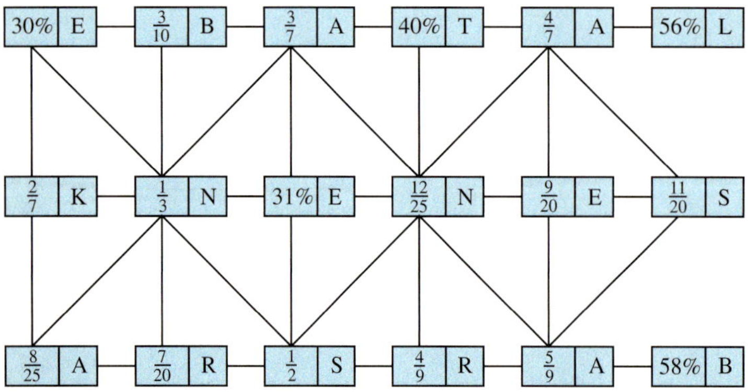

14
Zeichne in ein Kreisdiagramm die folgende Aufteilung eines Ganzen:
37,5 %; 25 %; 12,5 %; □
Welche Angabe fehlt dabei noch?

15
Suche in der Zeitung Artikel, in denen Prozentangaben vorkommen. Überlege dir, was die Angaben bedeuten und warum sie in Prozent gemacht wurden.

16
38 % aller Schülerinnen und Schüler des Adam-Kraft-Gymnasiums lernen Latein, 69 % Französisch und 14 % Italienisch. Erkläre, warum sich diese Angaben nicht zur Darstellung in einem Kreisdiagramm eignen.

*17
Auf dem fernen Planet Quarton werden zum Vergleichen von Anteilen „Proquartangaben" verwendet. Dabei bedeutet:
30 Proquart = 30 # = $\frac{30}{40}$ = 0,75
a) Wandle die Brüche $\frac{13}{40}$; $\frac{3}{10}$; $\frac{1}{4}$ und $\frac{2}{5}$ in Proquart um und vergleiche sie.
b) Zeichne ein Kreisdiagramm mit der Proquart-Aufteilung 20#; 10#; 5#; 5#
c) Zeichne einen Streifen geeigneter Länge und färbe 18 # des Streifens rot, 14 # blau und 5 # grün. Wie viel Proquart des Streifens bleiben ungefärbt?
d) Beschreibe, welche Nachteile der Vergleich von Brüchen in Proquartangaben gegenüber dem für uns gewohnten Vergleich von Brüchen in Prozentangaben aufweist.

G18
Veranschauliche die Rechnung mit einem geeigneten Bild (z. B. Tortendiagramm).
a) $\frac{1}{8} + \frac{5}{8}$
b) $\frac{7}{12} - \frac{5}{12}$
c) $\frac{1}{6} + \frac{1}{2}$
d) $\frac{3}{4} - \frac{1}{3}$

G19
Zeichne das Schrägbild eines Würfels
a) mit dem Volumen 27 cm^3
b) mit der Oberfläche 24 cm^2

2 Berechnung von Prozentwerten und Prozentsätzen

1
Das Sportgeschäft Ludwig senkt zum Jubiläum die Preise.
Zu welchen Preisen werden die Skier ab Montag jeweils verkauft?

2
Von den 160 Schülerinnen und Schülern der 6. Klassen des Wolfgang-Borchert-Gymnasiums nahmen 24 an der Fürther Mathematikolympiade teil.
Am Hardenberg-Gymnasium beteiligten sich 14 % der Schülerinnen und Schüler.
Wo war die Beteiligung größer?

30 % von 7000 €
Prozentsatz *Grundwert*

Anteil = Prozentsatz
Bruchteil = Prozentwert

Prozentangaben beziehen sich meist auf Größen oder Zahlen wie zum Beispiel 30 % von 7000 € oder 15 % von 600.
Man nennt den in Prozent gegebenen Anteil **Prozentsatz** und die Bezugsgröße **Grundwert.**

Den Bruchteil 30 % von 7000 € können wir in bekannter Weise berechnen:
$30\,\% \text{ von } 7000\,€ = 30\,\% \cdot 7000\,€ = \frac{30}{100} \cdot 7000\,€ = 0{,}3 \cdot 7000\,€ = 2100\,€$
Diesen Bruchteil des Grundwerts nennt man den **Prozentwert.**

> Der Zusammenhang „Prozentsatz vom Grundwert ist Prozentwert“
> oder **Prozentsatz · Grundwert = Prozentwert**
> wird auch als die Grundgleichung der Prozentrechnung bezeichnet.

Der Prozentwert ergibt sich als Produkt der beiden Faktoren Prozentsatz und Grundwert:
$40\,\% \text{ von } 6000\,€ = 40\,\% \cdot 6000\,€ = 0{,}4 \cdot 6000\,€ = 2400\,€$

Den Faktor Prozentsatz berechnet man umgekehrt, indem man den Prozentwert durch den Grundwert dividiert.
$2400\,€ \text{ von } 6000\,€ = 2400\,€ : 6000\,€ = 0{,}4 = 40\,\%$

Beachte:
Das Wörtchen „von“ wird im Zusammenhang mit Prozentangaben in zwei unterschiedlichen Bedeutungen verwendet:
Einerseits bedeutet
20 % von 400 m
Schülern kommen wie oben beschrieben
$20\,\% \cdot 400\,\text{m} = 80\,\text{m}$

Anererseits sagt man „drei von vier mit dem Fahrrad“, und meint damit, dass $\frac{3}{4}$ (= 3 : 4) der Schüler, also 75 % der Schüler mit dem Fahrrad kommen.

Ob „von“ „multipliziert mit“ oder „dividiert durch“ bedeutet, ergibt sich aus dem Zusammenhang.

Bei der Berechnung von Prozentwerten im Kopf, also bei „einfachen" Prozentsätzen eignet sich auch das folgende Vorgehen:

Ein solches Vorgehen nennt man „Dreisatzrechnung"

Gesucht sind 20 % von 470 kg
100 % entsprechen 470 kg

10 % entsprechen 47 kg

20 % entsprechen 94 kg

	Prozentsatz	Gewicht	
	100 %	470 kg	
: 10	10 %	47 kg	: 10
· 2	20 %	94 kg	· 2

Im allgemeinen Fall bringt die Dreisatzrechnung keine unmittelbaren Vorteile.

Gesucht sind 17 % von 820
100 % entsprechen 820

1 % entsprechen 8,2 kg

17 % entsprechen 139,4 kg

	Prozentsatz	Wert	
	100 %	820	
: 100	1 %	8,2	: 100
· 17	17 %	139,4	· 17

Hier ist die direkte Berechnung schneller: $17\,\% \cdot 820 = 0{,}17 \cdot 820 = 139{,}4$

Beispiel 1
Pommes frites enthalten 34 % Kohlenhydrate, 24 % Fett und 4 % Wasser. Der Rest sind Fasern und Salze. Stelle die Anteile in einem Kreisdiagramm dar.
Lösung:
Um die entsprechenden Mittelpunktswinkel der Kreissektoren zu erhalten, berechnen wir:
$34\,\%$ von $360° = 0{,}34 \cdot 360° = 122{,}4°$
$24\,\%$ von $360° = 0{,}24 \cdot 360° = 86{,}4°$
$4\,\%$ von $360° = 0{,}04 \cdot 360° = 14{,}4°$
Für den Rest bleiben daher
$360° - (122{,}4° + 86{,}4° + 14{,}4°)$
$= 360° - 223{,}2° = 136{,}8°$

Mögliche Kontrolle: $[(100\,\% - (34\,\% + 24\,\% + 4\,\%)]$ von $360°$ $= 38\,\%$ von $360°$ $= 0{,}38 \cdot 360°$ $= 136{,}8\,\%°$

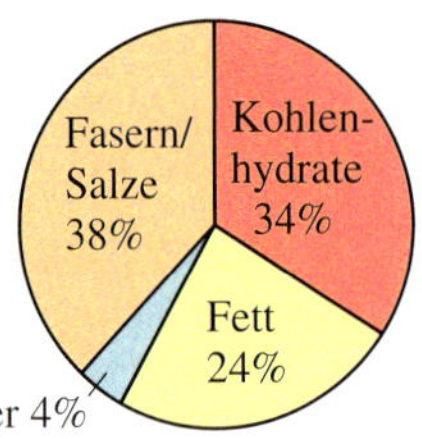

Beispiel 2
Berechne die Anteile an Nährstoffen in Prozent und vergleiche.

Erdbeeren (250 g)

2,5 g Eiweiß
0 g Fett
17,5 g Kohlenhydrate
5 g Ballaststoffe

Apfel (150 g)

0,5 g Eiweiß
0 g Fett
18 g Kohlenhydrate
3,5 g Ballaststoffe

Lösung:
Erdbeeren enthalten mehr Eiweiß:
Erdbeeren: $2{,}5\,\text{g} : 250\,\text{g} = 1\,\%$
Äpfel: $0{,}5\,\text{g} : 150\,\text{g} \approx 3{,}3\,‰$
Äpfel enthalten mehr Kohlenhydrate:
Erdbeeren: $17{,}5\,\text{g} : 250\,\text{g} = 7\,\%$
Äpfel: $18\,\text{g} : 150\,\text{g} = 12\,\%$

Beispiel 3
Berechne die Prozentsätze.
a) 7 von 8 b) 1 von 13
Lösung:
a) $\frac{7}{8} = 0{,}875 = 87{,}5\,\%$
b) $\frac{1}{13} = 0{,}0769\ldots \approx 7{,}7\,\%$

Beispiel 4
Eine Jacke kostet 260 €. Das Nachfolgemodell ist um 15 % teurer geworden.
Wie hoch ist der Preis des neuen Modells?

Lösung (1. Möglichkeit):
$15\,\%$ von $260\,€ = 0{,}15 \cdot 260\,€ = 39\,€$
Neuer Preis: $260\,€ + 39\,€ = 299\,€$
Hier wird die Preiserhöhung berechnet und zum alten Preis addiert.

Lösung (2. Möglichkeit):
$115\,\%$ von $260\,€ = 1{,}15 \cdot 260\,€ = 299\,€$
Hier wird der neue Preis direkt berechnet.
Die 115 % setzen sich zusammen aus dem alten Preis und der Erhöhung um 15 %.

Bei der 2. Lösungsmöglichkeit sieht man, dass manchmal also auch Prozentsätze über 100 % sinnvoll sind.

Aufgaben

3
Berechne.
a) 4 % von 600 kg b) 13 % von 300 m
c) 87 % von 500 d) 124 % von 800 m²
e) 8 % von 2 m f) 75 % von 14

4
a) Wie viel Prozent des Streifens sind blau, gelb, grün bzw. rot gefärbt?

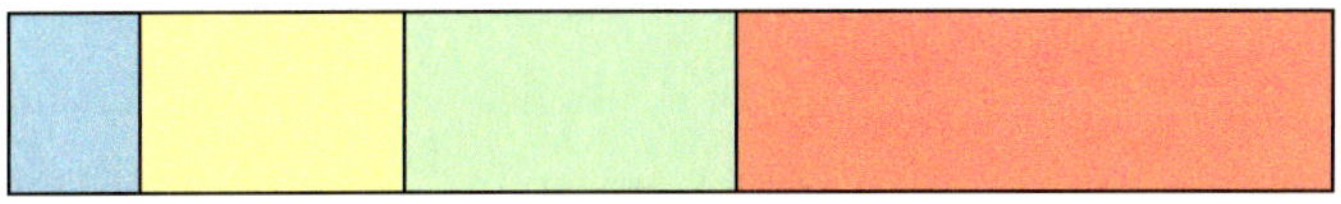

b) Welche Fläche wird von der jeweiligen Farbe repräsentiert, wenn der ganze Streifen für eine Fläche von 800 m² steht?

5
Überschlage, welche Karte jeweils am besten zu dem gesuchten Prozentwert passt. Die Buchstaben ergeben ein Lösungswort.

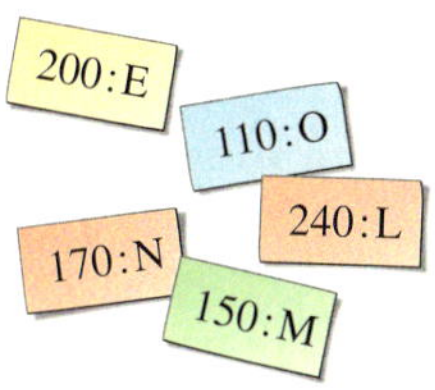

21 % von 630
66 % von 305
19 % von 783
135 % von 191
15 % von 705
89 % von 300

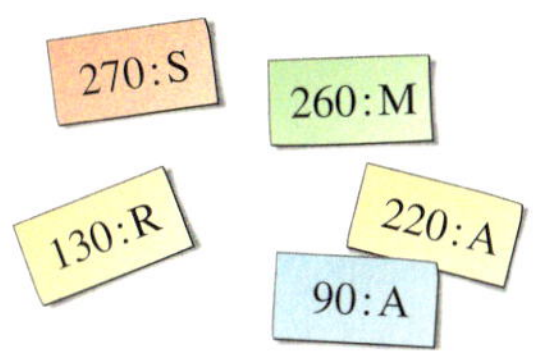

6
Man kennt derzeit etwa 1 200 000 Tierarten auf der Erde, davon 45 000 Wirbeltierarten. Wie viele Arten von Fischen, Lurchen, Kriechtieren, Vögeln und Säugetieren gibt es jeweils?

7
Gib zu den Kreisdiagrammen jeweils die Prozentsätze an, die den gefärbten Kreissektoren entsprechen.

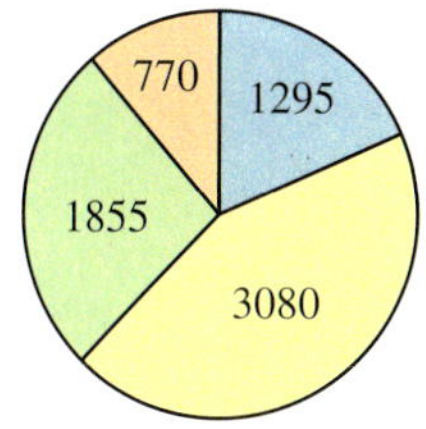

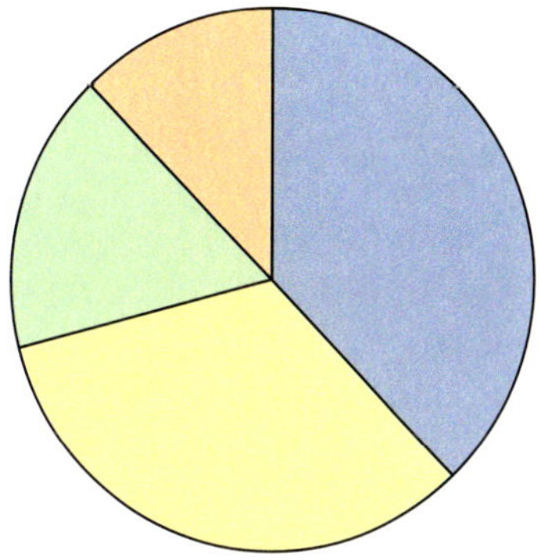

8

Fruchtsaft | Nektar | Fruchtsaftgetränk | Fruchtlimonade

Wie viel ml Fruchtsaft enthalten 0,75 *l* Nektar, Fruchtsaftgetränk bzw. Limonade?

9
Berechne im Kopf.
a) 17 von 200 b) 60 % von 30
c) 20 % von 210 m d) 11 von 50
e) 49 % von 2300 f) 30 % von 1 h
g) 90 % von 2 kg h) 3 von 25

10
Unter den in Deutschland lebenden etwa 42 000 Tierarten gehören 700 zu den Wirbeltieren, 29 000 zu den Insekten, 900 zu den Krebsen, 3500 zu den Spinnentieren, 500 zu den Weichtieren und 4500 zu den Würmern.
Zeichne dazu ein Kreisdiagramm.

11

Martina erhält für das Guthaben auf ihrem Sparbuch 2,0 % Zinsen pro Jahr.

a) Wie hoch sind die Zinsen bei einem Guthaben von 500 € nach einem Jahr?

b) Üblicherweise werden die Zinsen nicht ausgezahlt, sondern auf dem Sparbuch zum Guthaben addiert. Wie hoch ist dann Martinas Guthaben nach 2 Jahren?

Angebot Sparhier-Bank
5% Zinsen bei Festlegung auf zwei Jahre

Angebot Spardort-Bank
2 % Zinsen im ersten und 8 % Zinsen im zweiten Jahr bei Festlegung auf zwei Jahre

12

Florian muss sich zwischen den Angeboten der Sparhier-Bank und Spardort-Bank entscheiden, um seine 1000 € für 2 Jahre anzulegen. Was würdest du ihm empfehlen? Untersuche auch mit dem Taschenrechner, welchem jährlichen Zinssatz das Angebot der Spardort-Bank etwa entspricht.

13

Würfle fünfzigmal mit einem normalen Spielwürfel und schreibe dir die Ergebnisse in einer Tabelle auf.

a) Berechne die relativen Häufigkeiten der einzelnen Augenzahlen in Prozent.

b) Addiert die jeweilige Zahl der Einsen, Zweien, usw. der ganzen Klasse und berechnet die relativen Häufigkeiten der einzelnen Augenzahlen in dieser Zusammenfassung.

Buchstabe	*Anteil in %*
a	*6,51*
b	*1,89*
c	*3,06*
d	*5,08*
e	*17,40*
f	*1,66*
g	*3,01*
h	*4,76*
i	*7,55*
j	*0,27*
k	*1,21*
l	*3,44*
m	*2,53*
n	*9,78*
o	*2,51*
p	*0,79*
q	*0,02*
r	*7,00*
s	*7,27*
t	*6,15*
u	*4,35*
v	*0,67*
w	*1,89*
x	*0,03*
y	*0,04*
z	*1,13*

Tabelle der relativen Häufigkeit der einzelnen Buchstaben in einer großen Anzahl verschiedener deutscher Texte

14

Beim so genannten Caesar-Verschlüsselungsverfahren wird in einem Text jedes „a" durch einen bestimmten anderen Buchstaben ersetzt (z. B. durch das „n"). Aus dieser Ersetzung ergibt sich die restliche Verschlüsselung. Es wird dann nämlich jedes „b" durch ein „o" ersetzt, jedes „c" durch ein „p", jedes „d" durch ein „q" und so weiter.

a) Verwende die Tabelle der relativen Häufigkeiten von Buchstaben zur Entschlüsselung des folgenden, mit dem Caesar-Verfahren verschlüsselten Textes:
fkgug igjgkouejtkhv kuv uejqp dgk ecguct xgtygpfgv yqtfgp

b) Verschlüssele selbst einen einfachen deutschen Text mit bis zu 10 Wörtern und gib ihn deinem Nachbarn zur Entschlüsselung.

15

a) Suche die Aufteilung der Einwohner und diejenige der Fläche Bayerns auf die sieben Regierungsbezirke und gib die Anteile jeweils in Prozent an.

b) Zeichne zwei 10 cm lange Balken und stelle in dem einen die Aufteilung der Einwohner und in dem anderen die Aufteilung der Fläche dar. Vergleiche.

16

Suche zu Hause nach mehreren Verpackungen, auf denen sowohl das Gesamtgewicht als auch das Gewicht des Inhalts (Nettogewicht) oder das Verpackungsgewicht (Tara) angegeben ist, oder wiege die Verpackung. Berechne den Verpackungsanteil in Prozent. Wer hat den kleinsten (den größten) Verpackungsanteil gefunden?

17

Teppich Hikub macht Werbung:

Im Mittel gibt's im Ausverkauf 30 % Rabatt.
Alle 500 Berberteppiche sind um 20%,
alle 500 Veloursteppiche um 40%
reduziert.

a) Findest du die Angabe des mittleren Rabatts in dieser Werbung korrekt? Begründe deine Meinung.

b) Berechne einen sinnvolleren mittleren Rabatt, wenn jeder Berberteppich vor dem Ausverkauf 1500 € und jeder Veloursteppich vor dem Ausverkauf 300 € gekostet hat. Begründe, warum du deinen Wert für sinnvoller hältst.

18

Lisa mischt sich ihr Lieblingsmüsli selbst aus Haferflocken (45 %), Rosinen (20 %), Haselnüssen (10 %) und Sonnenblumenkernen (25 %) zusammen.

a) Wie viel Gramm Haferflocken braucht sie, um ein halbes Kilogramm Müsli zu mischen?

b) Ihr Bruder Leo mag nur die Rosinen. Er stibitzt ihr die Hälfte der Rosinen aus dem frisch gemischten Müsli. Berechne nun die prozentualen Anteile der Zutaten im Müsli.

Weltbevölkerung in Mio

	1990	*2003*
Asien	*3112*	*3769*
Amerika	*724*	*854*
Afrika	*642*	*832*
Europa	*698*	*725*
Ozeanien	*26*	*32*

19

Stelle die prozentuale Verteilung der Weltbevölkerung in den Jahren 1990 und 2003 in zwei Diagrammen dar. Vergleiche.

20

Strom kann auf verschiedene Weisen erzeugt werden. Nach der Vereinigung Deutschlands war die Zusammensetzung der Stromerzeugung in den alten und in den neuen Bundesländern sehr unterschiedlich.

Die Stromerzeugung in Deutschland 1991

alte Bundesländer: 458 Mrd kWh neue Bundesländer: 78 Mrd kWh

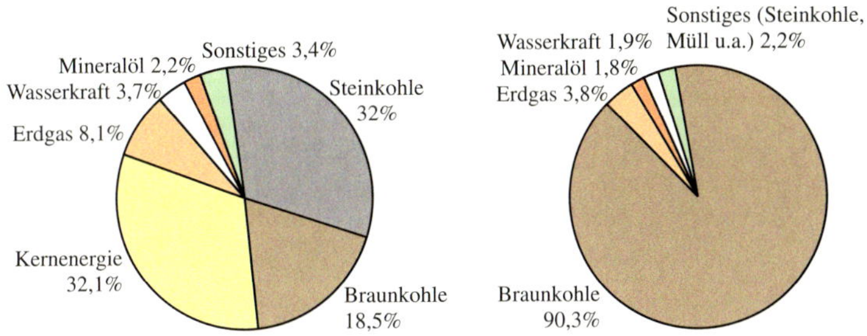

a) Berechne, wie viele kWh Strom jeweils aus Wasserkraft, Braunkohle und Erdgas erzeugt wurden.

b) Im Jahr 1999 wurde der Strom in ganz Deutschland und in Bayern auf folgende Weisen erzeugt (jeweils Mio. kWh):

	Deutschland	*Bayern*
Kernenergie	*169 700*	*45 260*
Wasserkraft	*23 500*	*11 479*
Steinkohle (mit Müll und Sonstiges)	*166 550*	*7680*
Braunkohle	*135 000*	*3016*
Erdgas	*53 500*	*1832*
Heizöl	*4500*	*745*

Erstelle zwei Kreisdiagramme und vergleiche die Aufteilung und die Summe für Deutschland mit derjenigen aus dem Jahre 1991.

c) Vergleiche die Aufteilung in Deutschland mit derjenigen in Bayern.

21

Martina verdünnt 0,3 *l* Pfirsichnektar mit 0,2 *l* Mineralwasser.
Wie groß ist der Anteil an Fruchtsaft in der Mischung mindestens?

22

Vanessa hat mit Wurfpfeilen 30-mal auf die Scheibe geworfen, Dirk 50-mal. Das Diagramm zeigt, wie häufig sie die einzelnen Ringe geworfen haben. Bei 0 sind die Fehlwürfe angegeben.

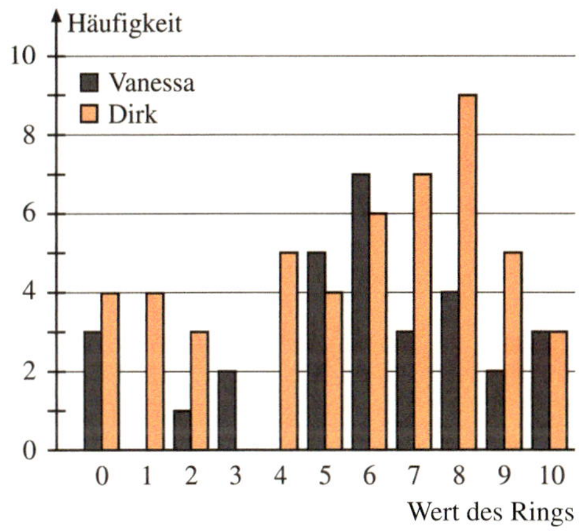

a) Stelle für Vanessa und Dirk jeweils eine Tabelle der absoluten und der relativen Häufigkeiten (in Prozent) auf.

b) Wer hatte häufiger einen Fehlwurf, wer hat häufiger die 8 bzw. die 10 getroffen?

c) Berechne für Vanessa und Dirk den durchschnittlichen Wert pro Wurf.

G23

Überschlage und berechne.

a) $\frac{58 \cdot 84 \cdot 105}{145 \cdot 63 \cdot 32}$ b) $8 - 8\,\% + \frac{1}{8}$

c) $\frac{7}{10} + (3 : 5 + 5)$ d) $\frac{0{,}18 \cdot 0{,}017 \cdot 1{,}6}{0{,}24 \cdot 6{,}8 \cdot 0{,}045}$

e) $\frac{7}{12} - \frac{1}{4} + \left(-\frac{7}{18}\right)$ f) $8\frac{1}{7} : 6\frac{3}{7} - 20\,\% - 2$

3 Der Grundwert bei Prozentaufgaben

1
Das Wochenendticket der Deutschen Bahn wurde im Jahr 2001 deutlich teurer. Der Preis wurde von 15 € auf 30 € erhöht. Christoph und Annika sind sich uneins. Christoph ist der Meinung, der Preis wurde um 50 % erhöht, Annika sagt, dass der Preis sogar um 100 % erhöht worden sei.
Wer hat Recht? Begründe.

2
Um wie viel Prozent ist das Landshuter Münster höher als die Münchener Frauenkirche? Um wie viel Prozent ist die Münchener Frauenkirche niedriger als das Landshuter Münster?

Prozentsätze beziehen sich immer auf einen bestimmten Grundwert. Oft muss man genau hinsehen, um zu erkennen, welches der Grundwert ist.
So bedeutet die Aussage, „Das Landshuter Münster ist 30 % höher als die Münchener Frauenkirche", dass die Höhe der Münchener Frauenkirche (100 m) als Grundwert angesehen wird. Die Höhe des Landshuter Münsters beträgt dann 100 m + 30 % von 100 m = 130 m.
Umgekehrt ist auch die Aussage „Die Münchener Frauenkirche ist 23 % niedriger als das Landshuter Münster" richtig, denn hier ist als Grundwert die Höhe des Landshuter Münsters gemeint.
Die Höhe der Münchener Frauenkirche beträgt dann 130 m – 23 % von 130 m = 100 m.
Der Grundwert ist also jeweils der Wert, mit dem verglichen wird.

Bei der Berechnung von Prozentwerten und Prozentsätzen ist es entscheidend, auf welchen Grundwert sich die gegebenen Angaben beziehen.

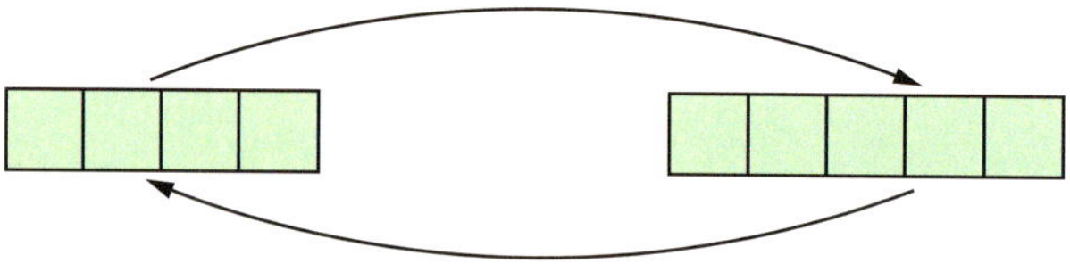

Häufig ist bei solchen Angaben der Grundwert an dem Wörtchen „als" zu erkennen.

Beachte:
Oft wird in Aussagen der Grundwert gar nicht direkt genannt. So ist mit der Aussage „eine Jacke ist um 15 % teurer geworden" eigentlich gemeint, dass ihr Preis nun um 15 % höher ist als der frühere Preis. Der Grundwert ist also der frühere Preis.

Beispiel 1

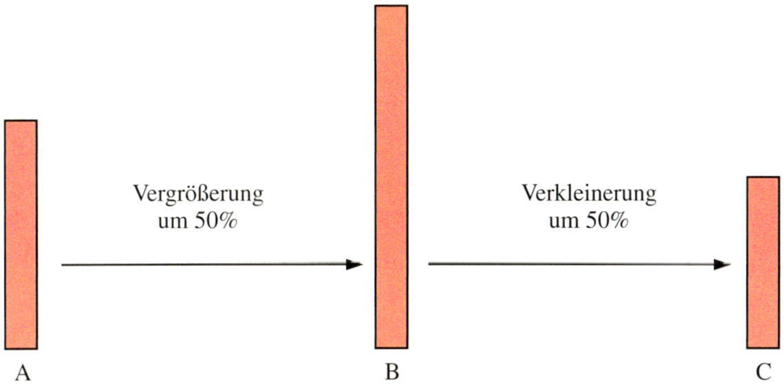

Erkläre den Unterschied zwischen A und C.

Lösung:
Die 2,8 cm lange Säule (A) wird im ersten Schritt um 50 % ihrer Höhe (also um 1,4 cm) vergrößert. Sie ist dann
2,8 cm + 50 % von 2,8 cm = 4,2 cm hoch.
Danach wird sie um 50 % ihrer aktuellen Höhe (4,2 cm) verkleinert. Sie ist dann
4,2 cm – 50 % von 4,2 cm = 2,1 cm hoch.
Im ersten Schritt beziehen sich die 50 % auf die 2,8 cm lange Säule, im zweiten Schritt auf die 4,2 cm lange Säule.
Daher ist die Säule in C kürzer als diejenige in A.

Strategie: *Veranschaulichen durch eine Zeichnung*

Beispiel 2
Bei einer Wahl haben 60 % der Wahlberechtigten wirklich gewählt. Von den Wählern haben 40 % die Partei A gewählt. Stelle die Situation grafisch dar.
Gib an, wie viel Prozent der Wahlberechtigten die Partei A gewählt haben.
Lösung:

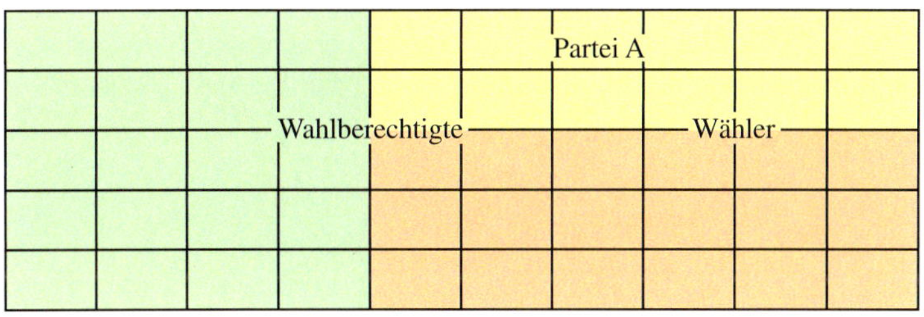

24 % der Wahlberechtigten (12 von 50 Kästchen) haben die Partei A gewählt.

Beispiel 3

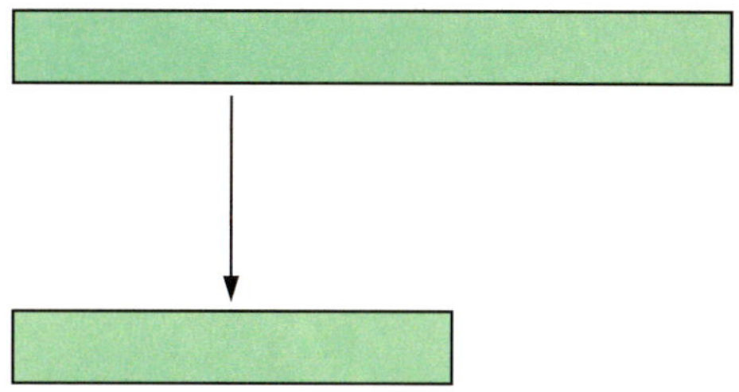

Um wie viel Prozent wurde der obere Balken verkürzt?
Lösung:
Der Balken war 6,2 cm lang und wurde auf 3,8 cm Länge, also um 2,4 cm gekürzt.
2,4 cm : 6,2 cm = 24 : 62 ≈ 38,7 %.
Der obere Balken wurde also um etwa 38,7 % verkürzt.

Aufgaben

3
Eine Hose kostet 85 €.
Berechne ihren neuen Preis, wenn er
a) um 20 % reduziert wird,
b) um 20 % erhöht wird,
c) um 8 % reduziert wird,
d) auf 65 % des Ausgangspreises reduziert wird.

4
Tina ist 1,60 m groß. Ihr Vater ist um 20 % größer als sie.
Um wie viel Prozent ist Tina kleiner als ihr Vater?

5
Um wie viel Prozent wurde die Strecke verlängert?

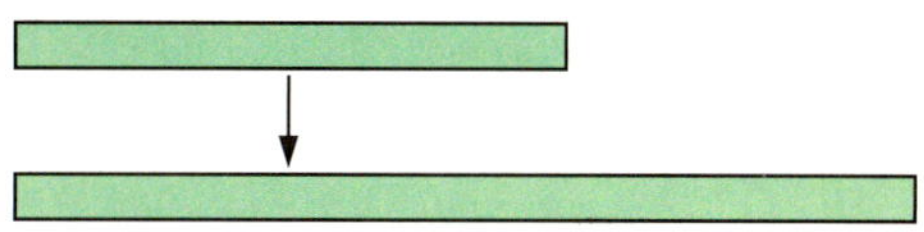

6
35 % der Einwohner Schwabachs sind unter 18 Jahre alt. 60 % der unter 18-Jährigen besuchen eine Schule. Stelle die Schwabacher Einwohnerschaft grafisch dar und kennzeichne die unter 18-jährigen Schüler.

7
Ein Elektronikmarkt warb 2003 mit dem Slogan: „Wir geben Ihnen die Mehrwertsteuer zurück." Auf alle Preise wurde 16 % Rabatt gewährt. Welchen Denkfehler hat die Ladenkette gemacht?

8
Was ergibt als Endbetrag das höhere Taschengeld? Fünfmal hintereinander eine Taschengelderhöhung um 10 % oder eine einmalige Taschengelderhöhung um 50 % (um 60 %)?

9
Auf Rechnungen wird neben dem zu bezahlenden (Brutto-)Preis auch die Mehrwertsteuer (MwSt.) angegeben.

Rechnung

Computerservice	45,00 €
MwSt (16%)	7,20 €
Summe	52,20 €

Rechnung

Halbschuhe	98,00 €
(enthalten 13,52 € MwSt)	

a) Auf Handwerkerrechnungen wird meist erst der Nettopreis, dann die Mehrwertsteuer und dann der zu bezahlende Bruttopreis angegeben. Beschreibe, wie gerechnet wurde.

b) Auf der Rechnung im Geschäft wird der Bruttopreis angegeben. Es muss aber auch die Mehrwertsteuer angegeben werden. Wurde bei den Schuhen richtig gerechnet? Wie hoch ist der Nettopreis?

10
Beim Skispringen gibt es seit 1998 die Regel, dass die Skilänge der Springer höchstens um 46 % länger sein darf als sie selbst groß sind.

a) Wie lange dürfen die Sprungskier von Martin Höllwarth (1,92 m), von Sven Hannawald (1,84 m) und von Simon Amann (1,68 m) höchstens sein?

b) Vor 1998 galt die Regel, dass die Sprungskier höchstens um 60 cm länger sein durften als die jeweilige Körperlänge des Springers.
Erkläre, warum man wohl die neue Regel eingeführt hat.

c) Ein einfacher Regelvorschlag bestünde darin, als maximale Skilänge nur 2,50 m zu erlauben.
Warum führt man diese Regel wohl nicht ein? Wer würde von einer solchen Regel profitieren?

11

Wer hat hier wohl einen Fehler gemacht?

12
Die Deutsche Bahn hat im Sommer 2003 die Bahncard 25, die Bahncard 50 und die Bahncard 100 eingeführt. Die Zahl gibt jeweils die Ermäßigung auf jede Fahrkarte in Prozent an. Die Karten kosten in der 2. Klasse 50 €, 200 € bzw. 3000 € pro Jahr. Eine Normalpreisfahrkarte auf der Strecke Frankfurt–München kostet 64,80 €.
Errechne, ab welcher Anzahl von Fahrten auf dieser Strecke die jeweilige Bahncard eine Ersparnis bringt.

13
Der Preis für ein Fahrrad wurde im Juli um 20 % erhöht. Nachdem das Rad auch im September nicht verkauft wurde, verringert der Verkäufer den Preis nun um 20 %.
Ist das Fahrrad nach der Preisreduzierung billiger oder teurer als vor dem Juli oder ist der Preis nun wieder gleich?
Zeige an Zahlenbeispielen, um wie viel Prozent sich der Preis im Vergleich von Juni zu Oktober verändert hat.

G14
In einer Lotterie gewinnen 12 von den 200 Losen. Wie groß ist die relative Häufigkeit eines Gewinns?

G15
Zeichne einen Termbaum und ergänze.

a) $\frac{5}{9} - \square + 1 = \frac{1}{3}$ b) $\triangle - \frac{13}{12} = -\frac{1}{36}$

c) $2^{\square} - \frac{1}{2} - \frac{1}{5} = 3{,}3$ d) $0{,}35 + \frac{\triangle}{\square} = \frac{43}{80}$

4 Berechnung des Grundwerts

1
Zu welchem Preis wurde die Jacke vorher verkauft?

2
Fülle die Lücken mit den passenden Karten.

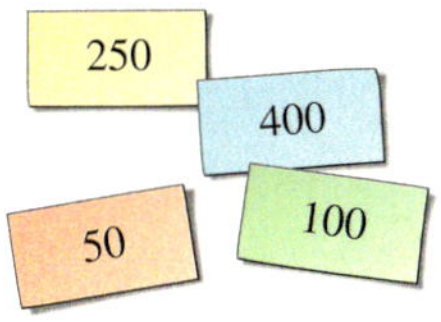

40 % von ☐ ist 36
25 % von ☐ ist 70
35 % von ☐ ist 105

Erinnerung:
Prozentsatz · Grundwert = Prozentwert

Der Prozentwert ergab sich als Produkt der beiden Faktoren Prozentsatz und Grundwert:

$30\,\%$ von $150\,€ = 30\,\% \cdot 150\,€ = 0{,}3 \cdot 150\,€ = 45\,€$

Den Faktor Grundwert berechnet man umgekehrt, indem man den Prozentwert durch den Prozentsatz dividiert.

$45\,€ : 30\,\% = 45\,€ : 0{,}3 = 150\,€$

Um sich diese Situation besser vorstellen zu können, hilft eine Zeichnung:

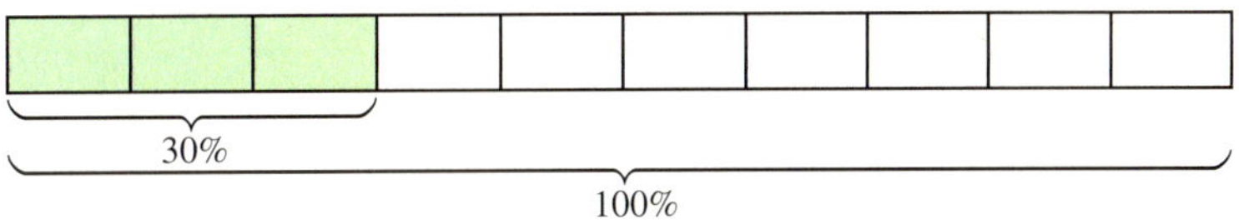

Rechnerisch entspricht dieses Vorgehen dem Dreisatz:

		Prozentsatz	Geldbetrag	
Wenn 30 % des Grundwerts 45 € sind, dann		30 %	45 €	
	: 3			: 3
sind 10 % des Grundwerts 15 €,		10 %	15 €	
	· 10			· 10
also 100 % des Grundwerts 150 €		100 %	150 €	

Der Dreisatz eignet sich besonders für Berechnungen „im Kopf" mit einfachen Prozentsätzen.

Beispiel 1
In den Klassen 6a und 6b sind 21 Mädchen. Das sind 35 % aller Kinder der zwei Klassen. Wie viele Kinder sind in 6a und 6b?
Lösung:
$21 : 35\,\% = 21 : 0{,}35 = 60.$
In den beiden Klassen sind 60 Kinder.
Probe: $35\,\% \cdot 60 = 0{,}35 \cdot 60 = 21$

Zweite Lösung:

		Prozentsatz	Kinder	
35 % sind 21 Kinder		35 %	21	
	: 7			: 7
5 % sind 3 Kinder		5 %	3	
	· 20			· 20
100 % sind 60 Kinder		100 %	60	

Beispiel 2

Die Einwohnerzahl von Zustadt ist in den letzten 25 Jahren um 20 % auf 48 000 gestiegen. Wie hoch war sie vor 25 Jahren?

Lösung:

Der Grundwert, auf den sich die Aussage bezieht, ist die Einwohnerzahl vor 25 Jahren. Die heutige Einwohnerzahl beträgt daher 120 % der damaligen Einwohnerzahl.

$48\,000 : 120\,\% = 48\,000 : 1{,}2 = 40\,000$

Damals waren es also 40 000 Einwohner.

Probe: $120\,\% \cdot 40\,000 = 1{,}2 \cdot 40\,000 = 48\,000$

Zweite Lösung:		Prozentsatz	Einwohner	
120 % sind 48 000		120 %	48 000	
	:6			:6
20 % sind 8000		20 %	8 000	
	·5			·5
100 % sind 40 000		100 %	40 000	

Beispiel 3

Die Einwohnerzahl von Abstadt ist in den letzten 25 Jahren um 20 % auf 48 000 gefallen. Wie hoch war sie vor 25 Jahren?

Lösung:

Der Grundwert, auf den sich die Aussage bezieht, ist die Einwohnerzahl vor 25 Jahren. Die heutige Einwohnerzahl beträgt daher 80 % der damaligen Einwohnerzahl.

$48\,000 : 80\,\% = 48\,000 : 0{,}8 = 60\,000$

Damals waren es also 60 000 Einwohner.

Probe: $80\,\% \cdot 60\,000 = 0{,}8 \cdot 60\,000 = 48\,000$

Zweite Lösung:		Prozentsatz	Einwohner	
80 % sind 48 000		80 %	48 000	
	:4			:4
20 % sind 12 000		20 %	12 000	
	·5			·5
100 % sind 60 000		100 %	60 000	

Aufgaben

3

Berechne den gesuchten Grundwert im Kopf.

a) 50 % von … = 720
b) 30 % von … = 6 €
c) 120 % von … = 66 kg
d) 10 % von … = 62 m
e) 5 % von … = 90
f) 29 % von … = 58
g) 80 % von … = 1240 €

4

Berechne die fehlende Größe.

	a)	b)	c)	d)	e)	f)
PS	83 %	15 %		21 %	2 ‰	40 %
GW	130		38		950 €	
PW		18 €	45	105 m		54 *l*

5

Überschlage, welches Ergebnis am nächsten liegt. Du erhältst ein Lösungswort.

a) 14 % von … = 420
b) 83 % von … = 2000
c) 8 % von … = 121
d) 47 % von … = 920
e) 34 % von … = 1111
f) 73 % von … = 2650

1100 B
1500 T
2000 R
2500 E
2900 I
3300 A
3600 K
4000 N

6

In einer Porzellanfabrik rechnet man bei der Produktion von Geschirr mit einem Ausschuss von 20 %.

a) Wie viele Teller sollten gefertigt werden, um einen Auftrag von 1000 Stück erfüllen zu können?
b) Wie viele Teller sind von der Wochenproduktion (24 000 Stück) etwa Ausschuss?

7

a) Tom liest aus der Zeitung vor: „In diesem Jahr wurden in Bayern 9100 Kinder geboren und damit 9 % weniger als im Vorjahr." Anne und Mia rechnen.
Anne: „Dann waren es im Vorjahr 9919 Kinder." Mia: „Nein, es waren 10 000."
Wie sind Anne und Mia zu ihren Ergebnissen gekommen? Wer hat Recht?
b) Tom liest weiter: „Es hat in Bayern 60 % mehr Fälle mit Knochenbrüchen gegeben als im Vorjahr, nämlich 64 000." Berechne, welche Zahlen Anne und Mia für das Vorjahr erhalten würden, wenn sie so rechnen wie in a). Warum weichen die beiden Ergebnisse nun deutlich stärker voneinander ab?

8
Mit den Bildern wird ein Prozentwert zum angegebenen Prozentsatz symbolisiert. Zeichne sie ab und ergänze eine Darstellung des zugehörigen Grundwerts.

a)

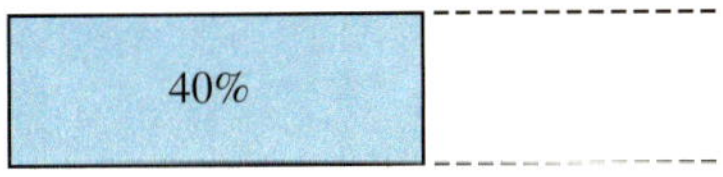

b)

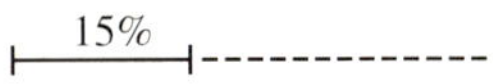

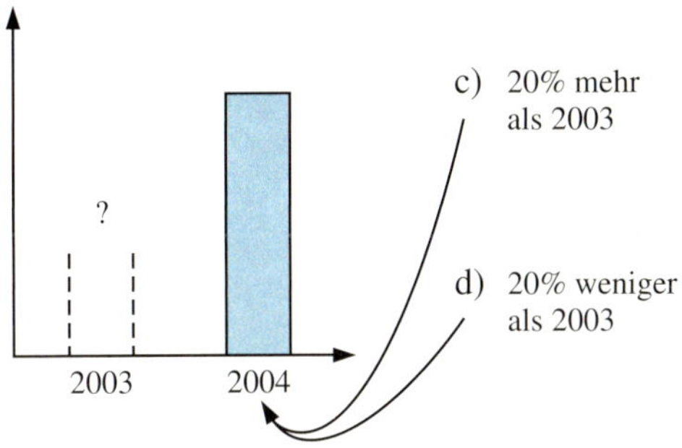

Vitamin-C-Gehalt

Petersilie	*0,13 %*
Rosenkohl	*0,08 %*
Paprika	*0,11 %*

100 ml Orangensaft enthalten 30 mg Vitamin C

9
Der Tagesbedarf eines Menschen an Vitamin C beträgt etwa 80 mg.

a) Wie viel Petersilie (Rosenkohl, Paprikagemüse) muss man essen, um allein damit den Tagesbedarf an Vitamin C zu decken?

b) Wie viel Orangensaft muss man trinken, um allein damit den Tagesbedarf an Vitamin C zu decken?

10
Suche nach Zeitungsartikeln, in denen Prozentangaben gemacht werden. Gib jeweils an, was Prozentsatz, Grundwert und Prozentwert ist.

11
a) Eine Zahl wird um 75 % verkleinert. Man erhält die Zahl 5400. Wie groß war die Ausgangszahl?

b) Eine Zahl wird um 25 % verkleinert. Die so erhaltene Zahl wird wieder um 25 % verkleinert und die so erhaltene Zahl nochmals um 25 %. Man erhält die Zahl 5400. Wie groß war die Ausgangszahl vor dem ersten Schritt? Vergleiche sie mit dem in a) erhaltenen Ergebnis.

12
Herr Ernst ergattert im Schnäppchenmarkt eine Uhr zu 40 % unter dem empfohlenen Preis. Er bezahlt 24 €. Wie viel Euro beträgt der empfohlene Preis?

13
Vervollständige die Angaben in den Diagrammen:

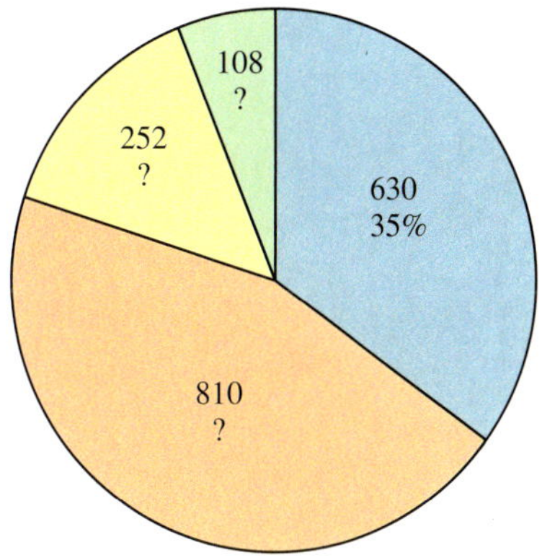

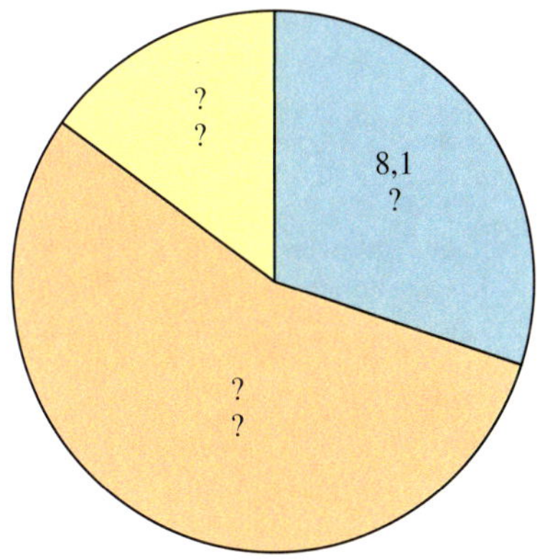

G14
Berechne für einen Quader mit dem Volumen V die fehlende Kantenlänge:

a) a = 80 cm; b = 1,2 m; V = 2400 dm³

b) a = 24 cm; c = 0,4 m; V = 56,16 *l*

c) b = 25,4 cm; c = 12,5 m; V = 32,385 hl

G15
Du hast eine Zahl mit einer Nachkommastelle, eine Zahl mit zwei Nachkommastellen und zwei Zahlen mit drei Nachkommastellen. Kann ihre Summe 10 ergeben? Falls ja, gib ein Beispiel an.

5 Problematische Prozentangaben und Diagrammdarstellungen

1

Lies die einzelnen Zeitungsausschnitte. Wo sind Fehler enthalten? Wo entsteht ein falscher Eindruck?

Die Preise für PC's sind in dieser Zeit um bis zu 100% gefallen und sinken noch weiter.

Jede dritte Ehe in Deutschland wird geschieden. In Großstädten sind es sogar schon 30%.

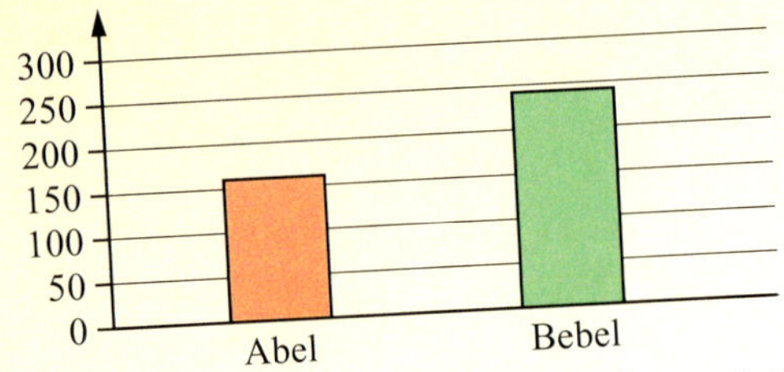

Fahrradhändler Abel hat dieses Jahr einen guten Verkaufserfolg zu verzeichnen und hat nur noch 33% weniger Räder verkauft als sein Konkurrent Bebel.

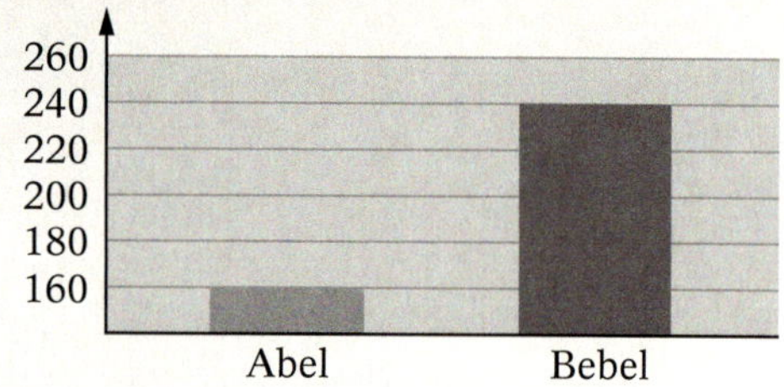

Fahrradhändler Bebel hat dieses Jahr 240 Räder verkauft und liegt damit deutlich vor seinem Konkurrenten Abel.

Die Steigung der Kletterroute betrug durchschnittlich etwa 95%. Das Gelände war damit fast senkrecht.

Friedrich Müller, der vor 4 Jahren 10% der Wählerstimmen erhalten hatte, kam in diesem Jahr auf 15%. Er konnte damit seinen Anteil um 5% steigern.

Prozentangaben und Diagramme finden insbesondere in der Werbung oder bei der Darstellung von Sachverhalten in Zeitungen vielfältige Anwendung. Immer wieder findet man dabei Beispiele, in denen fehlerhafte oder unvollständige Darstellungen den Sachverhalt verfälschen. Oft werden auch Darstellungen gewählt, die absichtlich einen falschen Eindruck erwecken.
Prozentangaben finden sich immer wieder ohne Bezug auf einen Grundwert oder werden gar auf den falschen Grundwert bezogen.
So kann eine Verkaufssteigerung um 50 % bedeuten, dass statt zwei Autos nun drei verkauft wurden, aber auch, dass die Verkaufszahl von 200 auf 300 deutlich angestiegen ist.
Wenn gemeldet wird, der Preis sei um 100 % gefallen, ist vermutlich eine Verringerung um 50 %, z. B. von 1000 € auf 500 € gemeint. Der alte Preis ist dann um 100 % höher als der neue.

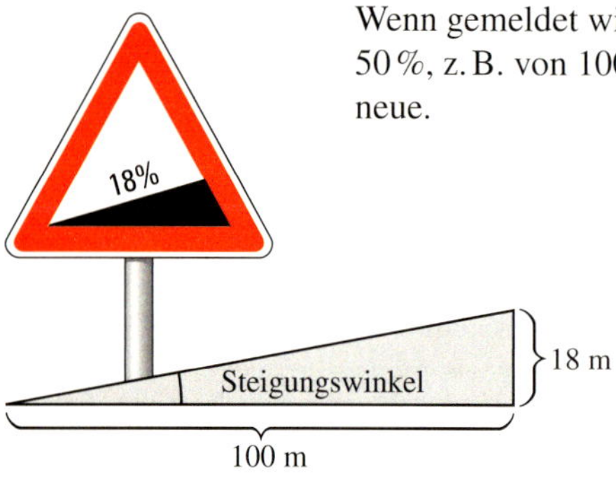

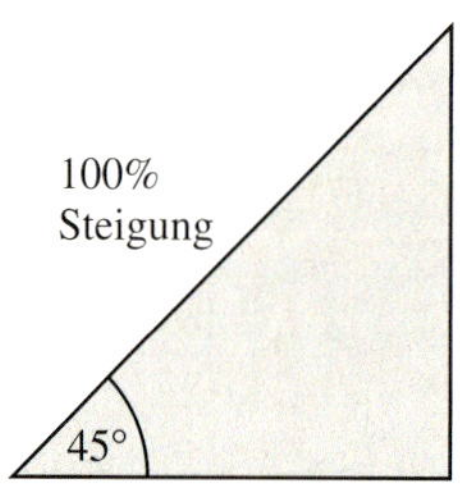

Mit der Aussage „18 % Steigung", die sich auf Verkehrsschildern findet, ist gemeint, dass der Höhenunterschied auf 100 m waagrechter Distanz 18 m beträgt.
Daher entspricht 100 % Steigung einem Steigungswinkel von 45° und nicht einem Winkel von 90°, wie oft fälschlicherweise vermutet wird.

Bei der Beschreibung der Veränderung von Prozentzahlen wird häufig der Begriff der **Prozentpunkte** verwendet.
Steigt der Anteil einer Partei von 20 % auf 30 %, so wird gemeldet, die Partei habe 10 Prozentpunkte hinzugewonnen. Bei gleich gebliebener Wählerzahl wäre es auch richtig, zu sagen, sie habe 10 % aller Wähler hinzugewonnen. Ebenso könnte man sagen, die Partei habe 50 % hinzugewonnen, denn sie hat ihren Stimmenanteil um die Hälfte gesteigert.

	2002	2006
Anteil der SFC	20 %	30 %
Wählerstimmen bei 1000 Wählern	200	300

Zuwachs: 10 Prozentpunkte
oder auch
Zuwachs: 50 % des bisherigen Anteils

Irreführend wäre: Zuwachs 10 % ohne weitere Angabe des Grundwerts

Bei der Darstellung in Diagrammen ergibt sich ein deutlich verfälschtes Bild, wenn die eine Achse nicht bei 0 beginnt:

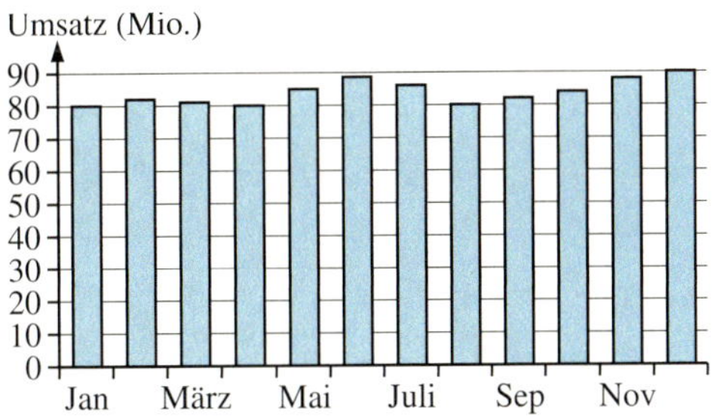

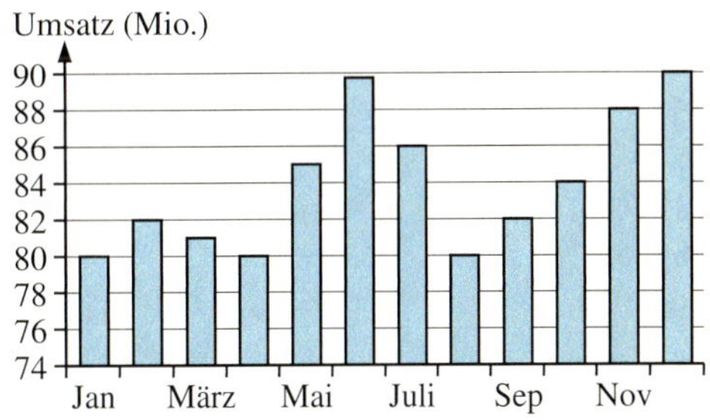

Kleinere Unterschiede werden rechts überzeichnet deutlich hervorgehoben.
Noch stärker lässt sich mit einem solchen Diagramm manipulieren, wenn man nur den Teil zeigt, der einen bestimmten Eindruck erzeugen soll.
Durch die Einschränkung der Darstellung auf die Monate August bis Dezember wird ein ständiges Wachstum vorgetäuscht.

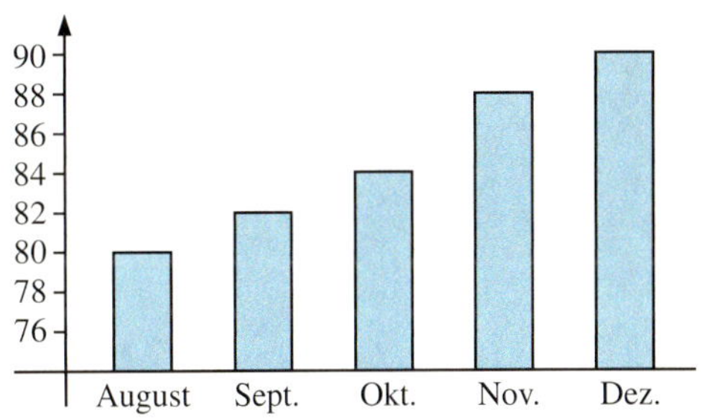

Beispiel:
Die Kriminalpolizei meldet: Die Zahl der Raubüberfälle ist im vergangenen Jahr drastisch angestiegen.

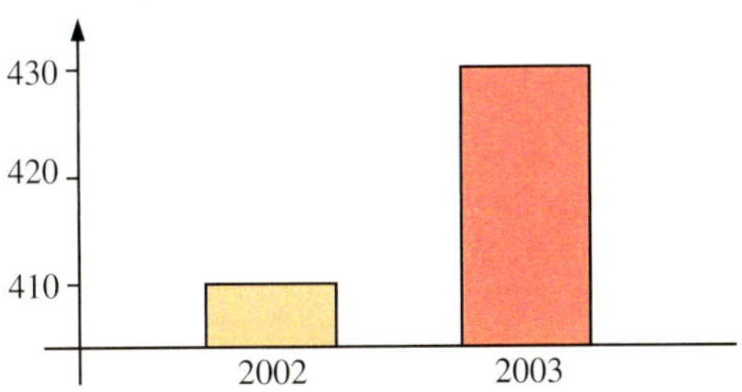

Nimm zu der Aussage und dem Diagramm Stellung. Zeichne selbst ein Diagramm und gib den prozentualen Zuwachs an.

Lösung:
Die Zahl der Raubüberfälle hat tatsächlich zugenommen. Das Diagramm gibt aber einen deutlich überzeichneten Eindruck.

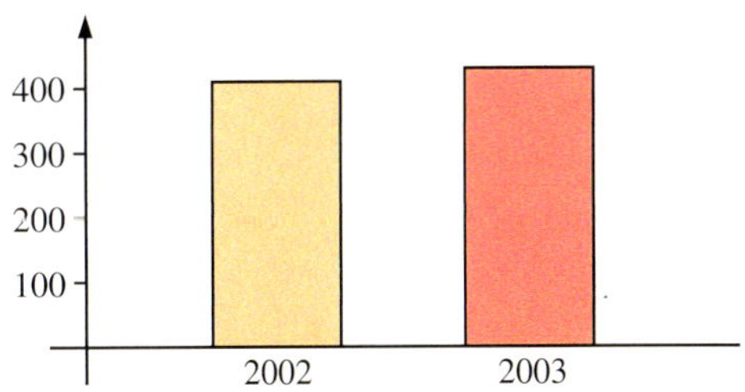

Der Unterschied wirkt hier deutlich geringer.
$20 : 410 = 0{,}0487\ldots \approx 4{,}9\,\%$
Der Anstieg der Überfälle beträgt 4,8 %.

Aufgaben

3

Die Tabelle zeigt die Verkaufszahlen von zwei Lebensmitteln im Vergleich.

Verkaufszahlen (Stück)	1. Jahr	2. Jahr
Lebensmittel A	50 700	101 400
Lebensmittel B	420 000	504 000

a) Welche Aussage stimmt?
(1) Der Verkauf von Lebensmittel A steigerte sich innerhalb eines Jahres um 100 %, der Verkauf von Lebensmittel B nur um 20 %.
(2) Der Verkaufszuwachs von Lebensmittel B ist fast doppelt so groß wie der von Lebensmittel A.

b) Wer würde die erste, wer die zweite Aussage benutzen?

4

a) Ist auf dem Schild links alles in Ordnung?

b) Paul erzählt, dass der Anstieg auf der Klettertour durchschnittlich 120 % betrug. Glaubst du ihm? Zeichne die Situation und miss den Steigungswinkel.

c) Wie groß ist der Steigungswinkel für eine Steigung von 10 % (30 %; 50 %)? Gib für den Steigungswinkel jeweils seinen Anteil von 45° in Prozent an.

d) Kann die Steigung einer senkrechten Kletterwand in % angegeben werden? Begründe.

5

a) Um wie viel Prozentpunkte hat die Zahl der Handybesitzer von 1998 bis 2002 (von 2001 bis 2002) zugenommen?

b) Um wie viel Prozent hat der Anteil der Handybesitzer von 1998 bis 2002 (von 2001 bis 2002) zugenommen?

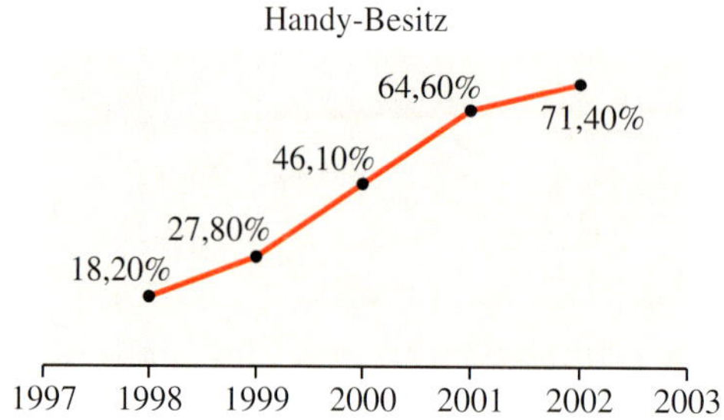

6

> (bpa) Fuhr vor einigen Jahren noch jeder zehnte Autofahrer zu schnell, so ist es heute nur noch jeder fünfte. Aber auch 5 % sind zu viel und so wird weiterhin kontrolliert.

Stelle den Zeitungsartikel richtig.

7

Tim sagt zu Anja: „Die Jeans bei M&H sind jetzt zum zweiten Mal um 50 % reduziert worden.“ Anja darauf: „Dann kosten sie ja jetzt gar nichts mehr.“ Was meinst du dazu?

8

Eine Verbraucherinitiative untersuchte 5 verschiedene Gummibärchen auf ihren prozentualen Zuckergehalt.

a) Was hältst du von der Darstellung?

b) Ist der Zuckergehalt der Produkte tatsächlich so sehr unterschiedlich? Berechne dazu die Prozentwerte für 500-g-Packungen der jeweiligen Produkte.

c) Stelle die Prozentwerte in einem vollständigen Säulendiagramm dar.

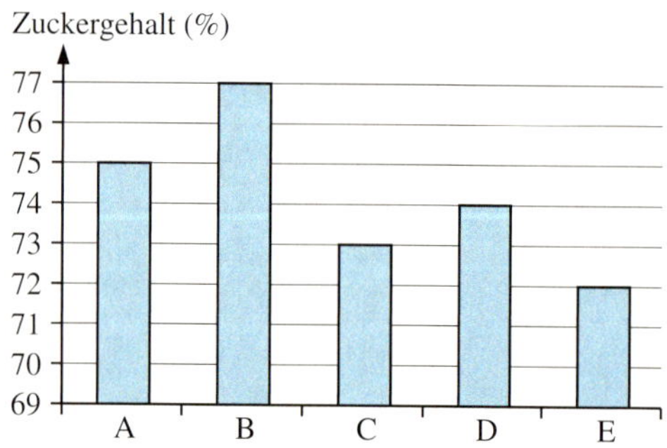

9

Die Englischschulaufgabe ist folgendermaßen ausgefallen: Viermal Note 1; fünfmal Note 2, fünfmal Note 3, je siebenmal Note 4 und Note 5. Du hast die Note 4. Stelle das Ergebnis der Schulaufgabe für dich vorteilhaft in einem Diagramm dar.

G10

Wie viele Ecken, Kanten und Begrenzungsflächen hat ein Prisma, dessen Grundfläche ein Fünfeck (Sechseck, Zehneck) ist?

6 Darstellung des Zusammenhangs zwischen Größen

1

Im Verlauf von zwei Tagen wurde die Temperatur gemessen und von einem Thermographen aufgezeichnet.

a) Beschreibe den Temperaturverlauf.

b) Zeichne die Tabelle in dein Heft und trage die Werte des ersten Tages ein.

Zeitpunkt (Uhr)	12	14	16	18	20
Temp. (in °C)					

c) Wann beträgt die Temperatur 20 °C?

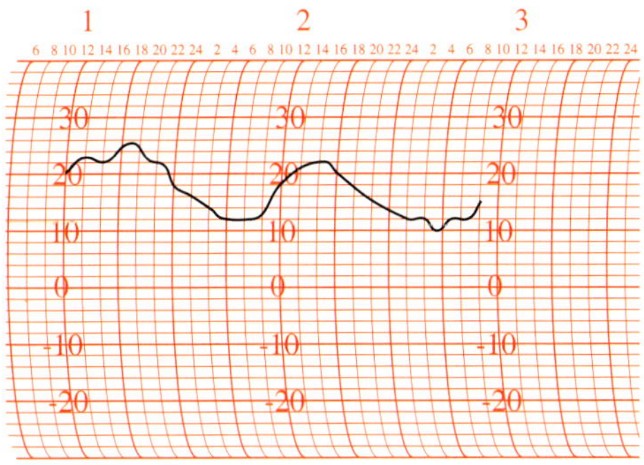

Bisher haben wir Diagramme dazu verwendet, um Zahlen oder Größen übersichtlich darzustellen. In einem Diagramm kann aber auch der Zusammenhang zwischen zwei Größen verdeutlicht werden. Dabei wird für jede der beiden Größen eine Koordinatenachse verwendet.

Alter	*Größe*
0	*52*
1	*81*
2	*98*
3	*108*
4	*114*
5	*116*
6	*123*

Beispielsweise haben Tinas Eltern an jedem Geburtstag Tinas Größe (in cm) gemessen und in einer Tabelle festgehalten:
Im Diagramm wurde dann das Alter nach rechts und die gemessene Größe nach oben angetragen. Von jedem Punkt gibt die erste Koordinate das Alter (in Jahren) an und die zweite Koordinate die zugehörige gemessene Größe (in cm).

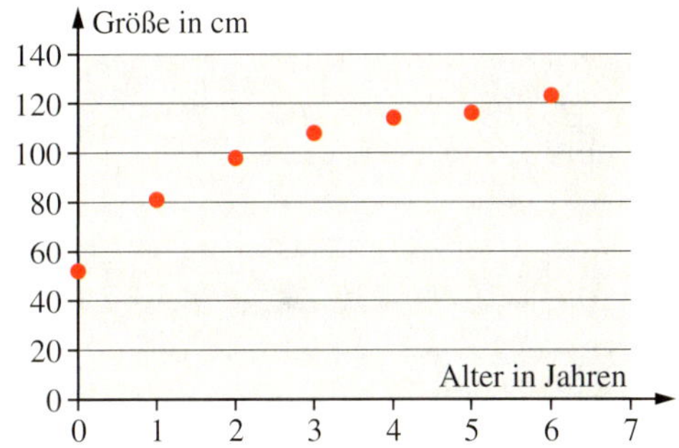

Die Darstellung des Zusammenhangs zwischen zwei Größen kann je nach Situation aus Einzelpunkten oder aus miteinander verbundenen Punkten bestehen. In besonderen Fällen genügt zur Darstellung des Zusammenhangs zwischen zwei Größen eine einzige Angabe:
Z. B. kosten je 100 g Gelbwurst beim Metzger Reil 60 ct. Weitere Werte lassen sich dann leicht berechnen. So kosten 200 g 1,20 € und 300 g 1,80 €.
Alle Punkte der Darstellung liegen hier auf einer Geraden. Man liest im Diagramm ab: 185 g kosten etwa 1,10 €.

Verwende für die Diagramme möglichst viel Platz. Je größer dein Diagramm, desto genauer kannst du Werte daraus ablesen.

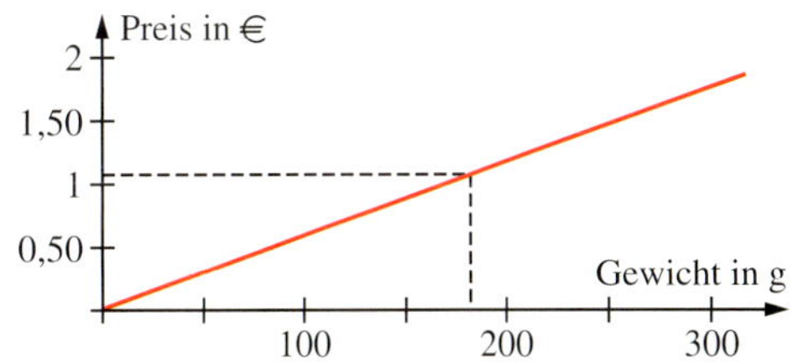

Beispiel 2

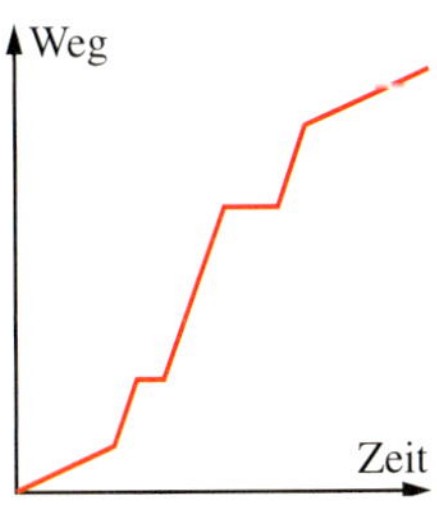

Klaus ist auf seinem Schulweg zu Fuß und mit der U-Bahn unterwegs (vgl. nebenstehendes Diagramm).
Beschreibe seinen Schulweg.
Lösung:
Die waagrechten Linien ergeben sich, wenn kein Weg zurückgelegt wird (Haltestellen). Zwischen den waagrechten Strecken verlaufen die Geradenstücke steiler als am Anfang und am Ende. Hier wird der Weg in kürzerer Zeit zurückgelegt. Klaus läuft also zur U-Bahn-Station und passiert mit der U-Bahn zwei Haltestellen. Bei der zweiten hält die Bahn doppelt so lang wie vorher. Bei der dritten Haltestelle steigt Klaus aus und geht schließlich bis in die Schule.

Aufgaben

2

Bei Adeke gibt es Weintrauben zum Angebotspreis.

a) Stelle den Zusammenhang zwischen dem Gewicht der Trauben (zwischen 0 und 3 kg) und dem zu bezahlenden Preis in einem Diagramm dar.

b) Lies aus deinem Diagramm ab, wie viel für 775 g Weintrauben bezahlt werden muss. Rechne zum Vergleich nach.

c) Lies aus dem Diagramm ab, wie viel g Trauben zum Preis von 3,40 € gekauft werden können. Rechne zum Vergleich nach.

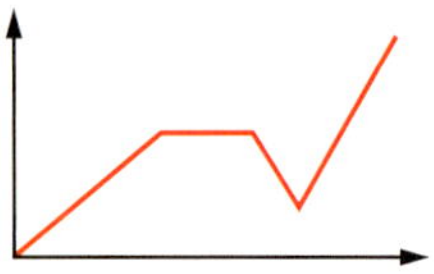

3

a) Erfinde zu dem nebenstehenden Diagramm eine Geschichte.

b) Denke dir eine Geschichte und ein zugehöriges Diagramm aus.
Lasse deinen Nachbarn eine eigene Geschichte dazu erfinden.

4

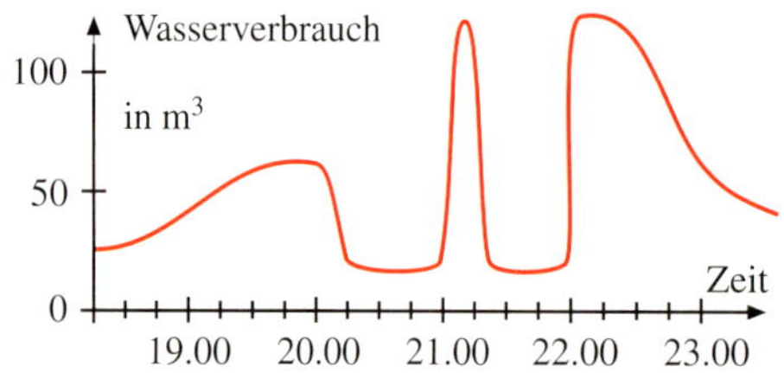

Am Abend der Fernsehübertragung eines Fußballspiels der deutschen Nationalmannschaft wurde der Wasserverbrauch einer Kleinstadt aufgezeichnet.

a) Wann war die erste Halbzeit zu Ende?

b) Wann endete das Spiel?

c) Wer hat gewonnen?

5

Der rote Achterbahnwagen saust durch das Tal. Mit jedem Meter Weg ändert sich seine Geschwindigkeit. Erkläre genau, welcher Graph zum Geschwindigkeitsverlauf passt.

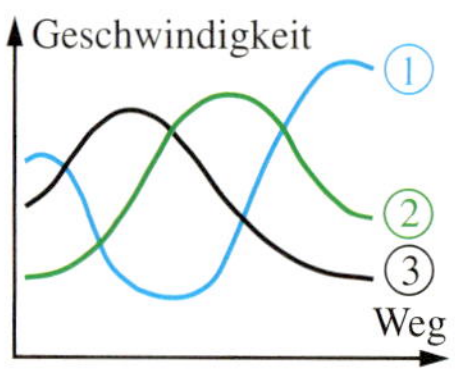

6

Der Graph zeigt die Geschwindigkeit eines Rennwagens während der 2. Runde. Jede Runde ist 2,9 km lang.

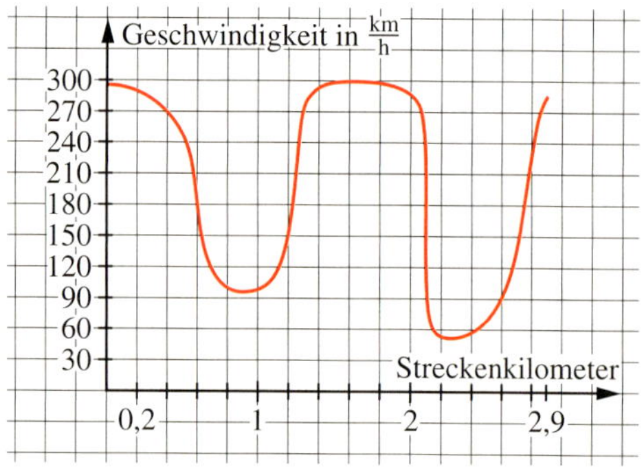

a) An welcher Stelle wurde die geringste Geschwindigkeit gemessen?

b) Wie verändert sich die Geschwindigkeit zwischen den Streckenmarkierungen 2,25 km und 2,8 km?

c) Auf der Randspalte siehst du die Abbildung von fünf Rennstrecken.
Auf welcher dieser Rennstrecken fuhr der Wagen, so dass der gezeigte Geschwindigkeitsgraph entstand?

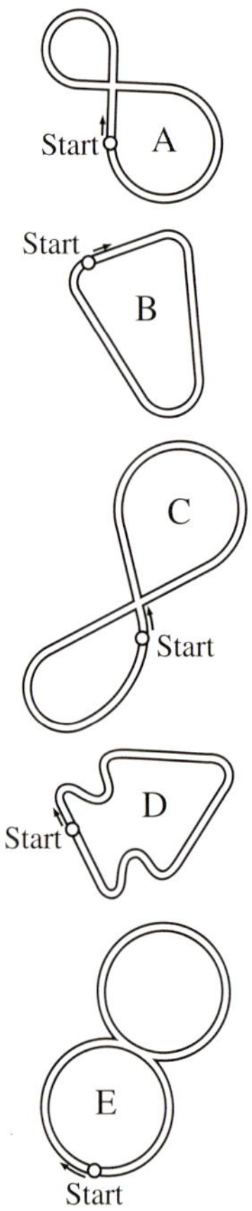

7

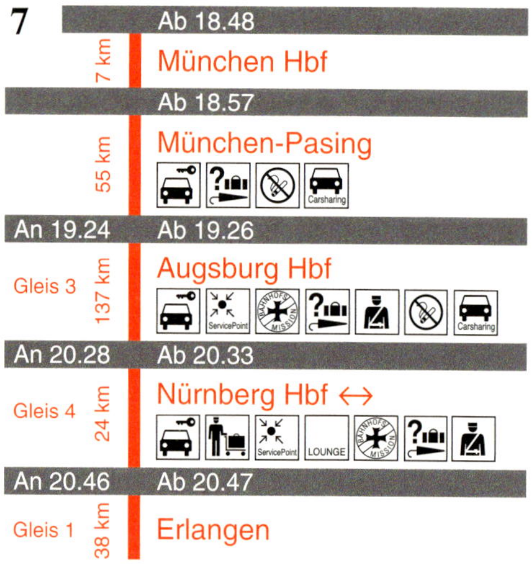

Stelle den im Reiseplan beschriebenen Fahrtverlauf des ICE 1510 in einem Diagramm dar.

G8

Zerlege so weit wie möglich in Faktoren:
12; 42; 60; 72; 117; 625; 1024

Thema:

Zinsen

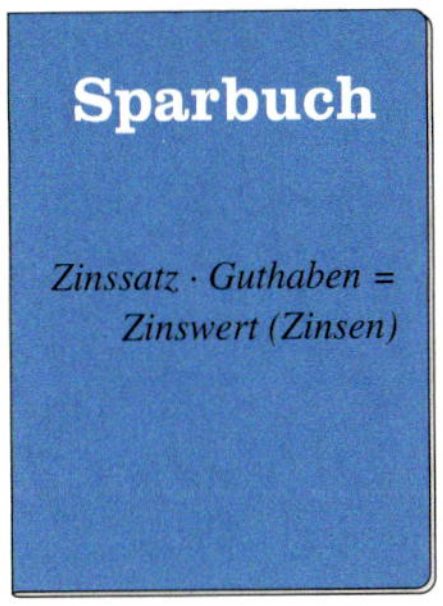

Beim Kauf eines Hauses nehmen beispielsweise sehr viele Menschen ein Darlehen auf, das sie anschließend über einen längeren Zeitraum hinweg an die Bank zurückzahlen.

Wer sein Geld „spart“, also es für eine gewisse Zeit einer Bank zur Verfügung stellt, erhält dafür Zinsen. Der Zinssatz gibt an, wie viel Prozent vom Guthaben man pro Jahr als Zinsbetrag erhält. Die Höhe des Zinssatzes, den die Banken anbieten, ändert sich im Lauf der Zeit. In der Regel erhält man weniger Zinsen, wenn man sich das Geld jederzeit wieder auszahlen lassen kann. Wenn man sich dagegen festlegt, das Guthaben für eine gewisse Zeit nicht abzuheben, sind die Zinsen höher.
Umgekehrt müssen Zinsen bezahlt werden, wenn man sich von einer Bank Geld ausleiht. Auch beim Ratenkauf leiht man sich das Geld zum Kauf eines teureren Gegenstands und zahlt diese Summe in der Regel innerhalb einiger Monate mit Zinsen zurück. Weil der Kauf dadurch teurer wird und man zu regelmäßigen Zahlungen verpflichtet ist, sollte man sich einen Ratenkauf gut überlegen.

Beispiel
Ein Sparbuch wird mit einer Verzinsung von 1,8 % angeboten.
a) Wie hoch sind die Zinsen, die Carla für 500 € nach einem Jahr erhalten kann?
b) Wie viel Geld sind nach drei Jahren auf dem Sparbuch, wenn Carla nichts abhebt?
Lösung:
a) 1,8 % von 500 € = $0{,}018 \cdot 500$ € = 9,00 €
Die Zinsen betragen für ein Jahr 9 €, der Gesamtbetrag ist daher nach einem Jahr 509 €.
b) Den Gesamtbetrag kann man auch direkt berechnen.
101,8 % · 500 € = $1{,}018 \cdot 500$ € = 509 €. Damit erhält man:
$500\,€ \rightarrow 1{,}018 \cdot 500\,€ = 509\,€ \rightarrow 1{,}018 \cdot 509\,€ \approx 518{,}16\,€ \rightarrow 1{,}018 \cdot 518{,}16\,€ \approx 527{,}49\,€$
1. Jahr 2. Jahr 3. Jahr
Nach drei Jahren sind 527,49 € auf dem Sparbuch.

Für Zinsberechnungen über mehrere Jahre hinweg eignet sich der Taschenrechner oder auch ein Tabellenkalkulationsprogramm sehr gut, da immer wieder die gleichen Rechenoperationen durchgeführt werden.

1
600 € sollen für vier Jahre bei einem Zinssatz von 1,5 % bzw. bei einem Zinssatz von 2,0 % auf ein Sparbuch eingezahlt werden. Vergleiche das mögliche Guthaben nach vier Jahren.

2
Bei einem Sparvertrag wird festgelegt, dass zunächst 100 € angelegt werden, danach nach jeweils einem Jahr weitere 100 €. Der Zinssatz beträgt 2,5 %. Wie hoch ist das gesamte Guthaben nach 4 Jahren, wenn die Zinsen nicht zwischenzeitlich ausgezahlt werden?

Bundesschatzbriefe vom November 2003

1. Jahr:	*1,25%*
2. Jahr:	*2,00%*
3. Jahr:	*2,50%*
4. Jahr:	*3,50%*
5. Jahr:	*4,25%*
6. Jahr:	*5,00%*
7. Jahr:	*5,00%*

3
Beim Erwerb von Bundesschatzbriefen erhält man einen jährlich steigenden Zinssatz. Beim Typ B werden die Zinsen nicht ausgezahlt sondern zum Guthaben addiert und mitverzinst. Wie hoch ist das Guthaben nach 7 Jahren, wenn für 1000 € Bundesschatzbriefe vom November 2003 gekauft wurden?
Ermittle durch Probieren mit einem Taschenrechner (besser: Tabellenkalkulationsprogramm), welchem mittleren jährlichen Zinssatz die Zinssteigerung entspricht. Schätze vorher.

Den mittleren jährlichen Zinssatz, der das gleiche Endguthaben ergeben würde, nennt man die „Rendite“.

4
Herr Knapp hat sich ein Handy auf Ratenzahlung gekauft. Es kostet 200 €, von denen 50 € sofort bezahlt werden. Jeweils nach einem Jahr muss er weitere 50 € und die bis dorthin angefallenen Zinsen (Zinssatz 6 %) zurückzahlen. Wie teuer war das Handy nach 3 Jahren?

Rückblick

Prozentbegriff
Prozent ist eine andere Bezeichnung für Hundertstel.
Die Prozentschreibweise wird häufig zum anschaulichen Vergleich von Anteilen verwendet.
Kleinere Anteile werden auch in Promille (= Tausendstel) angegeben.

$60\,\% = \frac{60}{100} = 0{,}6$
$3\,\% = \frac{3}{100} = 0{,}03$
$8\,‰ = \frac{8}{1000} = 0{,}008$

Darstellung von Prozentangaben im Kreisdiagramm
In Prozent angegebene Aufteilungen eines Ganzen lassen sich in einem Kreisdiagramm geeignet veranschaulichen.

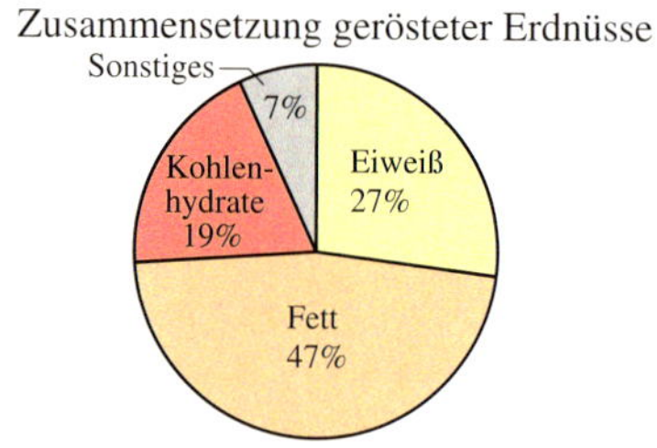

Grundgleichung der Prozentrechnung
Prozentsatz von (·) Grundwert ist (=) Prozentwert

$40\,\% \cdot 250\,€ = 100\,€$

Berechnung des Prozentwertes
Zur Berechnung des Prozentwertes wird der Prozentsatz mit dem Grundwert multipliziert.

$18\,\% \cdot 350\,m = 0{,}18 \cdot 350\,m = 63\,m$

Berechnung des Prozentsatzes
Zur Berechnung des Prozentsatzes wird der Prozentwert durch den Grundwert dividiert.

Wie viel % von 35 sind 30?
$30 : 35 = 0{,}8571\ldots \approx 85{,}7\,\%$
Also: $85{,}7\,\% \cdot 35 = 30$

Berechnung des Grundwertes
Zur Berechnung des Grundwertes wird entweder der Prozentwert durch den Prozentsatz dividiert.
Oder es wird mit einem Dreisatz auf einen günstigen Prozentsatz „hinunter-“ und anschließend auf 100 % „hinaufgerechnet“.

30 % von wie viel € sind 270 €?
$270\,€ : 30\,\%$
$= 270\,€ : 0{,}3$
$= 900\,€$

	Prozentsatz	Betrag	
:3	30 %	270 €	:3
·10	10 %	90 €	·10
	100 %	900 €	

Also: 30 % von 900 € sind 270 €

Der Grundwert als Bezugsgröße
Entscheidend für den korrekten Umgang mit Prozentangaben ist es, den richtigen Bezugswert (den Grundwert) zu erkennen.

50 ist um 25 % größer als 40 (Grundwert)
aber: 40 ist um 20 % kleiner als 50 (Grundwert)

Darstellung des Zusammenhangs zwischen Größen
Der Zusammenhang zwischen zwei Größen kann in einem Diagramm übersichtlich dargestellt werden. Dazu wird an jeder Koordinatenachse eine Größe angetragen. Jeder Punkt beschreibt mit seinen Koordinaten einen Wert der einen Größe und den dazu gehörigen Wert der anderen Größe.

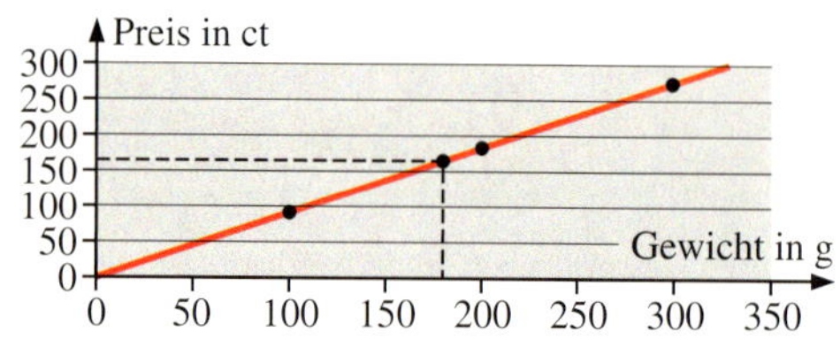

Aufgaben zum Üben und Wiederholen

1
Wandle die Brüche und Dezimalzahlen in Prozent um und ordne sie nach der Größe.
$0{,}275$; $\frac{2}{7}$; $0{,}3$; $\frac{4}{13}$; $0{,}\overline{3}$

2
Berechne im Kopf.
a) 50 % von … = 84 €
b) … von 80 m = 120 m
c) 15 % von 98 = …
d) … von 300 *l* = 15 *l*
e) 90 % von … = 7,2
f) 69 % von 500 € = …
g) 200 % von … = 140 m

3
Zeichne in dein Heft einen 8 cm langen und 2 cm hohen Streifen. Färbe 45 % des Streifens blau, 1,2 cm rot und 20 % grün. Wie lang ist das ungefärbte Stück des Streifens?

4
Berechne die fehlende Größe.

	a)	b)	c)	d)	e)	f)
PS	6 ‰		45 %		18 %	4 ‰
GW	150	4,7		11 m	$\frac{5}{9}$	
PW		3,1	8,1 m	18 m		17

5
Berechne die fehlenden Angaben.

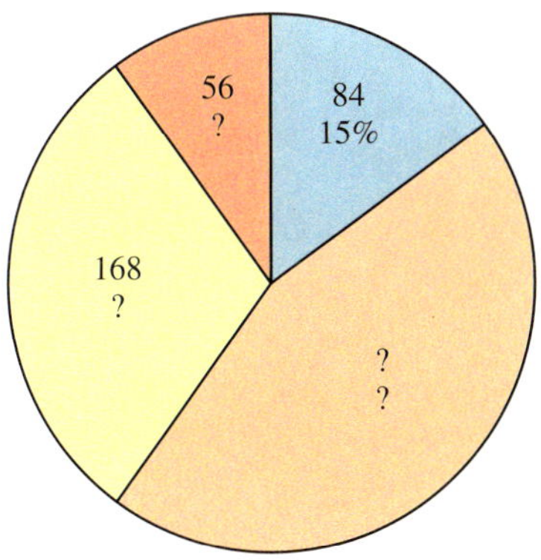

6
Eine Gurke wiegt 1 kg und enthält zu 99 % Wasser. Nach einem Tag in der Sonne enthält sie nur noch zu 98 % Wasser. Was wiegt sie jetzt?
Schätze zuerst und rechne dann.

Die Lösungen zu den Aufgaben dieser Seite findest du auf Seite 213.

7
Um wie viel Prozent ist der obere Streifen länger als der untere?
Um wie viel Prozent ist der untere Streifen kürzer als der obere?

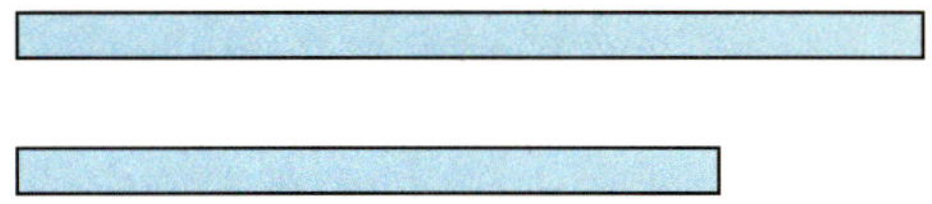

8
Bei einer Umfrage am Ortenburg-Gymnasium waren 60 % der Befragten Jungen. Von diesen gaben 40 % Mathematik als ihr Lieblingsfach an. Von allen Befragten nannten 58 % ein anderes Lieblingsfach als Mathematik.
a) Wie viele der Befragten waren Mädchen und gaben Mathematik als ihr Lieblingsfach an?
b) Nannten die Jungen oder die Mädchen häufiger Mathematik als Lieblingsfach? Vergleiche die relativen Häufigkeiten.

9
a) Ein Quadrat hat die Seitenlänge 10 cm. Ein zweites Quadrat hat eine um 30 % größere Seitenlänge. Um wie viel Prozent ist seine Fläche größer als diejenige des ersten Quadrats?
Zeichne zuerst die Quadrate und schätze.
b) Ein Würfel hat die Seitenlänge 10 cm. Ein zweiter Würfel hat eine um 30 % größere Seitenlänge. Um wie viel Prozent ist sein Volumen größer als dasjenige des ersten Würfels?
Zeichne zuerst die Würfel und schätze.

10
Im Kampf um die Handy-Kunden denken sich die Netzbetreiber immer neue Tarife aus. U-Tel-U macht das folgende Angebot: Für die ersten 70 Gesprächsminuten eines Monats kosten je 10 Minuten 1,60 €, danach sind alle Gespräche bis zur 100. Gesprächsminute kostenfrei. Darüber kosten je 10 Gesprächsminuten 2,80 €.
Stelle für diesen Tarif den Zusammenhang zwischen den Gesprächsminuten und dem Gesamtpreis in einem Diagramm dar.

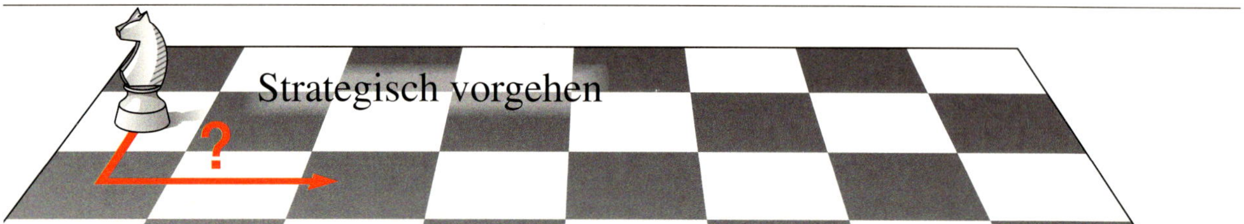

Strategisch vorgehen

Musteraufgabe: Mit Münzen spielen

Klaus und Gerd haben vor sich 70 bzw. 52 Münzen liegen und spielen folgendes Spiel: In einem Zug legt Klaus zwei Münzen in die Mitte und Gerd eine. Es werden so viele Züge durchgeführt, bis beide gleich viele Münzen vor sich liegen haben. Wie viele Münzen sind das? Wie viele Züge werden gespielt?

Strategie A: **Systematisches Probieren**

Rudi spielt das Spiel in Gedanken durch. Er trägt die Ergebnisse in eine Tabelle ein.

Zügezahl	Klaus	Gerd
1	68	51
2	66	50
10	50	42
20	30	32
19	32	33
18	34	34

Hier merkt Rudi, dass er sich viel Arbeit sparen kann, wenn er nicht jeden Spielzug einzeln einträgt.

Nachdem 20 Züge zu viel waren (Klaus hat jetzt schon weniger Münzen als Gerd), geht Rudi wieder rückwärts, bis er auf die Zahl der Züge kommt, bei der Gleichstand herrscht.

Strategie B: **Verwenden einer Zeichnung oder eines Diagramms**

Thomas zeichnet für den Zusammenhang zwischen der Zahl der Züge und der Zahl der übrigen Münzen von Klaus bzw. Gerd ein Diagramm.

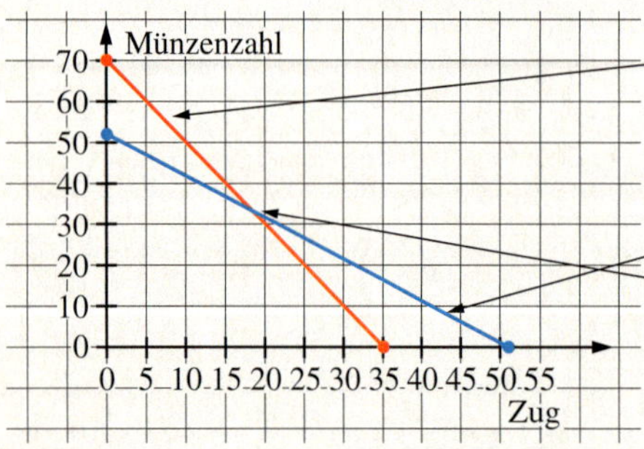

Bei jedem Zug nimmt die Zahl der Münzen von Klaus um 2 ab. Alle Punkte im Diagramm liegen daher auf der Strecke zwischen dem Punkt (0|70) (denn am Anfang hatte Klaus 70 Münzen), und dem Punkt (35|0) (denn nach 35 Zügen hätte er keine Münzen mehr). Entsprechend liegen alle Punkte von Gerds Darstellung auf der Strecke zwischen (0|52) und (52|0).

An dem Punkt, an dem sich die beiden Strecken kreuzen, haben sie gleich viele Münzen. Wenn Thomas genau gezeichnet hat, kann er ablesen, dass nach 18 Zügen beide Spieler gleich viele Münzen, nämlich 34, haben.

Strategie C: **Invarianzprinzip**

invariant = unverändert

Constanze sucht nach einer Größe, die in jedem Zug gleich bleibt und möglichst alle gegebenen Informationen über das Spiel beinhaltet. Sie stellt fest, dass in jedem Zug der Vorsprung an Münzen von Klaus um 1 geringer wird, denn dieser gibt eine Münze mehr ab als Gerd. Am Anfang beträgt sein Vorsprung 18 Münzen. Daher müssen sie nach 18 Zügen gleich viele Münzen haben, nämlich $52 - 18 = 34$.

1

Klaus und Gerd haben vor sich 70 bzw. 22 Euro-Münzen liegen und spielen folgendes Spiel: In einem Zug legt Klaus zwei Münzen in die Mitte und Gerd nimmt sich eine von diesen heraus. Es werden so viele Züge durchgeführt, bis beide gleich viele Münzen vor sich liegen haben. Wie viele Münzen sind das? Wie viele Züge wurden gespielt? Bearbeite die Aufgabe mit jeder der drei vorgestellten Strategien. Welche Strategie fällt dir am leichtesten?

Musteraufgabe: Treffen unterwegs

Ein Regionalzug startet in Adorf in Richtung Bestadt und legt je Stunde 50 Kilometer zurück. Ein Schnellzug startet eine halbe Stunde später aus Bestadt in Richtung Adorf und schafft pro Stunde 70 Kilometer. Nach welcher Zeit treffen sie sich, wenn die Strecke zwischen Adorf und Bestadt 235 Kilometer lang ist?

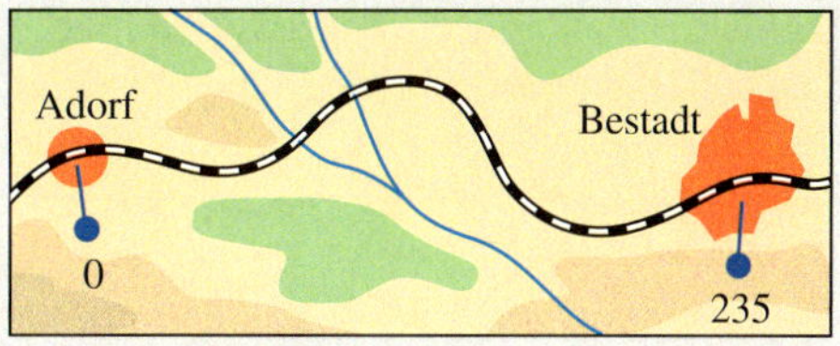

Strategie A: **Systematisches Probieren**

Rudi trägt in eine Tabelle die vergangene Zeit und die von den beiden Zügen jeweils erreichten Orte auf der Zugstrecke ein.

Zeit (Minuten)	Regionalzug	Schnellzug
0	0	235
30	25	235
60	50	200
120	100	130
150	125	95
135	112,5	112,5

Er beginnt mit einer halben Stunde, da dann der Schnellzug startet.

Nach zwei Stunden sind die Züge noch 30 km auseinander und nach $2\frac{1}{2}$ Stunden wieder 30 km und bereits aneinander vorbeigefahren.

Daher müssen sie sich genau nach $2\frac{1}{4}$ h treffen.

Strategie B: **Verwenden einer Zeichnung oder eines Diagramms**

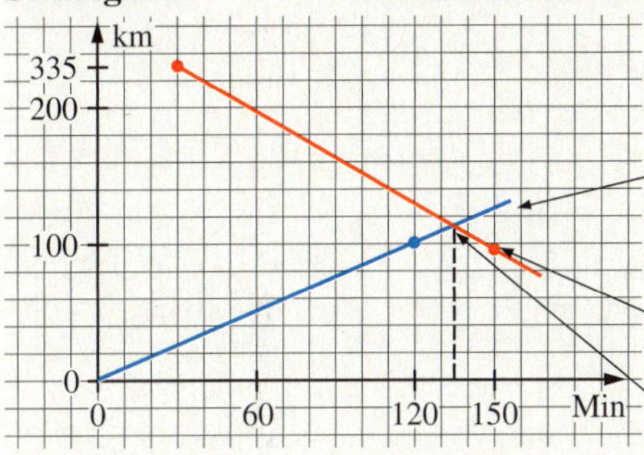

Thomas stellt die verstrichene Zeit und die von den beiden Zügen erreichten Orte zusammen in einem Diagramm dar.

Der Regionalzug fährt in 60 Minuten 50 Kilometer, in 120 Minuten 100 km usw.

Der Schnellzug befindet sich nach einer halben Stunde noch am Ausgangspunkt (235 km).

Nach $1\frac{1}{2}$ Stunden befindet er sich bei Streckenkilometer 165, nach $2\frac{1}{2}$ Stunden bei Streckenkilometer 95.

Thomas kann ablesen, dass sich die Züge etwa nach $2\frac{1}{4}$ Stunden treffen.

Strategie C: **Invarianzprinzip**

Constanze stellt fest, dass die Züge sich pro Stunde um 120 Kilometer annähern, sobald beide Züge fahren. Beim Start des Schnellzuges sind sie 210 Kilometer voneinander entfernt. Sie rechnet: $210 : 120 = 1\frac{3}{4}$. Also werden sich die Züge $1\frac{3}{4}$ Stunden nach Start des Schnellzuges, das heißt $2\frac{1}{4}$ Stunden nach dem Start des Regionalzuges begegnen.

2

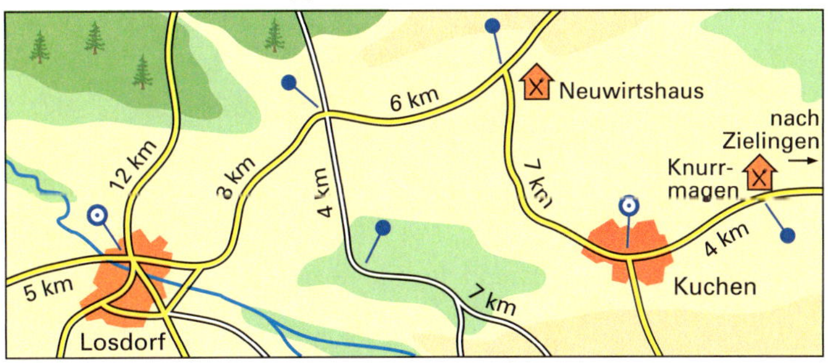

Katrin ist um 9 Uhr in Losdorf zu einer Fahrradtour nach Zielingen aufgebrochen. Sie fährt gleichmäßig schnell und legt in einer Stunde 12 Kilometer zurück. Felizitas hat sie verpasst und möchte sie einholen. Sie startet in Losdorf 20 Minuten nach Katrin und schafft pro Stunde 15 Kilometer. Wann holt Felizitas Katrin ein? Wo können die beiden frühestens gemeinsam essen gehen?

Entscheide dich bei der Lösung der Aufgabe für eine der drei Strategien A, B oder C. Erläutere, warum du diese Strategie gewählt hast.

Musteraufgabe: Preise bestimmen
100 g Schinken kosten bei Metzger Mager 1,40 €. Wie viel kosten 230 g?

Strategie A: **Systematisches Probieren**
Rudi überschlägt, wie viel Geld er ungefähr benötigt.

Masse	Preis
100 g	1,40 €
200 g	2,80 €
250 g	3,50 €

Aus dem Preis für 100 g kann er leicht ausrechnen, wie viel 200 g kosten und ebenso den Preis für 250 g. Der Preis für 230 g muss daher zwischen 2,80 € und 3,50 € liegen und zwar etwas näher bei 3,50 €. Rudi schätzt daher, dass der Schinken 3,30 € kostet.

Strategie B: **Verwenden einer Zeichnung oder eines Diagramms**
Thomas stellt in einem Diagramm die Masse des Schinkens und den zugehörigen Preis dar. Er erstellt dazu eine kleine Tabelle:

Masse in g	100	200	300
Preis in €	1,40	2,80	4,20

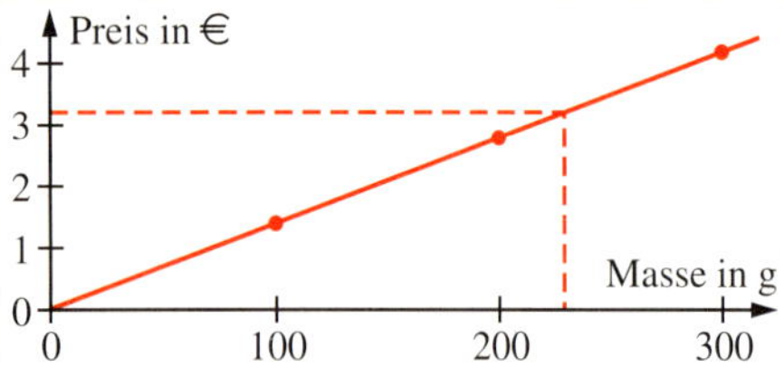

Mit Hilfe der Tabellenwerte kann Thomas leicht ein Diagramm zeichnen.
Bei einer Masse von 230 g kann Thomas nun den Preis ablesen. Er beträgt etwa 3,20 €.

Schlussrechnung: Dreisatz Finn berechnet den Preis genau. Er schließt dabei aus dem bekannten Preis für 100 g zunächst auf den Preis für 10 g und daraus auf den für 230 g.

	100 g	kosten	1,40 €
$:10$			$:10$
	10 g	kosten	0,14 €
$\cdot 23$			$\cdot 23$
	230 g	kosten	3,22 €

Constanze stellt fest, dass Finn nichts anderes gemacht hat, als das **Invarianzprinzip** angewendet. Denn bei jeder Masse-Preis-Kombination ist das Verhältnis Preis : Masse konstant:

$$1{,}40 : 100 = 0{,}014$$
$$0{,}14 : 10 = 0{,}014$$
$$3{,}22 : 230 = 0{,}014$$

3
Emmentaler Käse ist heute für 9,50 € pro kg im Angebot. Wie viel kosten 420 g? Schätze, zeichne und rechne.

4
a) Was stimmt hier nicht?
b) Stelle die beiden Aussagen jeweils zeichnerisch in einem gemeinsamen Diagramm dar.
c) Du sollst 26 Semmeln einkaufen. Was bestellst du an der Bäckertheke? Schätze und rechne.

5
Ermittle den derzeitigen Preis für Erdbeeren. Wo werden Sie angebaut?
a) Was kostet ein Körbchen mit 450 g Erdbeeren?
b) Wie viel Gramm Erdbeeren kannst du für 5 € kaufen?

Musteraufgabe: Köpfe und Beine
In einem Gehege befinden sich Fasane und Schafe. Bauer Butt gibt folgende Auskunft: Die Tiere haben 26 Köpfe und 62 Beine.
Wie viele Fasane und wie viele Schafe sind es?

Strategie A: **Systematisches Probieren**
Rudi erstellt wiederum eine Tabelle und trägt die Anzahl der Fasane, die Anzahl der Schafe und die Anzahl aller Beine ein, wobei er darauf achtet, dass die Gesamtzahl der Tiere immer 26 beträgt.

Fasane	Schafe	Beine
13	13	78
16	10	72
20	6	64
21	5	62

Er beginnt mit 13 Fasanen und 13 Schafen.
Da es deutlich zu viele Beine sind, verringert er die Zahl der Schafe und erhöht die Zahl der Fasane.
Weil er im letzten Schritt nur noch 2 Beine zu viel hatte, muss er nun lediglich ein Schaf durch einen Fasan ersetzen.

Strategie B: **Verwenden einer Zeichnung oder eines Diagramms**
Thomas überlegt sich, welche Größe er in einem Diagramm darstellen könnte.

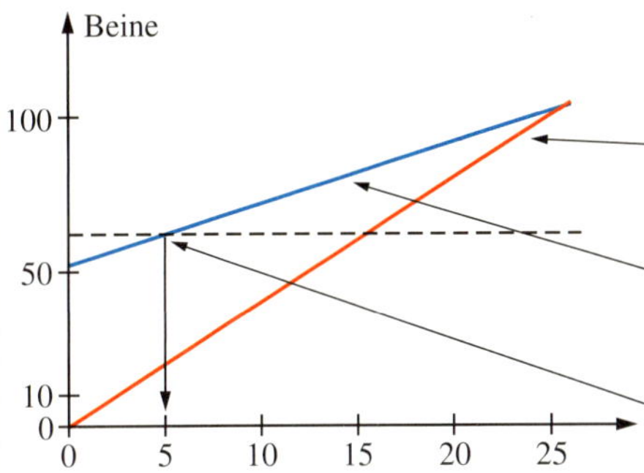

Er beginnt damit, die Zahl der Schafbeine in sein Diagramm einzuzeichnen:
0 Schafe haben 0 Beine (Punkt (0|0)) und 26 Schafe haben 104 Beine (Punkt (26|104)).
Dann berücksichtigt er, dass es insgesamt 26 Tiere sein müssen und zeichnet über die Schafbeine die noch fehlenden Beine der Fasane:
Bei 0 Schafen, also 26 Fasanen, sind es 52 Fasanenbeine, bei 26 Schafen, also 0 Fasanen, keine Fasanenbeine.
Auf der Höhe von 62 Beinen liest er nun ab, dass es 5 Schafe und 21 Fasane sein müssen.

Strategie C: **Invarianzprinzip**
Constanze überlegt sich, was hier unverändert bleibt, egal, welches Tier man betrachtet. Sie stellt fest, dass jedes Tier zunächst einmal 2 Beine hat; die Fasane ohnehin und die Schafe die Vorderbeine.
Wenn Bauer Butt also 26 Tiere hat, ergeben sich so 52 Beine. Es sind daher noch 10 Beine zu wenig. Dies müssen Hinterbeine von Schafen sein, und zwar von 5 Schafen. Bauer Butt hat also 5 Schafe und 21 Fasane.

6
Der Halbriese Hagrid hält im Zauberwald besondere Tiere. Es handelt sich um Einhörner, Flugochsen und Triceratops (Saurier mit drei Hörnern).
Er verrät Harry: Meine Tiere haben 32 Köpfe und 60 Hörner. Außerdem kommen auf jeden Triceratop 2 Flugochsen.
Finde heraus, um wie viele Tiere welcher Arten es sich handelt. Welche Strategie wählst du?

Musteraufgabe: Mischungsproblem

Zwei Saftgläser stehen nebeneinander. Im linken Glas ist Kirschsaft, im rechten ebenso viel Bananensaft. Nun wird ein Löffel vom Kirschsaft in das Bananensaftglas geschöpft. Danach wird aus dem Glas mit dem Gemisch ein ebenso voller Löffel zurück in das Kirschsaftglas gegeben.
In welchem Glas befindet sich nun mehr „Fremdsaft"?

Strategie A: **Systematisches Probieren**

linkes Glas		rechtes Glas	
Kirsch	Banane	Kirsch	Banane
100	0	0	100
90	0	10	100
$90\frac{10}{11}$	$9\frac{1}{11}$	$9\frac{1}{11}$	$90\frac{10}{11}$

Um rechnen zu können, nimmt Rudi an, dass in den Gläsern jeweils 100 ml Saft enthalten sind und der Löffel 10 ml fasst.
10 ml Kirschsaft wurden von links nach rechts geschöpft.
Falls der Bananensaft (mit Kirschsaftanteil) gut umgerührt wird, ist beim Zurückschöpfen $\frac{1}{11}$ dieser 10 ml, also $\frac{10}{11}$ ml Kirschsaft; $\frac{10}{11}$ der Menge, also $\frac{10}{11} \cdot 10\,\text{ml} = \frac{100}{11}\,\text{ml} = 9\frac{1}{11}\,\text{ml}$ ist Bananensaft.
In diesem speziellen Fall sind die Fremdanteile also gleich groß. Aber ist das immer so?

Strategie B: **Verwenden einer Zeichnung oder eines Diagramms**

Thomas färbt für jedes Glas eine Fläche und überlegt sich, was beim Hin- und Herschöpfen der Säfte passiert.

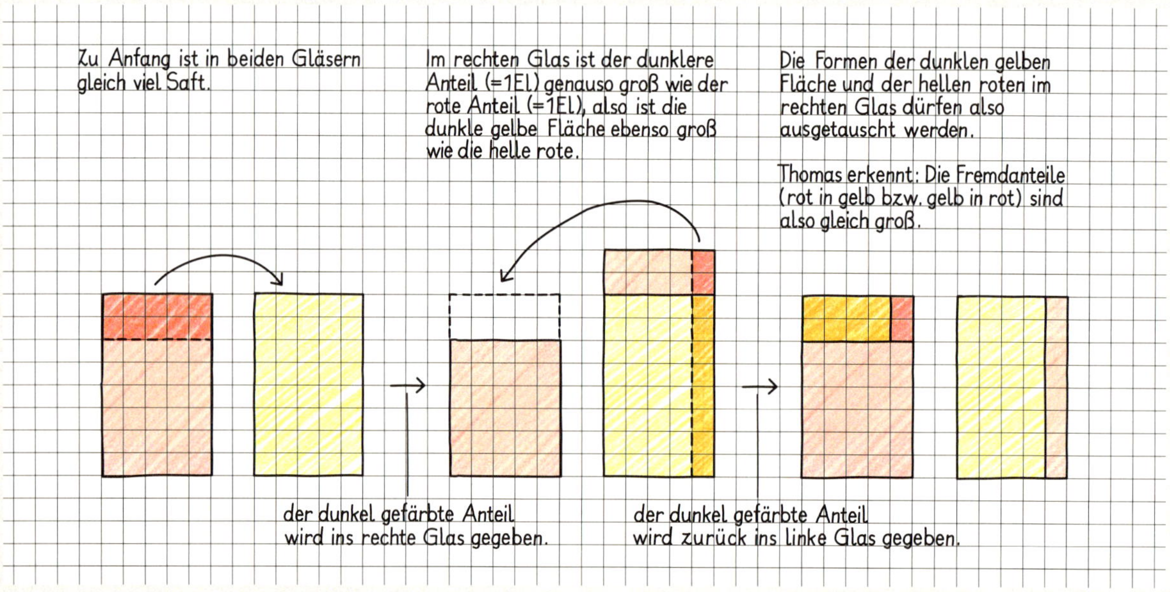

Strategie C: **Invarianzprinzip**

Constanze überlegt: Egal was passiert, am Ende gibt es genauso viel Kirschsaft und genauso viel Bananensaft wie vorher. Weil in beiden Gläsern am Ende gleich viel Saft ist, wird der im Kirschsaftglas fehlende Kirschsaft (er befindet sich jetzt im Bananensaftglas) durch eben diese Menge Bananensaft ersetzt. Und genau diese Menge Bananensaft fehlt im Bananensaftglas.
Der Fremdanteil muss also in beiden Gläsern gleich groß sein. Es ist sogar egal, ob vor dem Zurückschöpfen umgerührt wird oder nicht.

7
„Wie viele Kühe haben Sie denn derzeit in Ihrem Stall?“ wird Bauer Huber von einem Nachbarn gefragt.
Bauer Huber antwortet mit einem Rätsel:
„Mit dem Futter, das ich noch im Futtersilo habe, kann ich meine Kühe 30 Tage lang ernähren. Wenn ich 10 Kühe weniger hätte, würde das Futter 10 Tage länger ausreichen. Wenn ich 50 Kühe hätte, würde das Futter 6 Tage weniger lang ausreichen.“
Wie viele Kühe stehen denn nun im Stall von Bauer Huber?

Du hast an Hand der vorgeführten und selbst gelösten Aufgaben gesehen, dass sehr unterschiedliche Strategien zur Lösung eines Problems führen können. Die hier vorgestellten drei Vorgehensweisen sind bei weitem nicht alle Strategien zur Lösung mathematischer Probleme, aber sie sind sehr vielseitig verwendbar.

Die meisten großen Mathematiker haben zunächst probiert, bevor sie elegantere Lösungen von schwierigen Problemen aufschreiben konnten.

Systematisches Probieren
ist eine sehr wichtige mathematische Vorgehensweise. Dabei solltest du jedoch nicht ziellos vorgehen, sondern wie Rudi aufgrund deiner Probierergebnisse einen geeigneten nächsten Probierschritt wählen. Beim Probieren erkennt man auch immer wieder andere (manchmal elegantere und kürzere) Lösungswege, wie z. B. das Invarianzprinzip.

Die Darstellung von Sachverhalten in Zeichnungen und Diagrammen
kann dir helfen, dir eine Situation besser vorzustellen. Wenn du einen Zusammenhang zwischen Größen im Diagramm darstellen willst, solltest du, wie Thomas, zunächst überlegen, welche Größen in der jeweiligen Problemsituation gewählt werden sollten. Manchmal ist der Nachteil von Diagrammen, dass man die Ergebnisse nur näherungsweise ablesen kann.

Das Invarianzprinzip
ist eine Strategie, die oft sehr schnell zum Ziel führt. Man muss es jedoch in der konkreten Problemstellung erst erkennen. Wenn man so genau hinschaut wie Constanze, vielleicht zunächst einmal ein wenig probiert und mit der Zeit ein wenig Übung gewinnt, ist das Invarianzprinzip jedoch eine sehr große Hilfe beim Lösen schwieriger Probleme.

Wie du in der Musteraufgabe: Preise bestimmen gesehen hast, kann das Invarianzprinzip auch zu sehr allgemein anwendbaren Rechenverfahren führen, wie der Dreisatzrechnung. Immer dann, wenn sich zwei Größen beim Multiplizieren der einen Größe in gleicher Weise verändern (verdoppelt sich die eine Größe, dann auch die andere; halbiert sich die eine Größe, dann auch die andere usw.), bleiben die Verhältnisse der Wertepaare gleich. Gesuchte Werte können dann mit dem Dreisatz ermittelt werden.

Denke beim Bearbeiten weiterer Aufgaben auf den nächsten Seiten und auch in den kommenden Schuljahren immer wieder an die besprochenen Strategien.
Zusammen mit weiteren Vorgehensweisen, die du noch kennenlernen wirst, helfen sie dir, auch schwierig erscheinende mathematische Problemstellungen zu lösen.

Die Pyramiden von links nach rechts mit ihren heutigen Höhen: Mykerinos- (62 m), Chephren- (136 m) und Cheops-Pyramide (137 m)

8 Die Pyramiden von Gizeh

Die Pyramiden von Gizeh gehören zu den gewaltigsten Bauwerken der Erde und sind das einzige der sieben Weltwunder der Antike, das bis heute erhalten blieb. Vor rund 4500 Jahren wurden die drei großen Pyramiden errichtet, die des Cheops, des Chephren und des Mykerinos, Grabstätten dreier Pharaonen aus der 4. Dynastie.
Immer größer wurde die Macht der Pharaonen und auch die immer monumentaler werdenden Grabstätten spiegeln diese Machtsteigerung wider. Den Höhepunkt erreichte der Pyramidenbau mit der Cheops-Pyramide, deren exakte Ausrichtung an den vier Himmelsrichtungen und deren präzise Konstruktion uns heute noch in Erstaunen versetzt. Am Bau dieser Pyramide sollen etwa 20 000 Arbeiter 20 – 30 Jahre lang tätig gewesen sein.
Aufgrund ihrer Lage auf einem erhöhten Plateau wirkt die kleinere Chephren-Pyramide größer als die Cheops-Pyramide. Die an der Spitze noch erhaltene Verkleidungsschicht aus poliertem Kalkstein vermittelt einen Eindruck ihres einstigen Aussehens.

Die Pyramiden sind aus quaderförmigen Kalksteinblöcken gebaut. Man schätzt, dass für die Cheops-Pyramide etwa 2,6 Millionen solcher Blöcke mit einem Gesamtvolumen von $2{,}34 \cdot 10^6\,m^3$ verbaut wurden. Insgesamt wiegen diese Blöcke etwa $6{,}5 \cdot 10^6$ Tonnen.

a) Wie viel wiegt im Durchschnitt einer dieser Blöcke? Vergleiche mit der Masse eines PKW's oder mit der Masse aller Schüler deiner Klasse zusammen.
b) Berechne die durchschnittliche Länge eines Quaders, wenn man eine Höhe von 1,30 m und eine Breite von 80 cm annimmt.
c) Wenn man alle Quader der Cheops-Pyramide (mit den Maßen von b) zu einer möglichst langen Mauer aneinander reihen würde, bis in welches Land würde diese Mauer von deinem Heimatort aus nach Süden reichen?
d) Für den Pyramidenbau verwendeten die Ägypter auch Rosengranit aus einem Steinbruch bei Assuan.
Diese Blöcke wurden mittels Lastkähnen auf dem Nil transportiert. Wegen des alljährlichen Nilhochwassers wurden dazu zum Nil parallel verlaufende Kanäle angelegt.
Vermutlich wurden diese Lastkähne über große Strecken vom Ufer aus mit Schrittgeschwindigkeit gezogen.
Überschlage mithilfe der Karte, wie lange ein Steinblock von Assuan bis Gizeh unterwegs war.

Maßstab 1 : 15 000 000

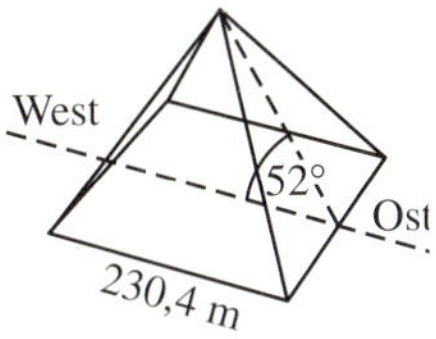

Schrägbild der Cheops-Pyramide mit den Maßen nach der Fertigstellung. Heute hat die Grundkante nur noch eine Länge von 227,5 m (siehe Teilaufgabe l).

e) Berechne den ursprünglichen Inhalt der quadratischen Grundfläche der Cheops-Pyramide und vergleiche diesen mit der Größe eines Fußballfeldes.

f) Zeichne einen Querschnitt der Pyramide im Maßstab 1:2000 in W/O-Richtung. Entnimm die nötigen Werte dem Schrägbild und bestimme daraus die damalige Höhe der Cheops-Pyramide.

g) Ursprünglich hatten die Seitenflächen der Pyramide eine glatte Oberfläche, da sie mit Platten aus Turakalkstein verkleidet waren. Wie groß wäre die Fläche, die alle Platten bedecken würden, die für die Verkleidung der gesamten Pyramide nötig waren? Zeichne hierzu ein Netz der Pyramide, wobei dir der bereits gezeichnete Querschnitt hilft.

h) Schätze mithilfe des Fotos die Höhe eines Quaders aus der untersten Steinreihe ab. Berechne so das Volumen, das die unterste Steinlage ursprünglich einnahm.

An der Cheops-Pyramide

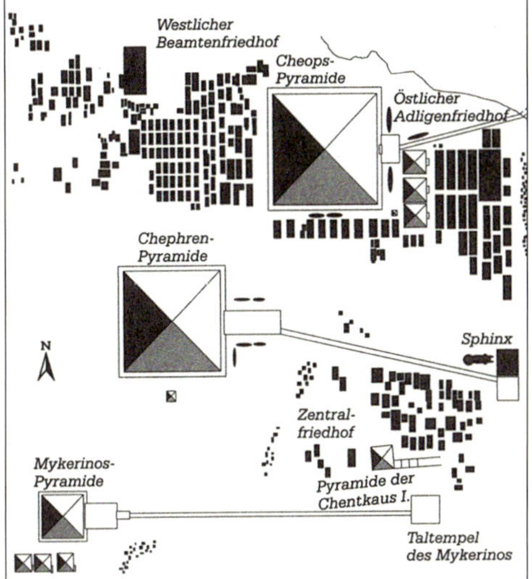

i) Auf obiger Karte sind die Pyramiden und Friedhöfe auf dem Gizeh-Plateau eingezeichnet.
Überlege dir den Standort des Fotografen, der das Foto auf der linken Buchseite aufgenommen hat.
Ermittle mithilfe des Grundrisses der Cheops-Pyramide in etwa den Maßstab dieser Karte.

k) Die Regierungszeit des Pharaos Cheops umfasste vermutlich 23 Jahre. Nimmt man an, dass täglich ohne Unterbrechung 18 Stunden alle Jahre hindurch gearbeitet wurde, alle wie viel Minuten musste dann einer dieser tonnenschweren Steinblöcke gebrochen, bearbeitet, transportiert und gesetzt werden?

l) Im Mittelalter missbrauchte man die Pyramiden als Steinbruch. Die Ägypter holten sich dort Steine für ihre Häuser und zum Bau von Mauern in der nahegelegenen Stadt Kairo. Man vermutet, dass etwa 8 % der Steine der Cheops-Pyramide dafür verwendet wurden. Berechne die gesamte Masse, die die Ägypter dabei weggetragen haben.
Damit sich heutzutage keiner mehr an den Pyramiden vergreift, wacht dort die Touristen- und Antiquitätenpolizei.

9 Vom Breitenstein zum Wendelstein

Die Wandergruppe „Kletter" trifft sich mehrmals im Jahr zum Bergwandern. An einem Maiwochenende gehen sie die Tour über den Breitenstein zum Wendelstein.

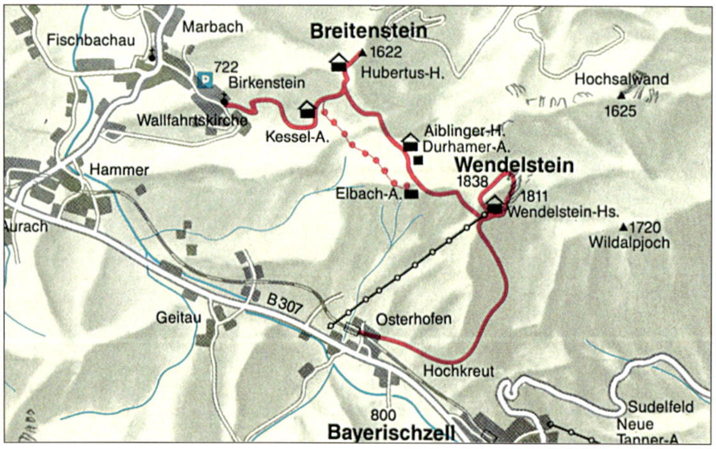

Maßstab 1 : 100 000

a) Vom Ausgangsort Birkenstein führt der Weg in Serpentinen hinauf zur Kesselalm und von dort über die Hubertushütte zum Breitenstein. Wie hoch liegt die Kesselalm, wenn die Gruppe dort bereits $\frac{2}{3}$ der Höhenmeter überwunden hat?

b) In einem Wanderführer steht, dass man von Birkenstein aus bis zum Breitensteingipfel $2\frac{1}{2}$ Stunden braucht. Herr Kerbst behauptet, dass die Wandergruppe immer 10 % schneller ist, als in diesem Führer angegeben. Wann müsste die Gruppe dann am Gipfelkreuz sein, wenn sie in Birkenstein um 8.20 Uhr losgeht?

c) Auf der Wendelsteinhütte lesen die „Kletter" folgendes Schild:

> **Hütten - Happy - Hour**
> von 16^{00} bis 17^{00} Uhr
>
> **Ein Gedeck**, bestehend aus 1 Getränk (Kaffee oder Tee) und 1 Stück Obstkuchen (Erdbeere oder Kirsche, wahlweise mit oder ohne Sahne)
>
> **nur 2,90 €**

Ermittle, ob es genügend verschiedene Gedecke gibt, so dass jedes Gruppenmitglied eine andere Kombination wählen kann.

d) Die Wendelstein-Seilbahn überwindet einen Höhenunterschied von 1020 m. Ermittle zeichnerisch mit Hilfe der Karte in etwa die Länge der Seilbahn und den Winkel gegen die Horizontale, unter dem man von der Talstation aus den Gipfel des Wendelsteins sieht.

e) Welche mittlere Steigung (in %) überwindet die Seilbahn?

f) Während die restliche Gruppe von der Bergstation aus absteigt, fährt Herr Göny mit der Seilbahn in 7 Minuten ins Tal, um den Kleinbus vom Parkplatz zu holen. Herr Göny geht mit 5 km/h zu Fuß nach Birkenstein. Mit 60 km/h fährt er zur Talstation der Wendelsteinbahn zurück, um die Wanderfreunde dort abzuholen. Wer muss auf wen warten und wie lange, wenn die Wanderer 2 Stunden bis zur Talstation brauchen?

g) Auf dem Weg ins Tal begegnet die Gruppe am Cornellfelsen der Wandergruppe „Delta", die sich verlaufen hat. Die Gruppe „Kletter" kann ihr jedoch den Heimweg weisen.
Sie erklärt: Ihr müsst zunächst $\frac{4}{9}$ eures Heimwegs in Richtung Südosten wandern und dann die darauffolgenden $\frac{2}{9}$ des Heimwegs nach Süden. Von der restlichen Strecke geht ihr zunächst $\frac{1}{4}$ in Richtung Südwesten und die letzten 450 m lauft ihr dann nach Westen. Schon seit ihr am Ziel.
Wie lang ist die Strecke, die die Wandergruppe „Delta" bis zu ihrem Ziel noch zurücklegen muss?

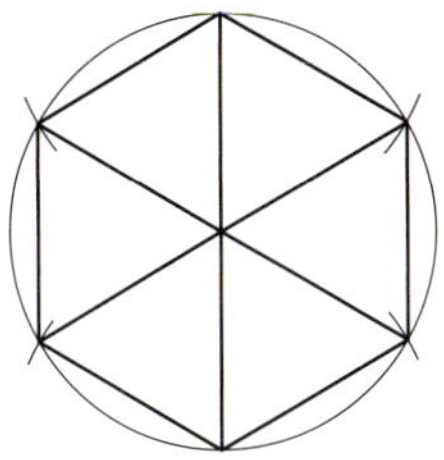

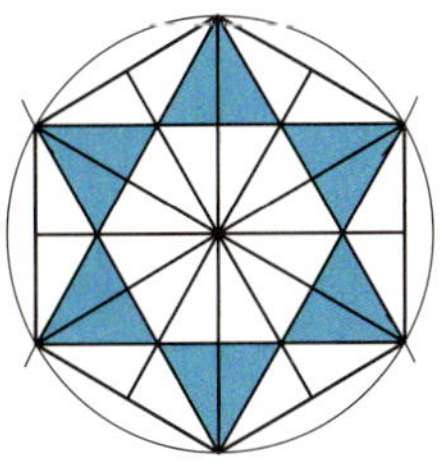

$\frac{12}{36}$ *des Sechseckes*

10 Symmetrische Muster

Zeichne nach nebenstehendem Vorbild ein Sechseck mit 4 cm Seitenlänge. Zerlege dieses Sechseck nur unter Verwendung des Lineals in 36 gleich große Dreiecke.

a) Schraffiere in diesem unterteilten Sechseck ein Muster mit genau einer Symmetrieachse, das den Bruchteil $\frac{2}{9}$ des Sechseckes veranschaulicht.

b) Veranschauliche den Bruchteil $\frac{1}{3}$ des Sechseckes in einer neuen Figur durch ein Muster mit genau zwei Symmetrieachsen.

c) Welche Bruchteile des Sechseckes lassen sich durch Muster mit genau zwei Symmetrieachsen veranschaulichen?

d) Schraffiere ein Muster aus möglichst wenigen Dreiecken mit zwei Symmetrieachsen, die einen Winkel von 60° einschließen.
Welcher Bruchteil des Sechseckes lässt sich durch solch ein Muster veranschaulichen? Entdeckst du an diesem Muster weitere Besonderheiten?
Beschreibe sie.

11 Tachometerprüfung

Werkstätten und Automobilclubs bieten mit mobilen Messstationen die Überprüfung der Anzeigegenauigkeit von Tachometern an. Bei einem PKW wurde das folgende Protokoll ausgedruckt:

gefahrene Geschwindigkeit		Tachoanzeige	
50	km/h	55	km/h
80	km/h	87	km/h
100	km/h	108	km/h

a) Wie groß ist der jeweilige Anzeigefehler im Verhältnis zur tatsächlich gefahrenen Geschwindigkeit?

b) Für Geschwindigkeiten über 50 km/h darf die Mehranzeige 7 % des Skalenendwertes nicht überschreiten. Der Tachometerendwert des untersuchten Fahrzeugs beträgt 220 km/h. Entspricht der Fahrzeugtachometer den Vorschriften?

12 Kreuzzahlrätsel

Übertrage das Rätsel in dein Heft und löse es dann. Beachte, dass Kommas und Minuszeichen ein eigenes Kästchen haben.

waagerecht:

1. $-169 : 13 - 12^2$
5. Anzahl der Möglichkeiten, aus den Buchstaben W,A,T,T ein „Wort“ (z.B. TWTA) zu legen.
6. ein Faktor der Zahl 540.
7. $2{,}34 \cdot (-1{,}2) - \frac{3}{4} \cdot 2{,}34 - 2{,}34 \cdot \frac{1}{20}$
9. $(1000\,\% \cdot 100\,\% - 50\,\%) : 0{,}2\,\%$
10. Das Doppelte des Dreifachen der Hälfte der Anzahl der Bundesländer in Deutschland.
13. Zähler des Ergebnisses von $\left(\frac{7}{3} \cdot \frac{7}{3} + \frac{7}{3} : \frac{7}{3} - \frac{7}{3}\right) \cdot 37$.
15. Anzahl der Weltwunder multipliziert mit der Anzahl der Tage in einem Schaltjahr.

senkrecht:

2. $1234 - 2{,}3 \cdot 10^2 - 23 \cdot 456 + 654 \cdot 32$
3. $(-2{,}925) \cdot (-8{,}94) + 26{,}6321$
4. Die 7. Zahl der Folge 3; –5; 14; 6;…
6. Volumen eines Quaders mit den Kantenlängen $2\frac{1}{2}$ cm, 3,2 dm und $4\frac{3}{4}$ cm (nur Maßzahl).
8. $\left[\left(\frac{5}{24} - \frac{17}{28}\right) : \frac{1}{8} - 1\frac{1}{7} - \frac{2}{3}\right] \cdot \left[-10 \cdot \left(1{,}5 - \frac{1}{5}\right)\right]$
11. Das Siebenfache der Hälfte des Quadrats von 16.
12. Eine Jacke ist 20 % billiger und kostet nur noch 48 €. Wie viel Euro spart man?
14. Flächeninhalt des Dreiecks mit der Seite a = 0,08 m und der zugehörigen Höhe h_a = 8,0 cm (nur Maßzahl).

13 Mit dem Schiff über den Berg

Der Main-Donau-Kanal mit seiner Länge von 171 km verbindet den Main bei Bamberg mit der Donau bei Kelheim. Dadurch existiert eine durchgehende Wasserstraße von der Nordsee bis zum Schwarzen Meer.

a) Ermittle, welche ungefähre Länge die gesamte Wasserstraße von der Nordsee bis zum Schwarzen Meer hat.
Vergleiche mit dem Seeweg.

b) Der Main-Donau-Kanal ermöglicht, Schiffe über die Europäische Hauptwasserscheide bei Bachhausen zu bringen. Diese hat eine Höhe von 406 m über dem Meeresspiegel. Zur Überwindung der Höhenunterschiede gegenüber Bamberg bzw. Kelheim wurden 16 Schleusen gebaut, welche die Schiffe heben oder absenken können. Überlege dir die Funktionsweise der abgebildeten Sparschleuse mit ihren drei seitlich angeordneten Sparbecken.

Höhenplan

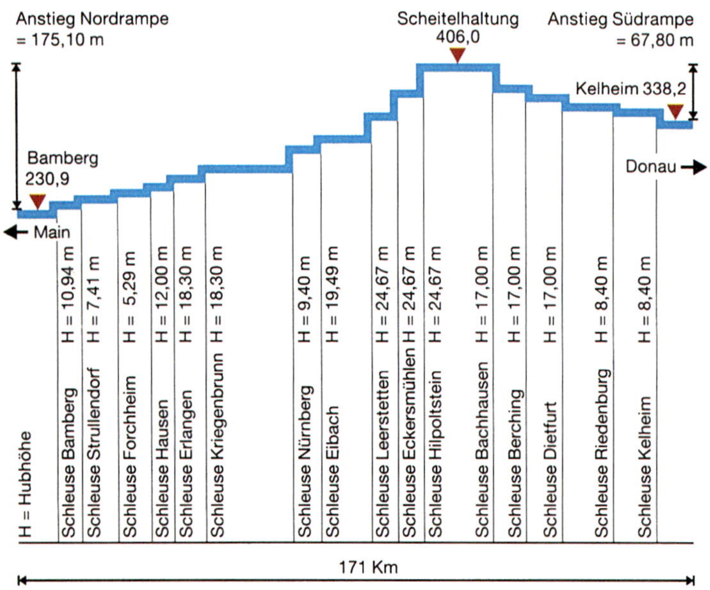

c) Von Bamberg bis zur Scheitelhöhe sind es 103 km. Wie groß wäre die Steigung (Angabe in %), wenn die Schiffe auf dieser Strecke, statt in Schleusen gehoben zu werden, gleichmäßig „bergauf" fahren könnten? Wäre die „Talfahrt" auf der Südrampe steiler?
Vergleiche die Steigung mit einer Straße.

d) Für ein beladenes Schiff ist eine durchschnittliche Geschwindigkeit von 11 km/h erlaubt. Wie lange braucht es in etwa, um den Main-Donau-Kanal zu durchfahren? Setze dabei für jede Schleusung einschließlich etwaiger Wartezeiten einen Zeitbedarf von einer halben Stunde an. Um wie viel % ist die Fahrzeit eines Kabinenboots kürzer, das durchschnittlich mit einer Geschwindigkeit von 13 km/h fährt?

Der Kanal im Querschnitt

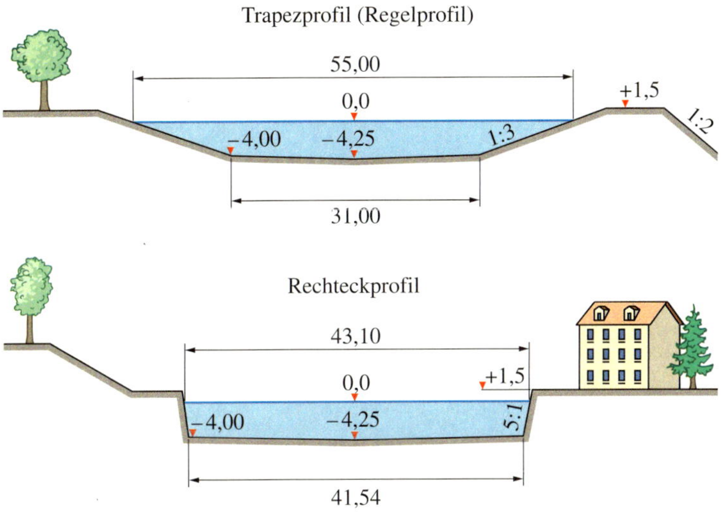

e) Berechne wie viel m^3 Wasser sich in einem Kanalstück der Länge 100 m befinden, wenn es als Querschnitt das angegebene Regelprofil hat.
Welches Fassungsvermögen haben die Schleusen zusammen, die jeweils 200 m lang und 12 m breit sind?

f) Schätze durch eine Rechnung ab, wie viel m^3 Wasser der Main-Donau-Kanal insgesamt fasst, wenn man durchgehend von dem Regelquerschnitt ausgeht.
Welchen Bruchteil vom Fassungsvermögen des Kochelsees ($185 \cdot 10^6$ m^3) macht diese Menge aus?

g) Bei dem Trapezprofil handelt es sich um das Regelprofil. Der Main-Donau-Kanal hat als weiteren Querschnitt das Rechteckprofil. In welchen Streckenbereichen wird dieses Profil auftreten? Welche Gründe siehst du für die unterschiedlichen Profile?

h) Wie viel Wasser würde der Kanal in etwa fassen, wenn er auf seiner gesamten Länge das Rechteckprofil hätte? Wie groß ist der Unterschied in Prozenten im Vergleich zum Trapezprofil?

i) Der Main-Donau-Kanal hat eine weit zurückreichende Vorgeschichte.
Macht euch kundig und stellt eure Ergebnisse z.B. auf einer Wandzeitung dar.

14 Sechseck im Sechseck

Zeichne in einen Kreis mit 5 cm Radius zwei aufeinander senkrecht stehende Durchmesser und ergänze diese Figur zu einer 12teiligen Torte.

a) Zeichne in diese Figur mit Rot ein möglichst großes Sechseck und in dieses rote Sechseck ein möglichst großes um 30° um den Mittelpunkt gedrehtes grünes Sechseck.
In welchem Verhältnis stehen die Flächeninhalte dieser beiden Sechsecke?
Beschreibe deine Überlegungen zur Lösung an Hand einer Zeichnung.
Die Figur gibt dir einen Tipp.
Die vier kleinen Dreiecke sind gleich groß.

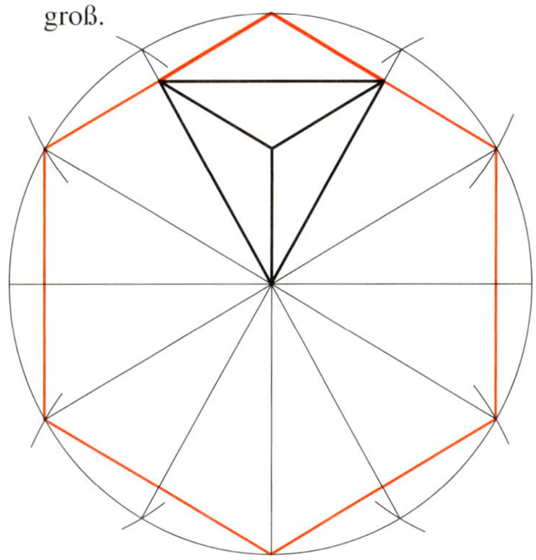

b) Zeichne die Figur mit dem roten und dem grünen Sechseck noch einmal und zeichne in das grüne Sechseck wiederum ein möglichst großes um 30° gedrehtes Sechseck rot. In welchem Verhältnis stehen die Flächeninhalte der beiden roten Sechsecke?

c) Zeichne nun in diese Figur fortlaufend weitere möglichst große um 30° gedrehte Sechsecke abwechselnd rot und grün.
Was fällt dir an dieser Folge von Sechsecken auf?

d) In welchem Verhältnis steht der Flächeninhalt des dritten grünen Sechseckes zum Flächeninhalt des roten Ausgangssechseckes?
Schätze, bevor du rechnest.
Gib das Verhältnis auch in Prozent an.

15 Bayerische Landtagswahlen 2003
Bei den Wahlen zum Bayerischen Landtag am 21. September 2003 waren 9 108 516 Bürger stimmberechtigt. Davon gingen 5 205 073 zur Wahl. Für die Wahl der Landtagsabgeordneten hatte jeder Wähler zwei Stimmen. Wie viele von den gültigen 10 248 735 Stimmen auf die jeweiligen Parteien fielen, kann der Tabelle entnommen werden. Des weiteren enthält diese Übersicht die jeweiligen prozentualen Stimmanteile der Jahre 2003 und 1998 (vorausgehende Wahl) und Daten, die Veränderungen zu 1998 beschreiben. Z. B. kann man entnehmen, dass im Jahr 2003 die FDP 61 943 Stimmen mehr erhalten hat als 1998, die FW hingegen 34 809 Stimmen weniger.

Stimmen/ Wahl- vorschlag	**Gesamtstimmen**				
	2003 Anzahl	**2003 (in %)**	**1998 (in %)**	**Veränderung zu 1998 Anzahl**	**%-Punkte**
Stimmen:					
abgegeben	10 410 146			−1 941 550	
ungültig/leergelassen	161 411			−3376	
gültig	10 248 735	100	100	−1 938 174	
davon:					
CSU	6 217 864	60,7	52,9	−229 900	+7,8
SPD	2 012 265	19,6	28,7	−1 489 635	−9,1
GRÜNE	793 050	7,7	5,7	+100 594	+2,0
FW	411 306	4,0	3,7	−34 809	+0,3
REP	229 464	2,2	3,6	−208 680	−1,4
ödp	200 103	2,0	1,8	−17 737	+0,2
FDP	263 731	2,6	1,7	+61 943	+0,9
BP	77 390	0,8	0,7	−11 190	+0,1
PBC	24 592	0,2	0,1	+7283	+0,1
Freies Franken	4260	0,0	0,0	+2294	+0,0
unabh. Kandidaten	1346	0,0	–	+1346	+0,0
AUFBRUCH	6195	0,1	–	+6195	+0,1
BB	935	0,0	–	+935	+0,0
BüSo	6234	0,1	–	+6234	+0,1

a) Überprüfe für die drei größten Parteien die Richtigkeit der angegebenen prozentualen Stimmanteile von 60,7%, 19,6% bzw. 7,7% mit dem Taschenrechner.

b) Erläutere, wie die so genannten Prozentpunkte in der letzten Spalte (+7,8; −9,1; +2,1; ...) zustande kommen.

c) Veranschauliche die Anzahl der Stimmen in einem Kreisdiagramm. Berücksichtige dabei die drei stärksten Parteien einzeln und fasse alle anderen zu „Sonstige“ zusammen.

Abhängig von der Anzahl der Wählerstimmen erhalten die Parteien eine bestimmte Anzahl an Parlamentssitzen. Folgende Tabelle gibt Auskunft über die Verteilung der Sitze auf die einzelnen Parteien für das Jahr 2003.

Partei	CSU	SPD	Grüne
Anzahl der Sitze	124	41	15

d) Erkundige dich, warum nur die CSU, die SPD und die Grünen Parlamentssitze erhalten haben. Welche Parteien erhielten bei der Wahl 1998 Parlamentssitze?

e) Veranschauliche die Anzahl der Sitze in einem Kreisdiagramm. Vergleiche mit dem Diagramm aus Aufgabe c). Sind die Sektoren für die einzelnen Parteien jeweils genauso groß wie die aus Aufgabe c)? Erkläre deine Feststellung.

f) Die CSU hat 60,7% aller Stimmen erhalten. Wie groß ist ihr Anteil bei den Parlamentssitzen? Erkläre den vorhandenen Unterschied.

g) Im Jahr 1998 waren 8 846 155 Bürger stimmberechtigt. Davon gingen 6 175 848 zur Wahl. Berechne daraus mit dem Taschenrechner die prozentuale Wahlbeteiligung für die Wahl 1998.

h) Berechne die Wahlbeteiligung bei der Wahl 2003. Wie hoch war demnach der Anteil der Nichtwähler?

i) Berechne, wie viel Prozent der Stimmberechtigten die CSU 2003 gewählt haben. Vergleiche dein Ergebnis mit dem Anteil der Nichtwähler.

k) Die CSU hatte 2003 weniger Wähler als 1998. Dennoch lag der Zuwachs bei 7,8 Prozentpunkten. Wie ist das möglich?

l) In der Tabelle ist für einige Parteien ein prozentualer Anteil von 0,0% aufgeschrieben. Erkläre diese Tatsache.

16 Die Albula-Bahn

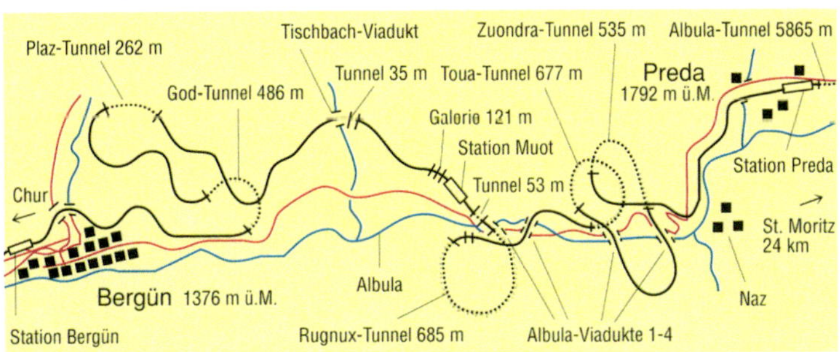

Der Bernina-Express befährt zwischen Chur (im Rheintal) und St. Moritz die so genannte Albulastrecke. Diese wurde bereits im Jahr 1903 in Betrieb genommen und zählt noch heute zu den eindrucksvollsten Gebirgsbahnen der Welt.

a) Die Bergstrecke zwischen Bergün und Preda ist 12,5 km lang. Welchen Anteil haben die Tunnelstrecken an diesem Abschnitt?

b) Welche durchschnittliche Steigung hat die Bahnstrecke?
Wie groß etwa wäre im Vergleich dazu die Steigung, wenn man den Höhenunterschied zwischen Bergün und Preda auf der kürzesten Distanz überwinden wollte?

c) Der Zug braucht für die Bergstrecke 18 Minuten. Mit welcher Geschwindigkeit fährt er durchschnittlich? Welcher Höhenunterschied wird in der Sekunde überwunden?

d) Von Preda nach St. Moritz sind es noch 24 km. Wie lange dauert die Fahrt, wenn der Zug auf dieser Strecke im Schnitt mit 65,4 km/h fährt?

e) Vergleiche die Fahrzeiten für die beiden Strecken. Welche Gründe siehst du für die unterschiedlichen Zeiten?

17 Brüche rücken eng zusammen

a) Bilde zu zwei Brüchen, z. B. $\frac{2}{3}$ und $\frac{3}{5}$ einen neuen Bruch $\frac{5}{8}$, indem du beide Zähler und beide Nenner addierst. Vergleiche diese Brüche.

b) Erweitere nun die beiden Ausgangsbrüche mit der gleichen Zahl und bilde wieder durch Addition der Zähler und der Nenner einen neuen Bruch. Warum ergibt sich wieder der Bruch $\frac{5}{8}$?

c) Erweitere nur einen der beiden Ausgangsbrüche und bilde durch Addition der Zähler und der Nenner einen neuen Bruch. Vergleiche wieder die drei Brüche. Was stellst du fest? Überprüfe deine Aussage durch weitere Beispiele.

*d) Wie viele Bruchzahlen haben zwischen zwei Bruchzahlen Platz? Begründe deine Aussage.

18 Ziemlich aufgeblasen

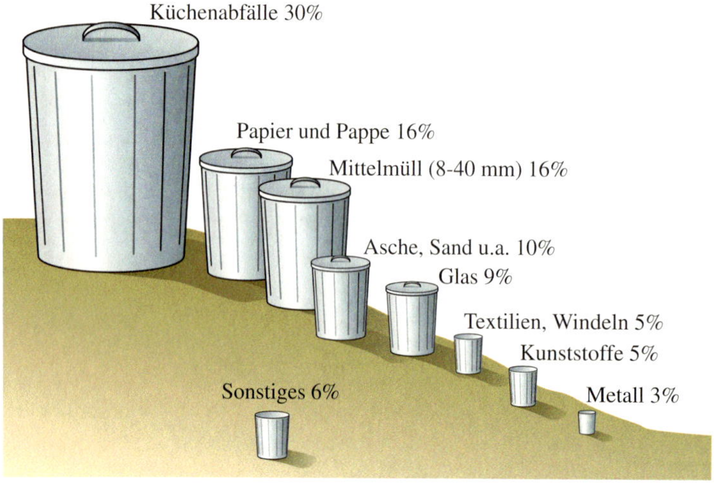

a) Laut einer Zeitschrift fallen pro Person jährlich etwa 300 kg Hausmüll an. Die Zeitschrift veranschaulicht die Zusammensetzung des Hausmülls in Prozent (Angaben bezogen auf die Masse) in einem Bilddiagramm.
Zeichne zu der Aufteilung ein Säulendiagramm (siehe rechts oben).
Vergleiche es mit der Darstellung der Zeitschrift und beschreibe deinen Eindruck.

b) Eine Süßwarenfirma hat vor 5 Jahren ein neues Produkt auf den Markt gebracht. Die Umsätze haben sich inzwischen verdoppelt. Die Firma stellt dies in einer Übersicht wie untenstehend dar. Beschreibe, warum die Darstellung den falschen Eindruck erweckt.

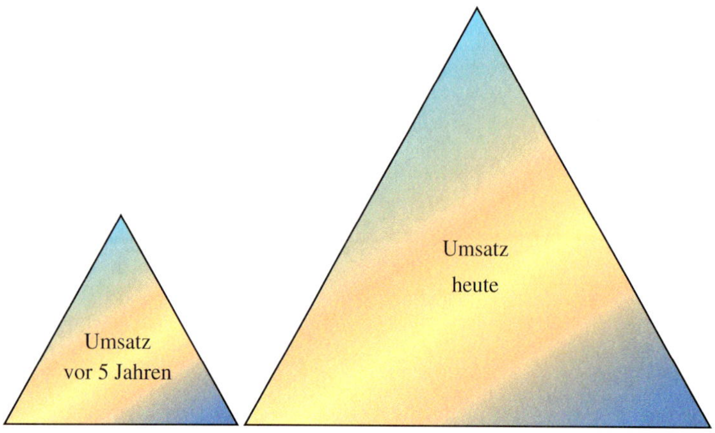

In einem Säulendiagramm sind alle Säulen gleich breit. Die Höhen der Säulen geben die dargestellten Größenverhältnisse wieder:

Problematisch ist die Situation, wenn Größenverhältnisse durch Flächen oder durch räumliche Körper wiedergegeben werden sollen.
Beim Verdoppeln aller Seitenlängen wird nämlich die Fläche bzw. das Volumen deutlich mehr als verdoppelt:

c) Um welchen Faktor vergrößert sich die Fläche eines Quadrats, wenn die Seitenlängen verdoppelt werden?
Um welchen Faktor vergrößert sich das Volumen eines Würfels, wenn die Kantenlängen verdoppelt werden?

d) Hans versucht bei einem Quadrat mit 10 cm Seitenlänge die Seiten so zu verlängern, dass sich der Flächeninhalt des Quadrats verdoppelt. Er probiert es mit 12 cm, 14 cm, 16 cm Seitenlänge. Wie macht Hans wohl weiter, um auf Prozent genau herauszubekommen, um wie viel Prozent die Seitenlängen eines Quadrats vergrößert werden müssen, damit sich seine Fläche verdoppelt? Führe dieses Vorgehen durch. Zeichne beide Quadrate.

e) Ermittle durch systematisches Probieren auf Prozent genau, um wie viel Prozent die Kantenlängen eines Würfels vergrößert werden müssen, damit sich das Volumen des Würfels verdoppelt.
Zeichne die beiden Würfel.

f) Stelle die drei oben angegebenen Anteile Glas, Papier und Pappe, Küchenabfälle des Hausmülls durch (drei) Quadrate dar, deren Flächeninhalte die Größenverhältnisse annähernd wiedergeben.

g) Stelle die drei oben angegebenen Anteile Glas, Papier und Pappe, Küchenabfälle des Hausmülls durch (drei) Würfel dar, deren Volumen die Größenverhältnisse annähernd wiedergeben. Vergleiche mit den Darstellungen aus f) und aus a).

19 Viele Fische

Im Waldweiher der Angelfreunde Holzkirchen sind zu $\frac{2}{45}$ Hechte, $\frac{2}{9}$ Karpfen, $\frac{2}{15}$ Schleien, $\frac{7}{12}$ Rotaugen und $\frac{1}{60}$ Welse.

a) Zeichne ein Kreisdiagramm der verschiedenen Fischarten im Waldweiher.

b) Beim Königsfischen, einem alljährlichen Angelwettbewerb, erreichte Matthias mit seinem Fang den 2. Platz. Er benutzte als Köder Maiskörner und fing damit diese Rotaugen mit einem Durchschnittsgewicht von 140 g.

Schätze zuerst die Zahl der Fische und bestimme dann ihr Gesamtgewicht.

c) Maxi angelte an einer anderen Stelle und erwischte einen Karpfen, der um 14 % mehr wog als alle diese Rotaugen zusammen. Welches Gewicht brachte der Karpfen auf die Waage?

d) Wenn man beim Angeln im Waldweiher wissen will, welche Fischart als nächste anbeißt, so handelt es sich um ein Zufallsexperiment. Warum? Formuliere dieses Zufallsexperiment.

e) Obwohl man nicht weiß, welcher Fisch als nächster anbeißen wird, kann man doch den Ausgang dieses Zufallsexperimentes beeinflussen.
Überlege, wie.

20 Zahlen in der Zeitung

Zahl der Scheidungen so hoch wie nie

Wiesbaden (dpa/AP) – Noch nie sind in Deutschland so viele Ehen geschieden worden wie 2002. Die Zahl der rechtskräftigen Trennungen stieg im Vergleich zum Vorjahr um 3,4 Prozent auf 204 200, so das Statistische Bundesamt. Im Zehnjahresvergleich kletterte die Zahl der Paare, die vor den Richter traten, um 51,3 Prozent. Statistisch kamen damit im letzten Jahr 108 Scheidungen auf 10 000 Ehen. Die Statistiker gehen davon aus, dass künftig mehr als jede dritte Ehe geschieden wird. Derzeit schafften es 40 Prozent nicht ohne Scheidung bis zur Silberhochzeit. Die meisten Scheidungen gab es mit 47 000 Fällen in Nordrhein-Westfalen, gefolgt von Bayern mit 28 000 Verfahren und Baden-Württenberg mit 23 000.
(Tagesthema „Ehe lernen“ auf Seite 3)

a) Wie viele Scheidungen gab es im Jahr 2001?

b) „Vor 10 Jahren waren es nur gut halb so viele Scheidungen wie heute.“
Was meinst du zu dieser Aussage?

c) War der prozentuale Anstieg von 2001 auf 2002 größer oder kleiner als der durchschnittliche jährliche Anstieg der Scheidungszahlen in den vergangenen 10 Jahren? Schätze erst. Berechne dann unter Verwendung eines Taschenrechners oder einer Tabellenkalkulation.

d) In dem Artikel werden verschiedene statistische Angaben gemacht.
Treten Widersprüche auf? Liegen wohl Fehler vor? Welche Vergleiche sind irreführend? Notiere offene Fragen.
Welche dieser Fragen kannst du durch Schätzen oder Rechnen beantworten?
Beschaffe dir gegebenenfalls zusätzliches Zahlenmaterial.

e) Sind die Angaben für die einzelnen Bundesländer aussagekräftig?
Verwende zusätzliche Informationen, um die Scheidungszahlen in den drei Bundesländern sinnvoll miteinander vergleichen zu können.

Rückblick, Seite 45

1

a) 40 cm b) 50 min
c) 875 g d) 30 800 m^2

2

360° entsprechen 30 Schüler/innen,
12° entsprechen 1 Schüler/in

Fußball	(96°)	8 Schüler/innen (27 %)
Schwimmen	(84°)	7 Schüler/innen (23 %)
Tennis	(48°)	4 Schüler/innen (13 %)
Volleyball	(24°)	2 Schüler/innen (7 %)
Ballett	(60°)	5 Schüler/innen (17 %)
Basketball	(36°)	3 Schüler/innen (10 %)
Eishockey	(12°)	1 Schüler/in (3 %)

3

a) 18 kg b) 16 min
c) 27 a d) 45 km

4

a), b)

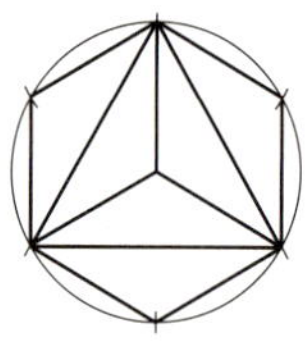

c) Das Dreieck überdeckt die Hälfte des Sechseckes.

5

a) $\frac{35}{63}$; $\frac{24}{63}$ b) $\frac{50}{120}$; $\frac{56}{120}$; $\frac{45}{120}$

6

a) $6\frac{1}{3}$ b) $-11\frac{1}{7}$ c) $9\frac{19}{50}$

7

$-\frac{8}{15} < -0{,}5 < 60\,\% < \frac{2}{3} < \frac{9}{8} < 3{,}05 < \frac{39}{12}$

8

$-1{,}593089$; $-1{,}93089$; $-1{,}9389$; $-1{,}989$

9

a) $\frac{2}{5}$ b) $\frac{5}{16}$

10

$\frac{1}{5} = \frac{20}{100} < \frac{21}{100} < \frac{22}{100} < \frac{23}{100} < \frac{24}{100} < \frac{25}{100} = \frac{1}{4}$

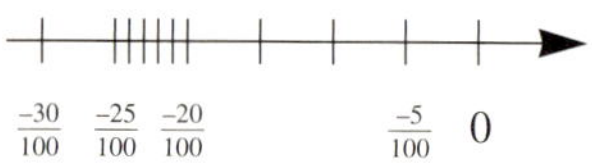

11

a) 0,48 b) 0,2125
c) 0,175 d) 0,728

12

a) $80 = 2^4 \cdot 5$ endlicher Dezimalbruch
b) $\frac{85}{102} = \frac{5}{6}$; $6 = 2 \cdot 3$ unendlicher Dezimalbruch
c) $175 = 5^2 \cdot 7$ unendlicher Dezimalbruch
d) $\frac{27}{810} = \frac{1}{30}$ $30 = 2 \cdot 3 \cdot 5$ unendlicher Dezimalbruch

13

a) Gesucht ist ein Anteil (eine Bruchzahl), der sich als Bruch mit Nenner 20 bzw. mit Nenner 12 darstellen lässt.
Anteil $\frac{1}{4}$: 3 bzw. 5 Lebkuchen mit Schokolade
Anteil $\frac{1}{2}$: 6 bzw. 10 Lebkuchen mit Schokolade
Anteil $\frac{3}{4}$: 9 bzw. 15 Lebkuchen mit Schokolade
b) Anteil $\frac{1}{2}$: 6 bzw. 10 bzw. 15 Lebkuchen mit Schokolade

14

a) 67 %
b)

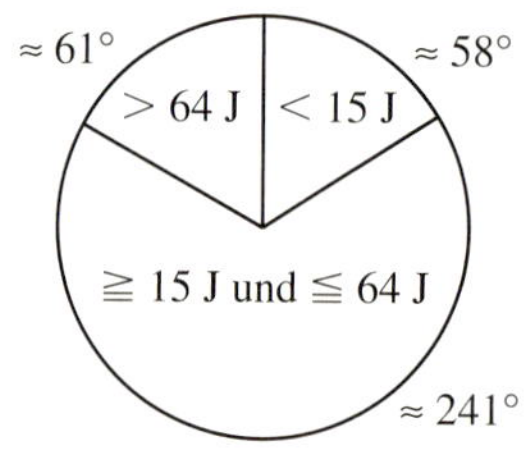

Rückblick, Seite 59

1

Es interessiert nur eine bestimmte Vogelart, z. B. Amseln.
Mögliche Ergebnisse: Amsel, keine Amsel
Es interessieren mehrere Vogelarten.
Mögliche Ergebnisse: Amsel, Buchfink, Sperling, Kohlmeise, Sonstige

2

a) B → ① A → ② C → ③
b)

	1	2	3	4	5	6
Würfel 1	75	75	75	75	75	75
Würfel 2	72	112	40	41	113	72
Würfel 3	45	90	90	90	90	45

3

Häufigkeit von Kopf nach 1000 Würfen 65,9 %, von Seite: 34,1 %. Helga hat gut geschätzt. Sarahs Schätzung ist falsch, denn 50 % + 45 % < 100 %.

4

a) Anteil der Bahnfahrer: 11 %
b) Um auch außergewöhnliche Verkehrsmittel zu erfassen, wurde die Spalte Sonstige eingeführt.
c) PKW: 21 660 Bahn: 4180
Flugzeug: 7980 Bus: 3800
Sonstige: 380

5

Anteil der Körbe bei Nicola: 40 %
Anteil der Körbe bei Lena: 42 %. Lena warf etwas besser.

6

a)

	J	M	
im SV	25	15	40
nicht im SV	50	35	85
	75	50	125

35 Mädchen sind nicht im Sportverein.
b) Der Anteil der Sportvereinsmitglieder bei den Jungen beträgt 33,3 %, bei den Mädchen 30 %.

7

a)

	Beate	Klaus	Peter
Wurfzahl	20	50	100
rel. Häufigkeit von Wappen	30%	50%	41%

b)

	Beate	Klaus	Peter
Wurfzahl	20	50	100
rel. Häufigkeit von Wappen	55%	60%	46%

c) Eine Serie von 5-mal Zahl oder 5-mal Wappen bewirkt bei 20 Würfen eine Schwankung der relativen Häufigkeit von Wappen um 25 %, bei 50 Würfen um 10 % und bei 100 Würfen nur noch um 5 %. Mit zunehmender Wurfzahl wirkt sich eine Serie von Wappen oder Zahl weniger stark auf die relative Häufigkeit aus.

8

a)

Tag	PKW	Bus	LKW	Rad	Gesamt
Do	48%	2%	30%	20%	850
Sa	60%	2,5%	7,5%	30%	720

Am Samstag sind mehr PKWs und Radfahrer unterwegs.

b) Donnerstag Samstag

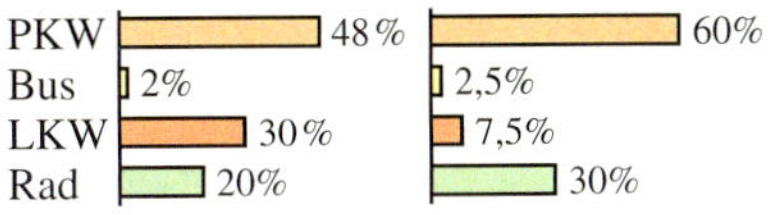

c) Anteil der motorisierten Verkehrsteilnehmer
Donnerstag: $\frac{680}{850} = 80\%$ oder
$100\% - 20\% = 80\%$
Samstag: $\frac{504}{720} = 70\%$ oder
$100\% - 30\% = 70\%$
Hier treten keine Rundungsfehler auf, deshalb liefern beide Rechenwege das gleiche Ergebnis.

Rückblick, Seite 79

Randspalte:
$\frac{2}{3} + \frac{2}{5} = \frac{1}{4}$: Hier wurden die Nenner addiert und der Zähler beibehalten.
$42{,}503 - 2{,}23 = 42{,}28$:
Hier wurde $42{,}503 - 0{,}223$ gerechnet.

1
a) 7 b) 10,8 c) 9,3
d) $-\frac{1}{24}$ e) $4\frac{5}{7}$ f) 1,998
g) $-\frac{13}{72}$ h) $-2{,}53$

2
(Zahlenangaben jeweils in Mio. Tonnen)
a) Elfenbeinküste: 1,300
andere Länder:
Überschlag:
$0{,}4 + 0{,}3 + 0{,}2 + 0{,}2 + 0{,}2 + 0{,}1 = 1{,}4$
exakt: 1,440
b) Elfenbeinküste: $1{,}300 - 1{,}153 = 0{,}147$
andere Länder: Nein, die Ernte war 1999 lediglich um 0,001 Millionen Tonnen geringer. Um die Frage zu beantworten, muss der exakte Unterschied aber gar nicht berechnet werden. Es genügt zu begründen, dass bei allen anderen Ländern die Änderungen wesentlich geringer sind (max. um 0,004 Mio. Tonnen). Daher können insgesamt die 0,147 Millionen Tonnen nicht erreicht werden.

3
Zum Beispiel:
$1\frac{2}{7} + \frac{5}{7} + 3\frac{1}{4} + 0{,}75 + 3{,}7 + \frac{7}{20} + \frac{3}{8}$
$= 2 + 4 + 3\frac{28}{40} + \frac{14}{40} + \frac{15}{40} = 10\frac{17}{40}$
oder
$1\frac{2}{7} + \frac{5}{7} + 3\frac{1}{4} + 0{,}75 + 3{,}7 + \frac{7}{20} + \frac{3}{8}$
$= 2 + 4 + 3{,}7 + 0{,}35 + 0{,}375 = 10{,}425$

4
a) $\frac{20}{60} = \frac{1}{3} = \frac{2}{6} = \ldots$ b) $\frac{85}{100} = \frac{17}{20} = \ldots$
c) 4 d) $\frac{27}{16} = 1\frac{11}{16}$

5
a) Addieren der Anteile ergibt:
$\frac{1}{2} + \frac{1}{10} + \frac{2}{7} = \frac{35}{70} + \frac{7}{70} + \frac{20}{70} = \frac{62}{70}$
Das Ganze (die Reisegesellschaft) muss also aus mindestens 70 Personen bestehen.
b) Mögliche Teilnehmerzahlen sind alle Vielfachen von 70.

6
a) $\left(3\frac{5}{6} + 2\frac{4}{9}\right) - 2\frac{19}{54} = 3\frac{25}{27}$
b) $\left(\frac{5}{12} + \frac{2}{9}\right) - \left(1\frac{1}{3} - \frac{17}{18}\right) = \frac{1}{4}$
c) $\frac{41}{160} - \left(\frac{5}{16} - \frac{1}{40}\right) = -\frac{1}{32}$

7
a) $25 + 21 + 40 + 0 - 21 = 65$
exakt: 65,2384
b) $384 - 24 - 0 - 3 - 7 = 350$
exakt: 350,59998
c) $53 - 14 + 13 + 27 + 2 = 81$
exakt: $81\frac{27}{50} = 81{,}54$
d) $(82 - 20 + 2) - (37 - 2 + 4) = 25$
exakt: 25,06
e) $(8 + 4) - 9 + 23 + 17 + 2 = 45$
exakt: 45,25

8
a) $\frac{2}{3} + \frac{1}{4} = \frac{11}{12}$
b) Zwischenschritt:

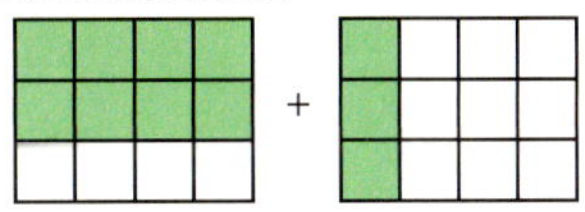

Mit den weiteren Rechtecken wird das Gleichnamigmachen der Nenner 3 und 4 (auf den Nenner 12) veranschaulicht.

c)

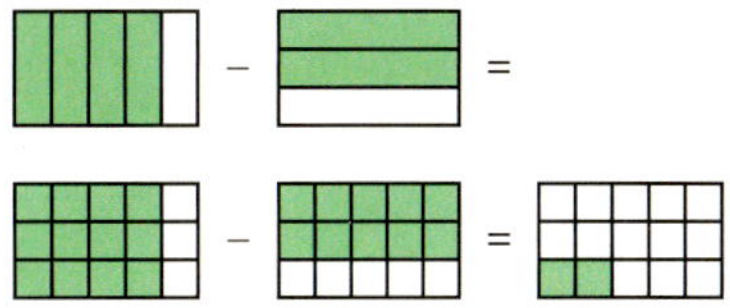

9
a) Es reicht, da $20\% + \frac{1}{2} + \frac{1}{3} = \frac{2}{10} + \frac{1}{2} + \frac{1}{3}$
$= \frac{6}{30} + \frac{15}{30} + \frac{10}{30} = \frac{31}{30} > 1$
b) $\frac{1}{3}$ entspricht 200€, demnach beträgt der Kaufpreis 600€. Yann hat also insgesamt:
200€ + $\frac{2}{10}$ von 600€ + $\frac{1}{2}$ von 600€
= 200€ + 120€ + 300€ = 620€
Es bleiben 20€, er kann das Schloss kaufen.

10
$\frac{5}{6} - \frac{2}{9} = \frac{11}{18}$

Rückblick, Seite 111

1
a) $\underbrace{\underbrace{\left(1\frac{7}{10} + 2\frac{5}{12}\right)}_{\text{Summe}} \cdot \underbrace{\left(9\frac{1}{2} - \frac{13}{14}\right)}_{\text{Differenz}}}_{\text{Produkt}}$
Überschlag: $(2 + 2) \cdot (9 - 1) = 32$
Ergebnis: $35\frac{2}{7}$
b) $\underbrace{\underbrace{\left(\underbrace{5\frac{5}{6} : 3\frac{4}{15}}_{\text{Quotient}} - \frac{11}{14}\right)}_{\text{Differenz}} : \underbrace{\left(8\frac{1}{3} + 1\frac{1}{2}\right)}_{\text{Summe}}}_{\text{Quotient}}$
Überschlag: $(6 : 3 - 1) : (8 + 2) = \frac{1}{10}$
Ergebnis: $\frac{6}{59}$
c) $\underbrace{\underbrace{6\frac{2}{3} \cdot 2\frac{1}{10}}_{\text{Produkt}} - \underbrace{7\frac{1}{7} : 4\frac{1}{6}}_{\text{Quotient}}}_{\text{Differenz}}$
Überschlag: $7 \cdot 2 + 8 : 4 = 12$
Ergebnis: $12\frac{2}{7}$

2

a) $\left(\frac{3}{10}-\frac{1}{6}\right):\left(2-\frac{7}{10}\right)+\frac{35}{39}=1$

b) $4\cdot\left(\frac{9}{16}\cdot\frac{3}{8}\right)-4\cdot\left(\frac{9}{16}-\frac{3}{8}\right)=\frac{3}{32}$

3

a) Überschlag: $(1+8):6-\frac{1}{2}=1$
Ergebnis: 1

b) Überschlag: $6-2\cdot\left(2+\frac{1}{2}\right)=1$
Ergebnis: 1

4

Karte: $A_K = 15{,}8\,\text{cm}\cdot 11\,\text{cm} = 173{,}8\,\text{cm}^2 \approx 174\,\text{cm}^2$

Umschlag:
$A_U = 11{,}4\,\text{cm}\cdot 18{,}1\,\text{cm} + 16{,}1\,\text{cm}\cdot 6{,}9\,\text{cm} + \frac{1}{2}\cdot 16{,}1\,\text{cm}\cdot 4{,}2\,\text{cm} + \frac{1}{2}\cdot 16{,}1\,\text{cm}\cdot 6{,}5\,\text{cm} = 403{,}565\,\text{cm}^2 \approx 404\,\text{cm}^2$

Prozentsatz:
$\frac{404}{174} = 2{,}321\ldots \approx 2{,}32 = 232\,\%$

Der Umschlag ist um 132 % größer.

5

a) 4 b) 2

6

a) Überschlag: $(5-45):2=-20$
Ergebnis: $-25{,}2$

b) Überschlag: $(4+1):(130-30)=0{,}05$
Ergebnis: 0,05

c) Überschlag: $-90+10\cdot(0{,}3+3)=-57$
Ergebnis: -55

7

a) Addiere zum Produkt der Zahlen 0,5 und $\frac{3}{4}$ die Summe der Zahlen $3\frac{1}{2}$ und 0,8.
Ergebnis: 4,675

b) Subtrahiere vom Produkt der Zahlen 0,8 und $2\frac{3}{4}$ den Quotienten der Zahlen $3\frac{2}{5}$ und 2.
Ergebnis: 0,5

c) Dividiere die vierfache Differenz der Zahlen 44,3 und 21,45 durch den Quotienten der Zahlen 164,52 und 3,6.
Ergebnis: 2

8

a) 6,8 cm b) 32

9

a) 443 b) 50 c) 11

10

a) $\approx 3{,}33$ b) $\approx 0{,}07$
c) $\approx 0{,}02$ d) 0,01

11

Karl verbleiben: $\frac{2}{3}:\frac{1}{2}=\frac{1}{3}$
oder:

12

Strecke bis Ulm: $\frac{3}{8}\cdot 240\,\text{km} = 90\,\text{km}$

Fahrzeit: $\frac{90}{150}\,\text{h} = \frac{3}{5}\,\text{h} = 0{,}6\,\text{h}$

Reststrecke: 150 km

Fahrzeit: $\frac{150}{60}\,\text{h} = 2{,}5\,\text{h}$

Gesamtfahrzeit: $0{,}6\,\text{h} + 0{,}25\,\text{h} + 2{,}5\,\text{h} = 3{,}35\,\text{h}$

Durchschnittsgeschwindigkeit:
$\frac{240}{3{,}35}\,\frac{\text{km}}{\text{h}} = 71{,}642\ldots\,\frac{\text{km}}{\text{h}} \approx 72\,\frac{\text{km}}{\text{h}}$

13

a) Flächeninhalt der Platte:
$A = 78\,\text{cm}\cdot 78\,\text{cm} = 6084\,\text{cm}^2$
Masse: $2{,}3\,\text{g}\cdot 6084 = 13\,993{,}2\,\text{g} \approx 14\,\text{kg}$

b) Die Platte ist um 0,3 mm dicker, also um $\frac{1}{10}$ dicker als die ursprüngliche Platte.
Zusätzliches Gewicht:
$\frac{1}{10}\cdot 14\,\text{kg} = 1{,}4\,\text{kg}$
(oder:
$\frac{1}{10}\cdot 2{,}3\,\text{g}:6084 = 1399{,}32\,\text{g} \approx 1{,}4\,\text{kg}$)

Rückblick, Seite 129

1

a) $A = 270\,\text{cm}^2$ b) $a = 8\,\text{m}$

c) $A = 15\,120\,\text{cm}^2 = 1{,}512\,\text{m}^2$

d) $h_a = 3{,}5\,\text{cm}$

2

Flächeninhalt des dreieckigen Feldes:
$A = \frac{1}{2}\cdot 21\,\text{m}\cdot 16{,}5\,\text{m} = 173{,}25\,\text{m}^2$

Breite des neuen Feldes:
$173{,}25\,\text{m}^2 : 35\,\text{m} = 4{,}95\,\text{m}$

3

a) Die folgende Abbildung zeigt ein mögliches Netz im Maßstab 2 : 1 vergrößert.

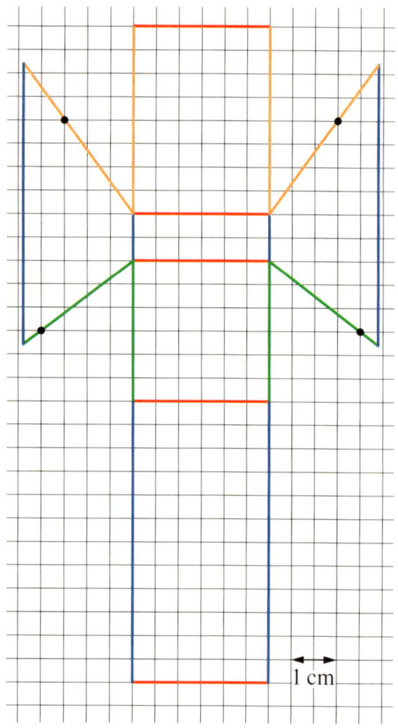

parallel:
Die parallelen Kanten sind im Netz und im Schrägbild (siehe b)) gleichfarbig gekennzeichnet.

senkrecht:
Die roten Kanten sind zu allen anderen Kanten senkrecht.
Die beiden orangen Kanten sind senkrecht zu den beiden grünen Kanten.

b) Die folgende Abbildung zeigt ein mögliches Schrägbild des Prismas im Maßstab 2 : 1 vergrößert.

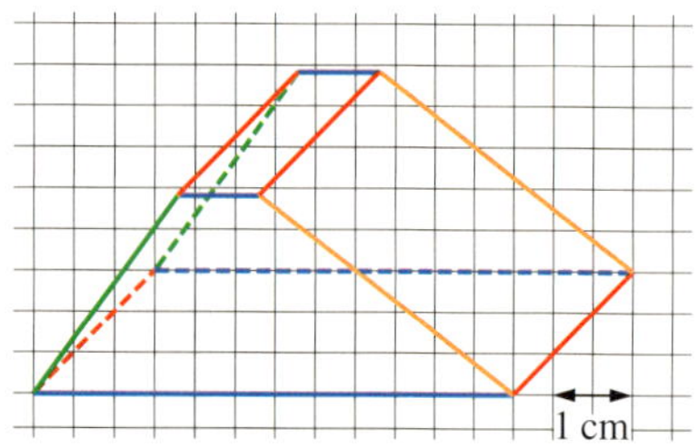

c) $O \approx 14{,}7\,\text{cm}^2$

4

Flächeninhalt des Dreiecks ABC = Flächeninhalt des Dreiecks ACD:

$A = \frac{1}{2} \cdot 8\,\text{cm} \cdot 2{,}5\,\text{cm} = 10\,\text{cm}^2$

Flächeninhalt des Parallelogramms ABCD: $A = 2 \cdot 10\,\text{cm}^2 = 20\,\text{cm}^2$

Abstand der 4 cm langen Gegenseiten:

$20\,\text{cm}^2 : 4\,\text{cm} = 5\,\text{cm}$

5

a) $A = 6{,}4\,\text{cm} \cdot 7{,}1\,\text{cm} + \frac{1}{2} \cdot 6{,}4\,\text{cm} \cdot (17{,}4\,\text{cm} - 7{,}1\,\text{cm}) =$
$= 45{,}44\,\text{cm}^2 + \frac{1}{2} \cdot 6{,}4\,\text{cm} \cdot 10{,}3\,\text{cm}$
$= 45{,}44\,\text{cm}^2 + 32{,}96\,\text{cm}^2 = 78{,}4\,\text{cm}^2$

b) $A = \frac{1}{2} \cdot (15{,}6\,\text{cm} + 9{,}9\,\text{cm}) \cdot 1{,}3\,\text{cm} + \frac{1}{2} \cdot (9{,}9\,\text{cm} \cdot (5{,}2\,\text{cm} - 1{,}3\,\text{cm})) =$
$= \frac{1}{2} \cdot 25{,}5\,\text{cm} \cdot 1{,}3\,\text{cm} + \frac{1}{2} \cdot (9{,}9\,\text{cm} \cdot 3{,}9\,\text{cm})$
$= 16{,}575\,\text{cm}^2 + 19{,}305\,\text{cm}^2 =$
$= 35{,}88\,\text{cm}^2$

6

a) Es gibt unendlich viele Möglichkeiten, den Würfel wie verlangt zu zerschneiden. Die folgende Abbildung zeigt einige Beispiele.

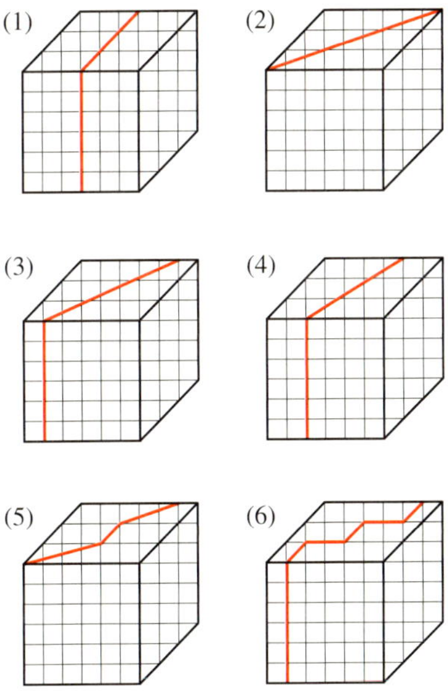

b) Die folgende Abbildung zeigt jeweils ein Netz und ein Schrägbild, zu den in a) gegebenen Würfelschnitten.

(1)

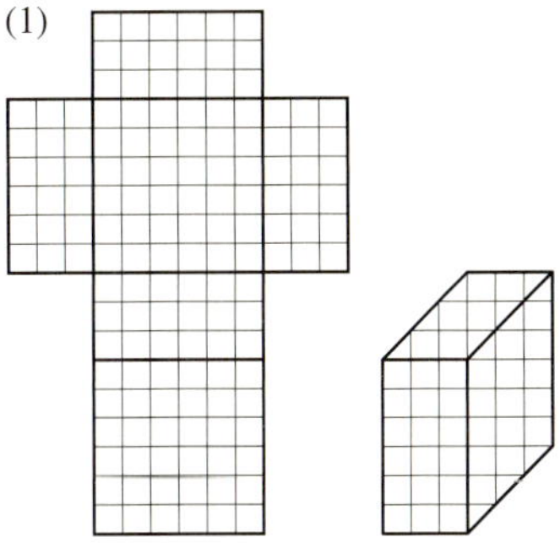

(2)

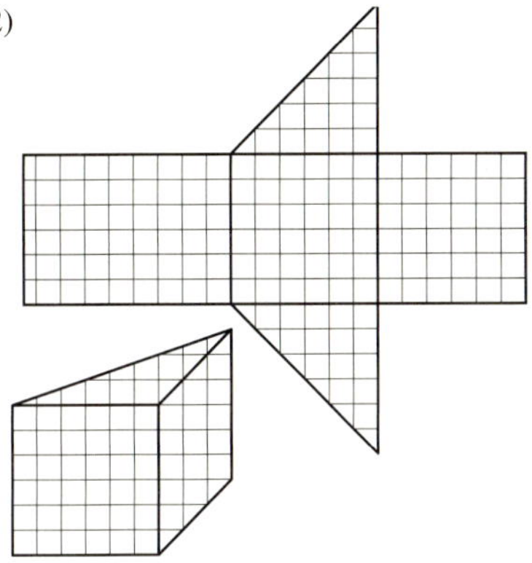

(3)

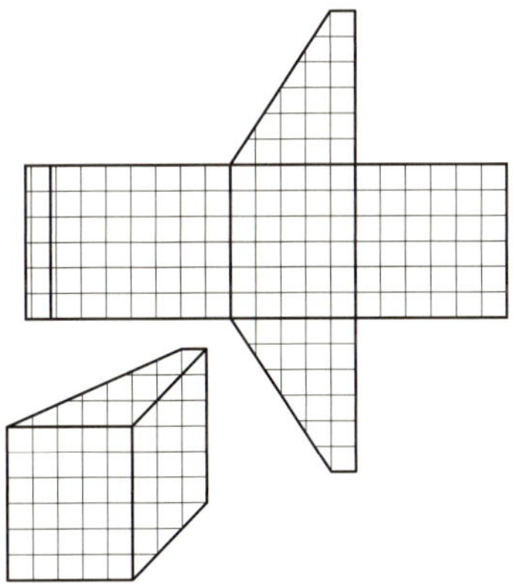

(3)

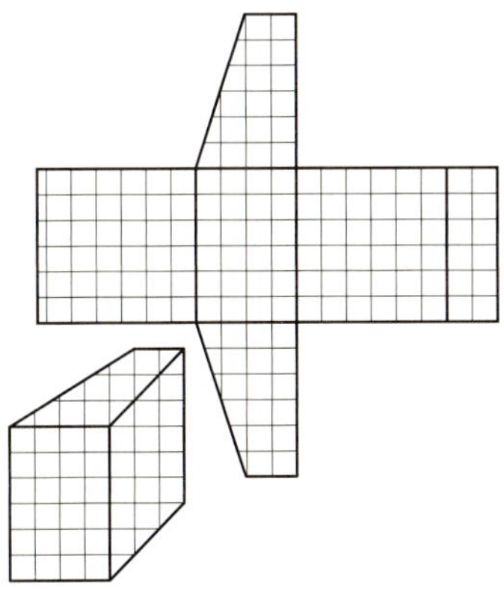

(5)

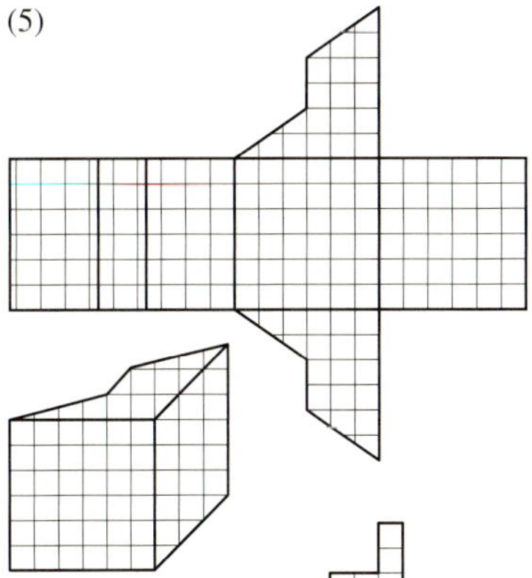

(6)

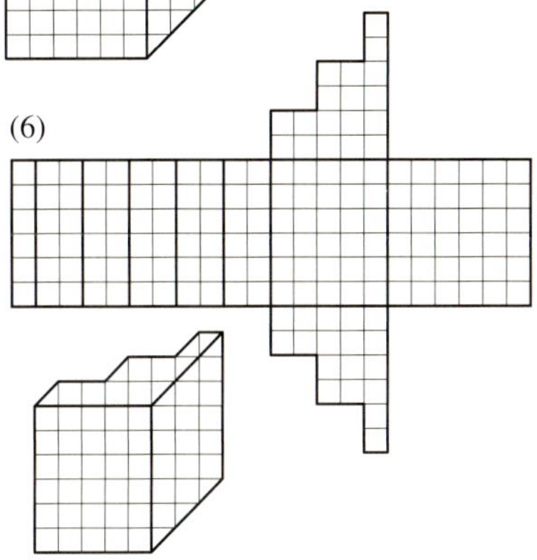

7

a)

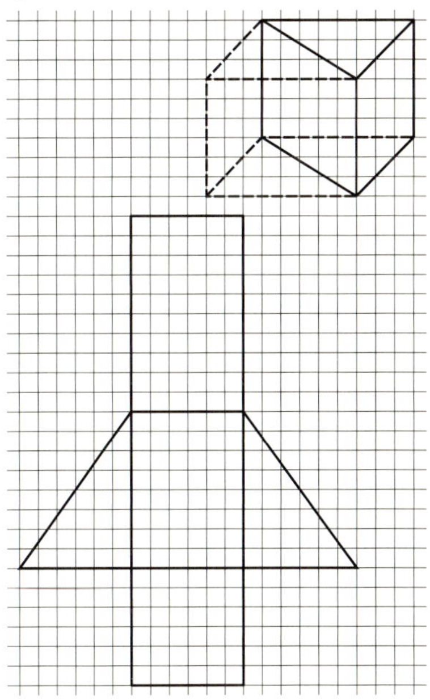

$O = 48\,\text{cm}^2$

b)

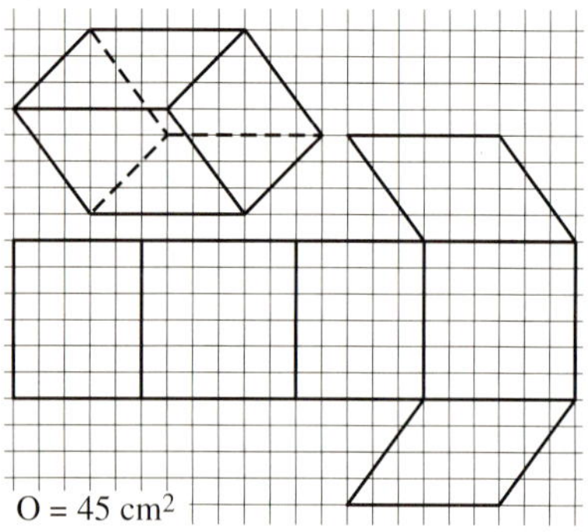

8

$O_{Quader} = O_{Pyramide} = 80\,cm^2$
Die vier dreieckigen Seitenflächen der Pyramide $A_{Dreieck}$ haben somit zusammen einen Flächeninhalt von $80\,cm^2 - 16\,cm^2 = 64\,cm^2$.
Also gilt: $A_{Dreieck} = 16\,cm^2$ und somit ist in jedem Dreieck die Höhe auf die 4 cm lange Grundkante 8 cm lang.

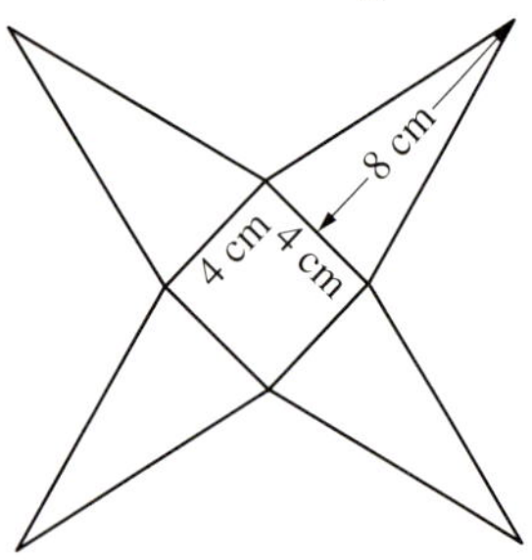

9

a)

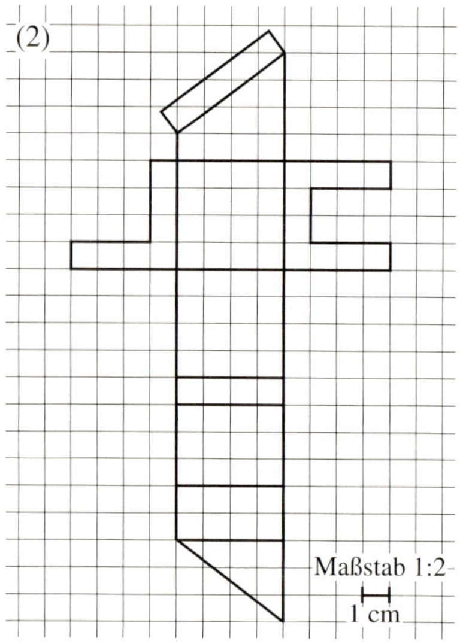

b) (1) $O = 108\,cm^2$ Kosten: 54 €
(2) $O = 94\,cm^2$ Kosten: 47 €

c)

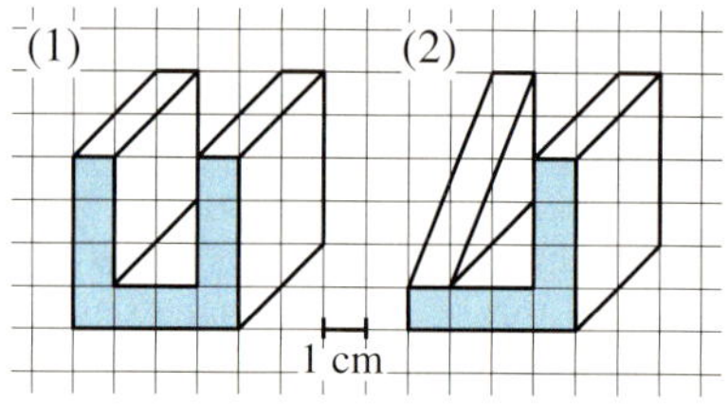

Rückblick, Seite 153

1

Formulierung der Textaufgaben individuell. Beispiel zu a): Um den neuen Sandkasten, der ein Fassungsvermögen von $0{,}8\,m^3$ hat, zu $\frac{3}{4}$ voll zu füllen, benötigt Paul 15 gleichgroße Säcke mit Sand. Wieviel Sand ist in jedem Sack?

Lösungen: a) $0{,}04\,m^3 = 40\,dm^3 = 40\,l$
b) 406,25 c) $135{,}36\,dm^3 = 135{,}36\,l$
d) 2,4 m e) $2{,}5\,l = 0{,}025\,hl$

2

a) Volumen der gesamten vorhandenen Flüssigkeit: $2800\,m^3$
Volumen der Flüssigkeit, die umgefüllt wird: $700\,m^3 = 700\,000\,l$
Benötigte Zeit:
3500 min = 2d 10h 20min

b) Das Wasser steht 4,2 m hoch.

3

a) 1. Möglichkeit:
Volumen des großen Würfels mit $a = 6\,cm$
– Volumen von 6 Quadern mit $a = b = 3\,cm$ und $c = 1{,}5\,cm$
– Volumen eines Würfel mit $a = 3\,cm$
$= 216\,cm^3 - 6 \cdot 13{,}5\,cm^3 - 27\,cm^3$
$= 108\,cm^3$

2. Möglichkeit:
Volumen von 12 Quadern mit $a = b = 1{,}5\,cm$ und $c = 3\,cm$
+ Volumen von 8 Würfeln mit $a = 1{,}5\,cm$
$= 12 \cdot 6{,}75\,cm^3 + 8 \cdot 3{,}375\,cm^3$
$= 108\,cm^3$

3. Möglichkeit:
Volumen von 4 Quadern mit $a = b = 1{,}5\,cm$ und $c = 6\,cm$
+ Volumen von 8 Quadern mit $a = b = 1{,}5\,cm$ und $c = 3\,cm$
$= 4 \cdot 13{,}5\,cm^3 + 8 \cdot 6{,}75\,cm^3$
$= 108\,cm^3$

b) Die Oberfläche setzt sich zusammen aus den 6 „durchlöcherten“ Seitenflächen und den $6 \cdot 4$ Innenflächen an jedem „Loch“.
$O = 6 \cdot (36\,cm^2 - 9\,cm^2)$
$+ 24 \cdot (3\,cm \cdot 1{,}5\,cm) = 270\,cm^2$

4

	a)	b)
1. Aquarium:	39 *l*	geht nicht
2. Aquarium:	55,8 *l*	$3\frac{1}{3}\,dm \approx 33{,}3\,cm$
3. Aquarium:	74,4 *l*	2,5 dm = 25 cm

c) Gesamtvolumen der Glasscheiben
≈ Oberfläche mal Glasstärke
Masse der leeren Aquarien:
1. Aquarium: 8,19 kg ≈ 8 kg
2. Aquarium: 10,53 kg ≈ 11 kg
3. Aquarium: 12,22 kg ≈ 12 kg
Masse der randvoll gefüllten A.:
1. A.: 8 kg + 45 kg = 53 kg
2. A.: 11 kg + 63 kg = 74 kg
3. A.: 12 kg + 84 kg = 96 kg

Bei der obigen Berechnung vernachlässigt man das Volumen der Glasstücke, die an den Kanten der Aquarien liegen. Es handelt sich um acht Quader, die alle eine quadratische Seitenfläche von 5 mm : 5 mm haben und deren Länge gleich der entsprechenden Kantenlänge ist und um vier Würfel mit der Kantenlänge 5 mm.

5

a) h = 5 dm   O = 59,52 dm²

b) Volumen des Würfels: h = 3 cm, O = 150 cm², V = 125 cm³

c) Grundfläche = 2,88 m²
Länge l = 2,4 m Breite b = 1,2 m

6

a) (1) V = Volumen eines Quaders – Volumina von zwei Prismen mit trapezförmiger Grundfläche
$V_1 = 2240\,cm^3 - 480\,cm^3 = 1760\,cm^3$
(2) V = 6 : Volumen eines Primas mit trapezförmiger Grundfläche
$V_2 = 337{,}68\,cm^3 \cdot 6 = 2026{,}08\,cm^3$

b) $Masse_1 = 4{,}576\,kg \approx 4{,}6\,kg$
$Masse_2 = 5{,}267808\,kg \approx 5{,}3\,kg$

7

a) Die Erde hat die Form eines Prismas mit trapezförmiger Grundfläche.
$V_{Erde} = 7 \cdot 9{,}375\,dm^3 = 65{,}625\,dm^3 \approx 70\,dm^3 = 70\,l$

b) $V \approx 100\,cm \cdot 50\,cm \cdot 10\,cm = 50\,l$
oder
V = Volumen des gesamten Stapels : 15
$V \approx \frac{3}{4}m^3 : 15 = 50\,l$

c) 73,91 €

Rückblick, Seite 169

1

a) 0,2; −0,025; −0,25; −0,3; −0,5; −0,61; −0,85; −1,05

b) 30 · 10 cm = 3 m

c) nicht eindeutig lösbar:
bei angenommener Zimmerhöhe von 3 m:
z. B. Zahlen von −1 bis 30 oder 0 bis 30
Bei 3 Stockwerken und Keller:
z. B. Zahlen von −30 bis 90

2

a) 7,8 b) 0 c) 0,8
d) $-\frac{1}{4}$ e) 8 f) 0,8

3

keine eindeutigen Lösungen möglich:

a) $-\frac{1}{2} \cdot \frac{2}{3} \cdot \frac{3}{2}$

b) $\left(-\frac{1}{2} : \frac{1}{4}\right) + \left(\frac{2}{3} \cdot \frac{3}{2}\right)$

c) $\left(\frac{1}{3} + \frac{1}{6}\right) - \left[\left(-\frac{1}{3}\right) \cdot \frac{3}{4}\right]$

d) $\left(\frac{4}{3} - \frac{1}{3}\right) : \left(\frac{3}{4} + \frac{1}{4}\right)$

4

a) maximaler Wert:
$\left(-\frac{1}{2}\right)^2 - \left[\left(-\frac{1}{4}\right) \cdot 2\right] - \frac{4}{5} = 1{,}55$
minimaler Wert wird ohne Klammer angenommen, d. h. es gibt mehrere Möglichkeiten eine Klammer zu setzen:
z. B.: $\left[\left(-\frac{1}{2}\right)^2 - \left(-\frac{1}{4}\right) \cdot 2\right] - \frac{4}{5} = -0{,}05$

b) maximaler Wert wird ohne Klammer angenommen, d. h. es gibt mehrere Möglichkeiten eine Klammer zu setzen:
z. B.: $\frac{1}{2} + \left[\frac{3}{4} : \left(-\frac{1}{2}\right) \cdot \frac{1}{3}\right] = 0$
minimaler Wert:
$\frac{1}{2} + \frac{3}{4} : \left[\left(-\frac{1}{2}\right) \cdot \frac{1}{3}\right] = -4$

c) Bei Aufgabe a) können weitere Klammern die Werte 1,55 bzw. −0,05 weder erhöhen noch erniedrigen.
Bei Aufgabe b) kann eine weitere Klammer den Wert 0 nicht erhöhen.
Der Wert −4 kann verringert werden, wenn eine weitere Klammer gesetzt werden kann:
$\left[\frac{1}{2} + \frac{3}{4}\right] : \left[\left(-\frac{1}{2}\right) \cdot \frac{1}{3}\right] = -7{,}5$

5

a) $\frac{7}{4}$ b) $\frac{2}{3}$ c) $\frac{7}{6}$ d) $-\frac{1}{3}$
e) $\frac{1}{5}$ f) −6 g) −9

6

a) Zum Beispiel:

P(0,8 | 0,6)	1. Quadrant
Q(−0,8 | 0,6)	2. Quadrant
R(−0,8 | −0,6)	3. Quadrant
S(0,8 | −0,6)	4. Quadrant

b) Für die Koordinaten x und y eines jeden Punktes, der auf dem Kreis liegt, gilt:
$x^2 + y^2 = 1$

7

a) z. B. $\left[\left(-\frac{1}{2}\right) : \frac{1}{3}\right] : \frac{1}{5} = -\frac{15}{2}$

b) $\left[\frac{1}{3} - \left(-\frac{1}{2}\right)\right] : \frac{1}{5} = \frac{5}{6}$

c) z. B. $\left(-\frac{1}{2}\right) \cdot \frac{1}{3} \cdot \frac{1}{5} = -\frac{1}{30}$

Rückblick, Seite 191

1

0,275 = 27,5 %; $\frac{2}{7} \approx 28{,}6\,\%$; 0,3 = 30 %; $\frac{4}{13} \approx 30{,}8\,\%$; $0{,}\overline{3} \approx 33{,}3\,\%$
27,5 % < 28,6 % < 30 % < 30,8 % < 33,3 %
also $0{,}275 < \frac{2}{7} < 0{,}3 < \frac{4}{13} < 0{,}\overline{3}$

2

a) 168 € b) 150 %
c) 14,7 d) 5 %
e) 8,0 f) 345 €
g) 70 m

3

3,6 cm des Streifens sind blau, 1,2 cm rot, 1,6 cm grün und 1,6 cm ungefärbt.

4

a) 0,9 b) 66,0 %
c) 18 m d) 163,6 %
e) 0,1 f) 4250

5

(84/15 %), (252/45 %), (168/30 %), (56/10 %)

6

500 g

7

29,2 % bzw. 22,6 %

8

a) 18 % (Vierfeldertafel!)

b) 45 % der Mädchen gaben Mathematik als Lieblingsfach an, aber nur 40 % der Jungen.

9

a) Es hat eine um 69 % größere Fläche.

b) Er hat ein um 119,7 % größeres Volumen.

10

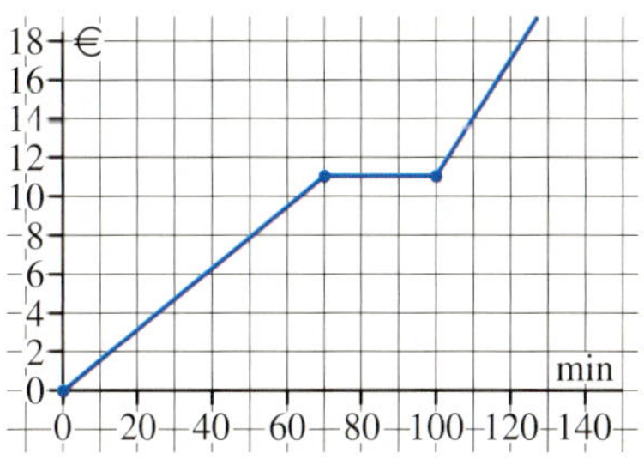

Mathematische Begriffe und Bezeichnungen

1 Zahlen

$\mathbb{N} = \{1; 2; 3; \dots\}$	ist die Menge der natürlichen Zahlen
$\mathbb{N}_0 = \{0; 1; 2; 3; \dots\}$	
$\mathbb{Z}$ = Menge der ganzen Zahlen	
$\mathbb{Q}$ = Menge der rationalen Zahlen	
$\{\}$ oder $\emptyset$	leere Menge
$\in \notin$	ist Element von, ist nicht Element von
$\subset$	ist Teilmenge von
$\{x \mid x > 3\}$	Menge aller Zahlen x, für die gilt: $x > 3$
T(26)	Menge aller Teiler von 26
V(4)	Menge aller Vielfachen von 4
kgV	kleinstes gemeinsames Vielfaches

2 Beziehungen zwischen Zahlen und zwischen Größen

$a = b$	a gleich b	z. B. $0{,}75\,m = 75\,cm$
$a \approx b$	a ungefähr gleich b	z. B. $346 \approx 350$
$a < b$	a kleiner b	z. B. $19 < 21$
$a > b$	a größer b	z. B. $2\,m > 195\,cm$
$a < b < c$	b liegt zwischen a und c	z. B. $-21 < -5 < 11$
$a \leqq b$	a kleiner b oder a gleich b	z. B. $2 \leqq 3$; $4 \leqq 4$

3 Geometrie

P; Q; R; …	Punkte
$P(x \mid y)$	Punkt P mit der 1. Koordinate x und der zweiten Koordinate y: z. B. $P(2 \mid 3)$
PQ	Gerade durch die Punkte P und Q
[PQ]	Strecke mit den Endpunkten P und Q
$\overline{PQ}$	Länge der Strecke [PQ]
[PQ	Halbgerade durch P und Q mit Anfangspunkt P
g; h; k …	Geraden, Halbgeraden
a; b; c; …	Strecken, auch Länge der Strecken (z. B. $a = 3\,cm$)
$g \perp h$	g ist senkrecht zu h
$g \parallel h$	g ist parallel zu h
$\sphericalangle(g,h)$	Winkel mit den Schenkeln g und h
α; β; γ	Winkel; auch dessen Größe (z. B. $\alpha = 35°$)
h_a, h_b, h_c	Höhe, die senkrecht zur Seite a, b, c ist

Register